Materie in Raum und Zeit

Das mechanische Universum
Eine Einführung in die Physik
Band 1

Der Weg zur modernen Physik
Eine Einführung in die Physik
Band 2

Materie in Raum und Zeit
Eine Einführung in die Physik
Band 3

Materie in Raum und Zeit
Eine Einführung in die Physik
Band 3

von
Roman Sexl
Ivo Raab
Ernst Streeruwitz
unter Mitwirkung von
Klaus Bethge

Verlag Moritz Diesterweg
Otto Salle Verlag
Frankfurt am Main · Berlin · München
Verlag Sauerländer
Aarau · Frankfurt am Main

Verfasser:

Prof. Dr. Roman Sexl
Institut für theoretische Physik der Universität Wien

Prof. Dr. Ivo Raab
Institut für theoretische Physik der Universität Innsbruck

Dr. Ernst Streeruwitz
Institut für theoretische Physik der Universität Wien

Prof. Dr. Klaus Bethge
Institut für Kernphysik der Johann Wolfgang Goethe Universität Frankfurt

Das Umschlagbild zeigt einen Bleitelluridkristall
unter dem Elektronenmikroskop
(Aufnahme Doz. Dr. Lopez Otero, Universität Linz)

Die Originalausgabe in 6 Teilen ist erschienen bei
Verlag Carl Ueberreuter, Wien

Ausgabe für die Bundesrepublik Deutschland und die Schweiz:

Bestell-Nr.
Diesterweg 5063
Sauerländer 03 02008

ISBN 3-425-05063-X (Diesterweg)
ISBN 3-7941-2008-6 (Sauerländer)

1. Auflage

Gesamtherstellung: Salzer – Ueberreuter, Wien
Umschlag: Atelier Stephan Bundi, Bern
Graphik: Günther Marks, München

Inhalt

Albert Einstein (1879–1955)
war Professor an den Universitäten Zürich und Prag und Mitglied der Preussischen Akademie der Wissenschaften in Berlin. Von 1933 an war er am Institute for Advanced Studies in Princeton, USA, tätig. Er erhielt 1921 den Nobelpreis für Physik.

Relativitätstheorie

Um 1900 schien die Physik in vielen Aspekten vollendet, und niemand erwartete große Überraschungen. Die Newtonschen Konzepte hatten sich bewährt, und in jahrhundertelanger Arbeit war es gelungen, ein imposantes Lehrgebäude der Physik darauf zu errichten. Nur einige Details blieben zu klären, wie z. B. die Bewegung der Erde durch den Äther und der Aufbau der Atome. Wie in der Mathematik lange zuvor, schien nunmehr auch in der Physik ein hoher Grad der Vollendung erreicht zu sein. Euklidische Geometrie und Newtonsche Physik waren die Grundpfeiler der Mathematik und der Naturwissenschaft. So schreibt z. B. der österreichische Philosoph Sir Karl Popper über die Rolle der Newtonschen Physik im 18. und 19. Jahrhundert:

»Newton hatte das langgesuchte Geheimnis entdeckt. Kein qualifizierter Beobachter konnte länger daran zweifeln, daß Newtons Theorie richtig war. Ein einzigartiges Ereignis war in der Geistesgeschichte eingetreten, das sich niemals wiederholen konnte: Die erste und endgültige Entdeckung der absoluten Wahrheit über das Universum.«

Die spezielle Relativitätstheorie Albert Einsteins brachte jedoch eine große Überraschung. Sie zeigte, daß Raum und Zeit eine grundlegend andere Struktur aufweisen, als dies in der Newtonschen Theorie angenommen worden war. Wie konnte man überhaupt noch hoffen, in den Naturwissenschaften zu gesicherten Ergebnissen zu kommen? Das alte Problem der Möglichkeiten und Grenzen menschlicher Erkenntnis mußte neu durchdacht werden. Dabei wurde zunehmend klarer, daß auch in der Naturwissenschaft keine »absoluten und endgültigen Wahrheiten« existieren. Man muß stets damit rechnen, daß neue Experimente und neue Theorien das bisher Gültige ablösen und die Grenzen der Erkenntnis erweitern können.

Die Relativitätstheorie hat aber nicht nur zu einer Veränderung des Wissenschaftsverständnisses geführt. Sie hatte auch weitreichende politische Auswirkungen, denn in der Atombombe wurde die Umwandlung von Masse in Energie zur unübersehbaren Realität. Auf die Möglichkeit der Herstellung einer derartigen Bombe hat Einstein am 2. August 1939 in einem schicksalsschweren Brief an Präsident Roosevelt aufmerksam gemacht. Dieser Brief hat das »Atomzeitalter« eingeleitet.

Ausgangspunkt der Relativitätstheorie war eine Analyse der Begriffe Raum und Zeit. Diese Begriffe hatten ihre Bedeutung im Lauf der Wissenschafts- und Philosophiegeschichte allmählich verändert. Für die Physik war dabei vor allem das von Faraday eingeführte Feldkonzept wesentlich. Danach sollten elektrische Ladungen den Raumbereich in ihrer Umgebung verändern. Faraday stellte sich diese Veränderung als elastische Spannung in einem Medium, dem Äther, vor, das den gesamten Raum ausfüllen sollte. Auch Licht wurde mit dem Äther in Verbindung gebracht. Lichtwellen waren nämlich nach Ansicht der Physiker des 19. Jahrhunderts elastische Schwingungen des Äthers, die sich mit Lichtgeschwindigkeit ausbreiten. Zwar führte diese Theorie zu Schwierigkeiten, da sie die Existenz longitudinaler Lichtwellen vorhersagte, doch hoffte man diese Probleme durch die Konstruktion verbesserter Äthermodelle zu lösen.

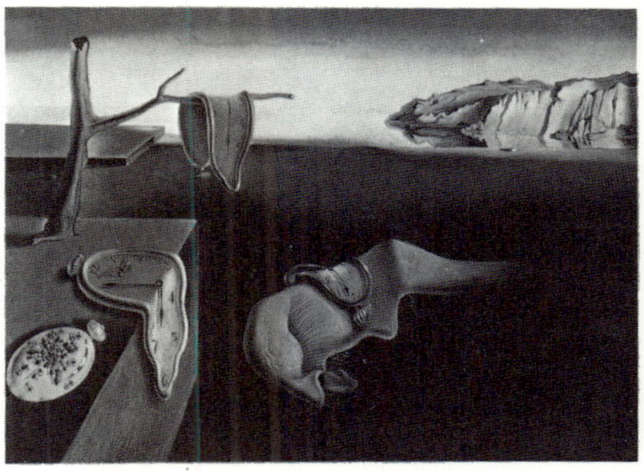

Die Beharrlichkeit der Erinnerung
Salvador Dali wurde zu diesem Bild zerrinnender Uhren durch Einsteins Relativitätstheorie angeregt, die zu einem völlig neuen Verständnis des Zeitbegriffs führte. Wie die Bilder der Surrealisten wurde auch die Relativitätstheorie anfänglich manchmal als unverständlich betrachtet und als »wissenschaftlicher Surrealismus« bezeichnet.

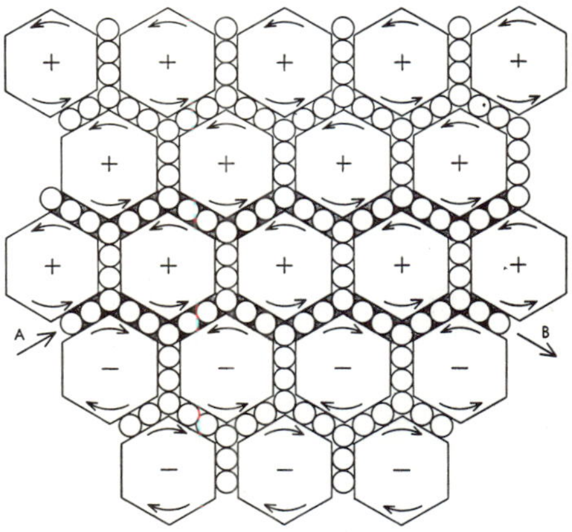

Mechanische Modelle des Äthers wurden im 19. Jahrhundert konstruiert. Sie sollten die Übertragung von Kräften durch Spannungen im Äther erklären. Licht sah man als Schwingung des Äthers an. Der englische Physiker James Clerk Maxwell konstruierte ein Äthermodell, in dem er die elektrischen Feldlinien als rotierende Wirbel darstellte, die durch kleine Kugeln getrennt wurden. Wirbel und Kugeln sollten das gesamte Universum erfüllen.

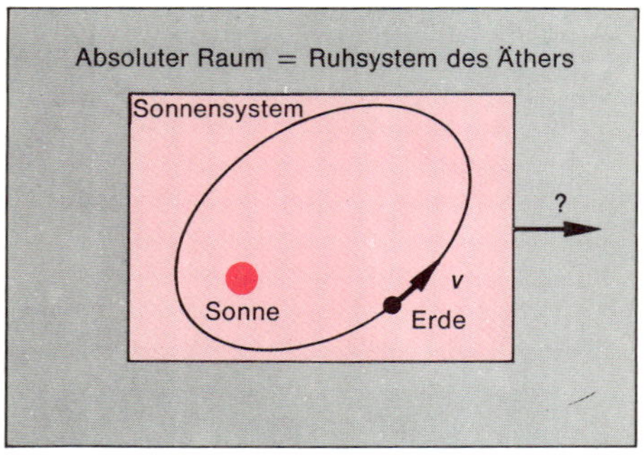

Wegen der Bahnbewegung der Erde um die Sonne kann man nicht annehmen, daß die Erde im Äther ruht. Ferner sollte sich auch das gesamte Sonnensystem durch den Äther bewegen.

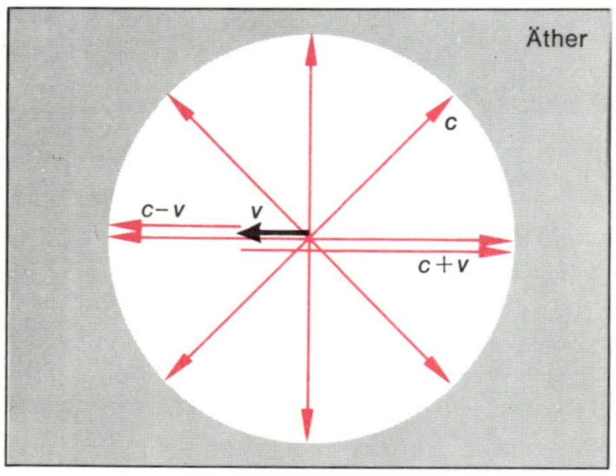

Im Äther breitet sich Licht in allen Richtungen mit der Geschwindigkeit c aus. Bewegt sich die Erde mit der Geschwindigkeit v durch den Äther, so sollte die Lichtgeschwindigkeit in Bezug auf die Erde unterschiedliche Werte annehmen. Entgegen der Richtung der Erdbewegung müßte sich Licht mit der Geschwindigkeit c + v ausbreiten. Parallel zur Erdbewegung sollte die Lichtgeschwindigkeit c − v betragen.

Albert Michelson (links) bei einem Treffen mit Albert Einstein und Robert Millikan (rechts), der die Elementarladung bestimmte. Michelson erhielt im Jahre 1907 als erster amerikanischer Physiker den Nobelpreis. Seine Präzisionsmessungen waren weltbekannt.

1. Vom Äther zur Relativitätstheorie

Die Bedeutung, welche man im 19. Jahrhundert dem Äther für Elektrodynamik und Optik zuschrieb, machte die Bestimmung der Erdbewegung durch den Äther zu einem vordringlichen Problem. Da der Äther elektrische und magnetische Kräfte übertragen sollte, mußte die Erdbewegung durch den Äther zu einer meßbaren Veränderung dieser Effekte führen.

Man erwartete z. B., daß sich die Platten eines Kondensators stets normal zur Richtung der Erdbewegung durch den Äther einstellen, falls der Kondensator frei drehbar aufgehängt ist. Ein entsprechendes Experiment von Trouton und Noble scheiterte. Auch sollte sich der Brechungsquotient von Glas ändern, wenn das Glas relativ zur Erdbewegung im Äther gedreht wird. Dieser Effekt wurde 1860 von Fizeau, 1872 von Mascart und 1902 von Lord Rayleigh gesucht.

Alle Mühe war jedoch vergeblich. Die gesuchten Veränderungen elektrischer und magnetischer Effekte stellten sich nicht ein. Schließlich glaubte der amerikanische Physiker und spätere Nobelpreisträger Albert Michelson ein Experiment gefunden zu haben, das allen Einwänden standhielt. Licht sollte sich nämlich nach damaliger Ansicht im Äther in allen Richtungen mit der Geschwindigkeit $c = 300\,000$ km/s ausbreiten. Bewegt sich die Erde mit der Geschwindigkeit v durch den Äther, so sollte das Licht in einer Richtung der Erdbewegung entgegeneilen, in der Gegenrichtung aber mit der Erde mitlaufen. Die auf der Erde gemessene Lichtgeschwindigkeit in diesen Richtungen müßte also $c + v$ bzw. $c - v$ betragen. Derartige Unterschiede in der Ausbreitungsgeschwindigkeit des Lichtes versuchte Michelson gemeinsam mit seinem Kollegen Edward Morley im Jahre 1886 zu messen. Die dabei gewonnenen Ergebnisse wollen wir an Hand neuer Messungen diskutieren. Dazu betrachten wir das weltweite Uhrensystem, welches die internationale Atomzeit festlegt.

a) Die internationale Atomzeitskala TAI

Für viele Anwendungen benötigt man heute eine sehr genaue, weltweit definierte Zeitskala. Es ist dies die »internationale Atomzeit« TAI.*)

Sie entsteht durch Mittelung der Zeitangaben von Atomuhren, die sich in sieben verschiedenen Laboratorien befinden:

Laboratorium	Land
Commission National de l'Heure	Frankreich
National Bureau of Standards	USA
National Research Council	Kanada
Observatoire de Neuchatel	Schweiz
Physikalisch-Technische Bundesanstalt	Deutschland
Royal Greenwich Observatory	England
United States Naval Observatory	USA

Um aus den Zeitangaben der einzelnen Laboratorien eine internationale Zeitskala aufzubauen, ist es notwendig, Uhren, die sich in verschiedenen Ländern befinden, auf den gleichen Stand zu bringen. Diesen Vorgang nennt man *Synchronisation.* Dazu verfügt jedes der Laboratorien über einen Radiosender für Zeitsignale. Die Präzision, mit der diese Signale ausgesendet werden, beträgt 10^{-7} s. Bei dieser hohen Meßgenauigkeit muß die Laufzeit des Radiosignals von einem Laboratorium zum anderen berücksichtigt werden. Dabei sollte sich die Abhängigkeit der Lichtgeschwindigkeit von der Richtung deutlich bemerkbar machen.

*) TAI bedeutet Temps Atomique Internationale.

Betrachten wir z. B. ein Radiosignal, das mittags vom National Bureau of Standards in Washington ausgesendet wird. Dieses Laboratorium ist etwa $D = 6000$ km von der physikalisch-technischen Bundesanstalt in Braunschweig entfernt. Das Signal sollte daher mit der Verzögerung

$$t_1 = D/(c + v)$$

in Deutschland eintreffen, falls es sich gegen die Richtung der Erdbewegung durch den Äther ausbreitet. Um Mitternacht läuft das Signal dann wegen der täglichen Drehung der Erde in die Gegenrichtung, so daß die Verzögerung nunmehr

$$t_2 = D/(c - v)$$

betragen sollte. Wir erwarten daher, daß die amerikanischen Zeitsignale mit wechselnder Verspätung in Europa eintreffen. Der Unterschied zwischen den Laufzeiten ist dabei gegeben durch:

$$\Delta t = t_2 - t_1 = \frac{D}{c-v} - \frac{D}{c+v} = \frac{2\,Dv}{c^2 - v^2} \approx \frac{2\,Dv}{c^2}.$$

Bereits die Geschwindigkeit der Erdbewegung um die Sonne, $v = 30$ km/s, sollte zu meßbaren Unterschieden in der Laufzeit führen, nämlich zu

$$\Delta t = \frac{2 \cdot (6000\,\mathrm{km}) \cdot (30\,\mathrm{km/s})}{(3 \cdot 10^5\,\mathrm{km/s})^2} = 4 \cdot 10^{-6}\,\mathrm{s}.$$

Bei einer Meßgenauigkeit von 10^{-7} s müßte es leicht möglich sein, diesen Effekt nachzuweisen und damit auch die Geschwindigkeit der Erde im Äther zu bestimmen. Tatsächlich beobachtet man aber bei den Messungen im Weltuhrensystem *keinerlei* Unterschiede in der Laufzeit der Signale. Tag und Nacht, Sommer und Winter treffen sie mit der gleichen Verzögerung ein.

Die Lichtgeschwindigkeit auf der Erde hängt also *nicht* von der Ausbreitungsrichtung ab. Trotz der wechselnden Bewegung der Erde auf ihrer Bahn um die Sonne hat die Lichtgeschwindigkeit auf Erden stets und in allen Richtungen den gleichen Wert. Neuere Experimente bestätigen dies sogar mit einer Genauigkeit von 3 cm/s.

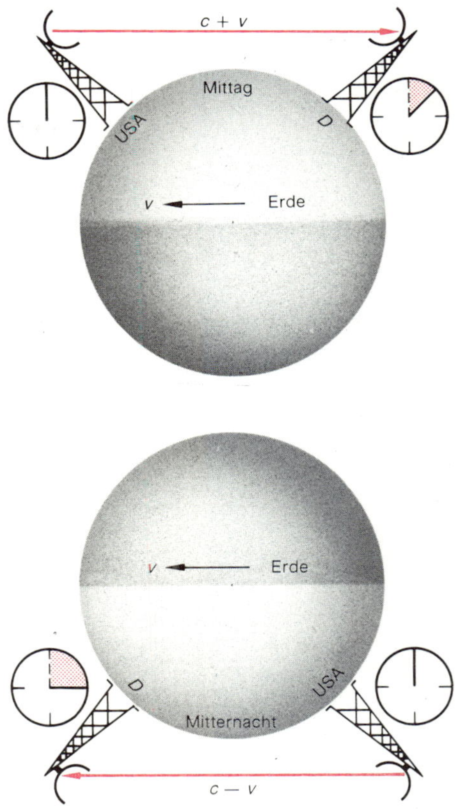

Gemäß der Äthertheorie sollten sich Radiosignale auf der Erde mit unterschiedlicher Geschwindigkeit ausbreiten. Das Zeitsignal aus USA sollte z. B. mittags in Deutschland mit kleinerer Verzögerung eintreffen als um Mitternacht.

> Die Lichtgeschwindigkeit auf der Erde hängt nicht von der Ausbreitungsrichtung ab, sondern ist in allen Richtungen gleich groß.

Dieses Resultat ermöglicht es, das Weltuhrensystem auf sehr einfache Weise zu synchronisieren. Die Laufzeit der Zeitsignale ist stets durch $t = D/c$ gegeben und kann somit aus der Entfernung D der beiden Laboratorien leicht berechnet werden. Diese Verzögerung wird bei der Einstellung der Uhren berücksichtigt, und eine weltweite Uhrensynchronisation wird so gewährleistet.

Beispiel: Das LORAN-C-Verfahren

Als Beispiel einer Anwendung betrachten wir das LORAN-C-Verfahren, mit dem Schiffe ihre Position bestimmen. (LORAN bedeutet Long Range Aid to Navigation.) Das Schiff erhält dabei Zeitsignale von zwei Radiosendern. Beträgt der Abstand des Schiffes von den beiden Sendern D_1 bzw. D_2, so treffen die Signale mit der Verzögerung

$$t_1 = D_1/c \quad \text{bzw.} \quad t_2 = D_2/c$$

am Schiff ein. Mißt man die Verzögerung mit einer Atomuhr, so kann man

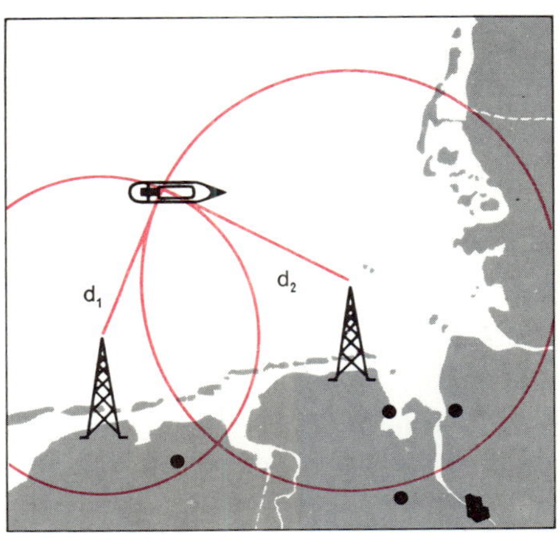

Die Laufzeiten der LORAN-C-Signale erlauben es, die Position eines Schiffes auf wenige hundert Meter genau festzulegen.

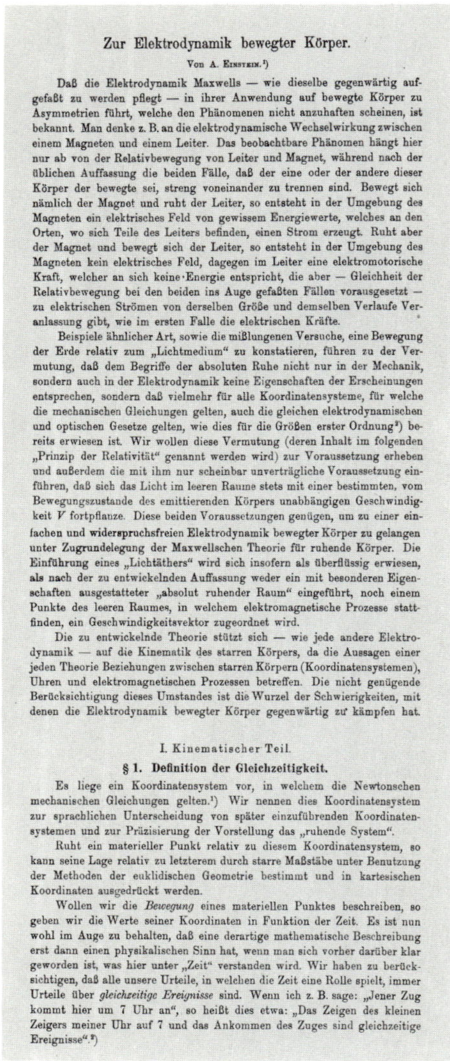

Zur Elektrodynamik bewegter Körper.

Von A. Einstein.[1])

Daß die Elektrodynamik Maxwells — wie dieselbe gegenwärtig aufgefaßt zu werden pflegt — in ihrer Anwendung auf bewegte Körper zu Asymmetrien führt, welche den Phänomenen nicht anzuhaften scheinen, ist bekannt. Man denke z. B. an die elektrodynamische Wechselwirkung zwischen einem Magneten und einem Leiter. Das beobachtbare Phänomen hängt hier nur ab von der Relativbewegung von Leiter und Magnet, während nach der üblichen Auffassung die beiden Fälle, daß der eine oder der andere dieser Körper der bewegte sei, streng voneinander zu trennen sind. Bewegt sich nämlich der Magnet und ruht der Leiter, so entsteht in der Umgebung des Magneten ein elektrisches Feld von gewissem Energiewerte, welches an den Orten, wo sich Teile des Leiters befinden, einen Strom erzeugt. Ruht aber der Magnet und bewegt sich der Leiter, so entsteht in der Umgebung des Magneten kein elektrisches Feld, dagegen im Leiter eine elektromotorische Kraft, welcher an sich keine Energie entspricht, die aber — Gleichheit der Relativbewegung bei den beiden ins Auge gefaßten Fällen vorausgesetzt — zu elektrischen Strömen von derselben Größe und demselben Verlaufe Veranlassung gibt, wie im ersten Falle die elektrischen Kräfte.

Beispiele ähnlicher Art, sowie die mißlungenen Versuche, eine Bewegung der Erde relativ zum „Lichtmedium“ zu konstatieren, führen zu der Vermutung, daß dem Begriffe der absoluten Ruhe nicht nur in der Mechanik, sondern auch in der Elektrodynamik keine Eigenschaften der Erscheinungen entsprechen, sondern daß vielmehr für alle Koordinatensysteme, für welche die mechanischen Gleichungen gelten, auch die gleichen elektrodynamischen und optischen Gesetze gelten, wie dies für die Größen erster Ordnung[2]) bereits erwiesen ist. Wir wollen diese Vermutung (deren Inhalt im folgenden „Prinzip der Relativität“ genannt werden wird) zur Voraussetzung erheben und außerdem die mit ihm nur scheinbar unverträgliche Voraussetzung einführen, daß sich das Licht im leeren Raume stets mit einer bestimmten, vom Bewegungszustande des emittierenden Körpers unabhängigen Geschwindigkeit V fortpflanze. Diese beiden Voraussetzungen genügen, um zu einer einfachen und widerspruchsfreien Elektrodynamik bewegter Körper zu gelangen unter Zugrundelegung der Maxwellschen Theorie für ruhende Körper. Die Einführung eines „Lichtäthers“ wird sich insofern als überflüssig erweisen, als nach der zu entwickelnden Auffassung weder ein mit besonderen Eigenschaften ausgestatteter „absolut ruhender Raum“ eingeführt, noch einem Punkte des leeren Raumes, in welchem elektromagnetische Prozesse stattfinden, ein Geschwindigkeitsvektor zugeordnet wird.

Die zu entwickelnde Theorie stützt sich — wie jede andere Elektrodynamik — auf die Kinematik des starren Körpers, da die Aussagen einer jeden Theorie Beziehungen zwischen starren Körpern (Koordinatensystemen), Uhren und elektromagnetischen Prozessen betreffen. Die nicht genügende Berücksichtigung dieses Umstandes ist die Wurzel der Schwierigkeiten, mit denen die Elektrodynamik bewegter Körper gegenwärtig zu kämpfen hat.

I. Kinematischer Teil.

§ 1. Definition der Gleichzeitigkeit.

Es liege ein Koordinatensystem vor, in welchem die Newtonschen mechanischen Gleichungen gelten.[1]) Wir nennen dies Koordinatensystem zur sprachlichen Unterscheidung von später einzuführenden Koordinatensystemen und zur Präzisierung der Vorstellung das „ruhende System“.

Ruht ein materieller Punkt relativ zu diesem Koordinatensystem, so kann seine Lage relativ zu letzterem durch starre Maßstäbe unter Benutzung der Methoden der euklidischen Geometrie bestimmt und in kartesischen Koordinaten ausgedrückt werden.

Wollen wir die *Bewegung* eines materiellen Punktes beschreiben, so geben wir die Werte seiner Koordinaten in Funktion der Zeit. Es ist nun wohl im Auge zu behalten, daß eine derartige mathematische Beschreibung erst dann einen physikalischen Sinn hat, wenn man sich vorher darüber klar geworden ist, was hier unter „Zeit“ verstanden wird. Wir haben zu berücksichtigen, daß alle unsere Urteile, in welchen die Zeit eine Rolle spielt, immer Urteile über *gleichzeitige Ereignisse* sind. Wenn ich z. B. sage: „Jener Zug kommt hier um 7 Uhr an“, so heißt dies etwa: „Das Zeigen des kleinen Zeigers meiner Uhr auf 7 und das Ankommen des Zuges sind gleichzeitige Ereignisse“.[2])

Der Beginn der Abhandlung Einsteins. Diese wichtige Arbeit erschien im Jahre 1905 in den Annalen der Physik.

die Abstände D_1 bzw. D_2 des Schiffes von den beiden Sendern berechnen und daraus seine Lage bestimmen.

Das LORAN-C-Verfahren ist heute eines der wichtigsten Hilfsmittel zur Schiffsnavigation. Auch seine Funktion zeigt, daß die Lichtgeschwindigkeit in allen Richtungen gleich c ist. Wäre die Lichtgeschwindigkeit von der Ausbreitungsrichtung abhängig, so müßte dies bei der Positionsbestimmung berücksichtigt werden.

b) Die Grundlagen der Relativitätstheorie

Auch Michelson und Morley hatten im Jahre 1886 gefunden, daß die Lichtgeschwindigkeit auf Erden in allen Richtungen gleich groß ist. Sie stellten enttäuscht fest, daß ihr Versuch, die Bewegung der Erde im Äther zu messen, ebenfalls gescheitert war. Zahlreiche Hypothesen wurden damals entworfen, um dieses überraschende Ergebnis zu erklären. Fast alle führenden Wissenschaftler der Zeit beteiligten sich an der Diskussion.

Schließlich trat im Jahre 1905 ein technischer Experte des Eidgenössischen Patentamtes Bern mit einer neuen Idee an die Öffentlichkeit. Sein Name war Albert Einstein, und sein Artikel »Zur Elektrodynamik bewegter Körper« ging von der Idee aus, daß man die Erdbewegung durch den Äther vielleicht deswegen nicht messen könne, weil der Äther gar nicht existiert! Die Feststellung, daß etwas – nämlich der Äther – nicht existiert, scheint sich zunächst recht wenig zum Aufbau eines neuen physikalischen Lehrgebäudes zu eignen. Doch erlaubt diese Feststellung weitreichende Schlüsse. Früher hatte man angenommen, daß es ein ausgezeichnetes Inertialsystem gibt, in dem der Äther ruht. Nur in diesem System sollten die physikalischen Gesetze besonders einfache Form annehmen. Die Bewegung der Erde im Äther hatte sich aber als unmeßbar erwiesen, und ein ausgezeichnetes Inertialsystem war nicht festzustellen. Einstein postulierte daher, daß sich alle Inertialsysteme gleichermaßen zum Aufbau der Physik eignen. Dies ist der Inhalt des Relativitätsprinzips.

Relativitätsprinzip
Die Naturgesetze nehmen in allen Inertialsystemen die gleiche Form an.

Wie steht es dann mit der Lichtausbreitung? Wenn alle Inertialsysteme gleichberechtigt sind, so muß sich ein Lichtsignal im Vakuum offensichtlich in *jedem* dieser Systeme in allen Richtungen mit der gleichen Geschwindigkeit ausbreiten. Dies ist das Prinzip der Konstanz der Lichtgeschwindigkeit.

Prinzip der Konstanz der Lichtgeschwindigkeit
Die Lichtgeschwindigkeit im Vakuum hat in jedem Inertialsystem den Wert $c = 300\,000$ km/s.

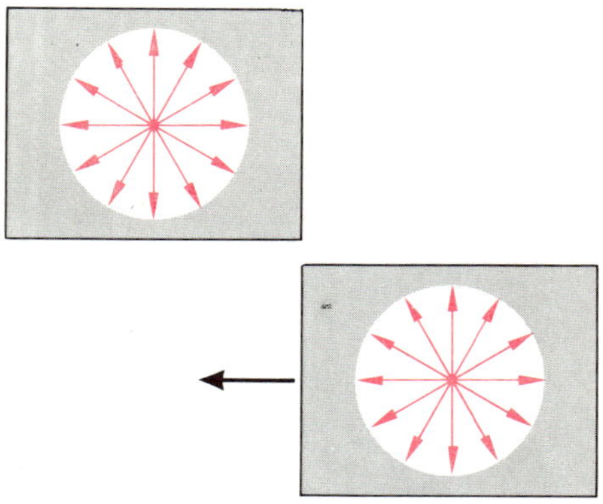

Das Prinzip von der Konstanz der Lichtgeschwindigkeit besagt, daß sich Licht in jedem Inertialsystem in allen Richtungen mit der Geschwindigkeit c ausbreitet. Dieses Prinzip entspricht den Beobachtungen. Es steht aber im Widerspruch zur Newtonschen Mechanik, die daher abgeändert werden muß.

Die Signalausbreitung im Weltuhrensystem und das Michelson-Morley-Experiment stellen Belege für dieses Prinzip dar. Sie zeigen allerdings nur, daß Licht auf der Erde in allen Richtungen die gleiche Geschwindigkeit hat. Wenn wir dennoch das Relativitätsprinzip und das Prinzip der Konstanz der Lichtgeschwindigkeit an die Spitze der folgenden Überlegungen setzen, so ist dies charakteristisch für die Methode der Physik. In zahlreichen Experimenten war es nicht gelungen, die Geschwindigkeit der Erde im Äther zu messen und Unterschiede in der Lichtgeschwindigkeit in verschiedenen Richtungen festzustellen. Einstein vermutete, daß dies auch für alle zukünftigen Versuche gelten würde. Es wäre nun selbstverständlich völlig undenkbar, alle nur möglichen Versuche zur Bestätigung der oben formulierten Prinzipe wirklich auszuführen. Man nimmt daher diese Prinzipe zunächst einmal versuchsweise als richtig an und baut darauf eine neue Theorie auf. Dabei werden sich neue und überraschende Vorhersagen ergeben, deren Überprüfung der wichtigste Test der neuen Theorie ist.

2. Die Zeitdilatation

Es gibt viele tausend Artikel und Bücher, die sich mit der Relativitätstheorie beschäftigen. Vor allem hat die Veränderung des Zeitbegriffes, die aus der Relativitätstheorie folgte, viel Aufsehen erregt. In der Philosophie, aber auch in der Literatur ist der Zeitbegriff ein Thema, mit dem man sich immer wieder beschäftigte. So schreibt z. B. der heilige Augustinus, einer der Kirchenväter, in seinen »Bekenntnissen«:

»Was ist die Zeit? Wenn mich niemand danach fragt, weiß ich es; will ich es einem Fragenden erklären, weiß ich es nicht mehr.«

Vergleichen wir diese berühmten Worte mit dem Beginn eines Kapitels aus dem »Zauberberg« von Thomas Mann:

»Was ist die Zeit? Ein Geheimnis – wesenlos und allmächtig. Eine Bedingung der Erscheinungswelt, eine Bewegung, verkoppelt und vermengt dem Dasein der Körper im Raum und ihrer Bewegung. Wäre aber keine Zeit, wenn keine Bewegung wäre? Keine Bewegung, wenn keine Zeit? Frage nur! Ist die Zeit eine Funktion des Raumes? Oder umgekehrt? Oder sind beide identisch? Nur zu gefragt!«

Eineinhalb Jahrtausende trennen diese beiden Zitate. Sie machen deutlich, wie sehr die Zeit die Menschen seit jeher beschäftigt und wie schwer es ist, ihr Wesen zu ergründen. In der Physik hat man sich deshalb darauf beschränkt, die Zeit *meßbar* zu machen. Bis zum Beginn unseres Jahrhunderts schien sich für die Physik das Problem auf die Konstruktion immer besserer Uhren zu reduzieren. Die Relativitätstheorie brachte jedoch eine Überraschung.

a) Bewegte Uhren gehen langsamer

Wir wollen in der Folge den Gang einer bewegten Uhr untersuchen. Um diese Überlegungen zu erleichtern, konstruieren wir zunächst in Gedanken eine möglichst einfache Uhr, die Lichtuhr. Sie besteht aus einem Zylinder, an dessen oberem Ende sich eine Blitzlampe befindet. Ein von der Lampe ausgesendeter Lichtblitz durchläuft den Zylinder und wird am unteren Ende von einem Spiegel reflektiert. Wenn der Lichtblitz wieder am oberen Ende eintrifft, soll von der Lampe sofort ein neuer Blitz ausgesendet werden. Außerdem rückt die Anzeige der Uhr um eine Zeiteinheit weiter. Ist die Länge des Zylinders beispielsweise $l = 0{,}15$ m, dann ist die Zeiteinheit der Uhr

$$t = 2l/c = 10^{-9}\ \text{s} = 1\,\text{ns}.$$

Die Anzeige gibt dann die Zeit in Nanosekunden an.

Für die Wahl der Lichtuhr ist ausschlaggebend, daß sowohl die Funktion ruhender, als auch bewegter Lichtuhren durch die beiden Grundprinzipe der Relativitätstheorie vollständig beschrieben wird.

Wir betrachten nun zwei in einem Inertialsystem ruhende Uhren A und B. Diese Uhren sollen synchronisiert sein, indem sie z. B. vom Licht einer Blitzlampe in Gang gesetzt wurden, die man genau in der Mitte zwischen den beiden Uhren gezündet hatte.

Eine dritte Uhr C bewege sich nun relativ zu A und B mit der Geschwindigkeit v von links nach rechts. In bezug auf die ruhenden Uhren läuft das Licht in der bewegten Uhr schräg auf und ab. Es legt daher einen längeren Weg als in den ruhenden Uhren zurück. Das »tick-tack« der ruhenden Uhren wird zum »tiiick-taaack« der bewegten Uhr. Diesen Effekt bezeichnet man als *Zeitdilatation*. Um die Zeitdilatation zu berechnen, müssen wir feststellen, welche Beziehung zwischen der Zeitangabe t der bewegten Uhr und der Zeit t_R besteht, die wir an den ruhenden Uhren ablesen. Läuft das

Bewegte Uhren gehen langsamer:

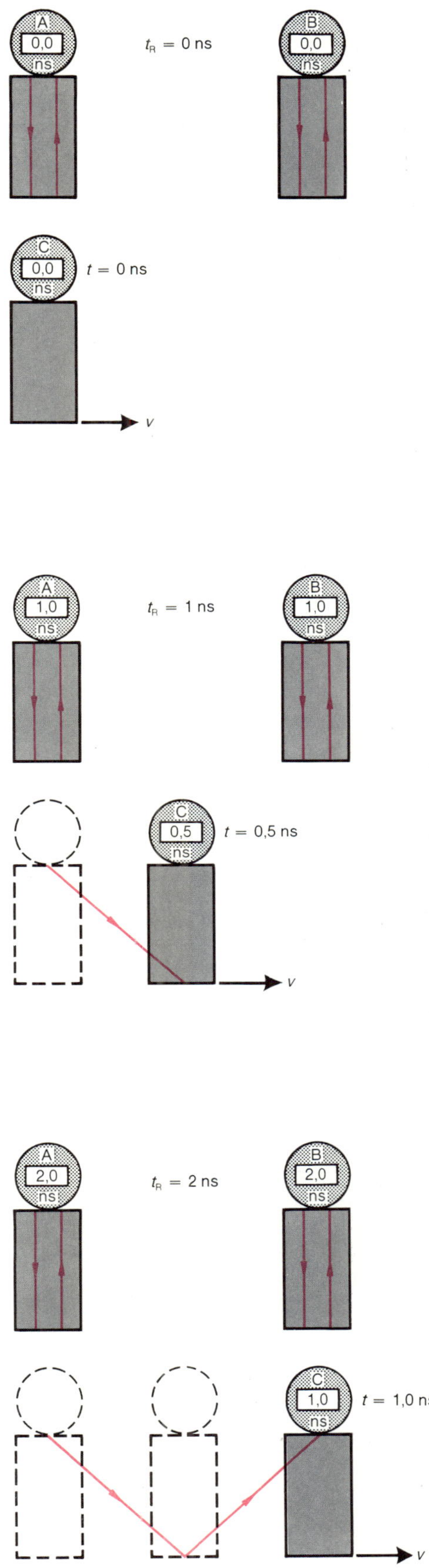

Die beiden oberen synchronisierten Lichtuhren ruhen. Die untere Lichtuhr bewegt sich mit der Geschwindigkeit v nach rechts. Ihre Zeitangabe t wird beim Vorbeiflug mit der Zeitangabe t_R der oberen Uhren verglichen.

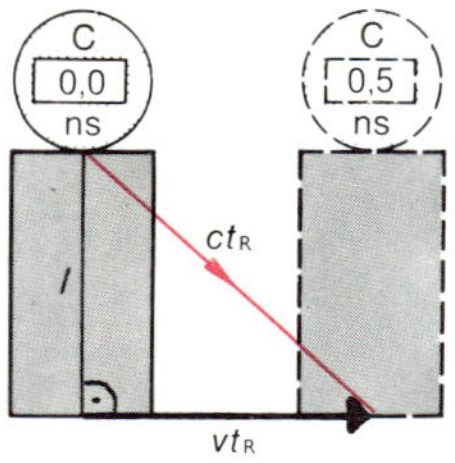

Der Zusammenhang zwischen den Zeitangaben der Lichtuhren kann mit dem Pythagoreischen Lehrsatz berechnet werden.

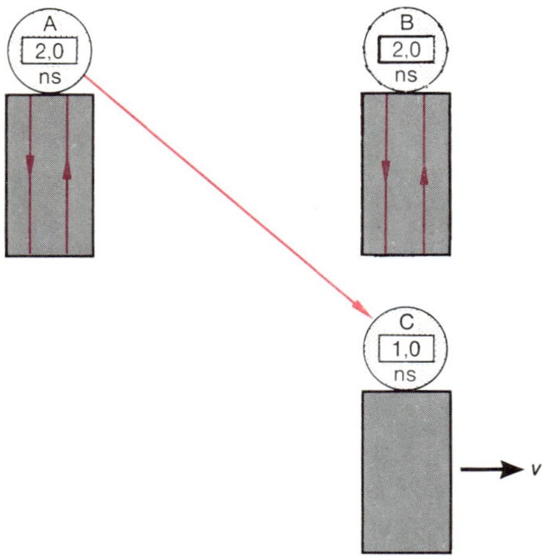

Wir dürfen die Zeitangaben der ruhenden und der bewegten Uhr nur genau im Moment des Vorbeiflugs vergleichen. Andernfalls wäre auch die Laufzeit des Lichtes von einer Uhr zur anderen zu berücksichtigen.

Bleiben Astronauten infolge der Zeitdilatation jung? Nach einer Raumreise mit einer Superrakete, die fast Lichtgeschwindigkeit erreicht, trifft der heimkehrende Raumfahrer seinen um viele Jahre älteren Zwillingsbruder. Diese Lieblingsidee von Science Fiction Romanen würde Raketen erfordern, welche die Grenzen bekannter Technologie weit überschreiten.

Lichtsignal in der bewegten Uhr C einmal hinab, so zeigt C die Zeit $t = l/c$ an. Vom Standpunkt der bewegten Uhr hat das Lichtsignal ja lediglich die Zylinderlänge l zurückgelegt.

Vom Standpunkt der ruhenden Uhr dagegen hat das Lichtsignal einen wesentlich längeren Weg zurückgelegt und dazu die Zeit t_R benötigt, die wir mit Hilfe der Abbildung berechnen können. Aus dem Pythagoreischen Lehrsatz folgt nämlich

$$l^2 + (vt_R)^2 = (ct_R)^2.$$

Setzen wir hier $l = ct$ ein, so ergibt sich

$$(ct)^2 + (vt_R)^2 = (ct_R)^2,$$

oder, wenn wir nach t auflösen,

$$t = t_R \sqrt{1 - v^2/c^2}\,.$$

Damit haben wir den gesuchten Zusammenhang zwischen der Zeitangabe t der bewegten Uhr und der Zeitangabe t_R der ruhenden Uhren gefunden.

Es ist dabei tatsächlich notwendig, von mindestens zwei ruhenden Uhren auszugehen. Zunächst fliegt nämlich Uhr C an der ruhenden Uhr A vorbei, wobei beide auf Null gestellt werden sollen, $t = t_R = 0$. Da sich C weiterbewegt, kann diese Uhr später nicht wieder mit A verglichen werden, sondern nur mit der zweiten ruhenden Uhr B. Dabei muß B mit A synchronisiert sein, um den Zeitvergleich zwischen der Angabe t der bewegten Uhr C und der Anzeige t_R von B sinnvoll zu machen. Wir fassen zusammen:

Bewegt sich eine Uhr an einem Satz synchronisierter Uhren vorbei,
der in einem Inertialsystem ruht,
so geht sie in Vergleich zu diesen Uhren langsamer.
Dies meinen wir, wenn wir kurz sagen:
»Eine bewegte Uhr geht langsamer.«
Zeigt die bewegte Uhr die Zeit t und der Uhrensatz die Zeit t_R an,
so gilt der Zusammenhang

$$t = t_R \sqrt{1 - v^2/c^2}\,,$$

wobei v die Relativgeschwindigkeit zwischen
der bewegten Uhr und dem Uhrensatz ist.

Die bisherigen Überlegungen beziehen sich nur auf Lichtuhren. Es stellt sich die Frage, wie sich bewegte mechanische und elektrische Uhren verhalten. Unterliegen auch sie der Zeitdilatation? Gehen alle Uhren, also auch Atomuhren, nach der gleichen Gesetzmäßigkeit langsamer, wenn man sie bewegt? Im Sinne der Relativitätstheorie müssen wir diese Frage mit ja beantworten.

Zeigt nämlich irgendeine andere Uhr ein anderes Verhalten als die Lichtuhr, so könnten wir den Gang der beiden Uhren in verschiedenen Inertialsystemen vergleichen und würden Abweichungen feststellen. Dabei gäbe es ein System, in dem die beiden Uhren die geringste Gangabweichung aufweisen. Diese Auszeichnung eines Inertialsystems stünde im Widerspruch zum Relativitätsprinzip, das dadurch, ebenso wie alle weiteren Überlegungen, ungültig würde.

Man könnte einwenden, daß die oben hergeleitete *Zeitdilatation* im Widerspruch zum Relativitätsprinzip steht. Folgendes Argument scheint dies zu zeigen. Die Herleitung ergab, daß die bewegte Uhr C langsamer als die ruhenden Uhren A und B geht. Das Relativitätsprinzip besagt aber, daß die Bezeichnungen »bewegt« und »ruhend« nicht absolut, sondern relativ sind.

Wir können daher ebenso C als ruhend betrachten und A bzw. B als bewegt ansehen. Sollten nicht analoge Überlegungen nunmehr zum Ergebnis führen, daß die bewegte Uhr A (oder B) langsamer als C geht? Da offensichtlich C nicht sowohl langsamer als auch schneller als A und B laufen kann, behaupten manche Kritiker, damit sei »der ganze anmaßende Schwindel der Relativitätstheorie widerlegt.« Es gibt hunderte von Artikeln zu diesem Problem und sogar einige Bücher darüber.

Dieser scheinbare Widerspruch läßt sich jedoch durch sorgfältige Analyse der Uhrenablesungen auflösen. Man braucht lediglich zu berücksichtigen, daß die Verlangsamung der bewegten Uhr C nur dadurch festgestellt werden kann, daß C an zwei ruhenden Uhren vorbeifliegt. Sehen wir dagegen C als ruhend an, so fliegen nacheinander die beiden Uhren A und B mit der Geschwindigkeit $-v$ vorbei. Der Beobachter bei C kann dabei zwar den momentanen Stand jeder der beiden Uhren ablesen, jedoch keine Aussage über den Gang von A und B machen.

Zur Beurteilung des Ganges einer bewegten Uhr ist also ein Satz von mindestens zwei synchronisierten Uhren erforderlich, welche die Zeit t_R angeben. Die »gedehnte« Zeit t wird dagegen an einer Uhr abgelesen, die sich an dem Uhrensatz vorbeibewegt. Im Sinne des Relativitätsprinzips ist es gleichgültig, ob wir den synchronisierten Uhrensatz oder die eine Uhr als ruhend oder bewegt betrachten. Nur die Relativbewegung ist für die Zeitdilatation ausschlaggebend.

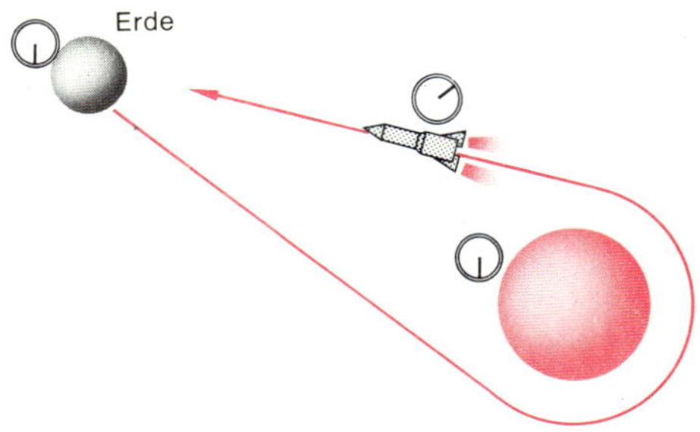

Dürfen wir auch den Raumfahrer als ruhend und seinen auf der Erde verbliebenen Zwillingsbruder als bewegt betrachten? Dies ist nicht zulässig, da sich die beiden Grundprinzipe der Relativitätstheorie nur auf Inertialsysteme beziehen. Nur die Erde ruht in hinreichender Näherung in einem Inertialsystem. Die Rakete wird dagegen bei ihrer Umkehr stark beschleunigt. Es gibt kein Inertialsystem, in dem die Rakete während des gesamten Fluges ruht. Deshalb ist es nicht zulässig, sie als ruhend zu betrachten.

1. Beispiel: Die Lebensdauer der Myonen

Die Vorhersage der Zeitdilatation war das sensationellste Ergebnis der Relativitätstheorie. Die Messung der Zeitdilatation erwies sich aber zunächst als überaus schwierig und gelang erstmals im Jahre 1938 den beiden amerikanischen Physikern Ives und Stillwell.

Heute wird die Zeitdilatation in vielen Experimenten der »Elementarteilchenphysik« gemessen. Als Beispiel betrachten wir ein Experiment, welches 1959 im Europäischen Kernforschungszentrum CERN bei Genf durchgeführt wurde. Zur Messung der Zeitdilatation wurden dabei Myonen benützt. Diese Elementarteilchen gleichen in vielen Eigenschaften den Elektronen. Myonen sind jedoch instabil und zerfallen bereits wenige millionstel Sekunden nach ihrer Entstehung. Hat man z. B. zum Zeitpunkt $t = 0$ insgesamt 10 000 Myonen erzeugt, so findet man zur Zeit $t = 1$ µs nurmehr 6347 davon vor, nach 1,52 µs sogar nurmehr 5000 Myonen, also die Hälfte. Man bezeichnet daher $\tau = 1{,}52$ µs als die Halbwertszeit der Myonen. Der Zerfall genügt einem Exponentialgesetz, wie dies auch für den radioaktiven Zerfall mancher chemischer Elemente der Fall ist.

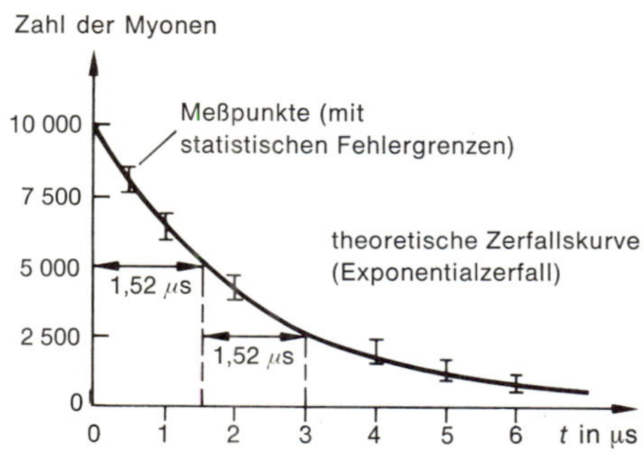

Der Zerfall der Myonen gehorcht einem exponentiellen Gestz, ähnlich dem radioaktiven Zerfall. Nach $\tau = 1{,}52$ µs sind jeweils nur die Hälfte der ursprünglich vorhandenen Myonen übrig geblieben, falls die Teilchen ruhen.

In dem erwähnten CERN-Experiment beobachtete man den Zerfall von Myonen, die nicht ruhten, sondern in einem Speicherring mit der Geschwindigkeit $v = 0{,}99942\,c$ kreisten.

Wir können die kreisenden Myonen als bewegte Uhren ansehen. Wegen der Zeitdilatation ist ihr Zerfall verlangsamt, und die Halbwertszeit der kreisenden Myonen vergrößert sich daher auf den Wert

$$\tau(v) = \frac{\tau}{\sqrt{1 - v^2/c^2}} = \frac{1{,}52\ \mu\text{s}}{\sqrt{1 - (0{,}99942)^2}} = 44{,}6\ \mu\text{s}.$$

Die Messungen bestätigten diese Vorhersage der Relativitätstheorie, wobei die Meßgenauigkeit 0,1% betrug.

Heute kann die Zeitdilatation auch mit Atomuhren nachgewiesen werden, wobei die Geschwindigkeit von Flugzeugen ausreicht, um meßbare Effekte hervorzurufen. Das erste derartige Experiment wurde im Jahre 1971 von den beiden amerikanischen Physikern Joseph Hafele und Richard Keating durchgeführt.

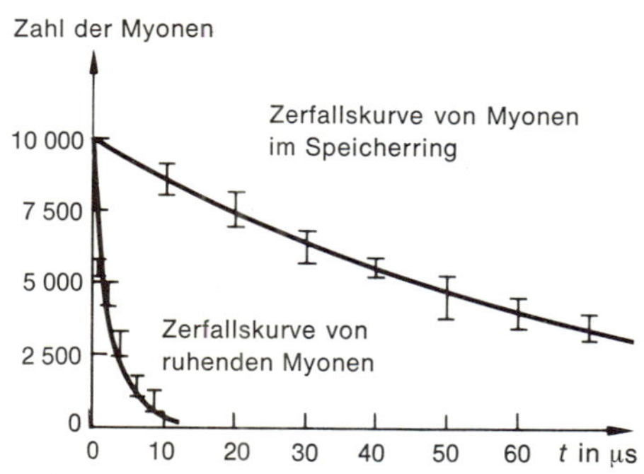

Die im Speicherring kreisenden Myonen zerfallen infolge der Zeitdilatation wesentlich langsamer als ruhende Myonen. Im CERN-Experiment verlängert sich dadurch die Halbwertszeit um den Faktor 29,4 auf 44,6 µs.

Die Veröffentlichung der neuen Messungen der Lebensdauer bewegter Myonen erfolgte 1975 in der Zeitschrift Physics Letters. Siebzehn Wissenschaftler waren an diesem Experiment beteiligt.

Volume 55B, number 4 PHYSICS LETTERS 3 March 1975

NEW MEASUREMENT OF (g−2) OF THE MUON

J. BAILEY[1], K. BORER[2], F. COMBLEY[3], H. DRUMM[4], C. ECK[4], F.J.M. FARLEY[5], J.H. FIELD, W. FLEGEL, P.M. HATTERSLEY[6], F. KRIENEN, F. LANGE[4], G. PETRUCCI, E. PICASSO, H.I. PIZER, O. RUNOLFSSON, R.W. WILLIAMS[7] and S. WOJCICKI[8]
CERN Muon Storage Ring Collaboration[9]

Received 4 February 1975

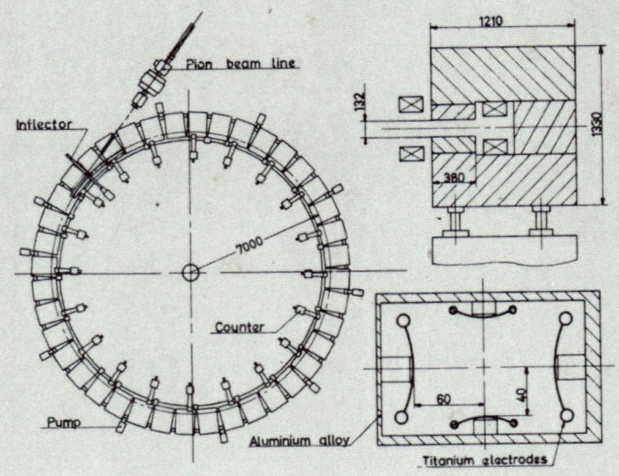

Fig. 1. Schematic of the Muon Storage Ring, which consists of 40 contiguous magnet blocks. The open side of the C-shaped yoke (upper right) faces the centre of the ring. The cross-section of the vacuum chamber and electric quadrupole is shown at the bottom right. Notice that the vacuum chamber, which fits between the gap of the pole pieces, has a thinner (3 mm) wall on the inside of the ring where the decay electrons emerge and are detected by one of the 20 counters. Dimensions are in mm.

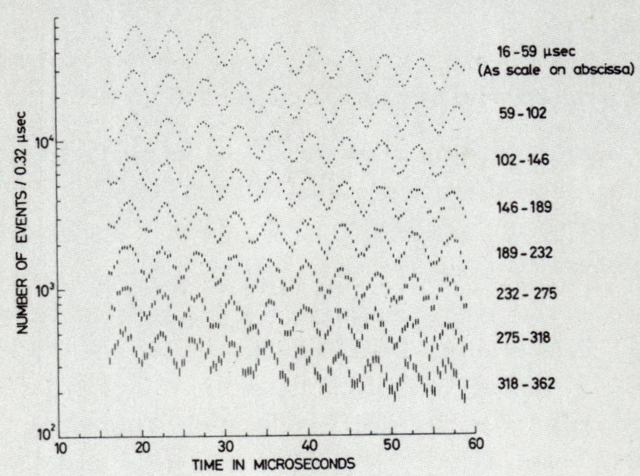

Fig. 2. Time distribution of decay electrons. The time range shown is 80 (g−2) cycles.

ii) The momentum corresponding to this unique value of γ, 3.094 GeV/c, is over twice that of the previous experiment, leading to a longer muon lifetime (64.4 μsec). As f_a is independent of p_μ, whereas the observed muon lifetime scales as γ, more $g-2$ cycles are observed giving increased statistical precision.

The lifetime is a useful check on the experiment. The time dilation predicted by relativity for an object travelling in a circle with velocity $\beta = 0.9994$ is confirmed to $\sim 1\%$.

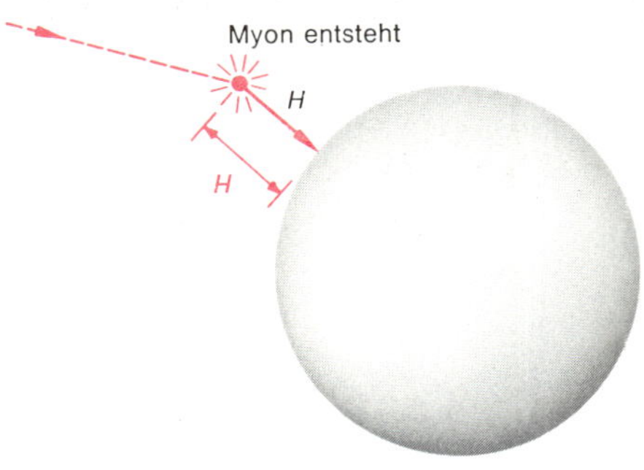

Infolge der Zeitdilatation können die in einer Höhe von rund 10 km entstehenden Myonen die Erdoberfläche erreichen.

2. Beispiel: Die Lorentzkontraktion

Die Verlängerung der Lebensdauer von bewegten Myonen wurde bereits vor dem CERN-Experiment auf andere Weise festgestellt. Myonen entstehen nämlich auch in einer Höhe von etwa $H = 10$ km durch den Aufprall energiereicher Teilchen aus dem Weltall (der kosmischen Strahlung) auf die Erdatmosphäre. Die dabei entstehenden Myonen bewegen sich fast mit Lichtgeschwindigkeit zur Erdoberfläche. Dazu benötigen sie die Zeit

$$t = \frac{H}{c} = \frac{10^5\ \mathrm{m}}{3 \cdot 10^8\ \mathrm{m/s}} = 3 \cdot 10^{-4}\ \mathrm{s}.$$

Diese Zeit ist wesentlich länger als die Halbwertszeit ruhender Myonen. Nur dadurch, daß die Lebensdauer infolge der Zeitdilatation auf den Wert

$$\tau(v) = \frac{\tau}{\sqrt{1 - v^2/c^2}}.$$

verlängert ist, kann ein wesentlicher Bruchteil der Myonen bis zur Erdoberfläche vordringen.

Wir betrachten diese Situation nun vom Standpunkt eines Beobachters, der mit den Myonen zur Erdoberfläche fliegt. Für ihn ruhen die Myonen, und ihre Halbwertszeit beträgt daher – gemessen mit seinen Uhren – nur $\tau = 1{,}52\ \mu s$. Wieso kann die entgegenfliegende Erde dennoch die Myonen erreichen? Die Theorie führt hier zu folgender Antwort:

Bewegt sich ein Beobachter an einer Strecke der Länge H mit der Geschwindigkeit v vorbei, so ist die Strecke für ihn verkürzt auf

$$H(v) = H\sqrt{1 - v^2/c^2}\,.$$

Diesen Effekt bezeichnet man als Lorentzkontraktion.

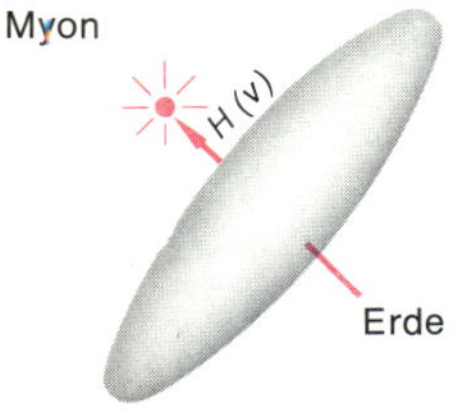

Von den Myonen aus gesehen erscheint die Erde, die ihnen fast mit Lichtgeschwindigkeit entgegenfliegt, stark abgeplattet. Alle Abstände in Bewegungsrichtung sind verkürzt. Die Myonen können deshalb die Entfernung zur Erdoberfläche innerhalb ihrer Lebensdauer zurücklegen und die Erde erreichen.

Vom Standpunkt des mit den Myonen mitfliegenden Beobachters ist die Entfernung H wesentlich kleiner als 10 km. Daher können die kurzlebigen Myonen diese Entfernung innerhalb ihrer Halbwertszeit $\tau = 1{,}52\ \mu s$ leicht zurücklegen!

Die Lorentzkontraktion macht sich bei Experimenten mit Elementarteilchen deutlich bemerkbar. Das elektrische Feld eines fast mit Lichtgeschwindigkeit bewegten Elektrons oder Protons wird durch die Lorentzkontraktion verformt. Die Feldlinien werden in der Ebene senkrecht zur Bewegungsrichtung zusammengedrängt, so daß dort besonders hohe elektrische Feldstärken entstehen. Dadurch übt das Feld des Teilchens stärkere Kräfte auf andere Teilchen aus. Deshalb hinterlassen Teilchen, die sich fast mit Lichtgeschwindigkeit bewegen, besonders kräftige Spuren in Blasenkammern.

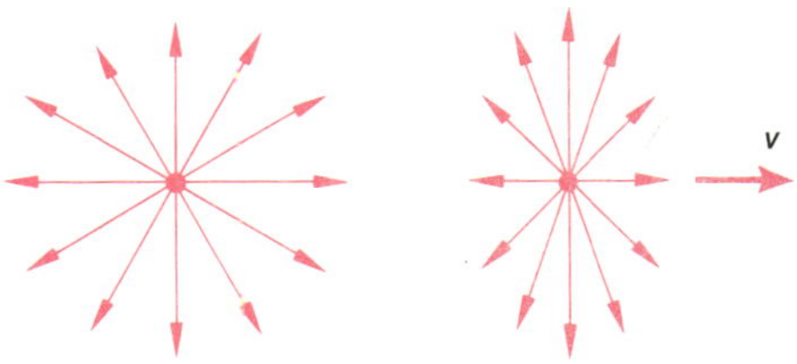

Das elektrische Feld eines rasch bewegten Teilchens wird durch die Lorentzkontraktion verändert. Dadurch ergibt sich senkrecht zur Bewegungsrichtung des Teilchens eine erhöhte Dichte der Feldlinien, die große Feldstärken anzeigt.

3. Beispiel: Die Lichtgeschwindigkeit als Grenzgeschwindigkeit

Bewegt sich eine Uhr mit der Geschwindigkeit v an einem Uhrensatz vorbei, welcher in einem Inertialsystem ruht, so geht sie um den Faktor $\sqrt{1 - v^2/c^2}$ langsamer als diese Uhren. Nähert sich die Geschwindigkeit der Uhr der Lichtgeschwindigkeit, so verlangsamt sich ihr Gang immer mehr. Überschreitet die Geschwindigkeit v der Uhr aber die Lichtgeschwindigkeit, so ergibt sich ein imaginärer Wert für die angegebene Zeit.

Dieses Ergebnis ist offensichtlich unsinnig. Wir müssen daher fordern, daß sich keine Uhr und auch kein anderer Körper (der stets eine Uhr mitführen könnte) mit Überlichtgeschwindigkeit bewegen kann. Die Lichtgeschwindigkeit muß die Grenzgeschwindigkeit für die möglichen Bewegungen aller Körper sein.

Die Geschwindigkeit eines beliebigen Körpers kann die Lichtgeschwindigkeit nicht überschreiten.

Aus der Stärke der Spur eines Teilchens in der Blasenkammer kann man seine Geschwindigkeit bestimmen. Dabei muß die Veränderung des Coulombfeldes durch die Lorentzkontraktion berücksichtigt werden.

Diese grundlegende Aussage der Relativitätstheorie wurde in vielen Experimenten geprüft. Eine der genauesten Messungen wurde 1974 in Kalifornien an der Stanford University durchgeführt. Elektronen wurden durch elektrische Felder solange beschleunigt, bis sie eine kinetische Energie $E = 20{,}5$ GeV aufwiesen. Nach den Gesetzen der Newtonschen Physik hätten diese Elektronen 283fache Lichtgeschwindigkeit erreichen müssen. Bei dem Experiment wurde die Geschwindigkeit der Elektronen mit derjenigen eines Lichtsignals verglichen. Man ließ Elektronen und Licht eine Strecke von 1 km Länge durchlaufen und bestimmte die Laufzeit. Bei einer Meßgenauigkeit von 10^{-12} s konnte kein Unterschied in den Laufzeiten festgestellt werden. Trotz der hohen zugeführten Energie war es also nicht gelungen, die Elektronen auf Überlichtgeschwindigkeit zu bringen.

Die Ergebnisse des folgenden Abschnittes werden zeigen, daß Elektronen mit dieser Energie eine Geschwindigkeit aufweisen, die nur um 0,15 m/s kleiner ist als die Lichtgeschwindigkeit. Der entsprechende Laufzeitunterschied ist 1000mal kleiner als die Meßgenauigkeit des Experimentes.

Zwei Uhren werden gleichzeitig von einer Blitzlampe gestartet, die in ihrer Mitte gezündet wurde.

b) Die Relativität der Gleichzeitigkeit

Am Beispiel des Weltuhrensystems haben wir gesehen, wie man Uhren an verschiedenen Orten miteinander synchronisiert und so feststellt, ob zwei Ereignisse irgendwo in der Welt gleichzeitig stattfinden.

Um die Gleichzeitigkeit entfernter Ereignisse festzustellen, gibt es eine noch übersichtlichere Möglichkeit:

> Zwei Ereignisse sind gleichzeitig,
> wenn sie von Lichtstrahlen ausgelöst werden können,
> die zugleich von einer Quelle in der Mitte ausgehen.

Diese Festlegung der Gleichzeitigkeit entspricht unserem Alltagsverständnis, so lange wir uns auf ein Inertialsystem beschränken. Im Alltag ist dieses System die Erde, die für die kurzen Zeitspannen der Signalübertragung als Inertialsystem betrachtet werden darf.

Eine neue Situation ergibt sich aber, wenn wir die Gleichzeitigkeit in verschiedenen Inertialsystemen betrachten, wie das folgende Beispiel zeigt.

Bei einem internationalen Experiment sollen Uhren in einer amerikanischen und in einer sowjetischen Rakete gleichzeitig gestartet werden. Dazu wird in der Mitte zwischen den beiden Raumschiffen eine Blitzlampe gezündet.

Linkes Bild:
Aus der Sicht des unteren amerikanischen Raumschiffs (a) wird zunächst die Uhr im Heck des sowjetischen Raumschiffs von dem Lichtsignal in Gang gesetzt (b). Dann werden die beiden amerikanischen Uhren gleichzeitig gestartet (c). Zuletzt erreicht das Lichtsignal die Uhr im Bug des sowjetischen Raumschiffs (d).

Rechtes Bild:
Aus der Sicht des oberen sowjetischen Raumschiffs (e) wird hingegen zunächst die Uhr im Heck des amerikanischen Raumschiffs in Gang gesetzt (f). Dann werden die beiden sowjetischen Uhren zugleich gestartet (g). Zuletzt erreicht das Lichtsignal die Uhr im Bug des amerikanischen Raumschiffs (h).

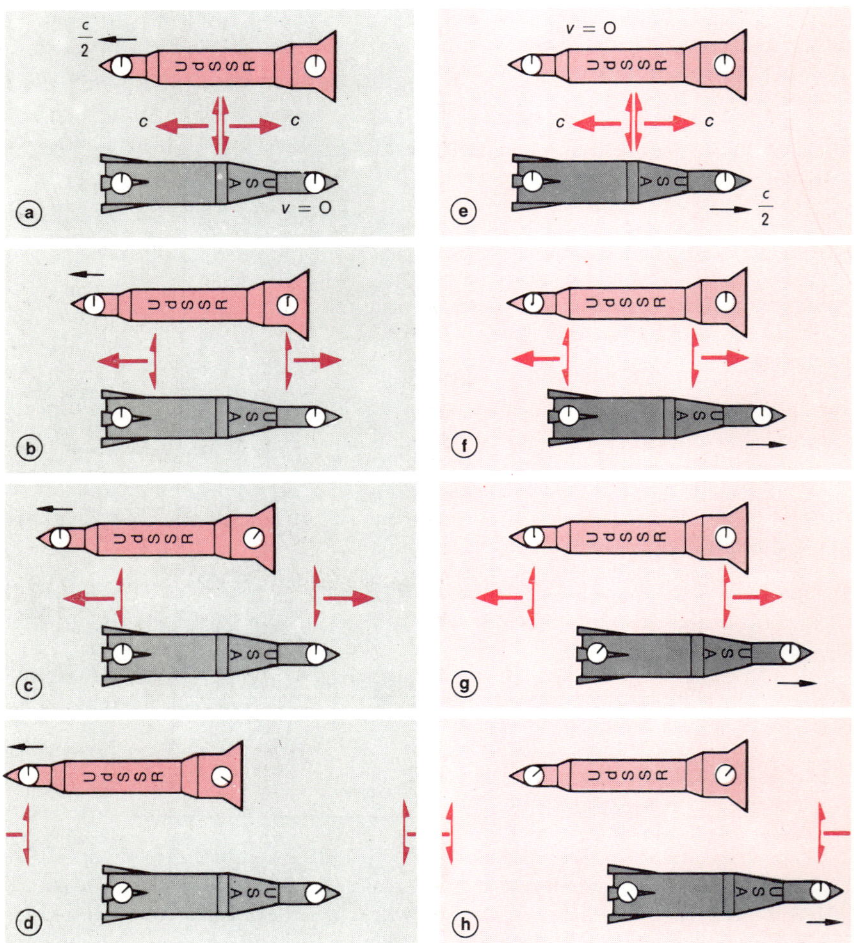

Ein amerikanisches und ein russisches Raumschiff begegnen einander im All und fliegen mit halber Lichtgeschwindigkeit aneinander vorbei. Im Bug und im Heck der beiden gleichlangen Raumschiffe befinde sich je eine Uhr. Für Navigationszwecke sollen diese Uhren gleichzeitig in Gang gesetzt werden. Dazu befindet sich in der Mitte der beiden Raumschiffe je eine Blitzlampe. Sie wird gezündet, wenn die beiden Raumschiffe genau nebeneinander liegen. Das Licht setzt die Uhren in Gang.

Wir betrachten den Ablauf dieses Experimentes zunächst von einem Inertialsystem aus, in dem die amerikanische Rakete ruht. Die nach vorn und hinten laufenden Lichtsignale erreichen dann gleichzeitig die Uhren im amerikanischen Raumschiff. Das sowjetische Raumschiff hat sich in der Zwischenzeit jedoch weiter bewegt, so daß der Lichtblitz die Uhr am Ende des sowjetischen Raumschiffes früher erreicht. Die Uhren des sowjetischen Raumschiffes werden daher nicht gleichzeitig in Gang gesetzt.

Die amerikanischen Astronauten teilen dies ihren sowjetischen Kollegen mit, worauf diese heftig protestieren. Sie betrachten das russische Raumschiff als ruhend, und der Fall stellt sich gerade umgekehrt dar! Die sowjetischen Uhren sind synchronisiert und die amerikanischen Uhren gehen falsch.

Wir wissen nicht, welche diplomatischen Verwicklungen diese Auseinandersetzung heraufbeschwören würde, gäbe es nicht eine salomonische Lösung. Die Inertialsysteme, in denen die beiden Raketen ruhen, sind *gleichberechtigt*. Es gibt keinen Grund der einen oder der anderen Seite recht zu geben. Aus der oben getroffenen Festlegung der Gleichzeitigkeit folgt vielmehr, daß zwei Ereignisse, die in einem Inertialsystem gleichzeitig sind, vom Standpunkt des anderen Systems nicht gleichzeitig stattfinden. Dies können wir folgendermaßen einsehen.

Vom Standpunkt der Amerikaner werden die amerikanischen Uhren gleichzeitig in Gang gesetzt, da sie zugleich von dem in der Mitte befindlichen Blitzlicht ausgelöst werden.

Vom Standpunkt der Russen werden die sowjetischen Uhren gleichzeitig in Gang gesetzt, da sie zugleich von einem in der Mitte befindlichen Blitzlicht ausgelöst werden.

Russen und Amerikaner sind der Meinung, daß die jeweils anderen Uhren nicht gleichzeitig in Gang gesetzt wurden.

Die Auslösung der beiden Uhren ist nur ein spezielles Beispiel für zwei Ereignisse, die an verschiedenen Orten stattfinden. Es folgt also das wichtige Resultat:

Relativität der Gleichzeitigkeit
Finden in einem Inertialsystem zwei Ereignisse an verschiedenen Orten gleichzeitig statt, so finden diese Ereignisse in einem relativ dazu bewegten Inertialsystem zu verschiedenen Zeiten statt.

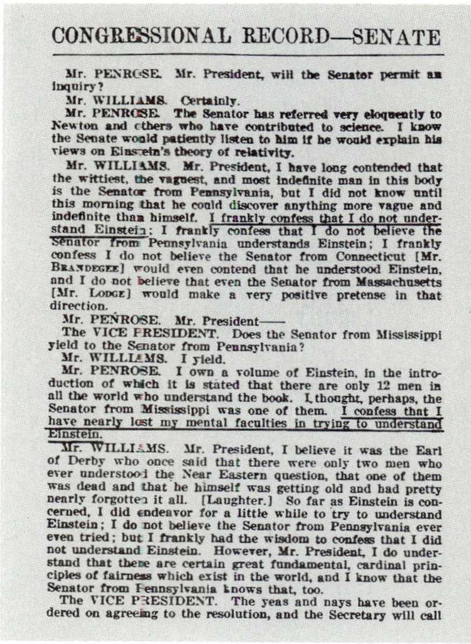

CONGRESSIONAL RECORD—SENATE

Mr. PENROSE. Mr. President, will the Senator permit an inquiry?

Mr. WILLIAMS. Certainly.

Mr. PENROSE. The Senator has referred very eloquently to Newton and others who have contributed to science. I know the Senate would patiently listen to him if he would explain his views on Einstein's theory of relativity.

Mr. WILLIAMS. Mr. President, I have long contended that the wittiest, the vaguest, and most indefinite man in this body is the Senator from Pennsylvania, but I did not know until this morning that he could discover anything more vague and indefinite than himself. I frankly confess that I do not understand Einstein; I frankly confess that I do not believe the Senator from Pennsylvania understands Einstein; I frankly confess I do not believe the Senator from Connecticut [Mr. Brandegee] would even contend that he understood Einstein, and I do not believe that even the Senator from Massachusetts [Mr. Lodge] would make a very positive pretense in that direction.

Mr. PENROSE. Mr. President——

The VICE PRESIDENT. Does the Senator from Mississippi yield to the Senator from Pennsylvania?

Mr. WILLIAMS. I yield.

Mr. PENROSE. I own a volume of Einstein, in the introduction of which it is stated that there are only 12 men in all the world who understand the book. I thought, perhaps, the Senator from Mississippi was one of them. I confess that I have nearly lost my mental faculties in trying to understand Einstein.

Mr. WILLIAMS. Mr. President, I believe it was the Earl of Derby who once said that there were only two men who ever understood the Near Eastern question, that one of them was dead and that he himself was getting old and had pretty nearly forgotten it all. [Laughter.] So far as Einstein is concerned, I did endeavor for a little while to try to understand Einstein; I do not believe the Senator from Pennsylvania ever even tried; but I frankly had the wisdom to confess that I did not understand Einstein. However, Mr. President, I do understand that there are certain great fundamental, cardinal principles of fairness which exist in the world, and I know that the Senator from Pennsylvania knows that, too.

The VICE PRESIDENT. The yeas and nays have been ordered on agreeing to the resolution, and the Secretary will call

Auch im amerikanischen Kongreß wurde heftig über die Relativitätstheorie diskutiert, wobei sich die Senatoren gegenseitig gestanden, die Theorie nicht verstanden zu haben.

Bei Präzisionsexperimenten muß die Laufzeit von Lichtsignalen und von elektrischen Signalen in Kabeln bei der Feststellung der Gleichzeitigkeit zweier Ereignisse berücksichtigt werden. Auf den Kabeln ist die Signallaufzeit angegeben.

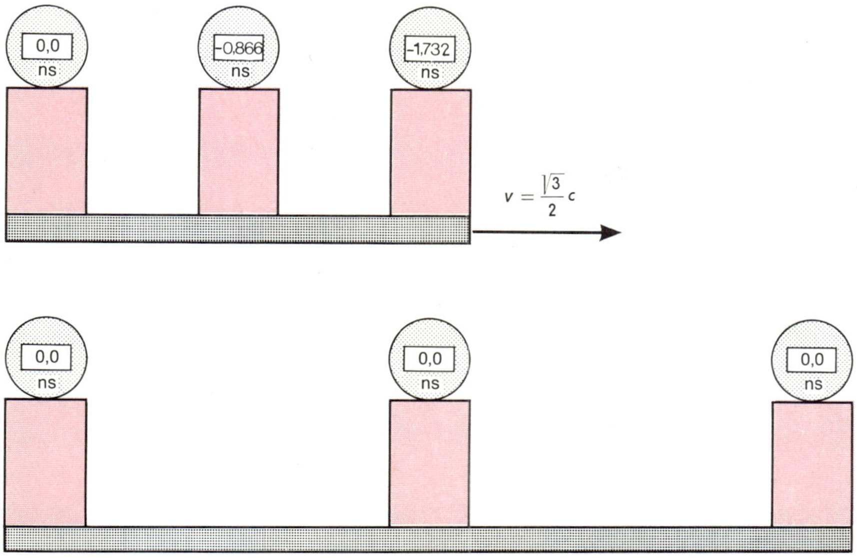

Zwei Sätze synchronisierter Uhren bewegen sich aneinander vorbei. Wir betrachten den unteren Uhrensatz als ruhend. Die Abstände zwischen den oberen Uhren sind durch die Lorentzkontraktion auf die Hälfte verringert. Die oberen Uhren geben unterschiedliche Zeiten an, da Gleichzeitigkeit in einem System nicht mit Gleichzeitigkeit im anderen System übereinstimmt!

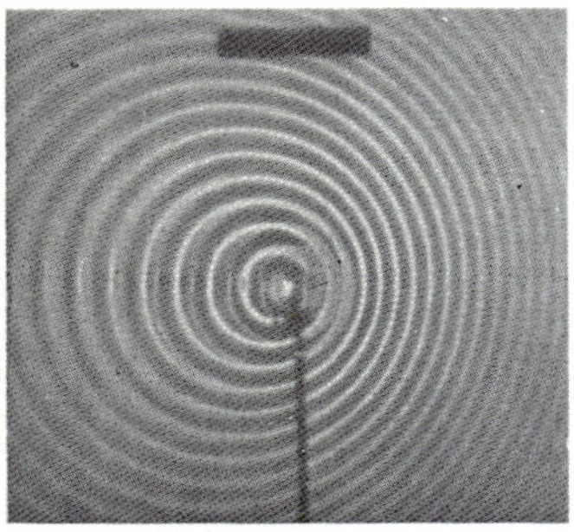

Der Doppler-Effekt bei Wasserwellen. Hier bewegt sich die Quelle, während der Beobachter ruht.

c) Der relativistische Doppler-Effekt

In der Akustik haben wir gesehen, daß sich die von einem Beobachter wahrgenommene Tonhöhe einer Schallquelle ändert, falls sich entweder der Beobachter oder die Schallquelle relativ zur Luft bewegt. Die vom Beobachter gemessene Frequenz f_B hängt dabei mit der Frequenz f_Q der Quelle folgendermaßen zusammen:

Ruhende Schallquelle Q und sich nähernder Beobachter B	Ruhender Beobachter B und sich nähernde Schallquelle Q
$f_B = f_Q\,(1 + v_B/c)$	$f_B = f_Q \cdot \frac{1}{1 - v_Q/c}$

Dabei sind v_B bzw. v_Q die Geschwindigkeiten des Beobachters bzw. der Schallquelle relativ zur Luft. Der unterschiedliche Bau der beiden Formeln zeigt, daß der Doppler-Effekt beim Schall davon abhängt, ob sich die Quelle oder der Beobachter relativ zur Luft bewegt. Die in der Akustik hergeleiteten Formeln sollten auch in der Optik gültig sein, da sie nur von den elementarsten Eigenschaften von Wellen Gebrauch machen. Andererseits gibt es für Lichtwellen kein Bezugssystem, das die Rolle des Ruhsystems der Luft übernehmen kann. Bei Licht darf der Doppler-Effekt daher nur von der *Relativgeschwindigkeit* von Quelle und Beobachter abhängen. Dies ist auch der Fall, wenn wir die Zeitdilatation berücksichtigen.

Legen wir der Rechnung zunächst ein Inertialsystem zugrunde, in dem der Beobachter ruht und die Quelle sich mit der Geschwindigkeit v_B bewegt. Wegen der Zeitdilatation verringert sich die Frequenz der Quelle vom Standpunkt des Beobachters aus gesehen um den Faktor $\sqrt{1 - v_Q^2/c^2}$. Diese Frequenzverringerung tritt zum Doppler-Effekt hinzu und wir erhalten

$$f_B = \sqrt{1 - v_Q^2/c^2} \cdot f_Q \frac{1}{1 - v_Q/c} = f_Q \sqrt{\frac{1 + v_Q/c}{1 - v_Q/c}}.$$

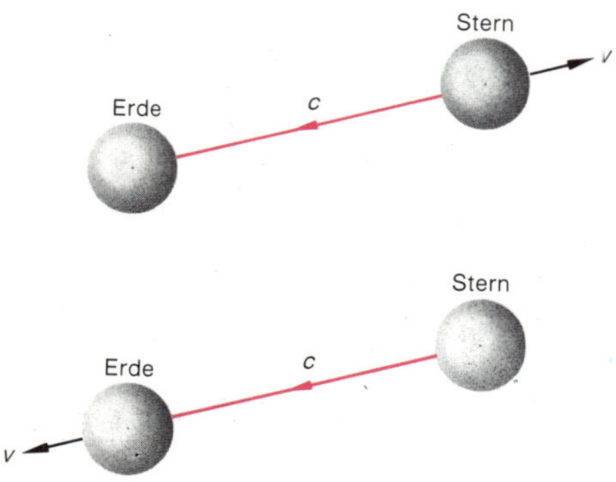

Licht von einem Stern wird auf der Erde empfangen. Der Doppler-Effekt ist in diesem Fall unabhängig davon, ob wir den Stern oder die Erde als bewegt betrachten.

Nun führen wir die Rechnung in dem Inertialsystem durch, in dem die Quelle ruht. Wir betrachten also den Beobachter als bewegt. Dabei müssen wir berücksichtigen, daß die von ihm registrierte Frequenz f_B infolge der Zeitdilatation um den Faktor $\sqrt{1 - v_Q^2/c^2}$ verringert ist. Es gilt also

$$f_B \sqrt{1 - v_B^2/c^2} = f_Q\,(1 + v_B/c).$$

Daraus ergibt sich das gleiche Resultat wie zuvor, wenn wir v_Q durch v_B ersetzen. Es kommt also tatsächlich nur auf die Relativgeschwindigkeit v zwischen Quelle und Beobachter an, und nicht darauf, ob wir die Quelle oder den Beobachter als bewegt betrachten.

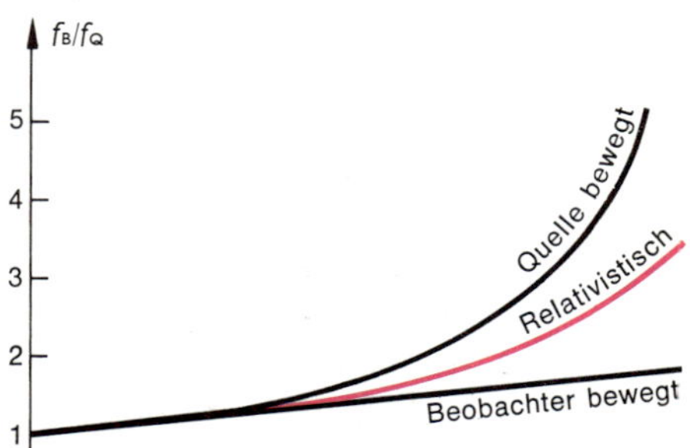

Der relativistische Doppler-Effekt. Das Frequenzverhältnis liegt zwischen den beiden Spezialfällen, die bei Schall zu unterscheiden sind. (Bei Schall bedeutet c die Schallgeschwindigkeit.)

> *Der relativistische Doppler-Effekt*
> Sendet eine Lichtquelle Wellen der Frequenz f_Q aus, so empfängt ein mit der Geschwindigkeit v relativ zur Quelle bewegter Beobachter die Wellen mit der Frequenz
> $$f_B = f_Q \sqrt{\frac{1 + v/c}{1 - v/c}}.$$

Der relativistische Doppler-Effekt kann zur Bestimmung der Geschwindigkeit v einer bewegten Lichtquelle bekannter Frequenz f_Q benützt werden. Bewegt sich beispielsweise ein Stern von der Erde weg, so werden seine Spektrallinien infolge des Doppler-Effektes zu längeren Wellenlängen hin verschoben. Dieser Effekt wird »Rotverschiebung« genannt und ist bei der Bestimmung der Entfernung von Galaxien wesentlich.

3. Masse und Energie

Die Veränderung des Newtonschen Zeitbegriffes durch die Relativitätstheorie war eines der aufsehenerregendsten Ergebnisse der Physik. Die wechselseitige Umwandelbarkeit von Energie und Masse fand anfänglich weit weniger Beachtung. Sie erwies sich aber später als einer der ausschlaggebenden politischen Faktoren unseres Jahrhunderts.

a) Die relativistische Massenzunahme

Können wir die Lichtgeschwindigkeit überschreiten, indem wir einen Körper ständig beschleunigen? Betrachten wir z. B. ein Raumschiff, das durch einen Raketenmotor die konstante Beschleunigung $a = 10\ \text{m/s}^2$ erfährt. In ihm werden alle Körper mit der gleichen Kraft wie auf der Erde zu Boden gedrückt, so daß die Raumfahrer wie im Schwerefeld der Erde leben können. Nach den Gesetzen der Newtonschen Physik ist die Geschwindigkeit des Raumschiffes proportional zur Zeit und überschreitet die Lichtgeschwindigkeit nach der Zeit $t = c/a = 3 \cdot 10^7\ \text{s} \approx 1$ Jahr.

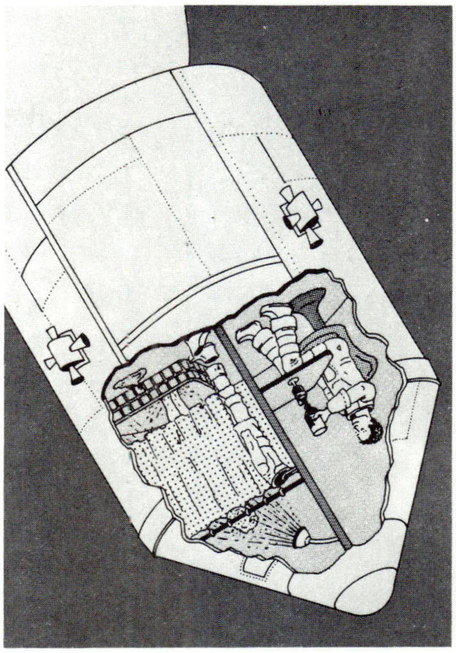

In einem mit $g \approx 10\ \text{m/s}^2$ beschleunigten Raumschiff leben die Astronauten wie auf der Erde.

Damit kein Widerspruch zu unseren früheren Überlegungen auftritt, muß der Widerstand des Raumschiffes gegen Beschleunigung mit zunehmender Geschwindigkeit offenbar immer größer werden. Die Masse eines Körpers muß also mit der Geschwindigkeit ansteigen, wie wir anhand des folgenden Gedankenexperimentes herleiten werden.

Ein Auto mit der Masse m fahre mit der konstanten Geschwindigkeit w gegen eine Wand, wobei z. B. $w = 50$ km/h sei. Jedenfalls gelte aber $w \ll c$. Beim Auftreffen schlägt das Auto ein Loch in die Wand und bleibt stecken. Dabei überträgt es seinen gesamten Impuls $p = mw$ auf die Wand. Die Tiefe des Loches kann uns als Maß des Impulses dienen.

Wir betrachten diesen Vorgang nun vom Standpunkt eines Elektrons, das sich mit großer Geschwindigkeit v parallel zur Wand bewegt. Wegen der Zeitdilatation erscheint die Fahrt des Autos gegen die Wand vom Standpunkt des Elektrons im Zeitlupentempo. Mit der Geschwindigkeit $w' = w\sqrt{1 - v^2/c^2}$ fährt das Auto auf die Wand zu und schlägt dort überraschenderweise ein tiefes Loch. Um dies zu erklären, müssen wir fordern, daß zwar die Geschwindigkeit w des Autos auf w' verringert ist, seine Masse m jedoch auf einen solchen Wert m' vergrößert erscheint, daß der auf die Wand übertragene Impuls der gleiche ist wie zuvor. Aus der Gleichsetzung der Impulse $p = mw$ und $p' = m'w'$ folgt

$$p' = m'w' = m'w\sqrt{1 - v^2/c^2} = mw = p, \quad \text{also} \quad m' = \frac{m}{\sqrt{1 - v^2/c^2}}.$$

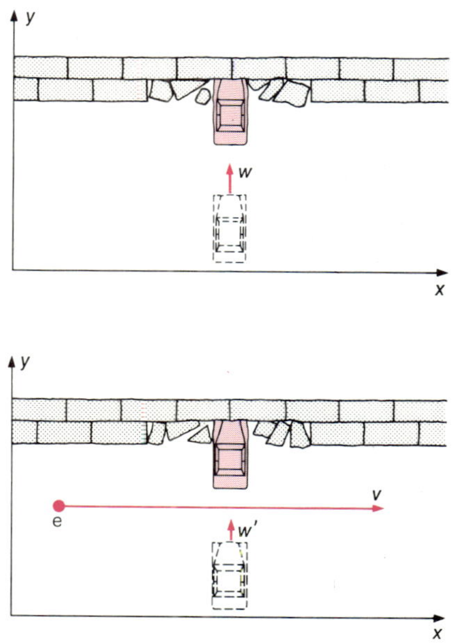

Ein Auto fährt mit der Geschwindigkeit $w = 50$ km/h gegen eine Wand und schlägt ein Loch (oberes Bild). Die Tiefe des Loches ist ein Maß für den Impuls des Autos.
Vom Standpunkt eines mit sehr hoher Geschwindigkeit vorbeifliegenden Elektrons erscheint dieser Vorgang wegen der Zeitdilatation in Zeitlupe (unteres Bild). Ganz langsam bewegt sich das Auto auf die Wand zu. Vom Standpunkt des Elektrons ist das tiefe Loch in der Wand durch die hohe Masse des Autos zu erklären.

Dieses Resultat, das wir für einen Spezialfall hergeleitet haben, gilt allgemein. Die Masse eines mit der Geschwindigkeit v bewegten Körpers ist um den Faktor $1/\sqrt{1 - v^2/c^2}$ größer als die Masse des ruhenden Körpers. (Wir können die kleine Geschwindigkeit w des Autos in Richtung zur Wand vernachlässigen.) Wir bezeichnen die Masse des ruhenden Körpers als Ruhmasse m und die des bewegten Körpers als dynamische Masse m_D.

> *Relativistische Massenzunahme*
> Bewegt sich ein Körper mit der Geschwindigkeit v, so beträgt seine dynamische Masse m_D
> $$m_D = \frac{m}{\sqrt{1 - v^2/c^2}}.$$
> m ist die Ruhmasse des Körpers.

Blick in den sieben Kilometer langen Tunnel des Super-Protonensynchrotrons von CERN. Meterhohe Magnete sind erforderlich um die fast mit Lichtgeschwindigkeit fliegenden Protonen auf einer Kreisbahn zu halten. Ohne Massenzunahme würden hier kleine Hufeisenmagnete ausreichen.

Die relativistische Massenzunahme ist in den Jahrzehnten seit ihrer Herleitung in zahlreichen Präzisionsexperimenten überprüft worden. Die Vorhersagen der Relativitätstheorie wurden dabei mit einer Genauigkeit von 0,05% bestätigt.

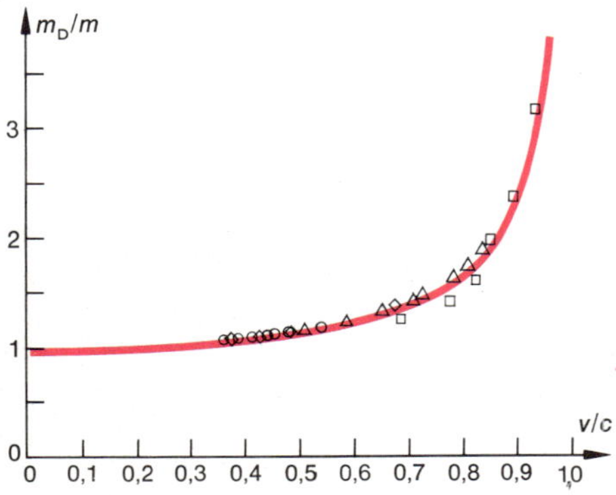

Die relativistische Massenzunahme wurde bereits in zahlreichen Experimenten bestätigt. Das Diagramm zeigt einige Messungen aus der Zeit von 1909 bis 1924.

Besonders stark macht sich die Massenzunahme bei den Beschleunigern der Elementarteilchenphysik bemerkbar. Als Beispiel betrachten wir das Super-Protonensynchrotron (SPS) im CERN, dem europäischen Zentrum für Elementarteilchenphysik. Dort werden Protonen durch elektrische Felder auf die Geschwindigkeit $v = 0{,}99999726\,c$ beschleunigt. Jedem Proton wird dabei die Energie $E = 400$ GeV zugeführt.

Während des Beschleunigungsvorganges legen die Teilchen mehr als eine Million Kilometer in dem kreisförmigen Super-Protonensynchrotron zurück. Ein Magnetfeld $\mathcal{B}$ hält sie auf einer Kreisbahn mit dem Radius $r = 1200$ m. Die dazu erforderliche magnetische Feldstärke beträgt nach den Vorhersagen der Newtonschen Physik.

$$\mathcal{B} = \frac{mv}{qr} = \frac{1{,}67 \cdot 10^{-27}\,\mathrm{kg} \cdot 3 \cdot 10^{8}\,\mathrm{m/s}}{1{,}6 \cdot 10^{-19}\,\mathrm{C} \cdot 1200\,\mathrm{m}} = 0{,}0026\,\mathrm{T}.$$

Demnach würden bereits schwache Elektromagnete ausreichen, um die Teilchen auf ihrer Bahn zu halten.

Die relativistische Massenzunahme bewirkt aber, daß die Masse der Protonen während der Beschleunigung ansteigt und schließlich

$$m_D = \frac{m}{\sqrt{1 - v^2/c^2}} = \frac{m}{\sqrt{1 - (0{,}99999726)^2}} = 427\,m$$

erreicht. Das Magnetfeld muß daher 427mal stärker sein, als der zuvor errechnete Wert.

$$\mathcal{B} = \frac{m_D v}{qr} = 427 \cdot \frac{mv}{qr} = 427 \cdot 0{,}0026\,\mathrm{T} = 1{,}11\,\mathrm{T}.$$

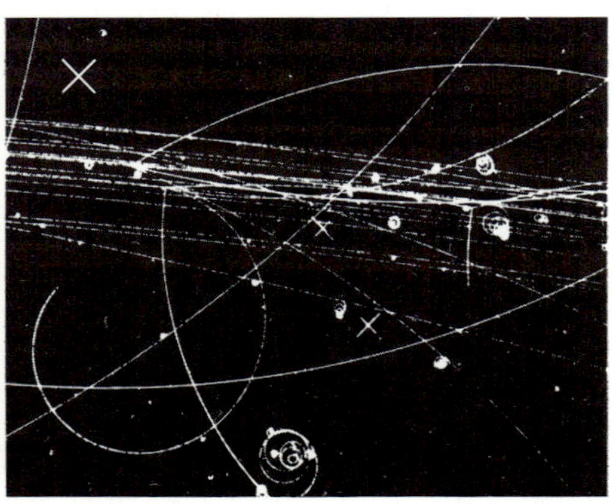

Die Krümmung der Teilchenspuren wird durch ein Magnetfeld verursacht. Aus dem Krümmungsradius der Bahn kann man die Masse des Teilchens bestimmen. Auch hier macht sich die Massenzunahme bemerkbar.

Diese hohe Feldstärke kann nur durch sehr starke Elektromagnete erzielt werden. Ihre Leistungsaufnahme beträgt in der Endphase der Beschleunigung 135 MW, was der Leistung eines mittleren Kraftwerkes entspricht. Die relativistische Massenzunahme muß also beim Bau von Beschleunigern unbedingt berücksichtigt werden.

Die relativistische kinetische Energie

Wegen der Massenzunahme nimmt die kinetische Energie eines bewegten Körpers einen größeren Wert an, als wir seinerzeit berechnet haben. Die Rechnung zeigt, daß der Ausdruck für die kinetische Energie gegeben ist durch

$$E = mc^2\left(\frac{1}{\sqrt{1-v^2/c^2}} - 1\right) = (m_D - m)\,c^2.$$

Nähert sich die Geschwindigkeit des Körpers der Lichtgeschwindigkeit, so steigt die kinetische Energie stark an. Beispielsweise erreicht die Energie der Protonen im Super-Protonensynchrotron des CERN den Wert

$$E = (m_D - m)\,c^2 = (427 - 1)\,mc^2 = 426 \cdot 1{,}6 \cdot 10^{-27}\ \text{kg}\ (3 \cdot 10^8\ \text{m/s})^2 = = 426 \cdot 1{,}50 \cdot 10^{-10}\ \text{J} \approx 400\ \text{GeV}.$$

Dies stimmt mit der zur Beschleunigung aufgewendeten Arbeit überein. Nach den Vorhersagen der Newtonschen Physik hätten die annähernd mit Lichtgeschwindigkeit fliegenden Protonen dagegen nur die Energie

$$\frac{1}{2}\,mv^2 \approx \frac{1}{2}\,mc^2 = 0{,}5\ \text{GeV}.$$

Die kinetische Energie ist hier also auf das 800fache ihres Newtonschen Wertes angestiegen.

Für $v \ll c$ gilt dagegen die Näherungsformel

$$\frac{1}{\sqrt{1-v^2/c^2}} \approx 1 + \frac{v^2}{2c^2}.$$

Es ergibt sich also

$$E = mc^2\left(\frac{1}{\sqrt{1-v^2/c^2}} - 1\right) \approx mc^2\left(1 + \frac{v^2}{2c^2} - 1\right) = \frac{1}{2}\,mv^2.$$

Der relativistische Ausdruck für die kinetische Energie geht also für kleine Geschwindigkeiten näherungsweise in den Newtonschen Ausdruck über, wie dies ja auch sein muß.

Die kinetische Energie eines Körpers beträgt

$$E = mc^2\left(\frac{1}{\sqrt{1-v^2/c^2}} - 1\right) = (m_D - m)\,c^2.$$

Dieser Ausdruck stimmt für $v \ll c$ mit dem Newtonschen Ausdruck für die kinetische Energie überein.

Für $v \to c$ wächst die relativistische kinetische Energie über alle Grenzen. Um einen Körper auf Lichtgeschwindigkeit zu beschleunigen, wäre daher unendlich viel Energie erforderlich. Damit haben wir ein zweites Argument für die Unerreichbarkeit der Lichtgeschwindigkeit gefunden. Um die oben verwendete Näherung zu beweisen, setzen wir $v^2/c^2 = x$ und berechnen

$$(1-x)\left(1+\frac{x}{2}\right)^2 = 1 - \frac{7}{4}\,x^2 + \frac{1}{4}\,x^3.$$

Für kleine Geschwindigkeiten ist $x \ll 1$ und wir können die Terme x^2 und x^3 vernachlässigen. Dann folgt

$$(1-x)\left(1+\frac{x}{2}\right)^2 \approx 1, \qquad \text{oder} \qquad \frac{1}{\sqrt{1-x}} \approx 1 + \frac{x}{2}.$$

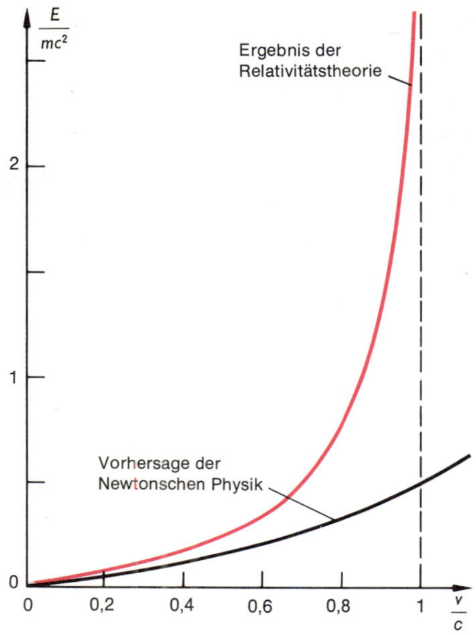

Vergleich des relativistischen Ausdrucks für die kinetische Energie eines Teilchens mit den Vorhersagen der Newtonschen Theorie. Strebt die Geschwindigkeit eines Körpers gegen die Lichtgeschwindigkeit, so wächst seine kinetische Energie über alle Grenzen.

Um eine Rakete auf Lichtgeschwindigkeit zu beschleunigen, wäre unendlich viel Energie erforderlich.

Ein energiereiches Teilchen (100 GeV) schlägt in die Wand einer Blasenkammer ein und erzeugt über hundert Elementarteilchen. Durch ein senkrecht zur Bildfläche gerichtetes Magnetfeld werden die positiv geladenen Teilchen in der einen, die negativ geladenen Teilchen in der anderen Richtung abgelenkt.

b) Die Äquivalenz von Masse und Energie

Um den Zusammenhang zwischen Masse und Energie herzuleiten, schreiben wir die Formel für die relativistische kinetische Energie folgendermaßen um:

$$m_D = m + \frac{E}{c^2}.$$

Diese Beziehung können wir folgendermaßen interpretieren. Führen wir einem ruhenden Teilchen die Energie E zu, so steigt seine Masse um E/c^2. Energiezufuhr erhöht also die Masse eines Körpers.

> Führt man einem Körper die Energie E zu, so erhöht sich seine Masse um E/c^2.

Am Beispiel des Beschleunigers haben wir gesehen, in welch hohem Maß die Masse eines Teilchens durch Energiezufuhr verändert werden kann. Im Alltag bleiben diese Massenveränderungen jedoch unbemerkt. Eine Energiezufuhr von 1 kWh hat nämlich nur eine Änderung der Masse um $4 \cdot 10^{-11}$ kg zur Folge.

Wenn Energiezufuhr eine Vergrößerung der Masse eines Körpers bewirkt, so muß umgekehrt gelten:

> Gibt ein Körper die Energie E ab, so verringert sich seine Masse um E/c^2.

Beispiel: Der Massendefekt

Jeder Atomkern ist aus Protonen und Neutronen aufgebaut, die durch starke *Kernkräfte* aneinander gebunden sind. Um ein Teilchen aus dem Atomkern zu entfernen, muß man Arbeit gegen die Kernkräfte verrichten, also Energie aufwenden. Führt man dem Atomkern dagegen ein Teilchen zu, so wird Energie frei. Man nennt sie die *Bindungsenergie* des Teilchens.

Der Deuteriumkern besteht aus einem Proton und einem Neutron. Um diese Teilchen zu trennen, muß die Bindungsenergie aufgebracht werden.

Der Kern des schweren Wasserstoffes (Deuterium) besteht z. B. aus einem Proton und einem Neutron. Beim Zusammenfügen dieser beiden Teilchen wird die Bindungsenergie $E = 2{,}23$ MeV $= 3{,}58 \cdot 10^{-13}$ J an die Umgebung abgegeben. Der Deuteriumkern muß also eine geringere Masse haben als Proton und Neutron zusammengenommen. Dieser »Massendefekt« beträgt

$$\Delta m = \frac{E}{c^2} = \frac{3{,}58 \cdot 10^{-13}\,\text{J}}{9 \cdot 10^{16}\,\text{m}^2/\text{s}^2} = 3{,}97 \cdot 10^{-30}\,\text{kg}.$$

Die Masse des Deuteriumkernes können wir daher wie folgt berechnen:

Masse des Protons	$+\ 1672{,}52 \cdot 10^{-30}$ kg
Masse des Neutrons	$+\ 1674{,}82 \cdot 10^{-30}$ kg
Massendefekt	$-\ 3{,}97 \cdot 10^{-30}$ kg
Masse des Deuteriumkernes	$3343{,}53 \cdot 10^{-30}$ kg

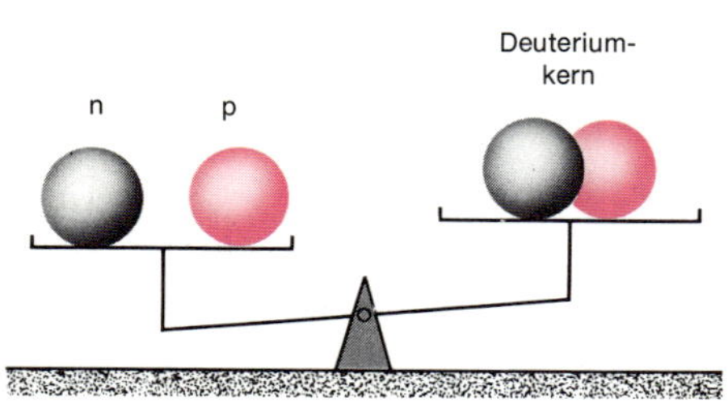

Wegen des Massendefekts ist die Masse des Deuteriumkernes etwas geringer als die Summe der Massen von Proton und Neutron.

Dieses Ergebnis stimmt mit den Messungen im Massenspektrographen überein. Die Messungen zeigen auch, daß die Kernteilchen in Kernen von Atomen mittlerer Massenzahl stärker gebunden sind als bei Kernen kleiner oder großen Massenzahl. Am stärksten sind Protonen und Neutronen in Eisenkernen gebunden.

Die Ruhenergie

Gibt ein System die Energie E ab, so verringert sich seine Masse um E/c^2. Gelingt es uns umgekehrt, die Masse eines Systems um Δm zu senken, so wird die Energie

$$E = \Delta m \cdot c^2$$

frei. Dies könnte phantastische Möglichkeiten erschließen. Verringern wir nämlich die Masse eines Körpers in unserer Umgebung um $\Delta m = 1$ kg, so erhalten wir die Energie

$$E = \Delta m c^2 = 1\ \text{kg} \cdot 9 \cdot 10^{16}\ \text{m}^2/\text{s}^2 = 9 \cdot 10^{16}\ \text{J} = 25 \cdot 10^9\ \text{kWh}.$$

Damit könnte man den europäischen Energiebedarf einige Tage hindurch decken.

Ein Körper mit einer Masse von 80 Gramm enthält ebensoviel Energie, wie ein 200-MW-Kraftwerk jährlich erzeugt.

Gibt es eine Möglichkeit, nicht nur einen kleinen Teil der Masse eines Körpers in Energie umzuwandeln, sondern sogar die gesamte Masse m? In jeder Masse unserer Umgebung würde dann die Energie $E_0 = mc^2$ enthalten sein und bei Bedarf freigesetzt werden können. Man nennt sie die *Ruhenergie* eines Körpers, denn sie ist im Gegensatz zur kinetischen Energie auch dann vorhanden, wenn der Körper ruht.

Die Elementarteilchenphysik hat gezeigt, daß diese Möglichkeit im Prinzip besteht. Im Jahre 1932 beobachtete Carl David Anderson Teilchen, welche in den meisten Eigenschaften mit Elektronen übereinstimmen. Ihre Ablenkung im Magnetfeld zeigte jedoch, daß diese Teilchen positive Ladung aufweisen. Anderson nannte die neuentdeckten Teilchen daher *Positronen.* Trafen die Positronen mit Elektronen zusammen, so gab es einen Lichtblitz, und die Teilchen waren verschwunden. Ihre Ruhmasse hatte sich vollständig in Energie elektromagnetischer Strahlung umgewandelt.

Beim Stoß eines Neutrons gegen ein Proton entsteht ein Elektron-Positron Paar. Die kinetische Energie des Neutrons wandelt sich dabei teilweise in Ruhenergie von Elektron und Positron um. Die Ablenkung der neu entstehenden Teilchen im Magnetfeld weist auf ihre entgegengesetzte Ladung hin.

Positronen waren die ersten »Antiteilchen«, die man entdeckte. Inzwischen kann man auch Antiprotonen, Antineutronen und andere Formen der Antimaterie erzeugen. Trifft diese Antimaterie mit Materie zusammen, so kann sich die Ruhmasse vollständig in Energie umwandeln.

In unserer Umgebung gibt es allerdings üblicherweise keine Antimaterie. Sie kann nur in geringsten Mengen und unter sehr hohem Energieaufwand in großen Beschleunigern erzeugt werden. Wir haben daher zur Zeit keine Hoffnung auf eine praktische Realisierung der Energiegewinnung beim Zusammentreffen von Materie mit Antimaterie.

> Ein Körper der Masse m enthält die Ruhenergie
>
> $$E_0 = mc^2.$$
>
> Sie kann im allgemeinen nur zum Teil in andere Energieformen umgewandelt werden.

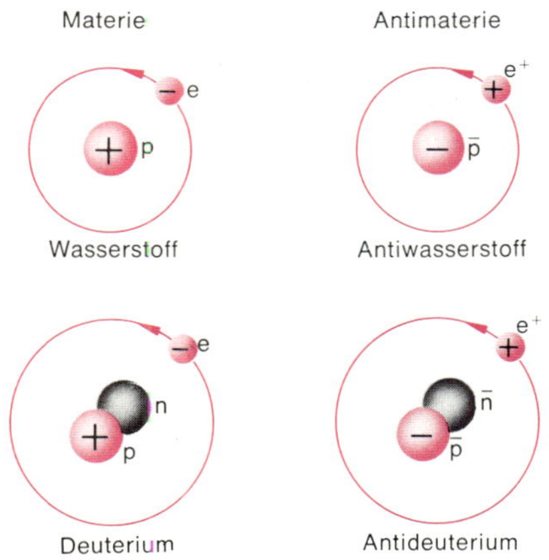

Antimaterie besteht aus negativen Antiprotonen ($\bar{p}$), neutralen Antineutronen ($\bar{n}$) und positiven Positronen (e^+). Sie unterscheidet sich vom Aussehen her nicht von Materie und ist auch stabil. Beim Zusammentreffen von Materie und Antimaterie können sich beide in Strahlung umwandeln. Es ist nicht bekannt, ob das Universum wesentliche Mengen an Antimaterie enthält.

Die Ruhenergie tritt zu den anderen Energieformen hinzu, die wir früher kennengelernt haben. Deshalb beträgt die gesamte Energie eines bewegten Teilchens

$$E_G = mc^2 + E = mc^2 + (m_D - m)\,c^2 = m_D c^2.$$

> Die Gesamtenergie eines bewegten Teilchens besteht aus Ruhenergie und kinetischer Energie.
>
> $$E_G = E + mc^2 = m_D c^2.$$

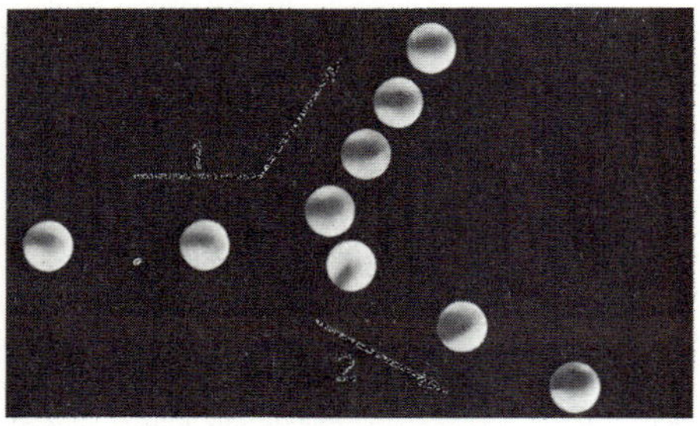

Eine Kugel stößt elastisch gegen eine ruhende Kugel gleicher Masse. Aus den Stoßgesetzen der Newtonschen Physik folgt, daß die Kugeln nach dem Stoß unter rechtem Winkel auseinanderfliegen.

c) Die relativistischen Stoßgesetze

In der Newtonschen Physik gelten für den Stoß zweier Teilchen die folgenden Stoßgesetze:

Stoßgesetze der Newtonschen Physik

Impulserhaltung: $\boldsymbol{p}_1 + \boldsymbol{p}_2 = \boldsymbol{p}_3 + \boldsymbol{p}_4 + \ldots$
Energieerhaltung: $E_1 + E_2 = E_3 + E_4 + \ldots$
Massenerhaltung: $m_1 + m_2 = m_3 + m_4 + \ldots$

Der Impuls ist durch $\boldsymbol{p} = m\boldsymbol{v}$ und die kinetische Energie durch $E = mv^2/2$ gegeben. Der Vollständigkeit halber haben wir auch die Massenerhaltung unter die Stoßgesetze aufgenommen. Die Punkte auf der rechten Seite der Gleichung deuten an, daß die Teilchen beim Stoß auseinanderbrechen können. Im Falle des elastischen Stoßes gilt $m_3 = m_1$ und $m_4 = m_2$.

Um die Stoßgesetze auf die relativistische Physik zu verallgemeinern, müssen wir die Massenzunahme berücksichtigen und daher den Impuls durch

$$\boldsymbol{p} = m_{\mathrm{D}}\boldsymbol{v} = \frac{m\boldsymbol{v}}{\sqrt{1 - v^2/c^2}}$$

ersetzen. Damit können wir den Impulssatz formulieren. Er hat die gleiche Form wie in der Newtonschen Physik, wobei jedoch anstelle der Ruhmassen die dynamischen Massen der Teilchen treten.

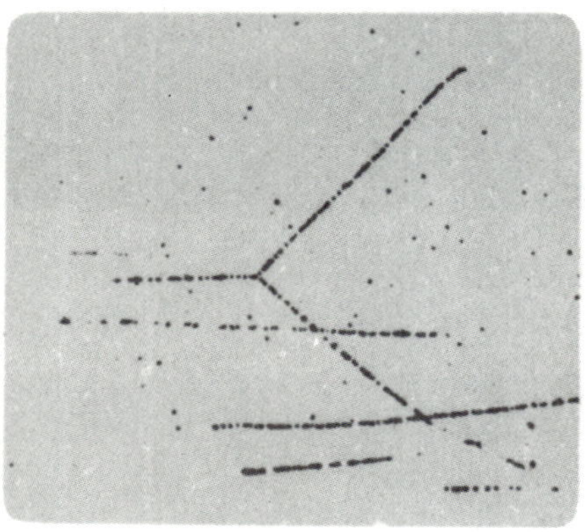

Ein Proton stößt mit geringer Energie gegen ein anderes Proton. Die Stoßgesetze der Newtonschen Physik können hier noch angewendet werden.

Die Experimente mit Materie und Antimaterie zeigen, daß die Erhaltung der Ruhmasse nicht allgemein gilt. Es ist naheliegend zu vermuten, daß sie durch einen Erhaltungssatz für die dynamische Masse zu ersetzen ist:

$$m_{\mathrm{D}1} + m_{\mathrm{D}2} = m_{\mathrm{D}3} + m_{\mathrm{D}4} + \ldots$$

Dabei haben wir durch die Punkte berücksichtigt, daß bei dem Stoß zweier Teilchen unter Umständen neue Teilchen entstehen können. Multiplizieren wir diesen Erhaltungssatz mit c^2, so folgt

$$m_{\mathrm{D}1}\,c^2 + m_{\mathrm{D}2}\,c^2 = m_{\mathrm{D}3}\,c^2 + m_{\mathrm{D}4}\,c^2 + \ldots$$

Weil $m_{\mathrm{D}}\,c^2 = E_{\mathrm{G}}$ die Gesamtenergie eines Teilchens ist, können wir diesen Erhaltungssatz auch schreiben

$$E_{\mathrm{G}1} + E_{\mathrm{G}2} = E_{\mathrm{G}3} + E_{\mathrm{G}4} + \ldots$$

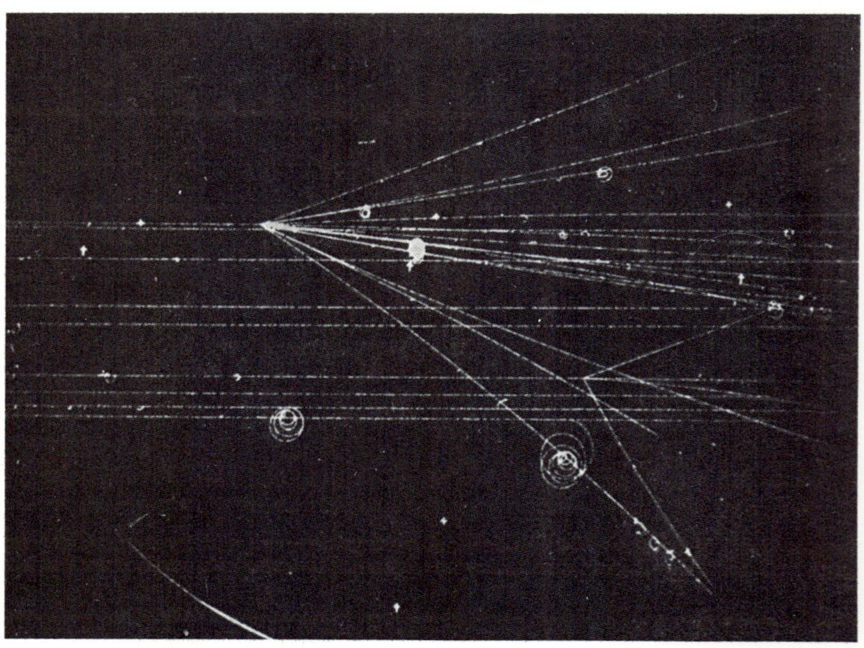

Ein Proton mit einer Energie von 24 GeV stößt gegen ein ruhendes Teilchen. Die kinetische Energie des Protons wird bei dem Stoß zum Teil in Ruhenergie umgewandelt. Es entstehen zwölf Teilchen.

Die Erhaltung der dynamischen Masse erweist sich also zugleich als Erhaltungssatz für die Gesamtenergie. Zerlegen wir sie in kinetische Energie E und Ruhenergie mc^2

$$E_1 + m_1 c^2 + E_2 + m_2 c^2 = E_3 + m_3 c^2 + E_4 + m_4 c^2 + - \ldots,$$

so wird deutlich, wie Energieerhaltung und Massenerhaltung nunmehr in einem einzigen Erhaltungssatz vereint auftreten. Die Trennung von Energieerhaltung und Massenerhaltung ist aufgehoben, da sich Energie und Masse ineinander umwandeln können!

Stoßgesetze der relativistischen Physik

Impulserhaltung: $\boldsymbol{p}_1 + \boldsymbol{p}_2 = \boldsymbol{p}_3 + \boldsymbol{p}_4 + \ldots$

Energieerhaltung: $E_{G1} + E_{G2} = E_{G3} + E_{G4} + \ldots$

Der Impuls eines Teilchens beträgt:

$$\boldsymbol{p} = m_D \boldsymbol{v} = \frac{m\boldsymbol{v}}{\sqrt{1 - v^2/c^2}}.$$

Die Gesamtenergie eines bewegten Teilchens besteht aus Ruhenergie und kinetischer Energie:

$$E_{Ges} = E + mc = m_D c^2 = \frac{mc^2}{\sqrt{1 - v^2/c^2}}.$$

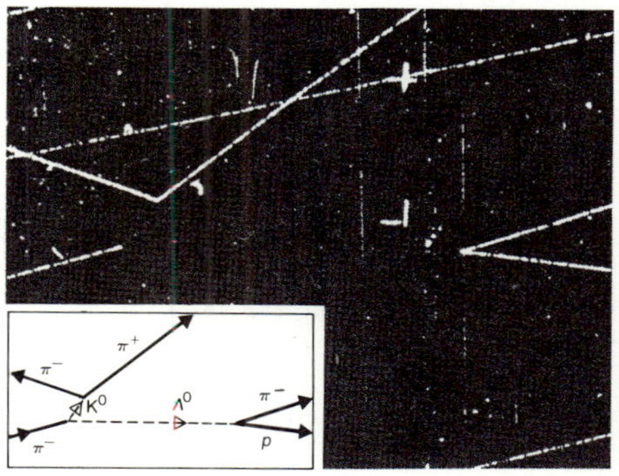

Beim Stoß eines Antiprotons gegen ein Proton werden beide Teilchen vernichtet. Es entstehen zwei neutrale Λ-Teilchen, die keine Spuren in der Blasenkammer hinterlassen. Ihre Masse ist größer als diejenige der Protonen. Die neuentstandenen Teilchen zerfallen nach kurzer Zeit wieder.

Zur Überprüfung dieser Ergebnisse betrachten wir die Erzeugung der »Psi-Teilchen«, für deren Entdeckung Burton Richter von der Stanford-Universität und Samuel C. Ting vom Massachusetts Institute of Technology im Jahre 1976 den Nobelpreis für Physik erhalten haben. Wir wollen das Experiment heranziehen, das im Deutschen Forschungszentrum DESY (Deutsches Elektronensynchrotron) in Hamburg ausgeführt wurde.

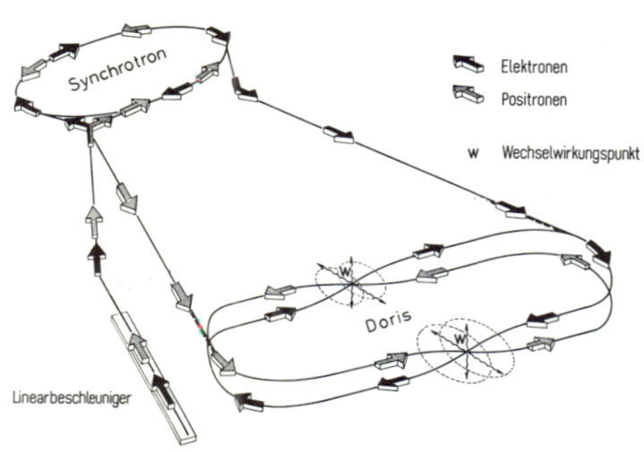

In den Doppelspeicherringen von DESY können Elektronen und Positronen in entgegengesetzten Richtungen kreisen. An den Kreuzungsstellen stoßen die Teilchen zusammen, und neue Formen von Materie entstehen.

DESY verfügt über Doppelspeicherringe, in denen Elektronen und Positronen gegeneinander laufen können, wobei es an den Kreuzungsstellen der beiden Ringe zu Zusammenstößen kommt. In dem Experiment variierte man die Geschwindigkeit v und somit die dynamische Masse m_D der kreisenden Elektronen und der Positronen gleichermaßen. Zumeist beobachtete man dabei nur wenige Stöße zwischen Elektronen und Positronen an den Kreuzungsstellen der beiden Strahlen. Bei weiterer Steigerung der Energie der Teilchen ergab sich ein unerwarteter Effekt. Die Zahl der Stöße stieg stark an, und bei jedem Zusammenstoß eines Elektrons mit einem Positron wurden diese beiden Teilchen in ein einziges, neues Elementarteilchen mit hoher Masse umgewandelt. Diesem Teilchen gab man den Namen Psi. Die Messung ergab, daß die Masse M des neuen Teilchens gleich der Summe der dynamischen Massen von Elektron und Positron war:

$$M = \frac{m}{\sqrt{1 - v^2/c^2}} + \frac{m}{\sqrt{1 - v^2/c^2}} = 7400\, m.$$

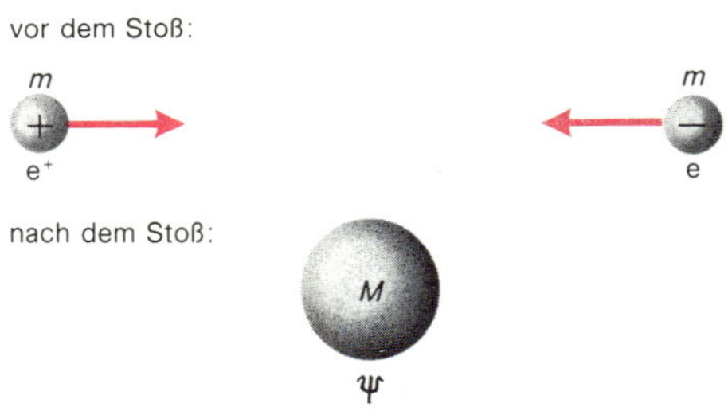

Stößt ein Elektron mit ausreichend hoher Energie mit einem Positron zusammen, so kann ein Ψ-Teilchen entstehen. Dabei wird die gesamte kinetische Energie in Ruhenergie des neuen Teilchens umgewandelt. Das Ψ-Teilchen ist instabil und zerfällt nach kurzer Zeit wieder.

Unter den Versuchsbedingungen war nämlich die dynamische Masse jedes der beiden zusammenstoßenden Teilchen 3700 mal größer als seine Ruhmasse. Die Ruhmasse des neu entstandenen Psi-Teilchens war daher auch 3700 mal größer als die Ruhmassen der beiden stoßenden Teilchen zusammengenommen. In Alltagsverhältnisse übersetzt bedeutet dies, daß die Feuerwehr nach dem Zusammenstoß zweier Kleinwagen mit einer Ruhmasse von je 500 kg einen Schrottberg von 3700 Tonnen entfernen müßte!

Testfragen:

1. Auf welchen wichtigen Satz deutet die Synchronisation des Weltuhrensystems hin?
2. Wie bestimmen die Schiffe mittels des LORAN-C-Verfahrens ihre Position?
3. Was besagt das Einsteinsche Relativitätsprinzip?
4. Wie lautet das Prinzip von der Konstanz der Lichtgeschwindigkeit?
5. Wie arbeitet die Einsteinsche Lichtuhr?
6. Wie werden nach Einstein die Uhren eines Inertialsystems synchronisiert?
7. Was wissen Sie über den Gang einer bewegten Lichtuhr?
8. Weshalb spielt die Lichtuhr keine ausgezeichnete Rolle?
9. Schildern Sie die Zeitdilatation am Beispiel der im Kreise umlaufenden Myonen.
10. Weshalb vermögen die in 10 km Höhe erzeugten Myonen die Erde zu erreichen?
    a) Nehmen Sie den Standpunkt eines Beobachters im Inertialsystem der Erde ein.
    b) Nehmen Sie den Standpunkt eines Beobachters im Inertialsystem der Myonen ein.
11. Weshalb kann sich im Vakuum kein Körper mit Überlichtgeschwindigkeit bewegen?
12. Was versteht man unter »Relativität der Gleichzeitigkeit«?
13. Wie lautet die relativistische Doppler-Formel?
14. Was ist an der relativistischen Doppler-Formel bemerkenswert?
15. Wie hängt die Masse eines Körpers mit der Geschwindigkeit zusammen?
16. Bei welchen Maschinen muß die relativistische Massenzunahme berücksichtigt werden?
17. Was versteht man unter »Äquivalenz von Masse und Energie«?
18. Wie lautet die relativistische Formel
    a) für die Ruhenergie eines Körpers,
    b) für die kinetische Energie des Körpers,
    c) für die Gesamtenergie des Körpers?
19. Wie kommt der Massendefekt beim Aufbau der Atomkerne zustande?
20. Gibt es auch bei chemischen Reaktionen einen Massendefekt?

Albert Einstein bei einem Vortrag an der Universität Wien.

Übungsbeispiele *

Zeitmessung

1. Welchen relativen Fehler weist eine Uhr auf, die täglich um zehn Minuten vorgeht?
2. Angenommen, Sie leben 100 Kilometer von einem Radiosender entfernt und berücksichtigen die Laufzeit des Zeitsignals nicht.
   a) Wie groß ist der Fehler, den Sie dadurch begehen?
   b) Vergleichen Sie diesen Fehler mit der Laufzeit des Schalls von Ihrem 2 m entfernten Radio bis an Ihr Ohr.

\+ 3. Ein Schiff befindet sich genau zwischen zwei LORAN-C-Sendern, die jeweils 1000 Kilometer von ihm entfernt sind. Zur Positionsbestimmung soll die klassische Äthertheorie verwendet werden, wobei die Lichtgeschwindigkeit in den beiden Richtungen $c + v$ bzw. $c - v$ betragen soll und die Geschwindigkeit der Erde im Äther mit $v = 200$ km/s angenommen wird. Welcher Fehler in der Positionsbestimmung entsteht?

Zu Aufgabe 5
Bleiben die Rennfahrer jünger als die Zuschauer auf den Rängen?

Zeitdilatation und Lorentzkontraktion

4. Der nächste Fixstern ist Alpha-Centauri am südlichen Sternenhimmel. Seine Entfernung beträgt 4,5 Lichtjahre.
   a) Wie lange bräuchte ein Raumschiff, um zum Stern und wieder zur Erde zu gelangen, wenn seine Geschwindigkeit $v = 0{,}5\,c$ beträgt?
   b) Wie lange würde der Flug für die Astronauten an Bord des Raumschiffs dauern?
   c) Welche Geschwindigkeit müßte das Raumschiff haben, damit für die Besatzung während der Reise nur ein Jahr vergeht?

\+ 5. Ein Autorennen dauert eine Stunde. Es wird dabei mit einer Durchschnittsgeschwindigkeit von 280 km/h gefahren.
   a) Um wieviel ist ein Rennfahrer am Ende des Rennens weniger gealtert als die Zuschauer auf den Rängen?
   b) Ist der entstehende Zeitunterschied zwischen der Borduhr und den ruhenden Uhren der Zeitnehmung experimentell meßbar, wenn die Uhrengenauigkeit $\Delta t/t = 10^{-14}$ beträgt und die kleinste meßbare Zeitspanne 0,1 ns ist?

6. Ein Astronaut tritt mit 25 Jahren eine Weltraumreise an, die ihn mit $v = (12/13)c$ durch das All führt. Bei der Rückkehr ist sein Zwillingsbruder 69 Jahre. Wie alt ist der Astronaut?

---

*) Umfangreiche oder schwierigere Aufgaben sind mit + gekennzeichnet.

7. Myonen werden in 20 km Höhe durch die Höhenstrahlung erzeugt. Mit der Geschwindigkeit $v = 0{,}9998\ c$ fliegen sie auf die Erde zu. Wie stark ist im Ruhsystem der Myonen die Höhe $H = 20$ km kontrahiert?

\+ 8. In einem Linearbeschleuniger wird ein Elektron auf die Geschwindigkeit $v = 0{,}6\ c$ beschleunigt. Anschließend durchfliegt es mit konstanter Geschwindigkeit eine Strecke $\overline{AB}$ von 9 m Länge.
   a) Wie lange braucht das Elektron, um diese Strecke zu durchfliegen?
   b) Wie lang ist die Strecke im Ruhsystem des Elektrons?
   c) Welche Zeit vergeht im Ruhsystem des Elektrons, bis die Strecke vorbeigeflogen ist.

Bulletin of The Institute of Physics

What Does Relativity Mean?*

By Professor HERBERT DINGLE, D.Sc.
(*Emeritus Professor of History and Philosophy of Science, University College, London*)

A RECENT discussion in *Nature*** has raised again the old problem of the clock paradox. A traveller moves at high speed to a star and returns. Owing to the "relativistic contraction of time," the journey takes a shorter time for him than for the inhabitants of the Earth, so that he returns in all respects younger than he would have been had he stayed at home. Notwithstanding that the "relativistic contraction of time" is dependent on the postulate that motion is essentially relative—implying that it is equally true to say that the "traveller" has remained at rest and the Earth has been in motion, in which case the relative ages of the parties would be reversed—this has been widely believed, and startling conclusions have been drawn.

Until recently the paradox was merely a pleasant puzzle, providing material for an agreeable Common Room discussion, but it has now taken on a more serious aspect. Space travel at high velocities, if not yet a possibility, is being seriously discussed, and extremely bizarre consequences are foreshadowed. At the seventh International Astronautical Congress, held in Rome in September last, Professor G. A. Crocco, President of the Italian Rocket Society, is reported† to have said that "while centuries passed by travellers would experience only the passage of minutes and would become 'almost immortal'." The chief German delegate, Professor Sanger, seems to have added further detail.‡ "The terrestrial years would pass like seconds for the members of the crew, who could fly for years without growing a day older. The shock to the rocket flyers would come on their return to earth. They would find their wives and friends had died and their children grown old during a voyage which to them had seemingly taken only a few days."

The seeds are here of dangerous illusions when such travel comes closer to practical politics; but that is not the worst. The correspondence arising from the discussion in *Nature* has revealed a truly alarming state of affairs. The otherwise incredible fact emerges that physicists of distinction—men holding high positions in universities and research laboratories—so completely misunderstand the theory of relativity as to think that it does, in fact, entail these fantastic consequences. The special theory of relativity is now almost an everyday instrument of advanced physical research, and projects based on its requirements are being put into operation which may have the gravest results for the world if they are not soundly based. One need not be a scaremonger to assert that a situation in which the material destiny of the world is in the hands of men manipulating a tool whose nature they quite misconceive is one of extreme peril. That, however, is the situation in which we now stand, and no apology is offered for making a fresh attempt to expose the true nature of this theory, of which there was already a surfeit of explanations—largely futile as it turns out—a generation ago.

The whole theory of relativity, special and general theory alike, is based on the postulate that motion is a relative phenomenon. What does this mean? To take the simplest case—that of only two bodies in an otherwise empty universe—it means that a statement that they are in motion has significance only if one is moving relatively to the other. The possibility that they are both moving equally is not to be entertained, because such a state would be indistinguishable from one in which they are both at rest and from one in which they

* Based on a lecture given to the Liverpool and North Wales Branch of the Institute on November 15, 1956.
** *Nature*, 177, 782 ; 178, 680 (1956)
† *The Times*, September 19, 1956
‡ *The Sunday Times*, September 23, 1956

314

Die Zeitdilatation bei einem Raumflug löste immer wieder heftige Kontroversen aus. Dieser Artikel stammt aus dem Jahre 1956.

Doppler-Effekt

9. Ein Raumschiff entfernt sich von der Erde mit der Geschwindigkeit $v = (12/13)c$. Eine Fernsehübertragung aus dem Raumschiff zur Erde beginnt, wenn die Uhr im Raumschiff 20 Uhr zeigt und endet um 21 Uhr. Wie lange dauert die Fernsehsendung auf der Erde?
10. Ein Raumschiff nähert sich mit $v = 0{,}6\ c$ der Erde. Während einer Fernsehübertragung der Erde vergeht im Raumschiff eine Stunde. Wie lange dauert die Sendung auf der Erde?
11. Die H-Absorptionslinie im Spektrum des Spiralnebels Hydra hat eine Wellenlänge von 475 nm, während man bei ruhender Quelle eine Wellenlänge von 394 nm findet. Wie groß ist die Fluchtgeschwindigkeit des Spiralnebels?

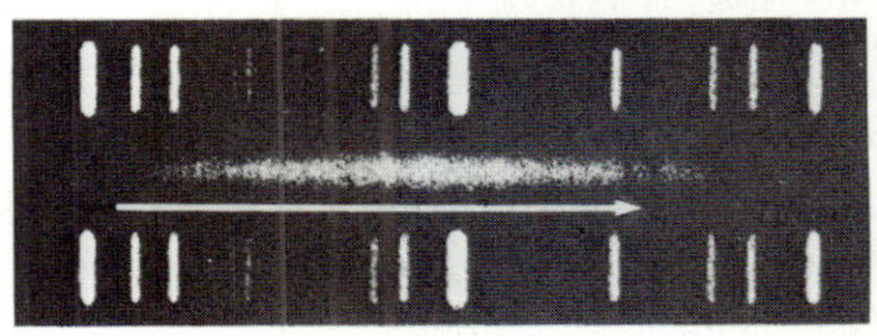

Zu Aufgabe 11

Relativistische Massenzunahme

12. Bis zu welcher Geschwindigkeit muß ein Elektron beschleunigt werden, damit seine dynamische Masse auf den doppelten Wert seiner Ruhmasse ansteigt?
13. Stellen Sie sich vor, Sie würden in den CERN-Beschleuniger eingeschossen.
    a) Welche Masse hätten Sie bei $v = 0{,}9994\ c$?
    b) Fühlen Sie sich dadurch dicker?
14. Die Elektronen im DESY-Beschleuniger haben bei einer kinetischen Energie von 3,5 GeV eine Geschwindigkeit $v = 0{,}999\ 999\ 989\ c$ und bei einer kinetischen Energie von 7 GeV eine Geschwindigkeit $v = 0{,}999\ 999\ 997\ c$. Um welchen Faktor ist in jedem der beiden Fälle die dynamische Masse der Elektronen größer als ihre Ruhmasse?
15. Um wieviel wird ein Auto schwerer, wenn es statt zu stehen mit einer Geschwindigkeit von 100 km/h fährt?

Äquivalenz von Masse und Energie

16. Was kostet ein Kilogramm elektrischer Energie?
17. Ernährungstabellen empfehlen, pro Tag nicht mehr als 10 000 J aufzunehmen.
    a) Berechnen Sie die Massenäquivalenz eines Joule.
    b) Könnte man demnach nicht sehr viel mehr Joule zu sich nehmen, ohne dick zu werden?
18. Im DESY-Beschleuniger bei Hamburg werden Elektronen auf die Energie von 7500 MeV gebracht.
    a) Wie groß ist die dynamische Masse der Elektronen?
    b) Wie schnell bewegen sich die Elektronen?
19. Die Gesamtenergie des Magnetfelds der Erde beträgt rund 100 Milliarden Kilowattstunden. Wieviel trägt das Magnetfeld zur Masse der Erde bei?
20. Die Strahlungsleistung der Sonne beträgt $4 \cdot 10^{26}$ W. Um wieviel verringert sich dadurch die Masse der Sonne pro Sekunde?
21. Die Masse eines Heliumkerns ist um ca. 0,6% geringer als die Masse von vier Wasserstoffkernen.
    a) Wieviel Energie wird bei der Verschmelzung von 1 kg Wasserstoff zu Helium frei?
    b) Wieviel Wasserstoff muß im Sonneninneren pro Sekunde verarbeitet werden, um die Sonnenstrahlung aufrecht zu erhalten?
22. Bei der Bildung von Wasser aus Knallgas werden 240 kJ/mol frei. Wieviel Kilogramm Wasser liefert die Explosion von 1 kg Knallgas?
23. Zwei Teilchen gleicher Ruhmasse m und gleicher kinetischer Energie $E = 2\ mc^2$ stoßen zentral zusammen und bilden ein neues Teilchen. Wie groß ist die Ruhmasse M des neuen Teilchens?

\+ 24. Ein Teilchen mit der Ruhmasse m und der kinetischen Energie $E = 4\ mc^2$ stößt gegen ein ruhendes Teilchen mit gleicher Ruhmasse.
    a) Können die Teilchen nach dem Stoß zu einem einzigen Teilchen verschmelzen?
    b) Welche Ruhmasse M weist dieses neue Teilchen auf?

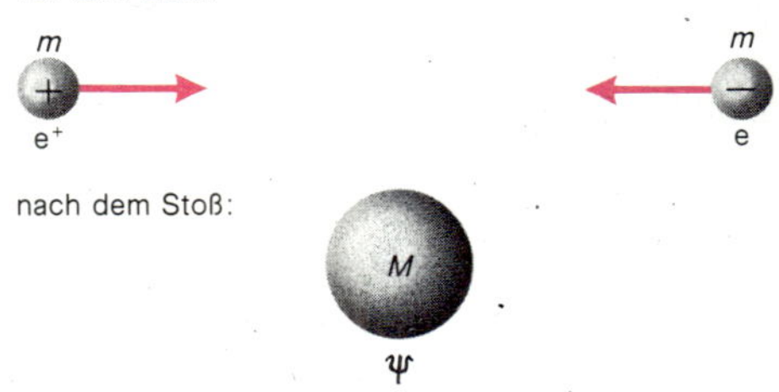

Zu Aufgabe 23

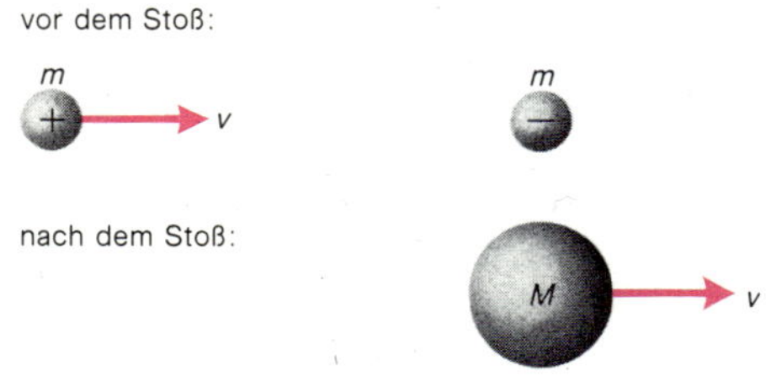

Zu Aufgabe 24

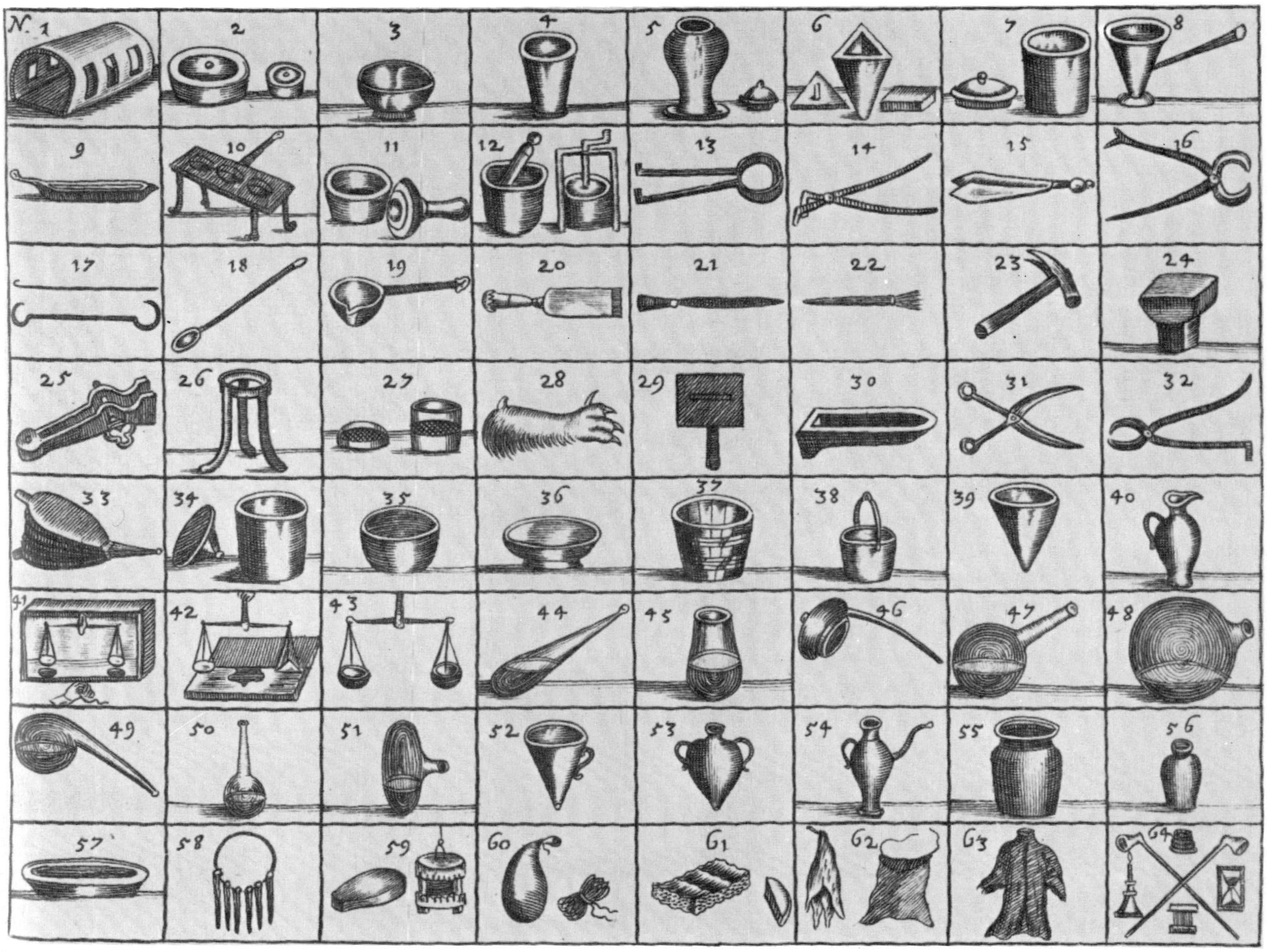

Instrumentarium der Alchemie

Auf der Suche nach dem Stein der Weisen, der Steine in Gold umwandeln sollte, beschäftigte sich zunächst die Alchemie mit der Struktur der Materie. Die Einrichtung eines alten Labors umfaßte: Nr. 1 ist eine Muffel, Nr. 4 bis 6 Schmelztiegel, Nr. 10 Gießvorrichtung, Nr. 18 Eisenlöffel, Nr. 25 Schraubstock, Nr. 26 Dreifuß, Nr. 27 Siebe, Nr. 28 Hasenpfote zum Zusammenwischen von Pulverresten, Nr. 29 Augenschutz, Nr. 39 Filtriersack, Nr. 41 Waage, Nr. 44 Scheidkolben, Nr. 46 Destillierhelm, Nr. 49 Retorte, Nr. 50 Phiole, Nr. 51 »philosophisches Ei für die Sublimation«, Nr. 58 Probiernadeln für Gold und Silber, Nr. 59 Probiersteine, Nr. 60 Schweinsblasen, Nr. 61 Kork und Wachs, Nr. 62 Handtuch und Schürze, Nr. 64 Sanduhr, Kerze und Tabakrolle und Pfeifen.

Struktur der Materie

Die Suche nach den Urbausteinen der Materie ist eines der größten Forschungsvorhaben unserer Zeit. In Großbeschleunigern mit einem Durchmesser von 2 Kilometer und dem Energieverbrauch einer mittleren Stadt sollen Elektronen oder Protonen auf jene Energie gebracht werden, die erforderlich ist, um in das Innerste der Materie einzudringen und die Rätsel ihrer Struktur zu entschleiern.

Je tiefer man dabei in das Innere der Materie eindringen will, desto höhere Energien sind erforderlich. Zu Beginn unseres Jahrhunderts stand der atomare Aufbau der Materie im Zentrum des Interesses. Zur Erforschung der Welt der Atome, Moleküle und Festkörper reicht die Energie aus, welche elektrische Generatoren und Hochspannungsanlagen einzelnen Teilchen geben können. Heute steht der Aufbau der Bestandteile des Atoms, also der Elektronen, Neutronen, Protonen und anderer Teilchen im Mittelpunkt der Forschung. Hierzu werden Großanlagen benötigt, welche nur von einigen Ländern gemeinsam betrieben werden können, wie z. B. das Europäische Kernforschungszentrum CERN bei Genf, in dem 3000 Physiker, Techniker und andere Mitarbeiter den Aufbau der Materie erforschen.

Viele neue Wissenschaftsbereiche entstanden im Verlaufe dieser Entwicklung. Atomphysik, Molekülphysik und Festkörperphysik stellen eine Verbindung zwischen Physik, Chemie und Technik her. So ist z. B. die Halbleitertechnik aus der Festkörperphysik hervorgegangen. Die Untersuchung großer Moleküle ist ein gemeinsames Anliegen von Biologie, Chemie und Physik, wie wir an einigen Beispielen erfahren werden.

Auch die Kernphysik ging aus der Suche nach der Struktur der Materie hervor. Die Entdeckung des Atomkerns war eines der entscheidendsten Ereignisse auf dem Weg zum Verständnis des Atoms. Die Anwendungen der Kernphysik lassen vielleicht am besten die Problematik jedes technischen Fortschrittes erkennen und zeigen wie jede Neuerung sowohl zum Nutzen als auch zum Schaden der Menschheit eingesetzt werden kann.

Ein Kristall aus Tabakmosaikviren. Fast perfekt ist die Kristallstruktur, die hier unter dem Elektronenmikroskop in 42 000facher Vergrößerung erscheint.

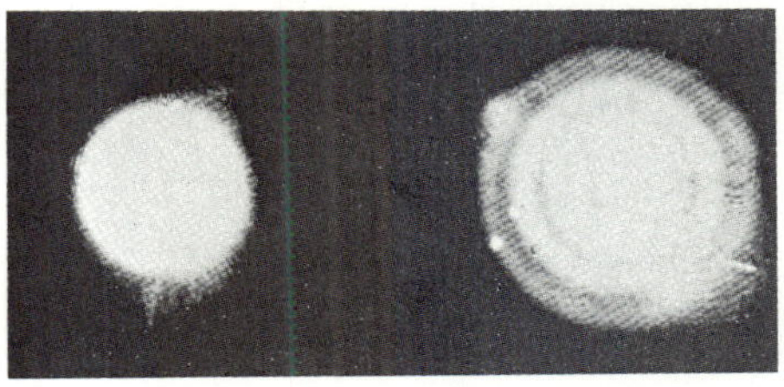

Ein Neonatom (links) und ein Argonatom. Elektronenholographie machte es 1974 erstmals möglich, Einzelatome sichtbar zu machen. Die Vergrößerung ist hier 300 000 000fach.

Eine Kreuzungsstelle von Speicherringen. Hier stoßen Protonen mit einer Energie von jeweils 25 GeV frontal zusammen. Dabei werden neue Arten von Materie erzeugt.

I. Der Dualismus Teilchen–Welle

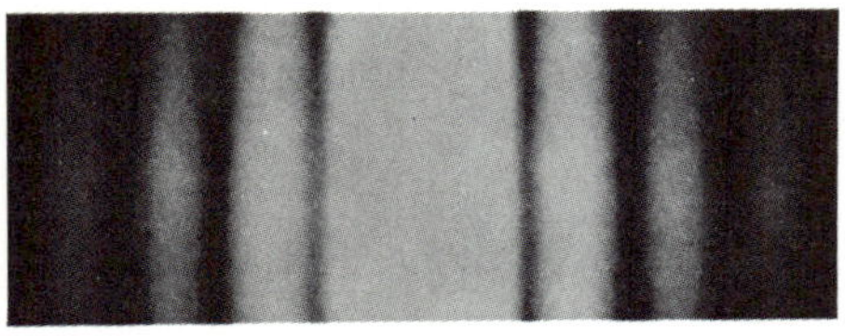

Beugung von Licht an einem Spalt. Aus dem Interferenzmuster kann man die Wellenlänge des Lichtes bestimmen.

Spuren von Elektronen in einer Blasenkammer weisen auf die Teilchennatur der Elektronen hin.

Um 1900 schien die Wellennatur des Lichtes durch zahlreiche Experimente bewiesen. Interferenzerscheinungen an Gittern und andere Beobachtungen erlaubten es, die Wellenlänge des Lichtes zu bestimmen. Aus der Polarisierbarkeit des Lichtes folgte die transversale Natur der Lichtwellen. Die experimentelle Bestätigung der Maxwellschen Theorie durch die Hertzschen Experimente zeigte schließlich, daß Licht eine *elektromagnetische* Welle ist.

Die Wechselwirkung zwischen Licht und Materie war dagegen um die Jahrhundertwende noch ungeklärt. Warum waren einige Körper durchsichtig, während andere nur Licht bestimmter Wellenlängen durchtreten ließen? Wie kommt es zu den Spektrallinien? Die Beantwortung dieser Fragen erfordert Kenntnisse des inneren Aufbaues der Atome, die damals fehlten. Vor allem war ungeklärt, wie die Elektronen im Atom angeordnet sind.

So war um 1900 noch manche Frage offen. Zwei Tatsachen galten aber als absolut sicher: die Wellennatur des Lichtes und die Teilchennatur der Elektronen. Denn nur für Wellen waren Interferenzerscheinungen zu erwarten, und nur bei Teilchen durfte man annehmen, daß sie stets mit der gleichen Masse und Ladung auftreten. Diese scheinbar wohlgesicherten Erkenntnisse wurden zu Beginn des 20. Jahrhunderts durch einige Experimente in Frage gestellt.

1. Photonen

a) Der Photoeffekt

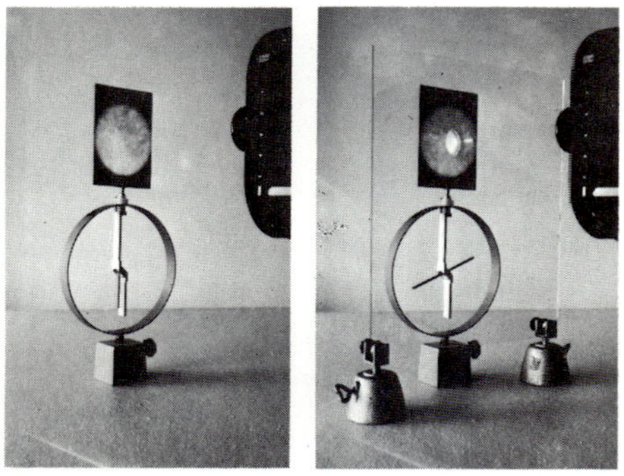

Die Versuchsanordnung zum Photoeffekt. Filtert man den ultravioletten Anteil des Lichts der Quecksilberdampflampe mittels einer Glasplatte heraus, so entlädt sich das Elektroskop nicht. Entfernt man die Glasplatte, so gibt das Zink seinen Elektronenüberschuß rasch ab.

Im Jahre 1888 beobachtete Heinrich Hertz zufällig, daß Metalloberflächen Elektronen aussenden, wenn man sie mit ultraviolettem Licht bestrahlt. Um dieses Experiment zu wiederholen, stecken wir eine Zinkplatte auf ein Elektroskop und laden sie negativ auf. Wir bestrahlen die Platte mit einer Quecksilberdampflampe, die sichtbares und ultraviolettes Licht abgibt. Die Entladung des Elektroskops zeigt, daß die Platte ihren Elektronenüberschuß rasch verliert. Filtern wir den ultravioletten Anteil des Lichtes mittels einer Glasplatte heraus, so hört die Entladung sofort auf und setzt auch bei einer Vergrößerung der Beleuchtungsstärke nicht wieder ein. Nur ultraviolettes Licht löst Elektronen aus der Metallplatte. Bei einer positiv geladenen Zinkplatte zeigt die Bestrahlung mit der Quecksilberdampflampe keinen Effekt. Zwar löst das Licht auch hier Elektronen aus der Platte, doch werden sie durch die Anziehung der positiven Platte wieder zurückgeholt.

Der Photoeffekt
Ultraviolettes Licht löst Elektronen aus einer Metallplatte.

Heinrich Hertz konnte den Photoeffekt nicht erklären. Die Wellentheorie des Lichtes sagt nämlich voraus, daß die Elektronen durch das elektrische Feld des Lichtes in Schwingungen versetzt werden. Die Amplitude dieser Schwingungen nimmt solange zu, bis die Elektronen genügend Energie haben, um das Metall zu verlassen. Bei schwachem Licht sollte dieser Vorgang einige Zeit benötigen. Das Experiment zeigt jedoch, daß die ersten Elektronen stets *sofort* nach dem Einsetzen der Beleuchtung ausgesendet werden. Bei starkem Licht sollten die Elektronen durch das elektrische Feld der Lichtwelle auf hohe Geschwindigkeiten beschleunigt werden. Die Energie der austretenden Elektronen müßte daher mit der Intensität des Lichtes zunehmen. Diese Vorhersage wurde von dem deutschen Physiker Philipp Lenard in einer Reihe von Versuchen überprüft. Sie zeigten, daß die kinetische Energie $mv^2/2$ der Elektronen *unabhängig von der Intensität* des Lichtes ist, aber linear mit der *Frequenz* f des einfallenden Lichtes zunimmt:

$$\frac{1}{2}mv^2 = hf - W, \qquad h = 6{,}67 \cdot 10^{-34}\ \mathrm{Js}.$$

Der Proportionalitätsfaktor h hat für alle Metalle den gleichen Wert und ist daher eine Naturkonstante (und keine Materialkonstante). Man nennt h das *Plancksche Wirkungsquantum.* W hat dagegen für jedes Material einen anderen Wert, wie die Tabelle zeigt. Für $hf < W$ reicht die Frequenz des Lichtes nicht aus, um Elektronen aus dem Metall zu lösen. Bei Zink ist zumindest eine Frequenz $f = 1{,}02 \cdot 10^{15}$ Hz erforderlich, die ultraviolettem Licht entspricht. Sichtbares Licht vermag keine Elektronen freizusetzen.

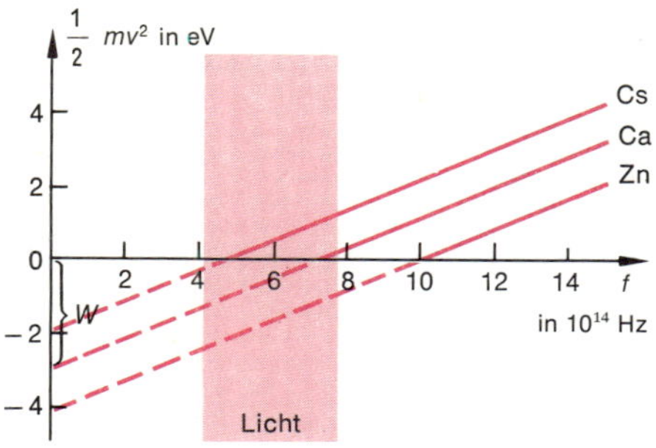

Die kinetische Energie der Elektronen, die aus der Metallplatte austreten, nimmt linear mit der Frequenz des einfallenden Lichts zu. Bei Zink löst nur ultraviolettes Licht Elektronen aus. Bei den Alkalimetallen tritt der Photoeffekt schon bei sichtbarem Licht ein.

Die Deutung der Lenardschen Ergebnisse erfolgte im Jahre 1905 durch Albert Einstein. Sein Artikel »Über einen die Erzeugung und Verwandlung des Lichtes betreffenden heuristischen Gesichtspunkt« ging von folgender Annahme aus:

> *Die Photonenhypothese*
> Licht besteht aus Photonen der Energie
> $E = hf \quad (h = 6{,}67 \cdot 10^{-34}\ \mathrm{Js}).$
> h heißt Plancksches Wirkungsquantum.

Material	W in eV
Cäsium	1,96
Calzium	3,20
Silizium	3,59
Blei	4,04
Zink	4,27
Wolfram	4,53
Eisen	4,63
Platin	5,36

Die Konstante W für verschiedene Metalle. Sie gibt die Energie an, die zur Entfernung eines Elektrons aus dem Metall erforderlich ist.

Damit war Einstein in der Lage, den Photoeffekt zu deuten. Er schreibt: »Nach der Auffassung, daß das einfallende Licht aus Photonen von der Energie hf bestehe, läßt sich die Erzeugung von Elektronen durch Licht folgendermaßen auffassen. In die oberflächliche Schicht des Körpers dringen Photonen ein und deren Energie verwandelt sich wenigstens zum Teil in kinetische Energie von Elektronen. Die einfachste Vorstellung ist die, daß ein Photon seine ganze Energie an ein einziges Elektron abgibt. Außerdem muß jedes Elektron beim Verlassen des Körpers eine (für den Körper charakteristische) Arbeit W verrichten. Die kinetische Energie der austretenden Elektronen beträgt daher

$$\frac{1}{2}mv^2 = hf - W.«$$

W gibt demnach die Arbeit an, die zur Entfernung eines Elektrons aus dem Metall erforderlich ist. Die Energie der ausgelösten Elektronen ist dadurch etwas geringer als diejenige der einfallenden Lichtquanten.

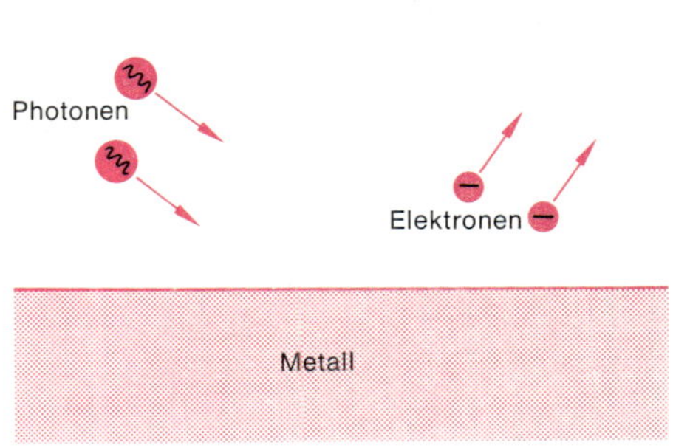

Die Deutung des Photoeffekts. Photonen treffen auf der Metalloberfläche auf und schlagen Elektronen heraus. Die Photonen sind durch eine Wellenlinie gekennzeichnet, die an die Welleneigenschaften des Lichtes erinnern soll.

Steht die Einsteinsche Erklärung des Photoeffektes nicht im Widerspruch zur Wellentheorie des Lichtes, die durch zahlreiche Experimente bestätigt wurde? Wie kann Licht zugleich Welle sein und aus Teilchen, den Photonen, bestehen?

Diese Ideen erschienen so widersprüchlich, daß sie von vielen Fachkollegen nicht akzeptiert wurden. Sogar der große deutsche Physiker Max Planck, der selbst einige Jahre zuvor auf die Naturkonstante h gestoßen war,

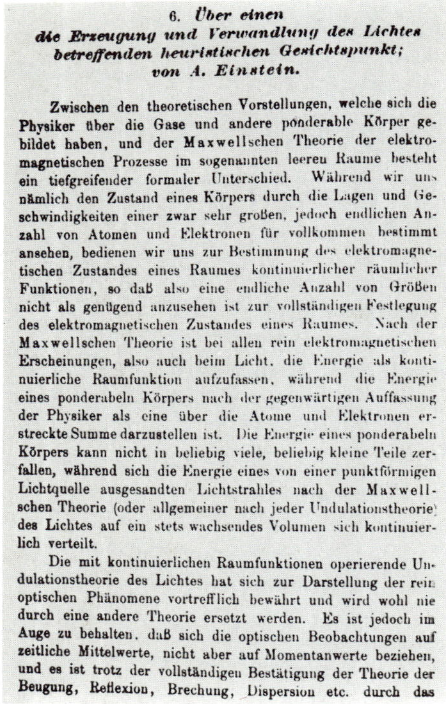

6. *Über einen die Erzeugung und Verwandlung des Lichtes betreffenden heuristischen Gesichtspunkt;*
von A. Einstein.

Zwischen den theoretischen Vorstellungen, welche sich die Physiker über die Gase und andere ponderable Körper gebildet haben, und der Maxwellschen Theorie der elektromagnetischen Prozesse im sogenannten leeren Raume besteht ein tiefgreifender formaler Unterschied. Während wir uns nämlich den Zustand eines Körpers durch die Lagen und Geschwindigkeiten einer zwar sehr großen, jedoch endlichen Anzahl von Atomen und Elektronen für vollkommen bestimmt ansehen, bedienen wir uns zur Bestimmung des elektromagnetischen Zustandes eines Raumes kontinuierlicher räumlicher Funktionen, so daß also eine endliche Anzahl von Größen nicht als genügend anzusehen ist zur vollständigen Festlegung des elektromagnetischen Zustandes eines Raumes. Nach der Maxwellschen Theorie ist bei allen rein elektromagnetischen Erscheinungen, also auch beim Licht, die Energie als kontinuierliche Raumfunktion aufzufassen, während die Energie eines ponderabeln Körpers nach der gegenwärtigen Auffassung der Physiker als eine über die Atome und Elektronen erstreckte Summe darzustellen ist. Die Energie eines ponderabeln Körpers kann nicht in beliebig viele, beliebig kleine Teile zerfallen, während sich die Energie eines von einer punktförmigen Lichtquelle ausgesandten Lichtstrahles nach der Maxwellschen Theorie (oder allgemeiner nach jeder Undulationstheorie) des Lichtes auf ein stets wachsendes Volumen sich kontinuierlich verteilt.

Die mit kontinuierlichen Raumfunktionen operierende Undulationstheorie des Lichtes hat sich zur Darstellung der rein optischen Phänomene vortrefflich bewährt und wird wohl nie durch eine andere Theorie ersetzt werden. Es ist jedoch im Auge zu behalten, daß sich die optischen Beobachtungen auf zeitliche Mittelwerte, nicht aber auf Momentanwerte beziehen, und es ist trotz der vollständigen Bestätigung der Theorie der Beugung, Reflexion, Brechung, Dispersion etc. durch das

Die Nobelpreisarbeit Albert Einsteins. Als Honorar erhielt der Verfasser 100 Sonderdrucke seines Artikels.

schrieb noch 1913 in dem Antrag, Albert Einstein in die Preußische Akademie der Wissenschaften aufzunehmen: »Daß Einstein in seinen Spekulationen gelegentlich auch einmal über das Ziel hinausgeschossen haben mag, wie z. B. in seiner Photonenhypothese, wird man ihm nicht allzusehr anrechnen dürfen. Denn ohne einmal ein Risiko zu wagen, läßt sich auch in der exaktesten Wissenschaft keine wirkliche Neuerung einführen.«

Im Jahre 1921 erhielt Albert Einstein für die Photonenhypothese den Nobelpreis. Sie hatte in der Zwischenzeit weitere Bestätigungen erfahren, wie die folgenden Beispiele zeigen.

b) Das Röntgenspektrum

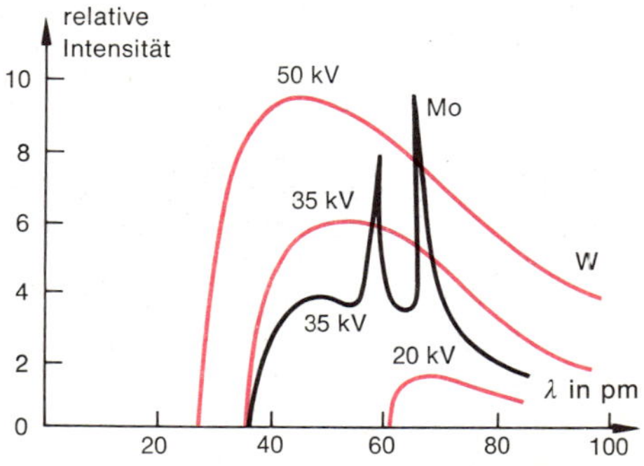

Das Röntgenspektrum weist eine Mindestwellenlänge auf, die nur von der Beschleunigungsspannung abhängt. Der weitere Verlauf des Spektrums wird auch durch das Anodenmaterial bestimmt. Die Spitzen bei Molybdän sind auf die Anregung der Eigenschwingungen von Elektronen im Atom zurückzuführen.

Die Aussendung von Röntgenstrahlen beim Aufprall von Elektronen auf eine Anode haben wir früher vom Standpunkt der Wellentheorie des Lichtes kennengelernt. Sie erklärt die Entstehung der Strahlung, aber nicht ihre Verteilung über verschiedene Frequenzbereiche.

Vor allem die scharfe Grenze des Röntgenspektrums im kurzwelligen Bereich können wir mit der Photonenhypothese erklären. Die Erzeugung von Röntgenstrahlen ist gewissermaßen eine Umkehrung des Photoeffektes. Beim Photoeffekt treffen Photonen auf ein Metall auf und lösen Elektronen aus. In der Röntgenröhre treffen Elektronen auf ein Metall auf und erzeugen die Photonen der Röntgenstrahlung. Nach dem Durchlaufen der Beschleunigungsspannung U in der Röhre haben die Elektronen die kinetische Energie eU, die beim Aufprall auf die Anode in die Energie hf der Photonen umgewandelt wird. Aus dem Energiesatz folgt

$$eU = hf,$$

falls beim Aufprall nur ein einziges Photon erzeugt wird, welches dann bei der gegebenen Spannung U die größtmögliche Frequenz f aufweist. Dieser Höchstfrequenz entspricht nach $\lambda \cdot f = c$ eine Mindestwellenlänge, die wir aus

$$eU = hf = h\frac{c}{\lambda} \qquad \text{oder} \qquad \lambda = \frac{hc}{e} \cdot \frac{1}{U}$$

berechnen können. Einsetzen der Zahlenwerte ergibt folgendes Ergebnis:

> Das Röntgenspektrum weist eine Mindestwellenlänge λ auf, die umgekehrt proportional zur Beschleunigungsspannung U ist.
>
> $$\lambda = \frac{1{,}25 \cdot 10^{-6}\ \mathrm{Vm}}{U}$$

Dieses Gesetz wird durch die Messungen bestätigt.

c) Das Wiensche Verschiebungsgesetz

Die Temperaturstrahlung eines Schwarzen Körpers weist eine Spektralverteilung mit einem deutlich ausgeprägten Maximum auf. Mit zunehmender Temperatur verschiebt sich dieses Maximum zu kürzeren Wellenlängen, wie das Wiensche Verschiebungsgesetz lehrt.

> Das Produkt aus der absoluten Temperatur eines Schwarzen Körpers und der Wellenlänge maximaler Strahlung ist konstant
>
> $$\lambda_{max} \cdot T = b \qquad (b = 2{,}9 \cdot 10^{-3}\ \mathrm{m \cdot K}).$$

Die Photonenhypothese erklärt dieses Ergebnis. Wir vergleichen dazu den Hohlraum, von dem die Schwarze Strahlung ausgesendet wird, mit einem Hohlraum, aus dem Gasmoleküle austreten. Bei der Temperatur T beträgt die mittlere Energie der Gasmoleküle

$$\bar{E}=\frac{3}{2}\,k\,T \qquad (k=1{,}38\cdot 10^{-23}\ \mathrm{J/K}).$$

Auch die Moleküle in den Wänden des Hohlraumes weisen diese Energie auf. Es ist zu vermuten, daß die von ihnen ausgehenden Photonen ungefähr die gleiche Energie aufweisen. Wir machen daher den Ansatz

$$\bar{E} = h f_{\mathrm{max}} = a k T,$$

wobei a ein noch zu bestimmender Zahlenfaktor ist. Mit $\lambda \cdot f = c$ folgt daraus:

$$h\cdot\frac{c}{\lambda_{\mathrm{max}}}=a k T, \qquad \text{also} \qquad \lambda_{\mathrm{max}}\,T=\frac{hc}{ak}.$$

Wir setzen die Zahlenwerte ein und vergleichen mit dem Wienschen Verschiebungsgesetz:

$$\lambda_{\mathrm{max}}\,T=\frac{1}{a}\,14{,}5\ \mathrm{m\cdot K} \qquad \lambda_{\mathrm{max}}\,T=2{,}9\cdot 10^{-3}\ \mathrm{m\cdot K}.$$

Die beiden Gesetze stimmen für $a = 5$ überein.

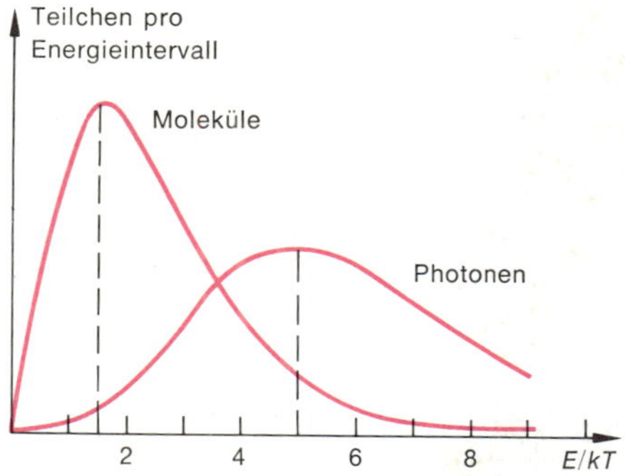

Die Energieverteilungen von Gasmolekülen und von Photonen in der Schwarzen Strahlung weisen bei gleicher Temperatur einen ähnlichen Verlauf auf.

> Die mittlere kinetische Energie der Moleküle eines Körpers beträgt bei der Temperatur T
>
> $$\bar{E}=\frac{3}{2}\,k\,T \qquad (k=1{,}38\cdot 10^{-23}\ \mathrm{J/K}).$$
>
> Bei dieser Temperatur enthält die Schwarze Strahlung vor allem Photonen mit der Energie
>
> $$E = 5kT \qquad (k = 1{,}38\cdot 10^{-23}\ \mathrm{J/K}).$$

Erst die Photonenhypothese läßt uns die Ähnlichkeit der Strahlung eines Schwarzen Körpers mit der Maxwellschen Geschwindigkeitsverteilung der Moleküle eines Gases erkennen.

Bei der Berechnung der Eigenschaften der Schwarzen Strahlung war auch Max Planck im Jahre 1900 erstmals auf das Plancksche Wirkungsquantum h gestoßen. Es erwies sich in der Folge als charakteristisch für die Physik der Atome, Moleküle und Atomkerne. Die Teilgebiete der Physik, in denen h wesentlich ist, bezeichnet man als *Quantenphysik* oder *Quantentheorie* und grenzt sie damit von der klassischen Physik ab.

Max Planck überreicht Albert Einstein am 28. Juni 1929 die »Max-Planck-Medaille«.

2. Der Impuls der Photonen

Die Beziehung $E = hf$ verknüpft die Energie des Photons (Teilchen!) mit der Frequenz des Lichtes (Welle!). Auch der Impuls des Photons ist mit einer Welleneigenschaft verknüpft, wie die folgenden Überlegungen zeigen. Energie und Impuls eines Teilchens mit der Ruhmasse m haben wir in der Relativitätstheorie berechnet:

$$E=\frac{mc^2}{\sqrt{1-v^2/c^2}}, \qquad p=\frac{mv}{\sqrt{1-v^2/c^2}}=\frac{Ev}{c^2}.$$

Weil sich Licht mit Lichtgeschwindigkeit ausbreitet, müssen sich auch die Photonen mit Lichtgeschwindigkeit bewegen. Setzen wir $v = c$, so folgt $E = \infty$ und $p = \infty$. Nur für $m = 0$ ergeben sich die unbestimmten Ausdrücke

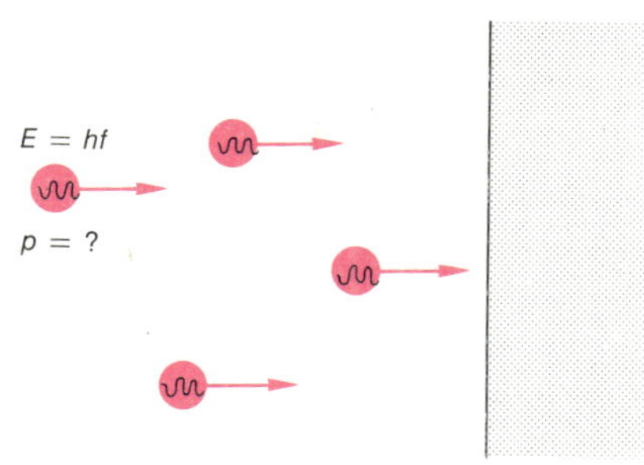

Kann man den Photonen außer Energie auch einen bestimmten Impuls zuschreiben? Er sollte bei der Reflexion von Licht an einer Wand meßbar werden.

Infolge des Lichtdrucks sind Kometenschweife stets von der Sonne weggerichtet.

$E = 0/0$ und $p = 0/0$. Photonen müssen Teilchen ohne Ruhmasse sein, es gibt für sie kein Ruhsystem.

Die Festlegung der Photonenenergie erfolgt erst durch die Beziehung $E = hf$. Auch den Impuls der Photonen können wir aus dieser Relation gewinnen:

$$p = \frac{Ev}{c^2} = \frac{(hf)c}{c^2} = \frac{hf}{c} = \frac{h}{\lambda}.$$

Wir fassen unsere Ergebnisse zusammen:

Photonen sind Teilchen ohne Ruhmasse.
Sie bewegen sich stets mit Lichtgeschwindigkeit.
Die Energie E und der Impuls p der Photonen hängen mit der Frequenz f und der Wellenlänge λ der Lichtwelle zusammen.

$E = hf, \qquad p = h/\lambda$
$(h = 6{,}67 \cdot 10^{-34}$ Js).

Beispiel: Der Compton-Effekt

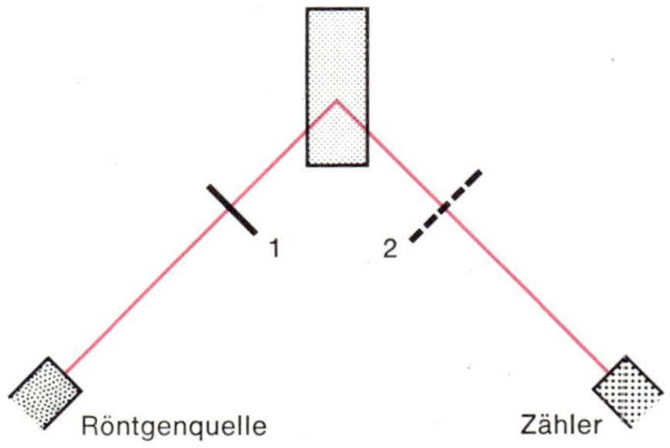

Der Compton-Effekt.
Bringt man eine dünne Aluminiumfolie zwischen die Röntgenquelle und den Zähler in Stellung 2, so verringert sich die Zählrate wesentlich, weil die Röntgenstrahlen nach der Streuung niedere Energie aufweisen und durch die Folie stärker absorbiert werden.

Die Entdeckung der Röntgenstrahlen im Jahre 1895 erregte großes Aufsehen und die Eigenschaften dieser neuen Strahlung wurden in zahlreichen Experimenten untersucht. Dabei entdeckte man einen merkwürdigen Effekt. Streut man Röntgenstrahlen an einem Körper, so verringert sich ihre Frequenz.

Mit der Wellentheorie des Lichtes kann man diesen Effekt nicht erklären. Sie sagt voraus, daß die Elektronen durch die einfallende Strahlung zu Schwingungen angeregt werden und dadurch Strahlung mit *derselben* Frequenz aussenden. Diese Theorie läßt keine Frequenzänderung bei der Streuung zu.

Erst im Jahre 1922 konnte der amerikanische Physiker Arthur Howley Compton die Frequenzverminderung deuten. Bei der Streuung stoßen die einfallenden Photonen mit den Elektronen des Körpers zusammen und geben bei dem Stoß einen Teil ihrer Energie $E = hf$ ab. Die an den Elektronen gestreuten Photonen weisen deshalb eine verringerte Energie $E' = hf'$ auf. Die entsprechende Frequenzverringerung kann man aus Energiesatz und Impulssatz berechnen und damit die Vorhersage $p = h/\lambda$ für den Impuls des Photons bestätigen. Für die theoretische und experimentelle Durchführung dieser Idee erhielt Compton den Nobelpreis.

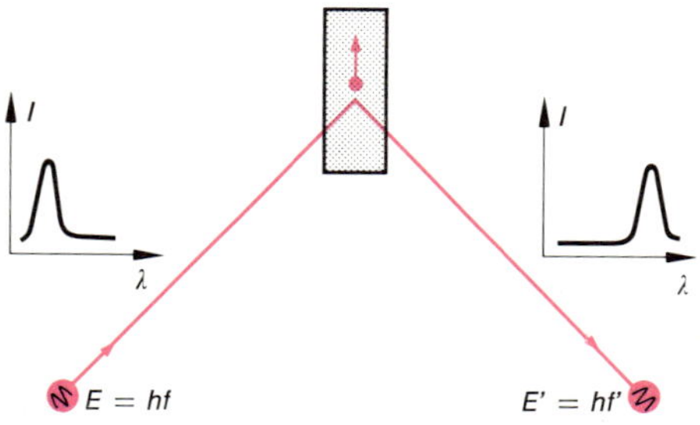

Der Compton-Effekt.
Die Frequenz der Röntgenstrahlen verringert sich bei der Streuung, weil die Photonen einen Teil ihrer Energie an die Elektronen übertragen.

Der Compton-Effekt bestätigt den Zusammenhang zwischen Impuls und Wellenlänge der Photonen.

Die Photonenhypothese erklärt also den Compton-Effekt, der es ermöglicht, den Impuls der Photonen zu messen. Der Compton-Effekt wurde dadurch zu einem Wendepunkt in der Geschichte der Physik des zwanzigsten Jahrhunderts. Zuvor hatte man bereits an der Gültigkeit der Erhaltungssätze für Impuls und Energie im Bereich der Quantenphysik zu zweifeln begonnen. Durch den Compton-Effekt wurden diese beiden grundlegenden Gesetze auch in atomaren Dimensionen bestätigt.

Diese und andere Bestätigungen der Photonenhypothese stellen der Wellentheorie des Lichtes allmählich eine Teilchentheorie des Lichtes gegenüber. Den Zusammenhang dieser beiden Theorien werden wir noch zu erörtern haben.

3. Photonen und Lichtwellen

Wie kann Licht sowohl Teilchen als auch Welle sein? Nach den Vorstellungen der klassischen Physik sind diese beiden Ansichten über das Licht miteinander unvereinbar: Licht müßte Teilchen *oder* Welle sein. Im Laufe der Geschichte der Physik hatte man lange genug um diese Unterscheidung gerungen, bis schließlich Interferenzerscheinungen den Beweis für die Wellennatur des Lichtes zu liefern schienen. Ist dieser Beweis auch wirklich eindeutig? Dies kann offensichtlich nicht der Fall sein, und tatsächlich liegt in der Physik eine völlig andere Situation vor als in der Mathematik.

Unsere früheren Überlegungen haben nämlich keinesfalls gezeigt, daß aus der Existenz von Interferenzerscheinungen die Wellennatur des Lichtes folgt. Wir haben vielmehr bewiesen, daß aus der *Annahme* der Wellennatur des Lichtes Interferenzerscheinungen hergeleitet werden können. Wenn unsere Annahme richtig ist, so zeigt der Beweis, daß auch die Folgerung richtig sein muß. Falls aber die Folgerung stimmt, so haben wir noch keinesfalls bewiesen, daß auch die Annahme korrekt war. Diese Schwierigkeit ist der Physik eigentümlich. Aus den Experimenten können wir niemals *eindeutig* auf die Grundbegriffe schließen, die wir zur Erklärung physikalischer Phänomene verwenden. Daher kann es zu Überraschungen und zu neuen Theorien kommen.

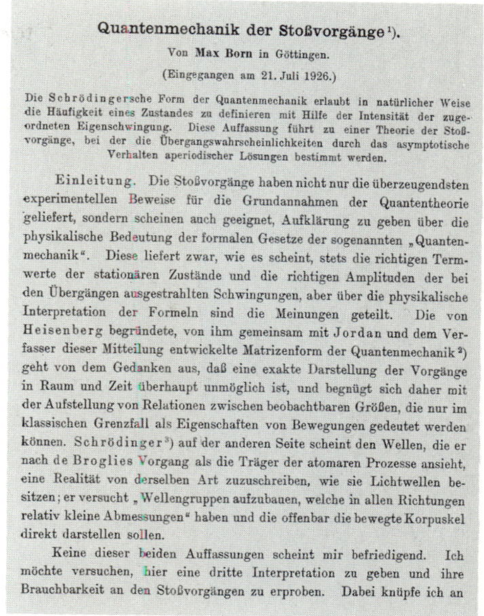
Quantenmechanik der Stoßvorgänge [1]).

Von **Max Born** in Göttingen.

(Eingegangen am 21. Juli 1926.)

Die Schrödingersche Form der Quantenmechanik erlaubt in natürlicher Weise die Häufigkeit eines Zustandes zu definieren mit Hilfe der Intensität der zugeordneten Eigenschwingung. Diese Auffassung führt zu einer Theorie der Stoßvorgänge, bei der die Übergangswahrscheinlichkeiten durch das asymptotische Verhalten aperiodischer Lösungen bestimmt werden.

Einleitung. Die Stoßvorgänge haben nicht nur die überzeugendsten experimentellen Beweise für die Grundannahmen der Quantentheorie geliefert, sondern scheinen auch geeignet, Aufklärung zu geben über die physikalische Bedeutung der formalen Gesetze der sogenannten „Quantenmechanik“. Diese liefert zwar, wie es scheint, stets die richtigen Termwerte der stationären Zustände und die richtigen Amplituden der bei den Übergängen ausgestrahlten Schwingungen, aber über die physikalische Interpretation der Formeln sind die Meinungen geteilt. Die von Heisenberg begründete, von ihm gemeinsam mit Jordan und dem Verfasser dieser Mitteilung entwickelte Matrizenform der Quantenmechanik [2]) geht von dem Gedanken aus, daß eine exakte Darstellung der Vorgänge in Raum und Zeit überhaupt unmöglich ist, und begnügt sich daher mit der Aufstellung von Relationen zwischen beobachtbaren Größen, die nur im klassischen Grenzfall als Eigenschaften von Bewegungen gedeutet werden können. Schrödinger [3]) auf der anderen Seite scheint den Wellen, die er nach de Broglies Vorgang als die Träger der atomaren Prozesse ansieht, eine Realität von derselben Art zuzuschreiben, wie sie Lichtwellen besitzen; er versucht „Wellengruppen aufzubauen, welche in allen Richtungen relativ kleine Abmessungen“ haben und die offenbar die bewegte Korpuskel direkt darstellen sollen.

Keine dieser beiden Auffassungen scheint mir befriedigend. Ich möchte versuchen, hier eine dritte Interpretation zu geben und ihre Brauchbarkeit an den Stoßvorgängen zu erproben. Dabei knüpfe ich an

Die erste Deutung des Zusammenhangs zwischen Welle und Teilchen stammt von Max Born. Sie wurde in einem Artikel über die Quantenphysik der Stoßvorgänge veröffentlicht.

Welche Beziehung haben Teilchentheorie und Wellentheorie des Lichtes zueinander? Zunächst schienen die beiden Theorien einfach nebeneinander zu stehen. Ein prominenter Physiker drückte dies einmal so aus: »Am Montag, Mittwoch und Freitag ist das Licht ein Teilchen; Dienstag, Donnerstag, Samstag und Sonntag eine Welle.« Aus dieser scherzhaften Bemerkung sehen wir, wie sehr das Nebeneinander von Teilchen und Welle die Physiker zunächst verwirrte. Verschiedene Ansichten wurden entwickelt, um dieser überraschenden Situation gerecht zu werden. Einige typische Beispiele für derartige Meinungen:

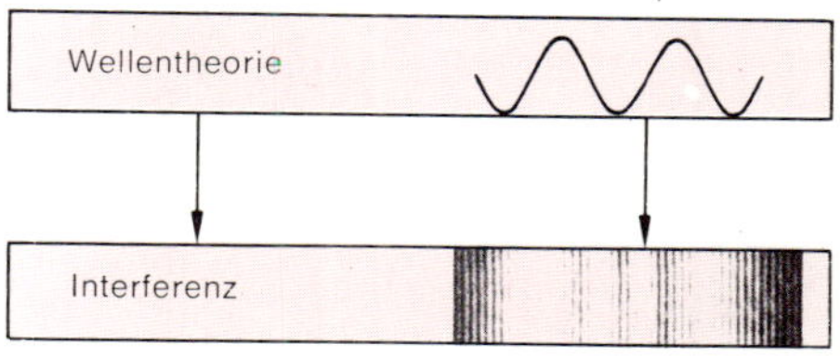

Aus der Wellentheorie kann man das Auftreten von Interferenzen logisch herleiten. Der Schluß läßt sich aber nicht umkehren!

a) Es gibt Widersprüche in der Natur. Die einander widersprechenden Welleneigenschaften und Teilcheneigenschaften sind Beispiele dafür.

b) Teilchen und Welle sind verschiedene Modelle, mit denen wir das Licht beschreiben. Es ist zweckmäßig, manchmal das eine Modell und manchmal das andere zu bevorzugen. Zur Erklärung weiterer Experimente könnte es in Zukunft notwendig werden, wiederum andere Modelle zur Beschreibung des Verhaltens eines Lichtstrahls zu benützen.

c) Unsere Begriffe, wie Welle und Teilchen, sind an den Erfahrungen orientiert, die wir im Alltag machen. Weder unsere Sinnesorgane noch unsere Alltagssprache sind dazu geeignet, die Erscheinungen in der Welt des mikroskopisch Kleinen geeignet zu erfassen. Um die Phänomene der Mikrowelt korrekt zu beschreiben, benötigen wir einige Alltagsbegriffe, die einander zur korrekten Beschreibung des mikroskopischen Sachverhaltes ergänzen. Diese Ergänzung erfolgt jedoch keinesfalls willkürlich, da die verschiedenen Aspekte des Mikrophänomens eine höhere Einheit innerhalb einer physikalischen Theorie bilden müssen.

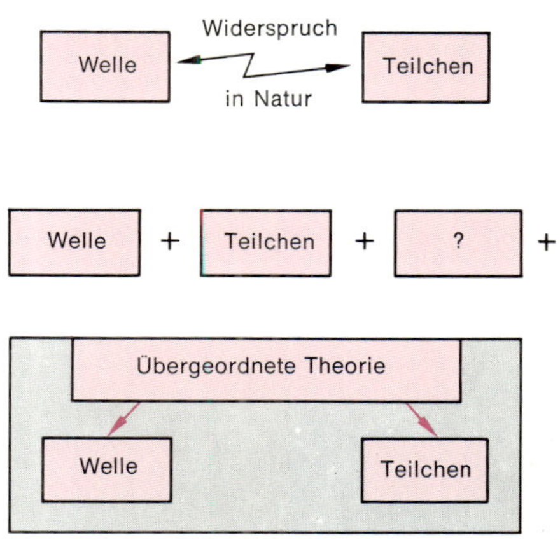

Der Dualismus Teilchen-Welle kann von verschiedenen Standpunkten aus interpretiert werden.

Die Diagramme sollen die Unterschiede zwischen den verschiedenen Auffassungen erläutern. Wir werden hier ausschließlich den Standpunkt c) weiterverfolgen, da den Autoren dieses Buches nur dieser Standpunkt physikalisch akzeptabel erscheint.

Die Begründung ist kurz folgende: Es scheint kein Grund zu einem derart radikalen Schluß wie unter a) vorzuliegen. Es ist plausibler, Widersprüche in unseren Theorien über die Natur zu suchen, als in der Natur selbst. Standpunkt b) würde ein beziehungsloses Nebeneinander von Modellen bedeuten, die nicht durch eine übergeordnete Theorie zu einer Einheit zusammengefaßt werden. Akzeptiert man diesen Standpunkt, so wäre es bei-

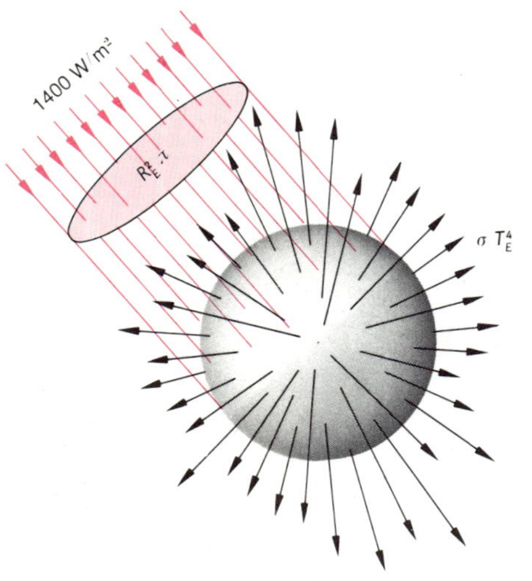

Auf der Erde treffen pro Sekunde rund $4 \cdot 10^{35}$ Photonen auf, deren durchschnittliche Energie 3 eV beträgt. Die Erde emittiert diese Energie wieder in Form von Wärmestrahlung. $8 \cdot 10^{35}$ Photonen werden pro Sekunde emittiert. Ihre durchschnittliche Energie beträgt aber nur 0,15 eV.

spielsweise in der Wärmelehre möglich, Wärme bei einem Experiment als dünnen unwägbaren Stoff aufzufassen, bei einem anderen Experiment wiederum als kinetische Energie der Teilchen usw.

Wir müssen uns nun damit auseinandersetzen, in welchem Zusammenhang Teilchen und Welle stehen, und wie eine Theorie des Lichtes sowohl den Wellen- als auch den Teilchenaspekt des Lichtes in sich enthalten kann. Diese einheitliche Theorie des Lichtes wurde in der »Quantenelektrodynamik« gegeben. Aus ihr folgt, welche Experimente man einfach und anschaulich mit dem Teilchenbild und welche man mit dem Wellenbild deuten kann. Wegen der mathematischen Schwierigkeit der Quantenelektrodynamik werden wir uns hier auf die Mitteilung der Resultate beschränken.

Um den Zusammenhang zwischen Wellentheorie und Teilchentheorie zu gewinnen, betrachten wir zunächst das Sonnenlicht. Nehmen wir an, daß uns der Energiestrom der Sonne, 1 400 W/m², in Form von Photonen mit der Energie 3 eV erreicht. Der Photonenstrom auf der Erde beträgt dann

$$N = \frac{1400\ \mathrm{W/m^2}}{3\ \mathrm{eV}} = \frac{1400\ \mathrm{W/m^2}}{4{,}8 \cdot 10^{-19}\ \mathrm{Ws}} = 3 \cdot 10^{21}\ \frac{\text{Teilchen}}{\mathrm{m^2 s}}.$$

Pro Quadratmeter und Sekunde treffen also $3 \cdot 10^{21}$ Photonen die Erde. Diese Zahl ist größenordnungsmäßig mit der Loschmidtzahl $L = 6 \cdot 10^{23}$ vergleichbar. Das Sonnenlicht erscheint uns deshalb ebenso als kontinuierliche Welle, wie das Prasseln der Gasmoleküle gegen die Behälterwände im Alltag als kontinuierlicher Druck wirkt.

Die im Alltag auftretenden Photonenzahlen
sind von der Größenordnung der Loschmidtzahl.

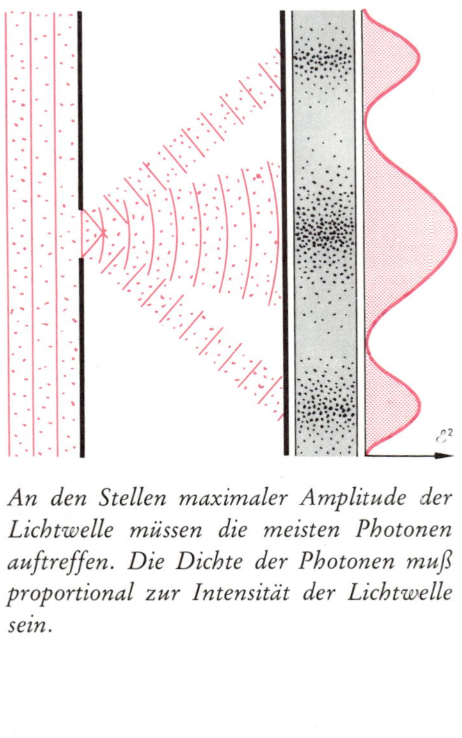

An den Stellen maximaler Amplitude der Lichtwelle müssen die meisten Photonen auftreffen. Die Dichte der Photonen muß proportional zur Intensität der Lichtwelle sein.

Die obigen Überlegungen führen auf eine Vermutung über den Zusammenhang zwischen Teilchen- und Wellentheorie. Betrachten wir beispielsweise die Beugung am Spalt. Eine hinter dem Spalt angebrachte Photoplatte zeigt ein Schwärzungsmuster, bei dem dunkle und helle Streifen abwechseln. Dieses Muster kommt durch die Interferenz der Wellen zustande. An den Stellen maximaler Lichtamplitude ist die Schwärzung der Platte am stärksten. Die Wellentheorie besagt, daß dort die größten Feldstärken der elektromagnetischen Welle auftreten. Die Teilchentheorie besagt, daß dort die meisten Photonen auftreffen und zahllose schwarze Flecken erzeugen. Die auftreffende Lichtenergie ist also nach der Wellentheorie proportional zum Quadrat der Amplitude (Feldstärke) und nach der Teilchentheorie proportional zur Anzahl der Photonen. Wir können daraus schließen:

Die Dichte der Photonen ist proportional
zum Quadrat der Amplitude einer Lichtwelle.

Betrachtet man eine photographische Platte unter dem Mikroskop, so werden die Schwärzungspunkte sichtbar, die von einzelnen Photonen herrühren. Jede Belichtung führt zu einer etwas anderen Verteilung der Schwärzungspunkte.

Über die genaue Lage der einzelnen Flecken auf der Platte können wir keine Aussage machen. Wiederholen wir das Experiment einige Male, so ergibt sich stets eine andere Verteilung der kleinen Schwärzungspunkte.

Wir können also nur *Wahrscheinlichkeitsaussagen* machen. Dies führte Max Born im Jahre 1927 zu folgender Deutung des Zusammenhanges zwischen Wellentheorie und Teilchentheorie.

Die Bornsche Deutung
Das Quadrat der Amplitude einer Lichtwelle
ist der Wahrscheinlichkeit proportional
Photonen in einem bestimmten Raumbereich anzutreffen.

4. Materiewellen

Prinz Louis de Broglie (geb. 1892) beschäftigte sich zunächst mit Philosophie. Unter dem Einfluß seines älteren Bruders Maurice, der in Paris ein Privatlabor unterhielt, kam er zur Physik. Für die Theorie der Materiewellen erhielt er 1929 den Nobelpreis.

Im Jahre 1923 stellte der französische Physiker Prinz Louis de Broglie in seiner Doktorarbeit eine Hypothese auf, für deren Gültigkeit es zunächst keinerlei experimentelle Hinweise gab. Wenn Licht Wellen- und Teilcheneigenschaften aufweist, dann trifft dies vielleicht auch für Elektronen zu. Verhalten sich diese Teilchen manchmal wie Wellen? De Broglie vermutete, daß der Zusammenhang

$$E = hf, \qquad p = h/\lambda$$

zwischen den Teilcheneigenschaften E, p und den Welleneigenschaften f, λ nicht nur für Photonen, sondern auch für Elektronen und andere Teilchen zutrifft.

De Broglie konnte mit seiner Hypothese einige Eigenschaften der Atome erklären und schlug auch einen experimentellen Test vor: »Wenn ein Elektronenstrahl eine sehr kleine Öffnung durchquert, so sollten Beugungserscheinungen auftreten.«

Wie klein müssen diese Öffnungen sein? Beugungserscheinungen treten auf, wenn der Durchmesser d einer Öffnung etwa von der gleichen Größenordnung wie die Wellenlänge λ ist, die wir aus

$$E = \frac{p^2}{2m} = \frac{h^2}{2m\lambda^2}$$

berechnen können.

De Broglie-Wellenlängen von Elektronen	
Energie in eV	Wellenlänge in n m
0,01	12
1	1,2
10^2	0,12
10^4	0,012
10^6	0,00087
10^8	0,00001

Die Wellenlänge von Elektronen mit der Energie E beträgt

$$\lambda = \frac{h}{\sqrt{2mE}}$$

($h = 6{,}67 \cdot 10^{-34}$ Js, $\quad m = 9{,}1 \cdot 10^{-31}$ kg).

Werden Elektronen durch eine Spannung von einigen Volt beschleunigt, so weisen sie Wellenlängen auf, die mit dem Atomabstand in Kristallen vergleichbar sind. Wie bei Röntgenstrahlen können Kristalle auch hier als Beugungsgitter dienen.

Der erste Nachweis der Elektronenbeugung gelang am 6. Januar 1927 Clinton Davisson und Lester Germer in den Laboratorien der Bell Telephone Company in New York. Sie richteten einen Elektronenstrahl auf einen Nickelkristall (Atomabstand d = 0,215 nm) und beobachteten unter dem Winkel $\varphi = 50°$ ein Beugungsmaximum erster Ordnung. Wir können damit die Wellenlänge der Elektronen berechnen. In der Optik haben wir die Beziehung hergeleitet:

$$\sin\varphi = \frac{n\lambda}{d} \qquad (n = 0, 1, 2 \ldots).$$

Daraus folgt für $n = 1$

$$\lambda = d \sin\varphi = 0{,}215 \text{ nm} \cdot \sin 50° = 0{,}165 \text{ nm}.$$

Diese Wellenlänge stimmt mit der Vorhersage de Broglies für die verwendete Beschleunigungsspannung U = 54 V überein.

Die Beugung von Elektronen an Kristallen bestätigt die Welleneigenschaften der Elektronen.

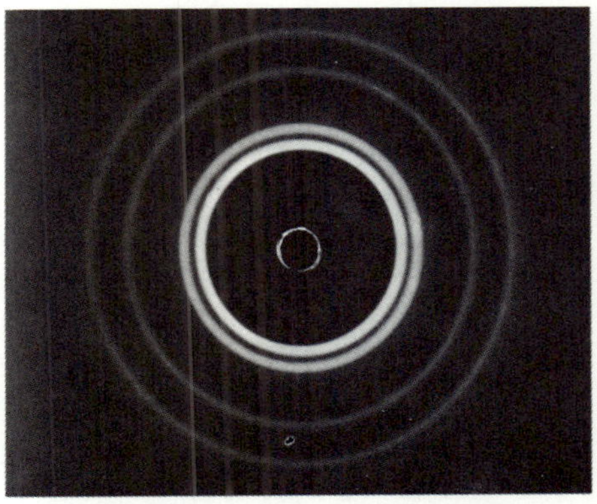

Die Beugung von Röntgenstrahlen an einer Aluminiumfolie . . .

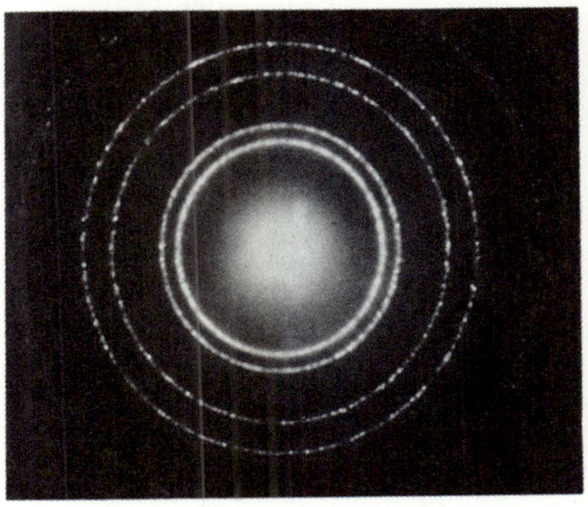

. . . gleicht der Beugung von Elektronen an derselben Folie.

Wenig später bestätigte George Thompson in Schottland diese Ergebnisse und Davisson konnte erklären:

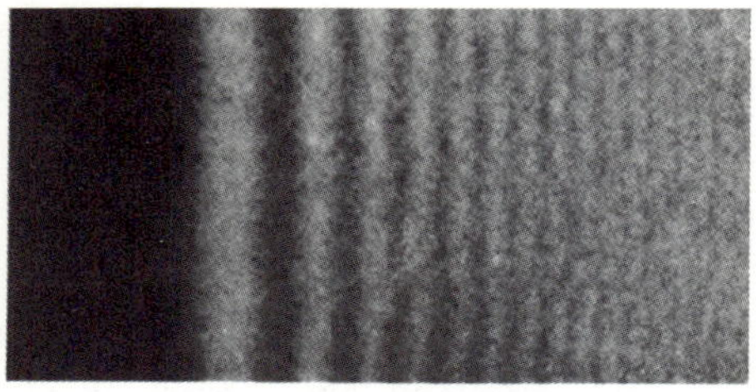

Die Beugung von Elektronen (oben) und von Licht (unten) an einer Kante.

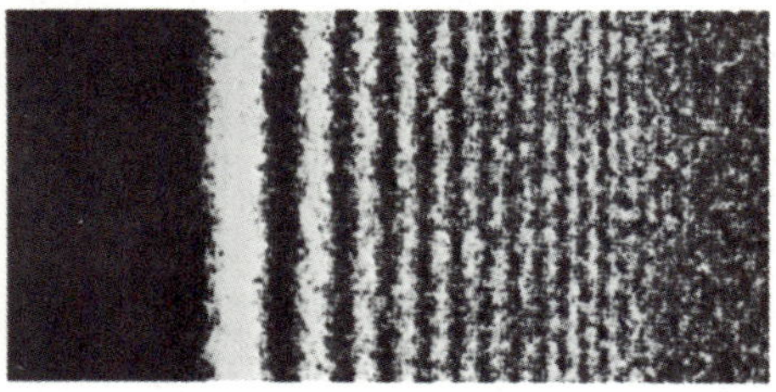

»In den letzten Jahren haben wir erkannt, daß Elektronen in manchen Situationen sinnvollerweise, ja vielleicht notwendigerweise, als Wellen und nicht als Teilchen betrachtet werden sollten, und Begriffe wie Beugung, Brechung, Reflexion und Dispersion zu ihrer Beschreibung anzuwenden sind.«

Clinton Davisson und George Thompson erhielten im Jahre 1937 den Nobelpreis für Physik. 30 Jahre früher hatte Joseph Thompson, der Vater von George Thompson, ebenfalls den Nobelpreis für Physik verliehen bekommen. In seiner Festrede hatte er erklärt:

»Ich möchte hier einige Untersuchungen beschreiben, die zum Schluß führen, daß die Träger der negativen Elektrizität Teilchen sind, die ich Elektronen genannt habe.«

So hat der Vater den Nobelpreis für den Beweis der Teilcheneigenschaften des Elektrons bekommen und der Sohn für den Beweis der Welleneigenschaften!

Die Amplitude der Elektronenwelle wird üblicherweise mit dem griechischen Buchstaben ψ (Psi) bezeichnet. Wir können die Eigenschaften der Elektronenwelle folgendermaßen zusammenfassen:

Die Energie E und der Impuls p der Elektronen
hängen zusammen mit
der Frequenz f und der Wellenlänge λ der Elektronenwelle ψ:

$$E = hf \qquad p = h/\lambda \qquad (h = 6{,}67 \cdot 10^{-34}\ \mathrm{Js}).$$

Das Quadrat der Amplitude der Welle, ψ^2, gibt die
Aufenthaltswahrscheinlichkeit der Elektronen an.
Entsprechende Beziehungen gelten auch für Protonen,
Neutronen und andere Teilchen.

Wir betrachten zwei Beispiele für die Welleneigenschaften der Elektronen.

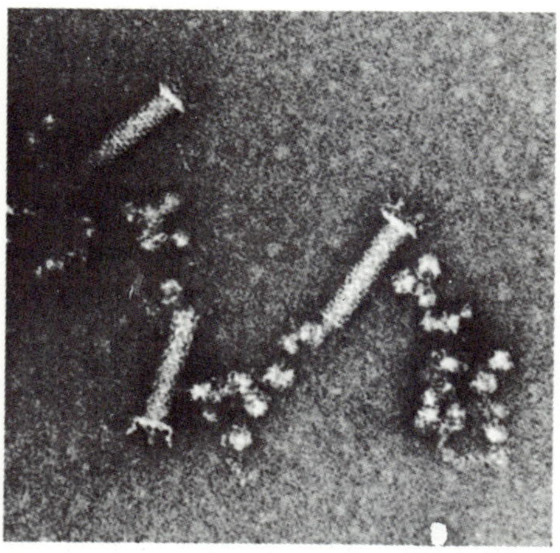

Das obere Bild zeigt Bakteriophagen, die infolge eines genetischen Defektes unvollständig sind. Ihnen fehlt der Kopf.

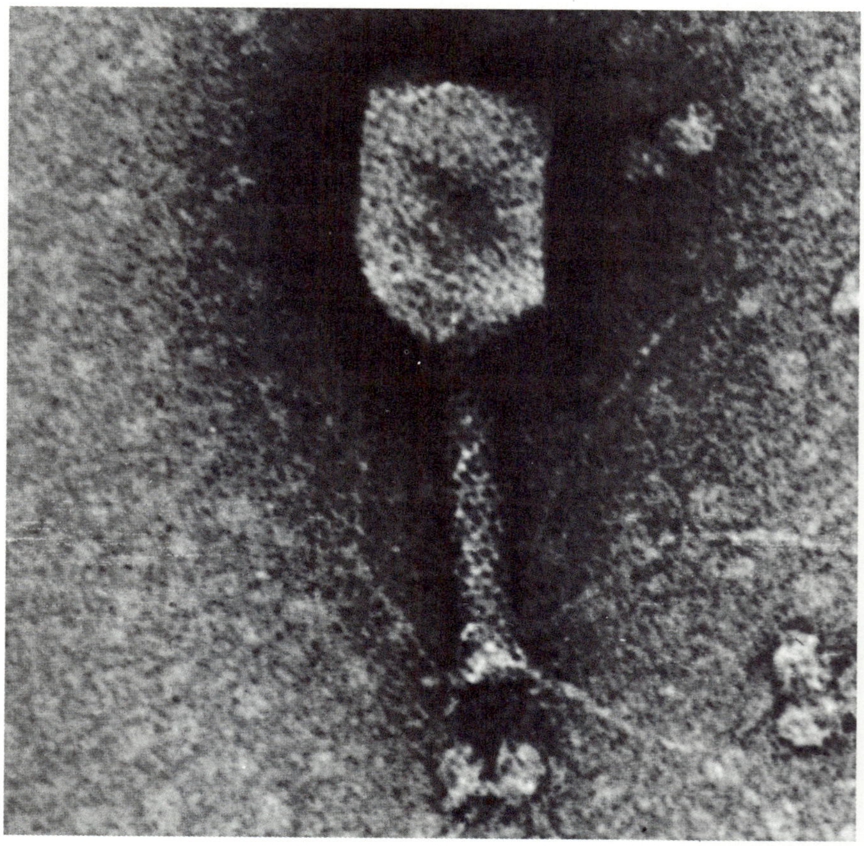

Ein Bakteriophage in 300 000facher Vergrößerung. Das Elektronenmikroskop übertrifft hier die Vergrößerung der besten Lichtmikroskope um mehr als das Hundertfache. Auch das Auflösungsvermögen ist wesentlich besser.

a) Das Auflösungsvermögen des Elektronenmikroskops

Den kleinsten Abstand d, der mit Hilfe eines Mikroskops aufgelöst werden kann, haben wir in der Optik berechnet:

$$d = \frac{\lambda}{2 \sin u}.$$

Mit Röntgenstrahlen ($\lambda = 10^{-2}$ nm) müßten sogar einzelne Atome sichtbar gemacht werden können. Weil aber der Brechungsquotient aller Stoffe bei derart kurzen Wellenlängen nahezu den Wert 1 hat, gibt es keine brauchbaren Linsen für Röntgenstrahlen.

Wir können aber die Röntgenstrahlen durch Elektronen mit kleiner Wellenlänge ersetzen. Sie lassen sich durch elektrische und magnetische Felder ablenken, und man kann deshalb auch für sehr kurzwellige Elektronenstrahlen verwendbare Linsen bauen.

Das heute gebräuchliche Elektronenmikroskop wurde um 1935 entwickelt. Die von einer Glühkathode ausgehenden Elektronen werden durch eine Spannung von rund 100 kV beschleunigt. Je höher diese Spannung ist, umso kürzer ist nach der de-Broglie-Beziehung die Wellenlänge der Elektronen. Magnetspulen ersetzen die Linsen des Lichtmikroskopes. In diesen Spulen werden die Elektronen durch die Lorentzkraft abgelenkt und auf den Brennpunkt fokussiert. Durch die Wahl der Stromstärke kann man die Brennweite der Linsen kontinuierlich verändern. Damit wird sowohl die Scharfeinstellung des Bildes, als auch die gewünschte Vergrößerung erzielt. Leider lassen die unvermeidlichen Linsenfehler nur Werte $\sin u \approx 10^{-2}$ zu. Deshalb können Elektronenmikroskope nur Abstände $d \approx 100\,\lambda$ auflösen. Bei den gebräuchlichen Beschleunigungsspannungen $U \approx 100$ kV kann man damit Abstände $d \approx 0{,}4$ nm auflösen.

Das Elektronenmikroskop wurde in den letzten Jahrzehnten eines der bedeutendsten Forschungsinstrumente der Naturwissenschaft. Seinem Einsatz verdanken wir viele Fortschritte der Medizin und der Mikrobiologie. So vermag das Lichtmikroskop zwar Bakterien, aber keine Viren sichtbar zu machen. Deshalb konnten viele Krankheitserreger erst mit dem Elektronenmikroskop erkannt werden. Sein hohes Auflösungsvermögen gestattet es sogar, größere Moleküle abzubilden. Dadurch gelang es im Jahre 1956 die Schraubenstruktur der Desoxyribonukleinsäure (DNS) direkt sichtbar zu machen (Erbmaterial!).

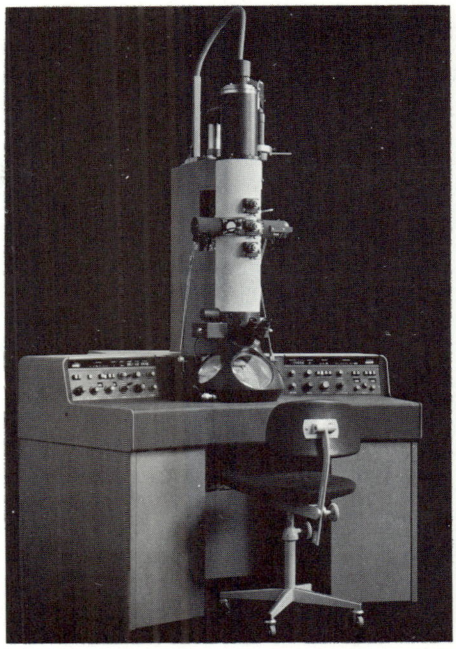

Das Elektronenmikroskop des Instituts für Festkörperphysik der Universität Wien.

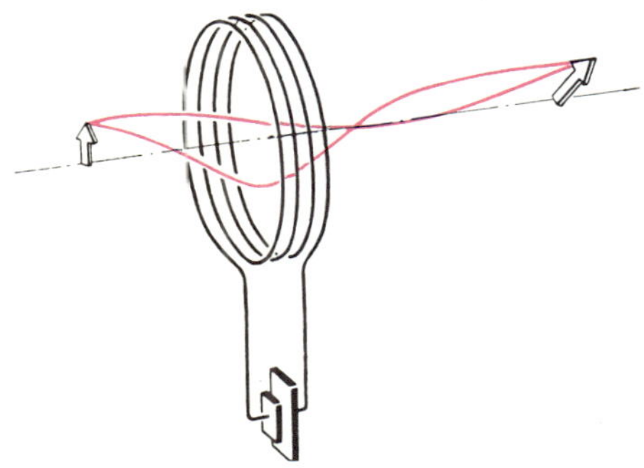

Die von einem Punkt ausgehenden Elektronen werden durch eine magnetische Linse wieder in einem Punkt vereint.

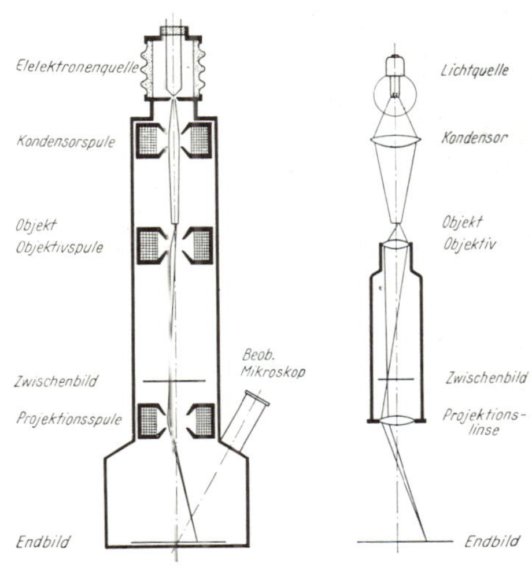

Der Aufbau eines Elektronenmikroskops ist analog zum optischen Mikroskop.

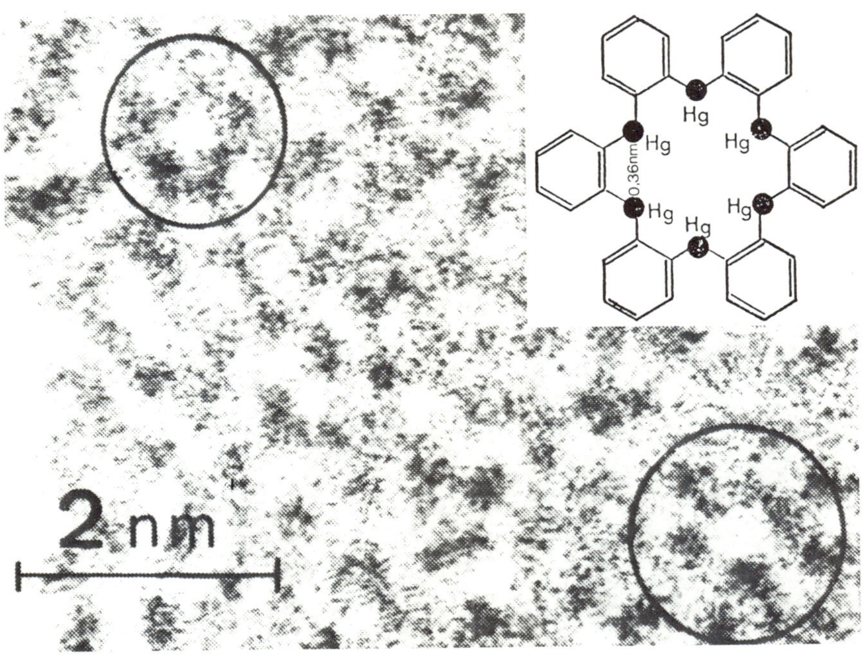

Große Moleküle können mit dem Elektronenmikroskop sichtbar gemacht werden.

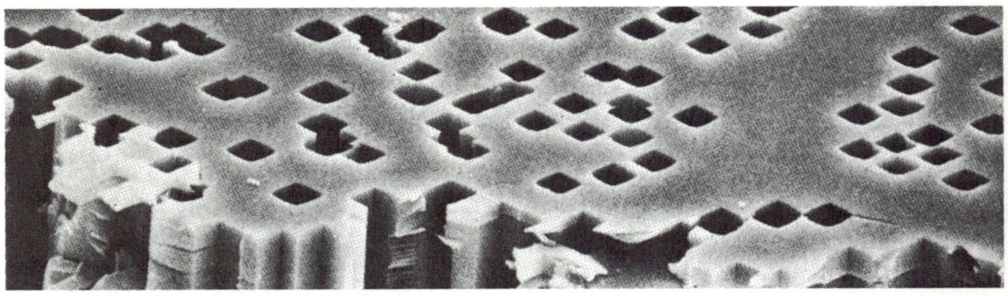

Ein Glimmerblättchen unter dem Rasterelektronenmikroskop. Das Blättchen wurde zuvor mit Ionen beschossen. Das elektrische Feld der Ionen führte zu Störungen des Kristallgitters. An diesen Stellen konnten dann mit Flußsäure kleine Kanäle durch den Kristall geätzt werden. Es lassen sich so extrem feinporige Filter herstellen.

Von besonderem Interesse ist das nach 1960 zur technischen Reife entwikkelte *Rasterelektronenmikroskop*. Darin wird die Oberfläche des Präparates mit einem feinen Elektronenstrahl abgetastet. Es entstehen besonders plastische und kontrastreiche Bilder.

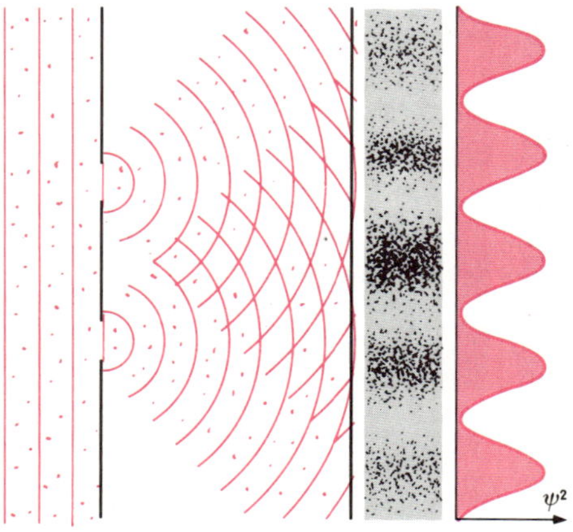

Der Doppelspaltversuch. Eine Elektronenwelle tritt durch zwei Spalte. Die gesamte Welle $\psi = \psi_1 + \psi_2$ entsteht durch Überlagerung der beiden Teilwellen ψ_1 und ψ_2, die durch die Spalte hindurchgehen. Die Interferenz dieser Kreiswellen ergibt ein charakteristisches Streifenmuster.

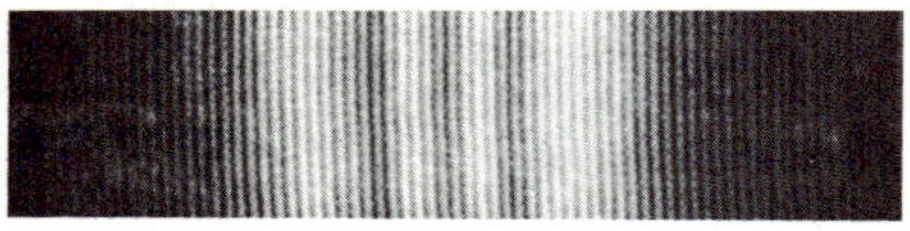

Die Interferenz der Elektronenwellen wurde in einem Versuch von Möllendorf und Dücker beobachtet.

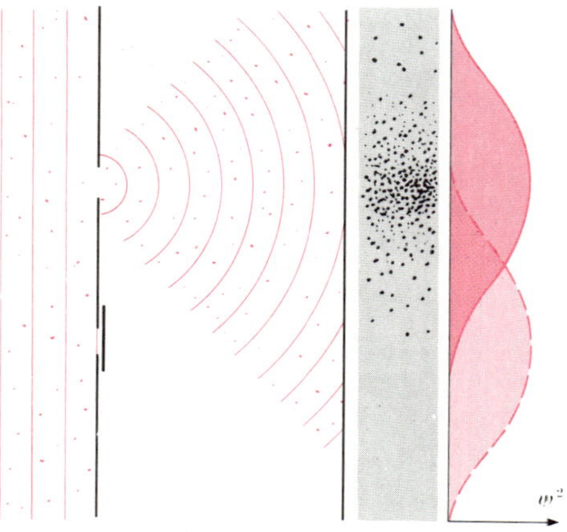

Ist nur ein Spalt offen, so erhält man ein unscharfes Bild dieses Spalts. Öffnet man anschließend den zweiten Spalt und schließt den ersten, so kommt ein zweites unscharfes Spaltbild hinzu. Das charakteristische Interferenzmuster tritt nur auf, wenn beide Spalte zugleich offen sind. Jedes Elektron kann aber nur durch einen der beiden Spalte hindurchgetreten sein!

b) Der Doppelspaltversuch

Der Zusammenhang zwischen Teilchen und Welle scheint nach unseren bisherigen Überlegungen einfach zu sein: Licht besteht aus zahllosen Photonen, aus denen die elektromagnetischen Wellen der »klassischen Physik« durch Mittelung hervorgehen. Auch bei Elektronen könnten wir an einen ähnlichen Zusammenhang zwischen Welle und Teilchen denken.

Eine Reihe von Experimenten zeigt uns die Mängel dieser Überlegungen. Betrachten wir die Beugung einer *Elektronenwelle* (oder Lichtwelle) an einem Doppelspalt. Durch Interferenz der Kreiswellen, die von den beiden Spalten ausgehen, entstehen auf einer photographischen Platte eine Reihe dunkler und heller Streifen. Ihre Lage haben wir in der Optik berechnet. Sowohl für Licht als auch für Elektronen stimmen die experimentellen Ergebnisse mit den theoretischen Vorhersagen überein.

Nun ändern wir die experimentelle Anordnung ab und verschließen den unteren Spalt. Eine Kreiswelle tritt am oberen Spalt auf und erzeugt ein unscharfes Bild des Spalts auf der Platte. Öffnen wir anschließend nur den unteren Spalt, so erhalten wir ein analoges Bild. Die charakteristischen Interferenzmuster verschwinden also, wenn man die Spalte nicht zugleich, sondern nacheinander öffnet.

Versuchen wir das Doppelspaltexperiment vom Standpunkt der *Teilchentheorie* zu erklären! Die meisten Elektronen werden vom Schirm abgefangen und nur wenige Teilchen fliegen durch die Schlitze. Diese Teilchen werden auf der photographischen Platte registriert.

Ist nur ein Spalt geöffnet, so fliegen die Teilchen durch diesen Spalt hindurch, wobei die Welle ihre Verteilung bestimmt. Dadurch kommt das unscharfe Bild auf der Platte zustande. Ein analoges Bild entsteht, wenn nur der zweite Spalt geöffnet ist.

Öffnen wir nun beide Spalten! Für die Teilchen, die durch den oberen Spalt hindurchgetreten sind, ist es belanglos, ob der untere Spalt gleichzeitig geöffnet ist oder nicht. Jedes Teilchen kann ja nur durch einen Spalt hindurchgehen. Die Teilchentheorie sagt daher voraus, daß die Verteilung der Teilchen beim Doppelspaltexperiment der Summe der beiden Verteilungen der Einzelspalte entspricht. Diese Vorhersage stimmt nicht mit dem Experiment überein.

Beim Doppelspaltversuch führt also nur die Wellentheorie zu richtigen Vorhersagen. In vielen anderen Situationen, wie bei der Messung der Elementarladung, können wir das Verhalten der Elektronen aber nur mit der Teilchentheorie erklären.

Sowohl die Teilchentheorie als auch die Wellentheorie sind notwendig und ergänzen einander. Der scheinbare Widerspruch, auf den wir oben gestoßen sind, wird durch ein grundlegendes Prinzip, die Heisenbergsche Unschärferelation, beseitigt.

5. Die Heisenbergsche Unschärferelation

Die Schwärzung einer photographischen Platte durch eine Lichtwelle zeigt, daß die Intensität der Welle die Wahrscheinlichkeit angibt, Photonen vorzufinden. Allerdings dürfen wir uns die Entstehung des Bildes nicht einfach dadurch erklären, daß von der Lichtquelle zahllose Photonen ausgehen, sich auf wohldefinierten Bahnen bewegen und dann gegen die Platte prasseln. Diese Annahme widerspricht der Entstehung von Interferenzmustern beim Doppelspaltversuch.

Wir dürfen aber auch bei Elektronen nicht annehmen, daß sie sich von der Elektronenquelle bis zum Nachweisgerät auf genau bestimmten Bahnen bewegt haben. Denn auch für Elektronen können wir den Doppelspaltversuch durchführen. Andererseits kann man die Spuren von Elektronen in photographischen Platten oder Blasenkammern leicht nachweisen. Elektronen scheinen also doch wohldefinierte Bahnen zu haben. Die folgenden Überlegungen werden aber zeigen, daß auch diese Bahnen nicht genau bestimmt sind.

Versuchen wir, Elektronen mit genau bekannter Bahn experimentell zu erzeugen! Dazu verwenden wir eine Braunsche Röhre, in der die Teilchen zunächst durch eine Spannung beschleunigt werden. Wir lassen die Elektronen dann durch ein feines Loch in der Anode hindurchtreten, um einen Elektronenstrahl zu erhalten, der von einer genau bekannten Stelle ausgeht. Am Bildschirm der Röhre entsteht ein kleiner Lichtfleck.

Wie klein dürfen wir den Blendendurchmesser d wählen? Bei der Beantwortung dieser Frage müssen wir die Welleneigenschaften der Elektronen beachten.

Einige Versuche in der Wellenwanne zeigen, worauf es ankommt. Versuchen wir aus einer ebenen Welle einen Strahl auszublenden, so gelingt dies recht gut, solange der Blendendurchmesser d groß im Vergleich zur Wellenlänge λ ist. Wählen wir aber die Blendenöffnung von der gleichen Größenordnung wie die Wellenlänge, so beobachten wir *Beugungserscheinungen*. Es ergibt sich kein genau bestimmter Strahl mehr, sondern die Welle läuft auseinander. Weil die Intensität der Welle die Wahrscheinlichkeit angibt, Teilchen vorzufinden, laufen in diesem Fall auch die Teilchen auseinander. Um einen wohldefinierten Teilchenstrahl zu erhalten, müssen wir also die Blendenöffnung wesentlich größer wählen, als die de-Broglie-Wellenlänge der Teilchen.

Ein Teilchenstrahl ist also nie eine beliebig dünne Linie, sondern weist stets eine Dicke auf, welche einige de-Broglie-Wellenlängen beträgt. Auch die Elektronenbahnen auf einer photographischen Platte sind ja keine Linien im Sinne der Mathematik. Unendlich dünne Linien könnte man nicht sehen.

> Teilchenbahnen können nur mit einer Genauigkeit von einigen de-Broglie-Wellenlängen festgelegt werden.

Wählen wir den Blendendurchmesser d in der Braunschen Röhre von der Größenordnung der de-Broglie-Wellenlänge, so beobachten wir Beugungserscheinungen. Es ist uns nicht mehr möglich vorherzusagen, auf welchem Punkt des Bildschirmes das Elektron auftreffen wird. Durch die Ablenkung der Elektronen wird auch die Richtung ihrer Impulse verändert. Je genauer wir festlegen wollen, von wo die Elektronen ausgehen, desto größer wird die Unschärfe in der Impulsverteilung der Elektronen. Einen Elektronenstrahl, der in eine wohlbekannte Richtung läuft – also einen genau bestimmten Impuls hat –, erhalten wir nur, wenn wir ihn ziemlich dick machen, also auf eine genaue Kenntnis des Ortes der Elektronen verzichten.

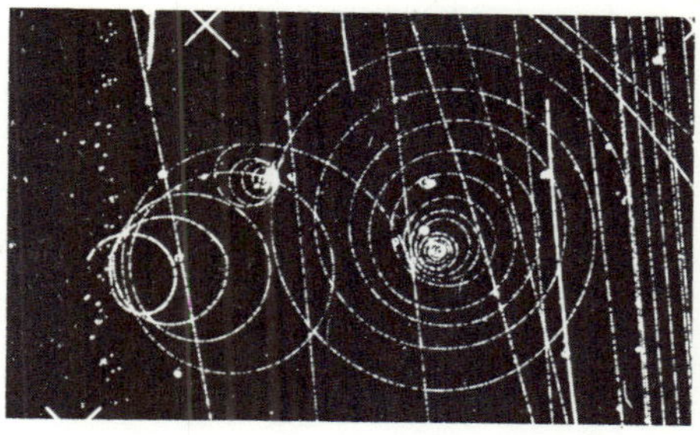

Elektronenspuren in der Blasenkammer. Die Elektronen scheinen hier genau bestimmte Bahnen aufzuweisen.

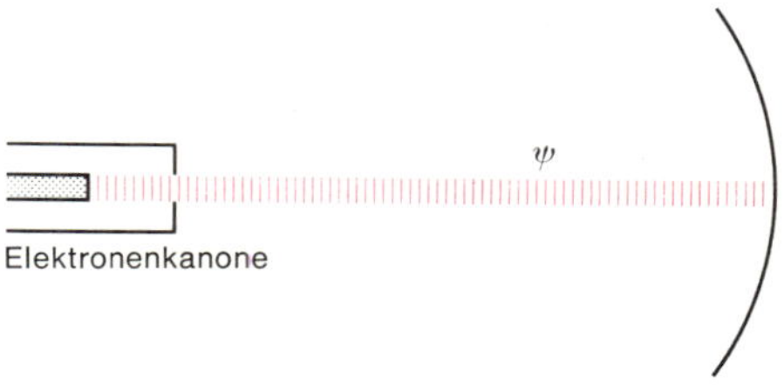

Die aus der Elektronenkanone austretenden Elektronen erzeugen einen hellen Fleck auf dem Bildschirm.

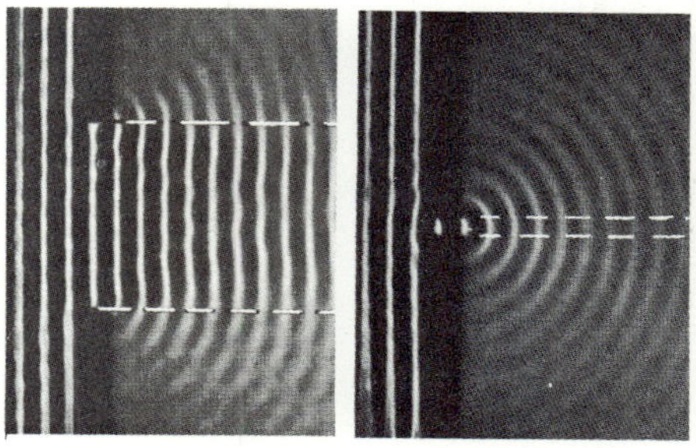

Sinkt der Durchmesser einer Blendenöffnung auf die Größenordnung einer Wellenlänge herab (rechtes Bild), so fächern Beugungserscheinungen den Strahl auf, wie ein Versuch in der Wellenwanne anschaulich zeigt.

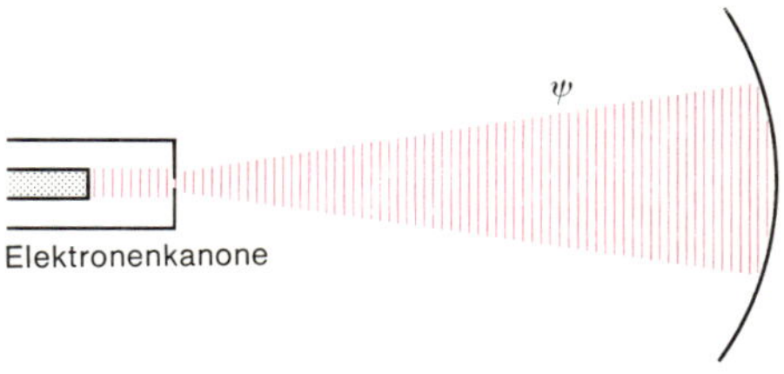

Sinkt der Blendendurchmesser in der Braunschen Röhre auf die Größenordnung der de Broglie Wellenlänge ab, so erhalten wir keinen Bildpunkt, sondern ein unscharfes Beugungsscheibchen.

Werner Heisenberg (1901–1976) studierte Physik in München und fiel bei der Abschlußprüfung fast durch. Zusammen mit Max Born und Pascual Jordan entwikkelte er 1926 in Göttingen die Quantentheorie. Ein Jahr später stellte er die Unschärferelation auf. Er erhielt 1932 den Nobelpreis.

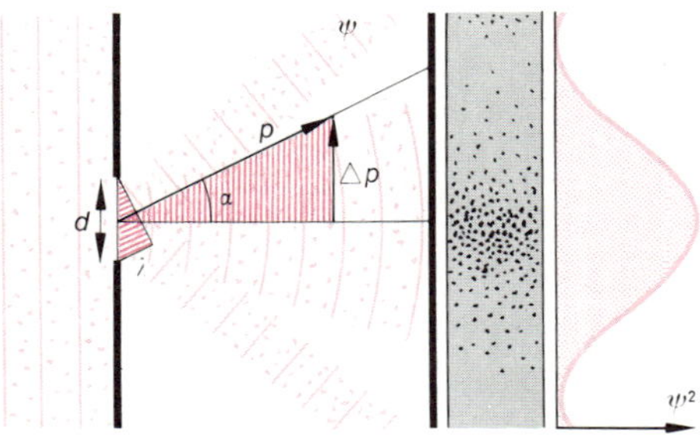

Ein Elektronenstrahl wird an einem Spalt gebeugt. Hinter dem Spalt laufen die Teilchen auseinander, und die Richtung ihres Impulses ist nicht exakt vorhersagbar, sondern weist eine Unschärfe Δp auf. Der Radius des ersten Beugungsscheibchens dient zur Abschätzung der Impulsunschärfe.

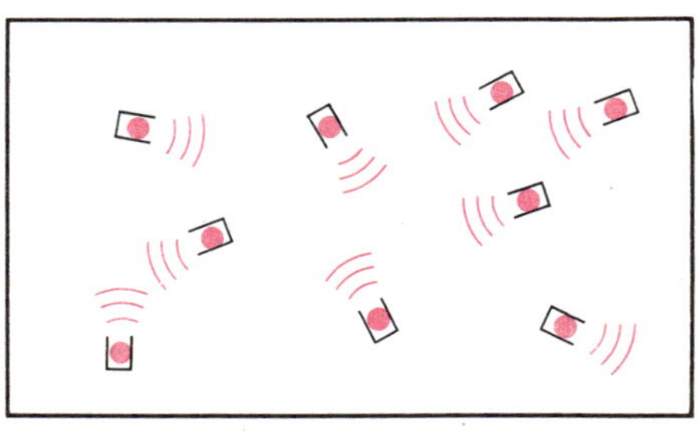

Ein »Laplace'scher Geist« versucht die Moleküle eines Gases aus kleinen Kanonen mit genau bekannten Geschwindigkeiten und Anfangslagen abzuschießen. Die auftretenden Beugungserscheinungen machen es ihm jedoch unmöglich, die Stöße der Moleküle vorherzusagen.

> Es ist nicht möglich, einen Elektronenstrahl zu erzeugen, in dem die Teilchen einen genau bestimmten Ort und eine genau bestimmte Geschwindigkeit haben.

Entsprechende Aussagen gelten auch für alle anderen Teilchen. Sie bilden den Inhalt der *Heisenbergschen Unschärferelation,* die wir nunmehr mathematisch formulieren wollen. Die Berechnung der Beugung an einer Blende hat gezeigt, daß die Teilchen hinter der Blende unter dem Winkel

$$\hat{\alpha} = \frac{\lambda}{d}$$

auseinanderlaufen und ein entsprechend großes Beugungsscheibchen auf dem Schirm bilden. Wie die Abbildung zeigt, hängt die nunmehr auftretende Unschärfe Δp in den Impulsen der Teilchen mit der Spaltbreite d gemäß

$$\frac{\Delta p}{p} \approx \frac{\lambda}{d}$$

zusammen. Daraus erhalten wir

$$\Delta p \cdot d \approx \lambda p = h .$$

Die Unschärfe Δx der Anfangslage der Elektronen ist durch d gegeben. Mit $d = \Delta x$ folgt:

> *Heisenbergsche Unschärferelation*
> Legt man den Ort von Teilchen mit der Genauigkeit Δx und den Impuls der Teilchen mit der Genauigkeit Δp fest, so gilt stets
>
> $$\Delta x \cdot \Delta p \approx h .$$

Damit haben wir eine unüberschreitbare Schranke für die Genauigkeit gefunden, mit der wir Ort und Geschwindigkeit eines Teilchens bestimmen können. Diese Einschränkung verändert die Grundlagen der Physik völlig. Dies wird besonders klar, wenn wir uns an die Ideen des französischen Mathematikers Pierre Simon de Laplace erinnern, der schrieb: ». . . ein Geist, der alle Kräfte der Natur kennen würde und für einen Augenblick die Lage und die Geschwindigkeit aller Teilchen, aus denen die Natur besteht, erfassen könnte und der genügend groß wäre, alle diese Daten einer Rechnung zugrunde zu legen, könnte die Bewegung der größten Körper des Weltalls und die der kleinsten Atome vorhersagen. Für ihn würde nichts unbestimmt sein und die Zukunft und die Vergangenheit würden offen vor ihm liegen . . .«. Diese großartige Vision ist nun zunichte, da wir »die Lage und die Geschwindigkeit aller Teilchen« niemals für einen Augenblick exakt erfassen können. Deshalb wird auch das weitere Geschehen nicht deterministisch vorhersehbar. Nur Aussagen über das statistische Verhalten sehr vieler Teilchen können wir mit einiger Sicherheit machen, z. B. welches Beugungsmuster sie erzeugen werden. Über einzelne Teilchen sind keine so detaillierten Vorhersagen möglich, da zur Berechnung der Bahn genaue Kenntnisse von Anfangslage und Anfangsgeschwindigkeit nötig wären.

> Die Heisenbergsche Unschärferelation schränkt die Berechenbarkeit des Ablaufes von Naturvorgängen ein.

Die Diskussionen um die Deutung der Quantenphysik fanden in Kopenhagen in einem Kreis von Physikern statt, die Niels Bohr um sich versammelt hatte. Die Teilnehmer waren meist so jung, daß man vom »Kinderseminar« sprach. Bei jedem Fehler des Vortragenden sollte Werner Heisenberg Trompete blasen und Wolfgang Pauli eine kleine Kanone abschießen.

Auch die Widersprüche zwischen Teilchenbild und Wellenbild, auf die wir bei der Diskussion des Doppelspaltversuches gestoßen sind, finden hier ihre Lösung. Es ist nicht möglich die Frage zu beantworten, durch welchen der beiden Spalte das Elektron hindurchgetreten ist, da die Teilchenbahn nicht mit der erforderlichen Genauigkeit festgelegt werden kann.

Außer der oben angegebenen Unschärferelation für Ort und Impuls gelten noch weitere, ähnliche Beziehungen. Eine wichtige Unschärferelation besteht zwischen der Dauer Δt eines Vorganges und der Genauigkeit ΔE, mit der die Energie der beteiligten Teilchen festgelegt ist:

$$\Delta E \cdot \Delta t \approx h.$$

Wir werden später Beispiele dafür kennenlernen.

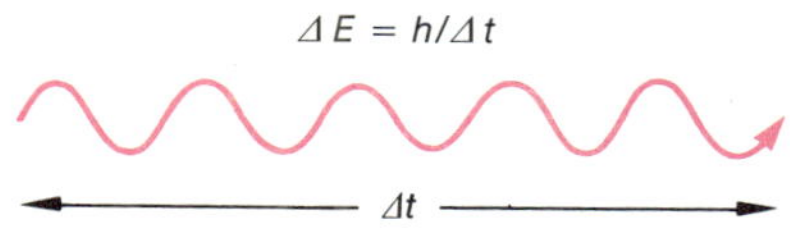

Ein Wellenzug mit der zeitlichen Dauer Δt weist eine Energieunschärfe ΔE auf. Die Beziehung zwischen ΔE und Δt kann aus dem Satz von Fourier hergeleitet werden.

Testfragen:

1. Beschreiben Sie die Anordnung, mit der Heinrich Hertz den Photoeffekt studierte.
2. Treten die Elektronen bei Bestrahlung mit einer zeitlichen Verzögerung aus der Platte?
3. Wie hängt die Zahl der austretenden Elektronen von der Intensität, und wie von der Frequenz des auffallenden Lichtes ab?
4. Wie hängt die Energie der austretenden Elektronen von der Intensität, und wie von der Frequenz des auffallenden Lichtes ab?
5. Weshalb kann der Photoeffekt mit der elektromagnetischen Lichttheorie nicht erklärt werden?
6. Wie erklärte Einstein den Photoeffekt mit der Photonenhypothese?
7. Wie läßt sich das kurzwellige Röntgenspektrum mit der Photonenhypothese erklären?
8. Wie läßt sich das Wiensche Verschiebungsgesetz mit der Photonenhypothese erklären?
9. Wie berechnet man den Impuls eines Photons?
10. Worin besteht der Compton-Effekt, und welche Bedeutung hat er für die Quantenphysik?
11. Welcher Zusammenhang besteht zwischen der Energie bzw. dem Impuls eines Photons und der Frequenz bzw. der Wellenlänge der zugeordneten Lichtwelle?
12. Welches Experiment deutet auf die Wellennatur der Elektronen hin?
13. Welcher Zusammenhang besteht zwischen der Energie bzw. dem Impuls eines Photons und der Frequenz bzw. der Wellenlänge der zugeordneten de-Broglie-Welle?
14. Welcher Zusammenhang besteht nach der Bornschen Deutung zwischen der Aufenthaltswahrscheinlichkeit der Teilchen und der Amplitude der de-Broglie-Welle?
15. Wie ist ein Elektronenmikroskop gebaut?
16. Weshalb steigt das Auflösungsvermögen eines Elektronenmikroskops mit der Beschleunigungsspannung?
17. Was zeigt sich, wenn der Doppelspaltversuch mit Elektronen bzw. mit Photonen ausgeführt wird?
18. Welches Ergebnis wäre zu erwarten, wenn der Doppelspaltversuch mit Teilchen durchgeführt würde und die klassische Physik gültig wäre?
19. Welches Ergebnis wäre zu erwarten, wenn der Doppelspaltversuch mit Wellen durchgeführt würde und die klassische Physik gültig wäre?
20. Warum können Teilchenbahnen nur mit einer Genauigkeit von einigen de-Broglie-Wellenlängen festgelegt werden?
21. Wie lautet die Heisenbergsche Unschärferelation für Ort und Impuls?
22. Weshalb zerstört diese Beziehung den deterministischen Charakter der Physik?

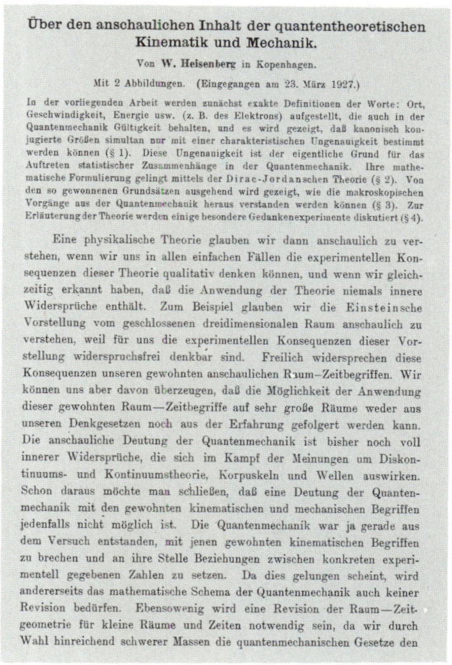

Über den anschaulichen Inhalt der quantentheoretischen Kinematik und Mechanik.

Von **W. Heisenberg** in Kopenhagen.

Mit 2 Abbildungen. (Eingegangen am 23. März 1927.)

In der vorliegenden Arbeit werden zunächst exakte Definitionen der Worte: Ort, Geschwindigkeit, Energie usw. (z. B. des Elektrons) aufgestellt, die auch in der Quantenmechanik Gültigkeit behalten, und es wird gezeigt, daß kanonisch konjugierte Größen simultan nur mit einer charakteristischen Ungenauigkeit bestimmt werden können (§ 1). Diese Ungenauigkeit ist der eigentliche Grund für das Auftreten statistischer Zusammenhänge in der Quantenmechanik. Ihre mathematische Formulierung gelingt mittels der Dirac-Jordanschen Theorie (§ 2). Von den so gewonnenen Grundsätzen ausgehend wird gezeigt, wie die makroskopischen Vorgänge aus der Quantenmechanik heraus verstanden werden können (§ 3). Zur Erläuterung der Theorie werden einige besondere Gedankenexperimente diskutiert (§ 4).

Eine physikalische Theorie glauben wir dann anschaulich zu verstehen, wenn wir uns in allen einfachen Fällen die experimentellen Konsequenzen dieser Theorie qualitativ denken können, und wenn wir gleichzeitig erkannt haben, daß die Anwendung der Theorie niemals innere Widersprüche enthält. Zum Beispiel glauben wir die Einsteinsche Vorstellung vom geschlossenen dreidimensionalen Raum anschaulich zu verstehen, weil für uns die experimentellen Konsequenzen dieser Vorstellung widerspruchsfrei denkbar sind. Freilich widersprechen diese Konsequenzen unseren gewohnten anschaulichen Raum-Zeitbegriffen. Wir können uns aber davon überzeugen, daß die Möglichkeit der Anwendung dieser gewohnten Raum—Zeitbegriffe auf sehr große Räume weder aus unseren Denkgesetzen noch aus der Erfahrung gefolgert werden kann. Die anschauliche Deutung der Quantenmechanik ist bisher noch voll innerer Widersprüche, die sich im Kampf der Meinungen um Diskontinuums- und Kontinuumstheorie, Korpuskeln und Wellen auswirken. Schon daraus möchte man schließen, daß eine Deutung der Quantenmechanik mit den gewohnten kinematischen und mechanischen Begriffen jedenfalls nicht möglich ist. Die Quantenmechanik war ja gerade aus dem Versuch entstanden, mit jenen gewohnten kinematischen Begriffen zu brechen und an ihre Stelle Beziehungen zwischen konkreten experimentell gegebenen Zahlen zu setzen. Da dies gelungen scheint, wird andererseits das mathematische Schema der Quantenmechanik auch keiner Revision bedürfen. Ebensowenig wird eine Revision der Raum—Zeitgeometrie für kleine Räume und Zeiten notwendig sein, da wir durch Wahl hinreichend schwerer Massen die quantenmechanischen Gesetze den

Die Herleitung der Unschärferelation wurde von Heisenberg im Jahre 1927 veröffentlicht.

Die Struktur von Cytochrom-c. Dieses Protein speichert Elektronen, die für chemische Reaktionen in pflanzlichen und tierischen Zellen benötigt werden. Die Lage seiner mehr als 1 000 Atome wurde mit einer Kombination physikalischer und chemischer Methoden ermittelt. Cytochrom-c besteht aus einer Kette von etwa 100 Aminosäuren, deren Anordnung sich im Laufe der Evolution allmählich gewandelt hat. Diese Veränderungen erlauben es, quantitative Untersuchungen über Evolution anzustellen.

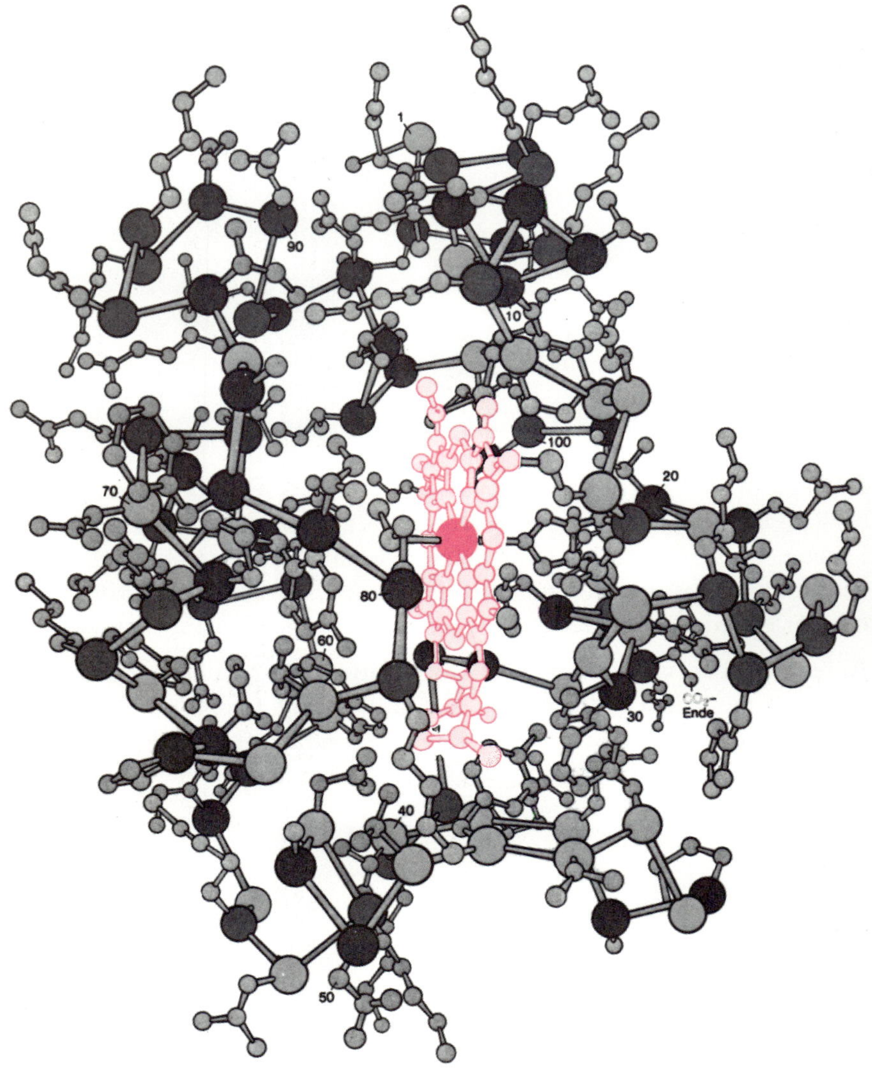

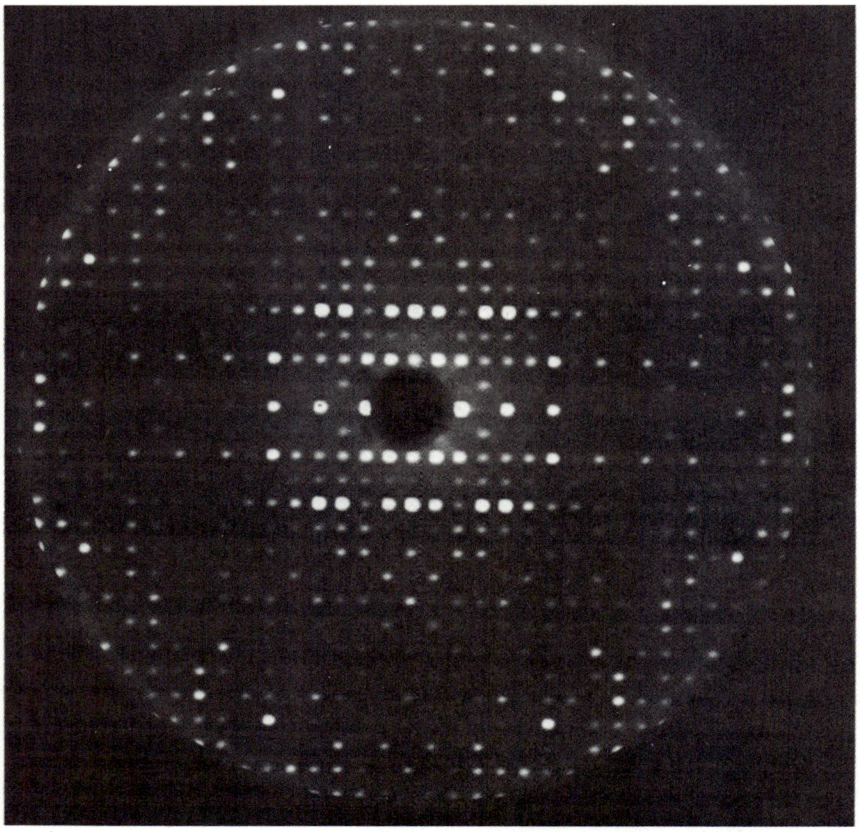

Die Streuung von Röntgenstrahlen ist ein wichtiges Hilfsmittel bei der Bestimmung der Struktur biologisch wichtiger Moleküle. Aus dem Laue-Diagramm, das man bei der Streuung an kristallisierten Proteinen erhält, kann man die Lage der Einzelatome ermitteln.

II. Streuung und Strukturforschung

Die bedeutendsten Erfolge der klassischen Physik liegen in der Aufklärung von *Vorgängen,* wie z. B. der Planetenbewegung oder der Bewegung von Teilchen in elektrischen und magnetischen Feldern.

Für die Physik des 20. Jahrhunderts ist das Verständnis von *Strukturen* charakteristisch. Die Struktur von Raum und Zeit wurde in der Relativitätstheorie in völlig neuer Weise verstanden. Die Struktur der Materie wurde mit Hilfe der Quantentheorie analysiert. Elektronen- und Feldionenmikroskope erlauben es, größere Moleküle sichtbar zu machen. Wir können damit jedoch nicht in den Bereich einzelner Atome oder gar der Atomkerne eindringen, deren Erforschung ein wesentliches Anliegen der Physik unseres Jahrhunderts ist.

Mit einem anderen Verfahren können aber auch kleinste Strukturen analysiert werden. Man verwendet dazu die *Streuung* von Teilchen an dem Untersuchungsobjekt. Die Grundlagen dieser Methode verdanken wir Ernest Rutherford, der damit im Jahre 1909 den Atomkern entdeckte.

Ernest Rutherford erkannte die Bedeutung von Streuexperimenten zur Erforschung sub-mikroskopischer Strukturen.

1. Der Aufbau eines Streuexperimentes

Um ein unbekanntes Objekt zu untersuchen, bringt man es als *Target* (Zielscheibe) in einen *Teilchenstrahl,* der aus Photonen, Elektronen, Protonen, Neutronen oder Atomen bestehen kann. Einige der Teilchen aus dem einfallenden Strahl werden am Target gestreut, also aus ihrer Richtung abgelenkt. Eine *Zähleranordnung* registriert die Zahl der gestreuten Teilchen als Funktion des Streuwinkels.

Ein Beispiel zeigt, wie man daraus Aufschluß über die Natur des Targets erhält. Streut man Teilchen an einem unregelmäßig geformten Körper, so kann man aus ihrer Verteilung die Form des Objektes erschließen. Weil bereits geringe Formunterschiede genügen, um die Teilchen in eine andere Richtung abzulenken, können auch sehr kleine Objekte auf diese Art erforscht werden. Damit die gestreuten Teilchen überhaupt aus ihrer Bahn abgelenkt werden, müssen Kräfte zwischen ihnen und dem Target wirken. Die Verteilung der Teilchen läßt auch Rückschlüsse auf die Stärke und Reichweite dieser Kräfte zu.

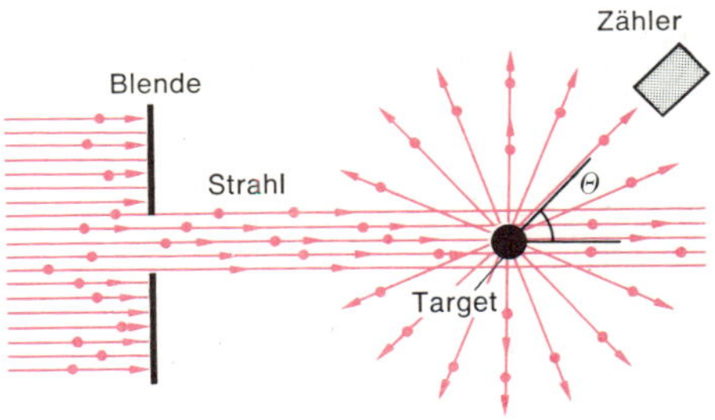

Der Aufbau eines Streuexperiments.

> *Der Aufbau eines Streuexperimentes*
> Ein Teilchenstrahl wird an einem Target gestreut.
> Aus der Winkelverteilung der gestreuten Teilchen
> bestimmt man den Aufbau des Targets und
> die Kräfte zwischen den Teilchen und dem Target.

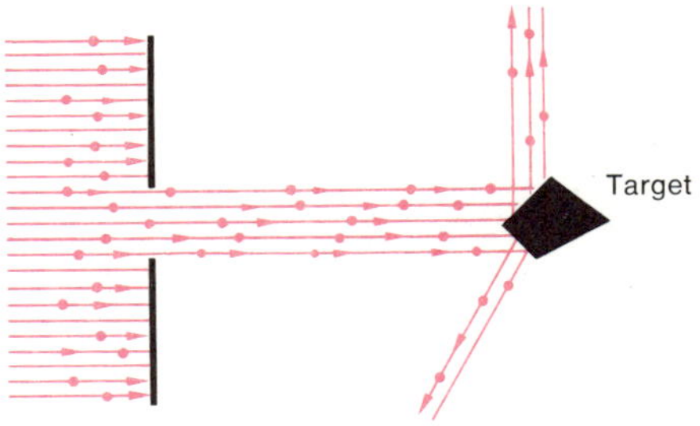

Aus der Verteilung der gestreuten Teilchen kann man die Struktur des Targets bestimmen.

Von den komplexen Molekülen der Biochemie bis zur Welt der Elementarteilchen reicht die Vielfalt der Strukturen, die bereits mit Hilfe von Streuexperimenten aufgeklärt werden konnten, wie die Beispiele in den folgenden Kapiteln zeigen.

2. Rutherford entdeckt den Atomkern

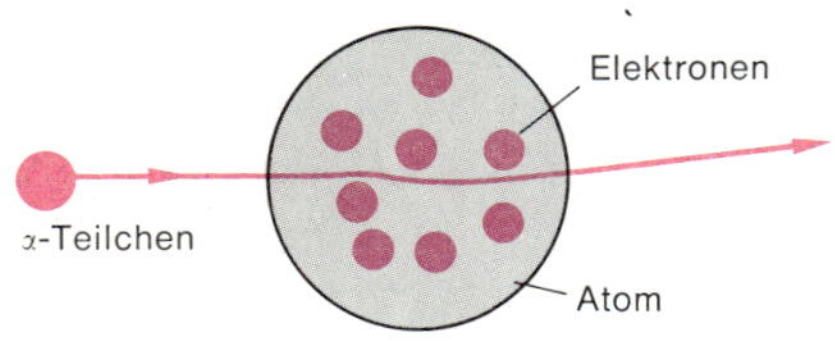

Das Thompsonsche Atommodell. Die in einen »Teig positiver Ladung« eingebetteten Elektronen vermögen die viel schwereren Alphateilchen nicht wesentlich abzulenken.

Zu Beginn des 20. Jahrhunderts war der atomare Aufbau der Materie allgemein akzeptiert. Über die Struktur der Atome selbst wußte man nur wenig. In irgendeiner Weise mußte das Atom negativ geladene Elektronen enthalten und auch eine entsprechende positive Ladung. Sir Joseph Thompson, der Entdecker des Elektrons, meinte, Elektronen seien im Atom »wie Rosinen in einem Teig positiver Ladung« eingebettet.

Diese Vorstellung über die Struktur des Atoms wollte Rutherford experimentell untersuchen. Dazu beschoß er eine dünne Goldfolie, die als Target diente, mit einem Strahl von Alpha-Teilchen. Diese Teilchen tragen zwei positive Elementarladungen und bestehen, wie wir heute wissen, aus zwei Protonen und zwei Neutronen. Sie sind Atomkerne des Heliums.

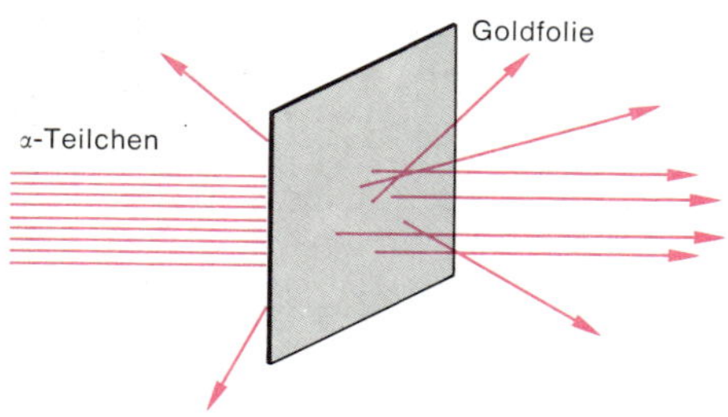

Bei der Streuung von Alphateilchen an einer Goldfolie beobachtete Rutherford zu seiner Überraschung auch Teilchen, die unter großen Winkeln abgelenkt wurden.

Rutherford erwartete, daß Alpha-Teilchen beim Durchgang durch die Goldfolie kaum aus ihrer Richtung abgelenkt würden. Sie sollten nämlich die leichten Elektronen nur etwas zur Seite drängen und durch das schwache elektrische Feld der fein verteilten positiven Ladung nur wenig beeinflußt werden.

Die Experimente ergaben ein völlig anderes Resultat. Ungefähr jedes 10 000ste Alpha-Teilchen wurde um einen Winkel von 90° abgelenkt. Dieses Ergebnis war so verblüffend, daß Rutherford später meinte: »Es war bestimmt das unglaublichste Ereignis, das mir je in meinem Leben widerfuhr. Es war fast so unglaublich, wie wenn jemand eine 15-Zoll-Granate auf ein Stück Seidenpapier abgefeuert hätte und diese zurückgekommen wäre und ihn getroffen hätte.«

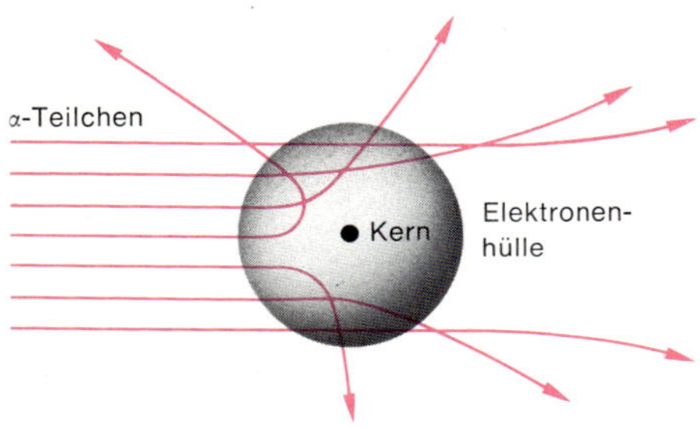

Zur Erklärung dieser Ergebnisse nahm Rutherford an, daß die positive Ladung des Atomes in einem Atomkern konzentriert ist. Das starke elektrische Feld in seiner Umgebung lenkt die Alphateilchen ab.

Nach zweijähriger Forschungsarbeit vermochte Rutherford seine Experimente zu deuten. Im Jahre 1911 veröffentlichte er seinen berühmten Artikel »The Scattering of Alpha- and Beta-Particles by Matter and the Structure of the Atom«. Die Experimente konnten durch die Annahme erklärt werden, daß die gesamte positive Ladung des Atoms in einem kleinen Atomkern konzentriert ist. In der Umgebung des Kerns ist die elektrische Feldstärke groß und die positiv geladenen Alpha-Teilchen werden stark abgelenkt. Je näher die Teilchen an den Atomkern herankommen, desto größer wird der Streuwinkel. Weil die Alpha-Teilchen gleichmäßig verteilt auf der Goldfolie auftreffen, werden sie in verschiedensten Abständen an den einzelnen Atomkernen vorbeilaufen. Daraus ergibt sich die Verteilung der gestreuten Teilchen auf verschiedene Streuwinkel in vollem Einklang mit den experimentellen Ergebnissen.

Die Messung zeigte, daß der Atomkern zumindest 100 000mal kleiner ist als das Atom. Nur dann sind die elektrischen Felder in der Umgebung des Kerns stark genug, um die Ablenkung der Alpha-Teilchen zu erklären.

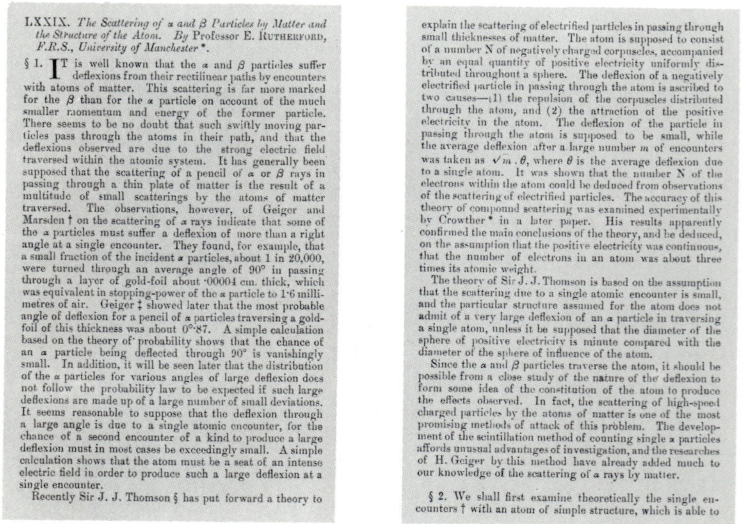

LXXIX. *The Scattering of α and β Particles by Matter and the Structure of the Atom. By* Professor E. Rutherford, *F.R.S., University of Manchester* *.

§ 1. It is well known that the α and β particles suffer deflexions from their rectilinear paths by encounters with atoms of matter. This scattering is far more marked for the β than for the α particle on account of the much smaller momentum and energy of the former particle. There seems to be no doubt that such swiftly moving particles pass through the atoms in their path, and that the deflexions observed are due to the strong electric field traversed within the atomic system. It has generally been supposed that the scattering of a pencil of α or β rays in passing through a thin plate of matter is the result of a multitude of small scatterings by the atoms of matter traversed. The observations, however, of Geiger and Marsden † on the scattering of α rays indicate that some of the α particles must suffer a deflexion of more than a right angle at a single encounter. They found, for example, that a small fraction of the incident α particles, about 1 in 20,000, were turned through an average angle of 90° in passing through a layer of gold-foil about ·00004 cm. thick, which was equivalent in stopping-power of the α particle to 1·6 millimetres of air. Geiger ‡ showed later that the most probable angle of deflexion for a pencil of α particles traversing a gold-foil of this thickness was about 0°·87. A simple calculation based on the theory of probability shows that the chance of an α particle being deflected through 90° is vanishingly small. In addition, it will be seen later that the distribution of the α particles for various angles of large deflexion does not follow the probability law to be expected if such large deflexions are made up of a large number of small deviations. It seems reasonable to suppose that the deflexion through a large angle is due to a single atomic encounter, for the chance of a second encounter of a kind to produce a large deflexion must in most cases be exceedingly small. A simple calculation shows that the atom must be a seat of an intense electric field in order to produce such a large deflexion at a single encounter.

Recently Sir J. J. Thomson § has put forward a theory to explain the scattering of electrified particles in passing through small thicknesses of matter. The atom is supposed to consist of a number N of negatively charged corpuscles, accompanied by an equal quantity of positive electricity uniformly distributed throughout a sphere. The deflexion of a negatively electrified particle in passing through the atom is ascribed to two causes—(1) the repulsion of the corpuscles distributed through the atom, and (2) the attraction of the positive electricity in the atom. The deflexion of the particle in passing through the atom is supposed to be small, while the average deflexion after a large number m of encounters was taken as $\sqrt{m} . \theta$, where θ is the average deflexion due to a single atom. It was shown that the number N of the electrons within the atom could be deduced from observations of the scattering of electrified particles. The accuracy of this theory of compound scattering was examined experimentally by Crowther * in a later paper. His results apparently confirmed the main conclusions of the theory, and he deduced, on the assumption that the positive electricity was continuous, that the number of electrons in an atom was about three times its atomic weight.

The theory of Sir J. J. Thomson is based on the assumption that the scattering due to a single atomic encounter is small, and the particular structure assumed for the atom does not admit of a very large deflexion of an α particle in traversing a single atom, unless it be supposed that the diameter of the sphere of positive electricity is minute compared with the diameter of the sphere of influence of the atom.

Since the α and β particles traverse the atom, it should be possible from a close study of the nature of the deflexion to form some idea of the constitution of the atom to produce the effects observed. In fact, the scattering of high-speed charged particles by the atoms of matter is one of the most promising methods of attack of this problem. The development of the scintillation method of counting single α particles affords unusual advantages of investigation, and the researches of H. Geiger by this method have already added much to our knowledge of the scattering of α rays by matter.

§ 2. We shall first examine theoretically the single encounters † with an atom of simple structure, which is able to

Rutherford benötigte zwei Jahre, um seine Versuchsergebnisse zu deuten. Seine Erkenntnisse veröffentlichte er 1911 im »Philosophical Magazine«.

Aus der Gesamtzahl der gestreuten Teilchen konnte Rutherford auch die elektrische Ladung des Atomkernes bestimmen. Sie erwies sich als ganzzahliges Vielfaches Ze der Elementarladung e, wobei Z mit der *Ordnungszahl* des betreffenden Elementes im periodischen System übereinstimmte.

Damit hatte die Ordnungszahl ihre physikalische Deutung gefunden. Sie ist gleich der Zahl der positiven Elementarladungen im Atomkern, denen ebenso viele negativ geladene Elektronen in der Atomhülle gegenüberstehen müssen.

Das Rutherfordsche Streuexperiment
zeigte die Existenz eines Atomkernes mit der Ladung Ze.
Die Kernladungszahl Z ist gleich der Ordnungszahl
des Elementes im Periodensystem.

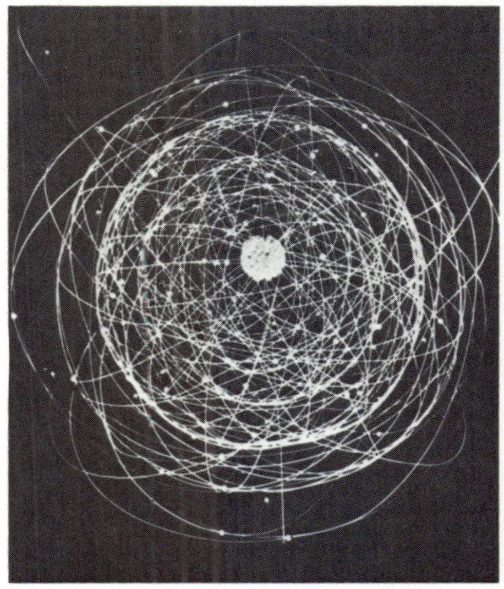

Ein Modell des Uranatoms illustriert die Rutherfordschen Vorstellungen. Der Atomkern wird von 92 Elektronen umkreist.

Rutherford entwarf ein völlig neues Bild des Atoms, das »Rutherfordsche Atommodell«. Er stellte sich das Atom als ein Planetensystem vor, in dem die negativen Elektronen um den positiven Kern kreisen. Dieses Modell warf viele Probleme auf. In einem Gas erleiden Atome etwa eine Milliarde Stöße pro Sekunde. Jeder dieser Stöße würde die Elektronen auf stets neue Bahnen bringen und den Radius des Atoms verändern. Jedes Atom hätte eine andere Größe und andere Elektronenbahnen aufzuweisen. Dadurch würden sich die Eigenschaften der Materie ständig verändern.

Ferner sollten die Elektronen auf ihrer Bahn um den Atomkern elektromagnetische Strahlung aussenden. Durch den Energieverlust müßten sie allmählich in den Atomkern hineinstürzen.

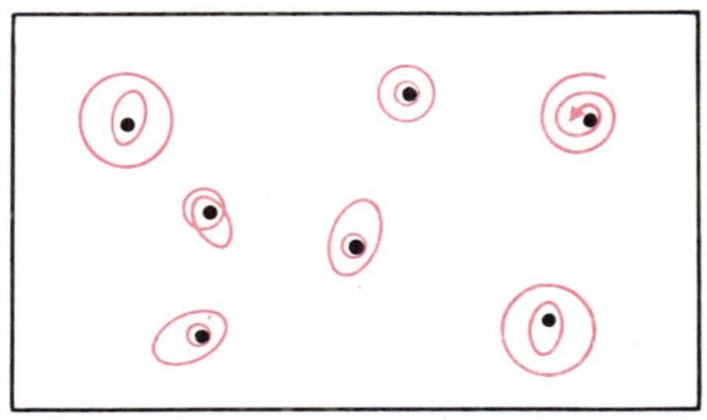

Das Rutherfordsche Atommodell ist nicht stabil. Bei jedem Stoß gegen die Wand verändern die Elektronen ihre Bahnen. Auch senden sie elektromagnetische Wellen aus und stürzen deshalb in den Kern, wie das Atom rechts oben zeigt.

Das Rutherfordsche Atommodell
Das Atom ist ein kleines Planetensystem,
in dem die Elektronen um den Atomkern kreisen.
Die Stabilität der Materie widerspricht diesem Atommodell.

Wenn sich auch das Atommodell nicht bewährte, so hatten Rutherfords Untersuchungen doch die Methode zur weiteren Erforschung des Aufbaus der Materie geschaffen, wie er selbst erkannte: »Da die Alpha-Teilchen das Atom durchqueren, sollte es durch sorgfältiges Studium ihrer Ablenkung möglich sein, die Struktur des Atoms zu erschließen. Tatsächlich scheint die Streuung energiereicher geladener Teilchen durch Atome eine der vielversprechendsten Methoden zur Lösung des Problems der Atomstruktur.«

Einige berühmte Streuexperimente

Forscher		Strahl	Target	Entdeckung
Rutherford	1911	Alphastrahlen	Goldfolie	Atomkern
Laue	1912	Röntgenstrahlen	Kristall	Welleneigenschaften der Röntgenstrahlen, Kristallstruktur
Compton	1923	Röntgenstrahlen	Graphit	Teilcheneigenschaften der Röntgenstrahlen
Davisson, Germer	1926	Elektronen	Kristall	Welleneigenschaften der Elektronen
Hofstädter	1954	Elektronen	Protonen	Struktur der Protonen
Perutz	1963	Röntgenstrahlen	Hämoglobin	Struktur des Hämoglobins

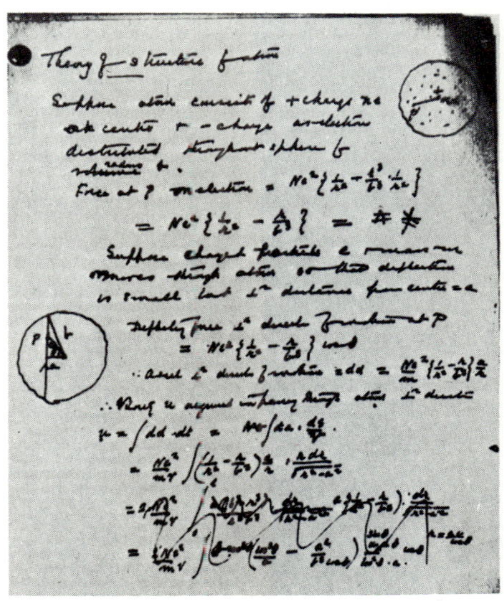

Die erste handschriftliche Notiz Rutherfords über den Atomkern stammt aus dem Jahre 1910.

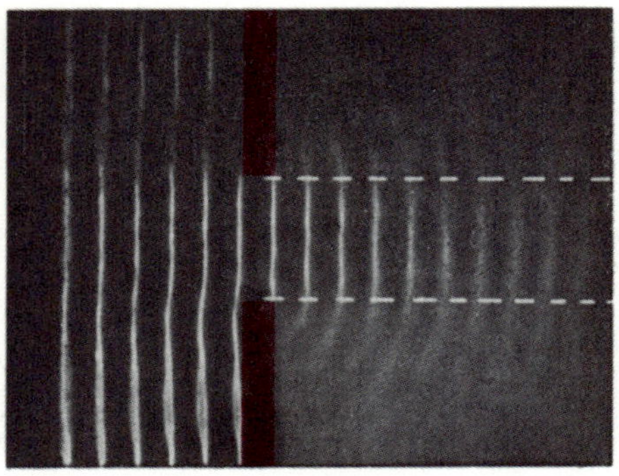

Damit ein Wellenstrahl entsteht, muß die Blendenöffnung viel größer als die Wellenlänge sein. Andernfalls kommt es zu Beugungserscheinungen.

3. Die Streuung von Wellen

In unseren bisherigen Überlegungen zur Streuung haben wir den Dualismus Welle – Teilchen nicht berücksichtigt. Welche Änderungen ergeben sich, wenn wir die Streuung von Wellen an einem Hindernis untersuchen?

Wir beginnen mit einigen Vorversuchen in der Wellenwanne. Wir erzeugen eine ebene Welle und blenden daraus einen Strahl aus. Dabei muß die Blendenöffnung d viel größer als die Wellenlänge sein, weil sonst Beugungserscheinungen den Strahl in alle Richtungen zerstreuen. Wir richten den Strahl nun auf ein Target.

a) Streuung an einem kleinen Target

Bringen wir ein Target in den Wellenstrahl, dessen Ausdehnung klein gegen die Wellenlänge ist, so beobachten wir eine ausgehende Kugelwelle. Dies gilt bei beliebig geformten kleinen Targets, da sie den langen Wellen stets nur als Punkt erscheinen.

Die Intensität der Kugelwelle ist in allen Richtungen gleich. Sie gibt die Wahrscheinlichkeit an, Teilchen in diesen Richtungen zu beobachten. Die Zahl der gestreuten Teilchen ist hier unabhängig vom Streuwinkel. In jeder Zählerstellung ergibt sich das gleiche Meßresultat. Wir gewinnen nur sehr wenig Information über das Target, an dem die Welle gestreut wurde. Seine Form können wir aus der Verteilung der gestreuten Teilchen nicht erschließen, nur seine Größe beeinflußt die Amplitude der gestreuten Welle.

> Ist die Wellenlänge viel größer als das Target,
> so ergibt die Streuung eine Kugelwelle.
> Die Zahl der gestreuten Teilchen hängt nicht vom Winkel ab.
> Die Größe, aber nicht die Form des Targets,
> kann auf diese Weise bestimmt werden.

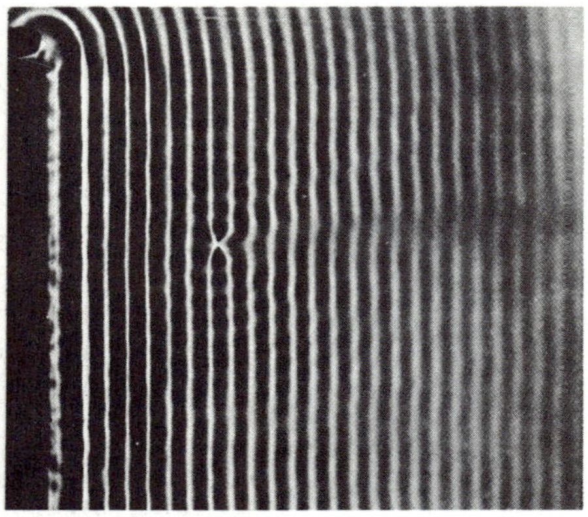

Bringen wir ein kleines Hindernis in den Wellenstrahl, so bildet sich eine gestreute Kugelwelle aus. Ihre Amplitude ist in allen Richtungen gleich groß.

Zur detaillierten Untersuchung von Strukturen müssen wir kleinere Wellenlängen wählen.

b) Streuung an einem großen Target

Wir bringen nun ein Hindernis in den Wellenstrahl, das viel größer als die Wellenlänge λ ist. Hinter dem Objekt beobachten wir dann einen wohldefinierten Schatten, der unseren Erfahrungen mit Lichtwellen entspricht. Im Alltag treffen wir ja zumeist Objekte an, die viel größer als die Lichtwellenlänge sind.

Zur Bestimmung der gestreuten Welle denken wir uns den einfallenden Strahl in viele Teilstrahlen zerlegt, die jeweils einige Wellenlängen dick sind. Die Ablenkung jedes Teilstrahles erfolgt durch Reflexion an einer Oberfläche des Targets. Aus der Verteilung der reflektierten Wellen können wir seine Form bestimmen. Die Streuung der Welle führt zu den gleichen Ergebnissen wie die Streuung von Teilchen.

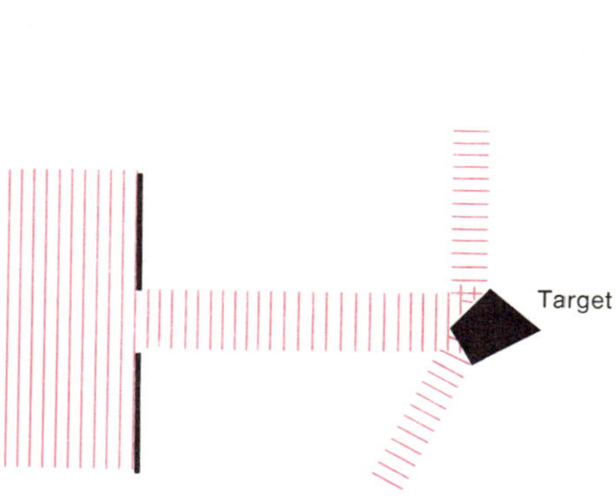

Ist das Target wesentlich größer als die Wellenlänge, so kann man seine Form aus der Verteilung der reflektierten Wellen bestimmen.

> Ist die Wellenlänge viel kleiner als das Target,
> so können wir seine Form
> aus der Verteilung der gestreuten Teilchen bestimmen.
> Wellentheorie und Teilchentheorie geben gleiche Resultate.

Nur bei kleinen Wellenlängen können wir detaillierte Informationen über die Struktur eines Targets gewinnen. Die Wellenlänge λ muß kleiner als das Target sein.

Gemäß der de-Broglie-Relation $p = h/\lambda$ bedeuten kleine Wellenlängen große Impulse der Teilchen im einfallenden Strahl. Um diese Impulse zu erreichen, muß man die Teilchen auf sehr hohe Energien beschleunigen. Es ergibt sich also die paradoxe Situation, daß zur Untersuchung kleinster, sub-atomarer Strukturen die größten Energien erforderlich sind, die nur in Großbeschleunigern erreicht werden können!

Das Auflösungsvermögen von Streuexperimenten liegt in der Größenordnung der de-Broglie-Wellenlänge. Die Erforschung kleiner Strukturen erfordert große Energien.

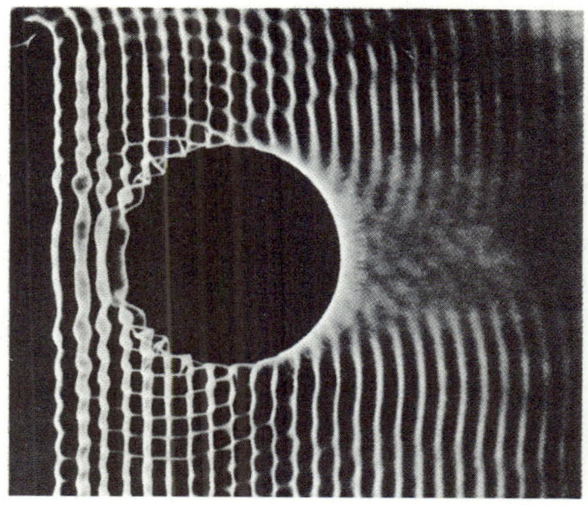

Die Streuung von Wellen an einer Kugel.

4. Die Struktur der Moleküle

Die Kenntnis des Abstandes von Atomen im Molekül ermöglicht es dem Chemiker, dreidimensionale Molekülmodelle aufzubauen. Bei einfachen Molekülen kennt man den Abstand der Atome mit einer Genauigkeit von etwa 10^{-12} m = 1 pm, was einem hundertstel Atomdurchmesser entspricht. Selbst bei manchen Enzymen, die in der Biochemie eine bedeutende Rolle spielen, ist die Lage aller Atome auf 100 pm genau bestimmt. Viele dieser Ergebnisse verdankt man Streuexperimenten. Sie liefern die wesentlichsten Aufschlüsse über die geometrische Konfiguration großer Moleküle. Die Rekonstruktion der Molekülstruktur aus den Meßdaten eines Streuexperimentes ist eine komplizierte Aufgabe. Wie mühsam die Bestimmung der Struktur eines großen Moleküls ist, läßt sich am besten an den Worten des aus Österreich stammenden Nobelpreisträgers Max Perutz erkennen:

»Ein Jahr, nachdem ich an der University of Cambridge als Doktoratsstudent begonnen hatte, wählte ich die Röntgenstrukturanalyse des Hämoglobins, also des sauerstofftragenden Proteins im Blut, zum Thema meiner Forschung. Glücklicherweise bestanden die Begutachter meiner Doktorarbeit nicht auf der völligen Aufklärung dieser Struktur, sonst hätte ich nämlich 23 Jahre lang auf mein Doktorat warten müssen. Tatsächlich ist die vollständige Lösung dieses Problems, bis hinab zur exakten Lage jedes einzelnen Atoms in diesem Riesenmolekül, bis heute noch nicht gelungen. Die Struktur des Moleküls ist aber jetzt in genügendem Detail bekannt, um die komplizierte dreidimensionale Faltung jeder der vier Ketten von Aminosäuren aufzuzeigen und die Lage der vier Pigmentgruppen anzugeben, welche die sauerstofftragenden Orte bilden.«

Die Bestimmung der Struktur von Molekülen geht von folgenden Grundideen aus.

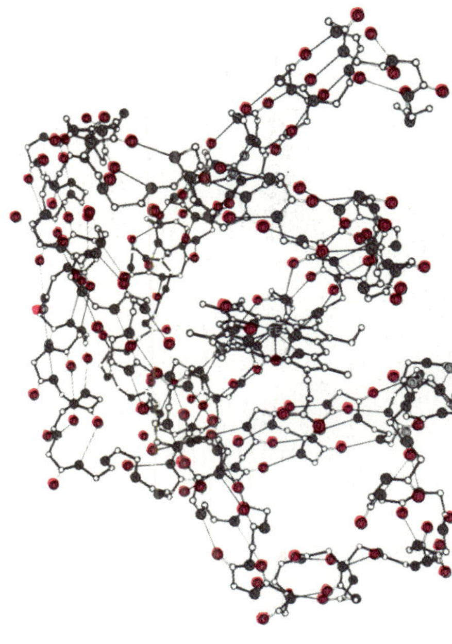

Die Struktur des Hämoglobins wurde von Max Perutz in 23jähriger Forschungsarbeit aufgeklärt. In der Mitte des Moleküls findet man das aktive Zentrum, das den Sauerstoff im Blut transportiert.

a) Streuung am Atom

Besonders einfache Resultate ergeben sich bei der *Streuung von Neutronen* an einem einzelnen Atom. Weil die Neutronen keine Ladung aufweisen, werden sie durch das elektrische Feld der Elektronen und des Atomkerns nicht abgelenkt. Sie durchqueren die Atomhülle ungehindert. Nur am Atomkern werden sie infolge der Wirkung der Kernkräfte gestreut. Weisen die Neutronen eine Energie $E < 10^6$ eV auf, so ist ihre de-Broglie-Wellenlänge viel größer als der Durchmesser des Atomkerns. Der Atomkern bildet dann ein sehr kleines Hindernis für den einfallenden Neutronenstrahl, und bei der Streuung entsteht eine *Kugelwelle*.

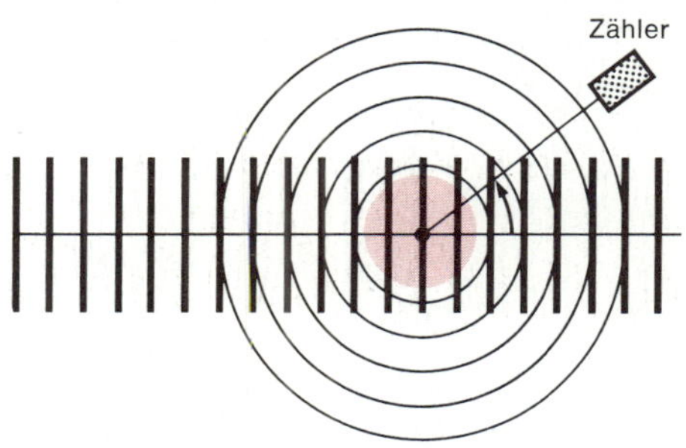

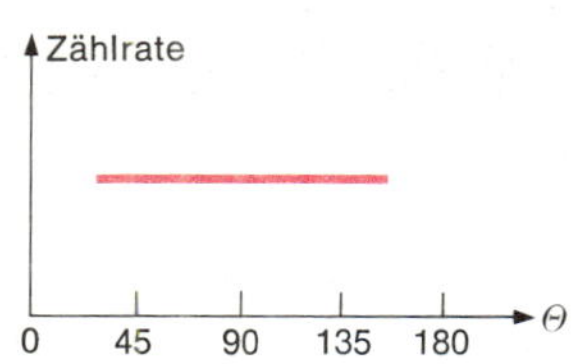

Neutronen durchdringen die Elektronenhülle ungehindert und werden nur am Atomkern gestreut. Bei der Streuung entsteht eine Kugelwelle, falls die Energie der Neutronen unter 1 MeV liegt.

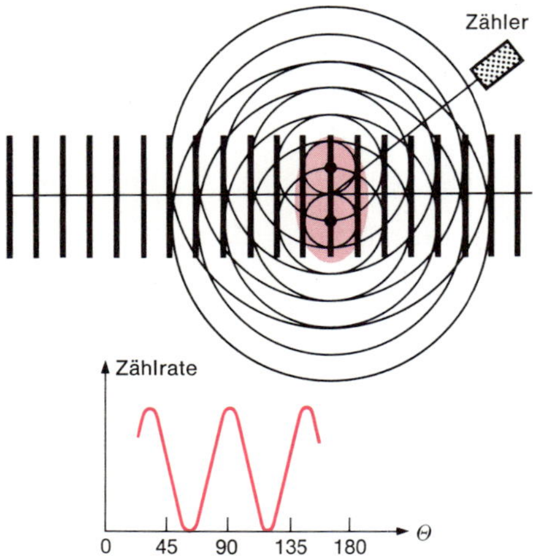

Streut man Neutronen an einem zweiatomigen Molekül, so geht von jedem der beiden Atomkerne eine Kugelwelle aus. Der Abstand der beiden Atome kann aus dem Interferenzmuster bestimmt werden.

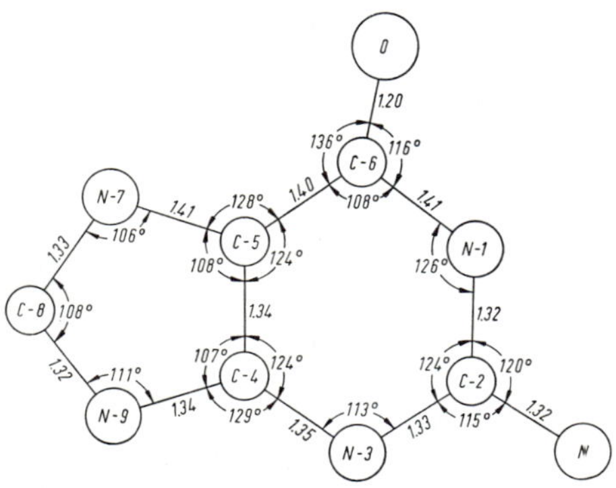

Die Abstände der Atome und die Bindungswinkel in Guanin wurden durch Streuung von Röntgenstrahlen an einem Guanin-hydrochloridmonohydrat-Kristall bestimmt. Die Abstände der Atome sind hier in Einheiten von 10^{-10} m angegeben.

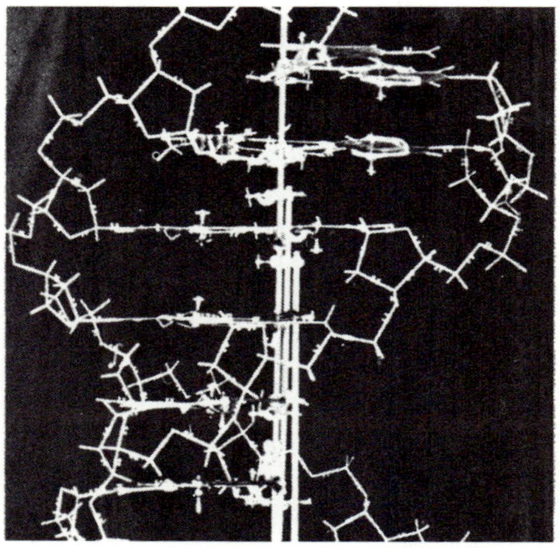

Die genaue Bestimmung der Atomabstände und der Bindungswinkel ermöglicht den Bau komplexer Molekülmodelle. Das Bild zeigt das Modell der Doppelhelix (DNS), mit dem Watson und Crick im Jahre 1952 nachwiesen, daß die von ihnen vorgeschlagene Anordnung der Atome stereochemisch möglich ist. Guanin ist einer der zahlreichen Bausteine dieses Modells.

b) Streuung am Molekül

Wir bringen nun ein zweiatomiges Molekül in den Neutronenstrahl. Von jedem der beiden Atomkerne geht eine Kugelwelle aus. In manchen Raumrichtungen interferieren die beiden Kugelwellen konstruktiv, und eine Welle doppelter Amplitude entsteht. In diese Richtungen werden viermal mehr Teilchen gestreut, als bei der Streuung an einem einzelnen Atom, denn die Aufenthaltswahrscheinlichkeit der Teilchen ist proportional zum Quadrat der Amplitude. In anderen Richtungen löschen sich die beiden Wellen dagegen durch Interferenz aus, und wir beobachten dort keine gestreuten Teilchen. Aus der Winkelverteilung der gestreuten Teilchen kann man somit Aufschluß über Lage und Abstand der beiden Atome im Molekül gewinnen.

> Bei der Streuung von Neutronen an Molekülen
> geht von jedem Atom eine Kugelwelle aus.
> Aus der Interferenz dieser Kugelwellen
> kann man Lage und Abstand der Atome bestimmen.

Zur Ermittlung der Struktur eines Moleküls muß die Wellenlänge λ der Neutronen etwa gleich groß sein wie der Abstand d der Atome im Molekül. Im Grenzfall sehr langer Wellenlängen $\lambda \gg d$ reicht die gegenseitige Verschiebung der beiden Kugelwellen nämlich nicht aus, um destruktive Interferenzen hervorzurufen, und die Wellen überlagern sich zu einer einzigen Kugelwelle doppelter Amplitude. Bei der Streuung an einem zweiatomigen Molekül werden dann *viermal* so viele Teilchen gestreut wie an einem einzelnen Atom! Dieser Effekt ist typisch für Wellen und eine eindrucksvolle Bestätigung für die Wellennatur der Neutronen.

Das hier beschriebene Verfahren kann man auch auf Moleküle mit hunderten Atomen übertragen. Von jedem einzelnen Atom geht dann eine Kugelwelle aus und ihre Interferenzen führen zu einer sehr komplizierten Verteilung der gestreuten Neutronen auf die verschiedenen Richtungen. Nur mit Hilfe eines Computers kann man daraus die Abstände der Atome berechnen. So sind z. B. zum Studium des *Hämoglobins* mehr als 20 000 Streumessungen erforderlich.

Zur Erforschung der Molekülstruktur kann man auch die *Streuung von Röntgenstrahlen* benützen. Dieses Verfahren hat große experimentelle Vorteile, weil man die gestreuten Röntgenstrahlen photographisch nachweisen kann, während man bei Neutronen aufwendige Zähler benötigt. Röntgenstrahlen werden vor allem von den Elektronenhüllen der Atome gestreut, und man erhält so Aufschluß über die Verteilung der Elektronen im Atom und Molekül. Die Berechnung der molekularen Struktur ist deshalb noch komplizierter als bei der Streuung von Neutronen.

Testfragen:

1. Wie ist ein Streuexperiment aufgebaut?
2. Welche Ergebnisse erwartete Rutherford bei der Streuung von Alpha-Teilchen an einer Goldfolie?
3. Welche Ergebnisse lieferte das Rutherfordsche Streuexperiment?
4. Beschreiben Sie das Rutherfordsche Atommodell. Welchen Eigenschaften der Atome widerspricht es?
5. Welche Aussagen liefert die Streuung von Wellen an einem kleinen Hindernis?
6. Warum sind zur Erforschung kleiner Strukturen große Energien erforderlich?
7. Welche Winkelverteilung erhält man bei der Streuung niederenergetischer Neutronen an einem Atom?
8. Welche Streuexperimente eignen sich zur Bestimmung der Struktur von Molekülen?
9. Welche Vorteile bietet die Streuung von Neutronen?
10. Welche Vorteile bietet die Streuung von Röntgenstrahlen?

III. Die Elektronenhülle

Mit Streuexperimenten kann man den Aufbau atomarer und molekularer Strukturen im Labor bestimmen. Die Quantentheorie erlaubt es aber auch, die Eigenschaften von Atomen und Molekülen zu berechnen und damit zu erklären. Aus ihr folgt die Verteilung der Elektronen im Atom, das Entstehen von Spektrallinien und das Zustandekommen der chemischen Bindung. Die Eigenschaften von Festkörpern und Flüssigkeiten lassen sich ebenfalls auf die Verteilung der in ihnen enthaltenen Elektronen zurückführen und so erklären. Die Quantentheorie erweist sich damit als Schlüssel zum Verständnis der Struktur der Materie.

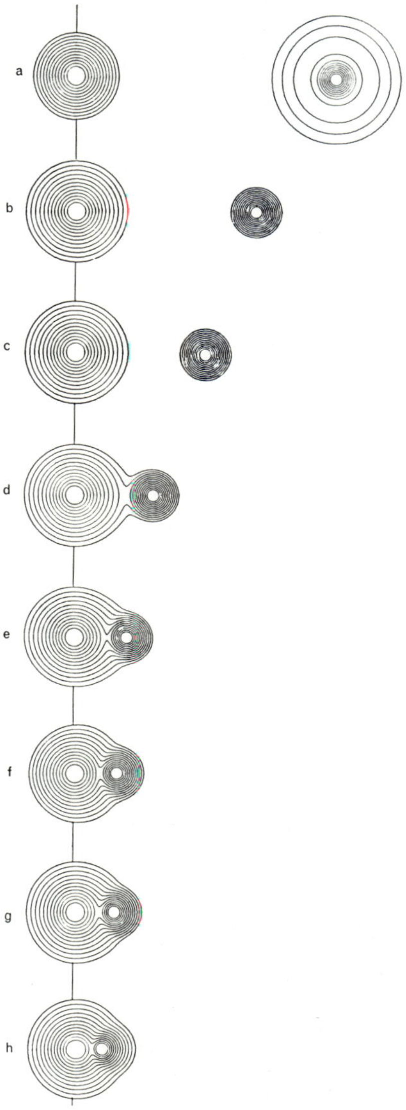

Die Elektronenverteilung in kleinen Molekülen kann mit dem Computer berechnet werden. Die Elektronendichte nimmt von Linie zu Linie jeweils auf den halben Wert ab.

1. Elektronen in Kraftfeldern

Bewegt sich ein Elektron in der Umgebung eines Atomkerns mit der Ladung Ze, so wird es durch das elektrische Feld aus seiner geradlinigen Bahn abgelenkt.

In der *Teilchentheorie* berechnet man die Ablenkung des Elektrons mit der Newtonschen Bewegungsgleichung $m\boldsymbol{a} = \boldsymbol{F}$, wobei $\boldsymbol{F}$ die Coulomb-Kraft zwischen Atomkern und Elektron ist.

In der *Wellentheorie* gehen wir vom Energiesatz aus. Die Gesamtenergie E des Elektrons im elektrischen Feld des Atomkerns besteht aus der kinetischen Energie $mv^2/2$ und der potentiellen Energie $(1/4\,\pi\,\varepsilon_0) \cdot (qQ/r)$, wobei die Ladungen $q = -e$ und $Q = Z\,e$ von Elektron und Kern einzusetzen sind:

$$E = \frac{1}{2} m v^2 - \frac{1}{4\pi\varepsilon_0} \frac{e \cdot Ze}{r} = \frac{1}{2m} (mv)^2 - \frac{1}{4\pi\varepsilon_0} \frac{Ze^2}{r}.$$

Die Wellenlänge λ der Elektronen können wir mit der de-Broglie-Beziehung $p = mv = h/\lambda$ einführen:

$$E = \frac{1}{2m} \left(\frac{h}{\lambda}\right)^2 - \frac{1}{4\pi\varepsilon_0} \frac{Ze^2}{r} \quad \text{bzw.} \quad \frac{1}{\lambda^2} = \frac{2m}{h^2} \left[E + \frac{1}{4\pi\varepsilon_0} \frac{Ze^2}{r}\right].$$

Nähert sich das Elektron dem Kern, so nimmt r ab. Die obige Gleichung zeigt, daß dadurch $1/\lambda^2$ zunimmt, λ also kleiner wird. Kleinen Abständen vom Kern entsprechen also kleine λ. Die Abbildung zeigt, wie diese Unterschiede in der Wellenlänge zu einem Umschwenken der Wellenfronten führen.

Die Ablenkung des Elektrons erweist sich als Brechungseffekt. Weil sich die Wellenlänge von Ort zu Ort ändert, durchläuft die Welle eine Kurve.

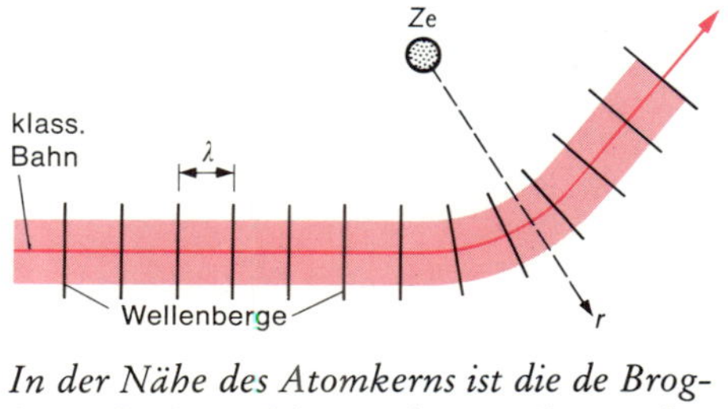

In der Nähe des Atomkerns ist die de Broglie Wellenlänge kleiner als in großer Entfernung. Dadurch kommt es zu einem Umschwenken der Elektronenwellen.

> Wirkt eine Kraft auf Elektronen,
> so verändert sich ihre Wellenlänge von Ort zu Ort.
> Dadurch wird die Elektronenwelle gebrochen.

Dieses Ergebnis erlaubt es uns, das Verhalten der Elektronenwelle in verschiedenen Kraftfeldern zu berechnen.

2. De Broglie erklärt das Bohrsche Atommodell

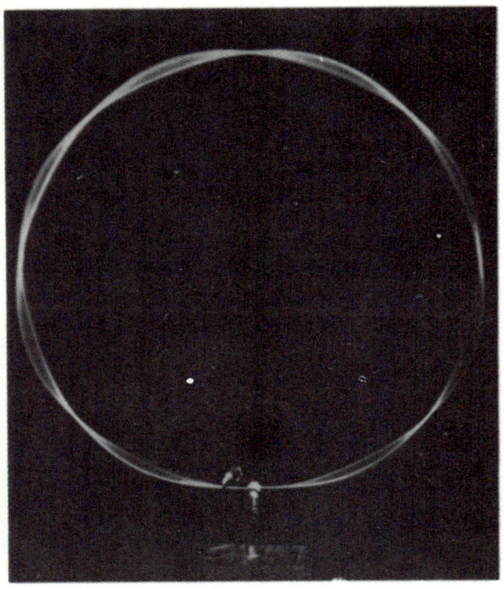

Eine stehende Kreiswelle auf einem Drahtring. Hier entfallen vier Wellenlängen auf den Kreisumfang.

Wir kehren nun zum Problem des Atoms zurück. Rutherford hatte vermutet, daß die Elektronen den Atomkern umkreisen, doch konnte er die Stabilität des Atoms nicht erklären.

Welche Änderungen des Rutherfordschen Atommodells ergeben sich, wenn wir die Wellennatur der Elektronen berücksichtigen? Den Kreisbahnen der Elektronen entsprechen Wellen, die rund um den Atomkern laufen. Diese Wellenform ist möglich, weil λ mit r zunimmt. Besonders ausgezeichnete Zustände ergeben sich, wenn der Umfang der Kreisbahn ein ganzzahliges Vielfaches der Wellenlänge beträgt. In diesem Fall existieren stehende Wellen, deren Schwingungsform sich im Laufe der Zeit nicht verändert.

Solche stehende Wellen sind auch aus der klassischen Physik bekannt. Sie lassen sich z. B. durch geeignete Anregung der Schwingungen eines Drahtringes erzeugen. Auch bei Wirbelringen in Flüssigkeiten beobachtet man manchmal stehende Wellen.

De Broglie vermutete, daß die stehenden Elektronenwellen rund um den Atomkern die Stabilität des Atoms erklären. Die Amplitude einer stehenden Welle in einem gegebenen Raumpunkt ist zeitlich konstant. Weil das Quadrat dieser Amplitude die Wahrscheinlichkeit angibt, Elektronen vorzufinden, ändert sich auch die Wahrscheinlichkeitsverteilung der Elektronen im Laufe der Zeit nicht.

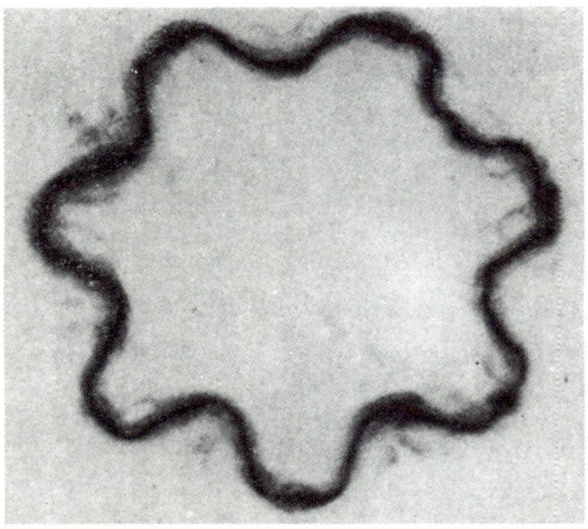

Auch auf einem Wirbelring in einer Flüssigkeit können sich stehende Wellen ausbilden.

Bei stehenden Elektronenwellen ist der Bahnumfang
ein ganzzahliges Vielfaches der Wellenlänge.
Die Aufenthaltswahrscheinlichkeit ist zeitlich konstant.

De Broglie sah sofort, daß damit die Probleme des Rutherfordschen Atommodells gelöst sind. Die zeitlich konstante Verteilung der Elektronen im Atom führt nicht zur Abstrahlung elektromagnetischer Wellen. Das Elektron stürzt daher nicht in den Kern. Auch läßt sich die Elektronenverteilung im Atom nicht durch kleine Stöße beeinflussen, da stehende Wellen nur bei ganz bestimmten Bahnradien und Energien existieren. Damit ist geklärt, warum sich die Radien der Atome nicht bei jedem Stoß verändern.

Stehende Wellen entsprechen also möglichen stabilen Zuständen des Elektrons im Atom. Für sie muß gelten:

$$2\pi r = n\lambda = n\left(\frac{h}{p}\right) \qquad (n = 1, 2, 3 \ldots).$$

Wir erhalten damit die *Quantenbedingung*

$$r p = n \frac{h}{2\pi} \qquad (n = 1, 2, 3 \ldots).$$

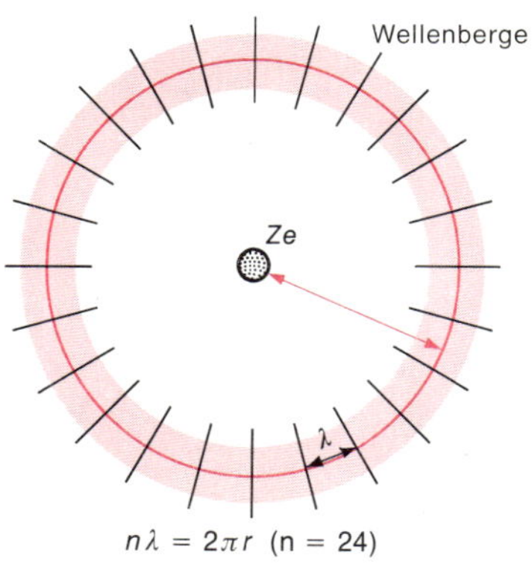

Bei einer stehenden Elektronenwelle im Atom muß eine ganze Zahl von Wellenlängen auf den Bahnumfang entfallen.

Die ganze Zahl n heißt *Quantenzahl.* Die obige Quantenbedingung war bereits im Jahre 1913 von dem dänischen Physiker Niels Bohr aufgestellt worden. In dem berühmten Artikel »On the Constitution of Atoms and Molecules« war Bohr von der Annahme ausgegangen, daß sich die Elektronen im Atom nur auf Bahnen bewegen dürfen, die der obigen Beziehung genügen. Damit konnte Bohr die Spektrallinien des Wasserstoffes in Übereinstimmung mit den experimentellen Ergebnissen berechnen. Er war aber nicht in der Lage anzugeben, warum sich die Elektronen im Atom nur auf Bahnen bewegen sollten, welche der Quantenbedingung genügen. Erst de Broglie konnte das *Bohrsche Atommodell* durch die Annahme stehender Elektronenwellen erklären.

Bei der Berechnung der möglichen Bahnradien gehen wir davon aus, daß die Coulomb-Kraft die nötige Zentripetalkraft mv^2/r für die Kreisbahn liefert:

$$\frac{1}{4\pi\varepsilon_0}\frac{Ze^2}{r^2}=\frac{mv^2}{r}=\frac{(mv)^2}{mr}=\frac{p^2}{mr}.$$

Wir multiplizieren diese Gleichung mit mr^3 und setzen die Quantenbedingung ein:

$$\frac{m}{4\pi\varepsilon_0}Ze^2r=p^2r^2=\left(n\frac{h}{2\pi}\right)^2 \qquad (n=1, 2, 3 \ldots).$$

Daraus ergeben sich die möglichen Bahnradien r_n:

$$r_n=n^2\frac{h^2}{4\pi^2}\frac{4\pi\varepsilon_0}{mZe^2}=\frac{n^2}{Z}a \qquad (n=1, 2, 3 \ldots),$$

wobei der *Bohrsche Radius* a gegeben ist durch:

$$a=\frac{h^2}{4\pi^2}\frac{4\pi\varepsilon_0}{me^2}=\frac{(6{,}67\cdot10^{-34})^2\cdot4\pi\cdot(8{,}85\cdot10^{-12})}{4\pi^2(9{,}10\cdot10^{-31})(1{,}60\cdot10^{-19})^2}\,\mathrm{m}=5{,}3\cdot10^{-11}\,\mathrm{m}.$$

Wir fassen zusammen:

> Die möglichen Elektronenbahnen im Atom entsprechen stehenden Elektronenwellen mit den Radien
>
> $$r_n=\frac{n^2}{Z}a, \qquad a=0{,}053\ \mathrm{nm} \qquad (n=1, 2, 3 \ldots).$$
>
> a heißt Bohrscher Radius, Z ist die Kernladungszahl und n eine Quantenzahl.

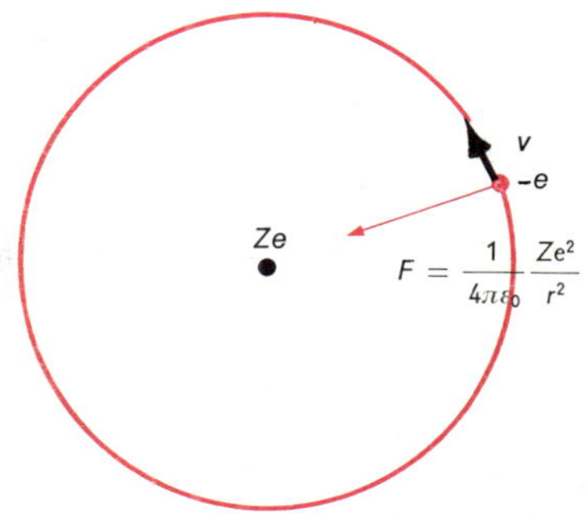

Die elektrische Anziehung zwischen Elektron und Atomkern liefert die nötige Zentripetalkraft für die Kreisbahn.

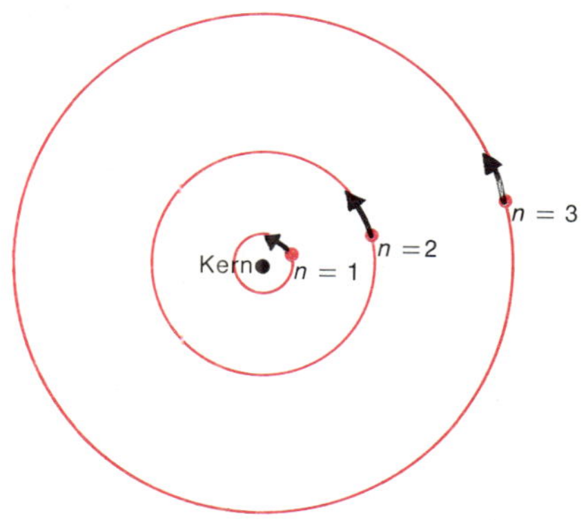

Die Radien der Elektronenbahnen, bei denen stehende Wellen möglich sind. Für große Quantenzahlen n ist der Radius des Atoms wesentlich größer als der Bohrsche Radius.

Weil den Elektronen nur Bahnen mit bestimmten Radien r_n zugänglich sind, ergeben sich auch nur wenige mögliche Werte der Elektronen-Energie E_n. Diese Energiewerte können wir wie folgt berechnen:

$$E=\frac{1}{2}mv^2-\frac{1}{4\pi\varepsilon_0}\frac{Ze^2}{r}=\frac{1}{2}r\cdot\frac{mv^2}{r}-\frac{1}{4\pi\varepsilon_0}\frac{Ze^2}{r}=$$

$$=\frac{1}{2}r\left(\frac{1}{4\pi\varepsilon_0}\frac{Ze^2}{r^2}\right)-\frac{1}{4\pi\varepsilon_0}\frac{Ze^2}{r}=-\frac{1}{2}\frac{1}{4\pi\varepsilon_0}\frac{Ze^2}{r}.$$

Setzen wir die Bahnradien ein, so erhalten wir die Energiewerte:

$$E_n=-\frac{1}{2}\cdot\frac{1}{4\pi\varepsilon_0}\frac{Ze^2}{r_n}=-\left(\frac{e^2}{4\pi\varepsilon_0}\right)^2\frac{2\pi^2m}{h^2}\frac{Z^2}{n^2}=-13{,}6\,\mathrm{eV}\cdot\frac{Z^2}{n^2}.$$

> Die möglichen Elektronenbahnen im Atom entsprechen stehenden Elektronenwellen mit den Energien
>
> $$E_n=-13{,}6\frac{Z^2}{n^2}\,\mathrm{eV} \qquad (n=1, 2, 3 \ldots).$$

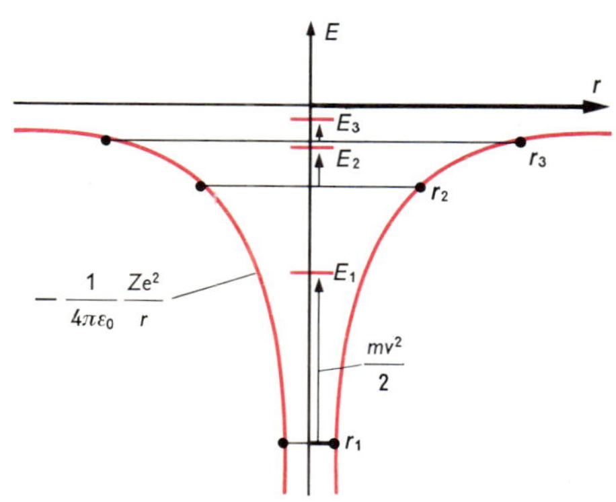

Die Energie des Elektrons ist die Summe der potentiellen und der kinetischen Energie. So werden die Energiewerte E_n bestimmt.

Das negative Vorzeichen der Energiewerte bedeutet, daß Energie aufzuwenden ist, um das Elektron aus dem Atom zu entfernen, weil es durch anziehende elektrische Kräfte an den Atomkern gebunden ist. Am größten ist die *Bindungsenergie* im Zustand $n = 1$, dem *Grundzustand* des Atoms. Er ist der Zustand geringstmöglicher Energie und entspricht der innersten Bahn des Elektrons um den Kern.

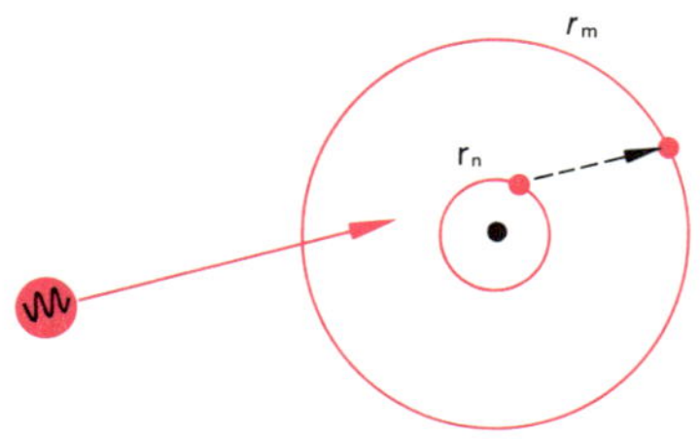

Durch Absorption eines Photons kann das Elektron im Wasserstoffatom von der n-ten zur m-ten Energiestufe gehoben werden. Nur Photonen, welche genau die erforderliche Energie aufweisen, können vom Atom absorbiert werden. So erklärt sich das Auftreten von Spektrallinien.

a) Das Spektrum des Wasserstoffatoms

Am Beispiel des Wasserstoffatoms können wir die Vorhersagen der Theorie mit den Experimenten vergleichen. Wir setzen in den vorhergehenden Ergebnissen $Z = 1$ und erhalten die möglichen Energiewerte und Bahnradien des Elektrons:

$E_1 = -13{,}6$ eV, $E_2 = -3{,}40$ eV, $E_3 = -1{,}51$ eV, $E_4 = -0{,}85$ eV,

$r_1 = 0{,}053$ nm, $r_2 = 0{,}21$ nm, $r_3 = 0{,}48$ nm, $r_4 = 0{,}85$ nm.

Jeder dieser Energiestufen entspricht eine stehende de-Broglie-Welle.

Wie gelangt das Elektron von einer Energiestufe zur anderen? Dazu muß eine Energiemenge aufgenommen oder abgegeben werden, die genau dem Unterschied zwischen den beiden Energiestufen entspricht. Eine mögliche Form dieser Energieänderung ist die Aussendung oder Absorption eines Photons, dessen Energie $E = hf$ den erforderlichen Wert aufweist:

$$E = hf = E_m - E_n = 13{,}6\,\text{eV}\left(\frac{1}{n^2} - \frac{1}{m^2}\right).$$

Atome können also nicht Photonen beliebiger Frequenz absorbieren oder emittieren, sondern nur solche, die dem Unterschied zwischen den Energiestufen entsprechen. So erklärt sich das Auftreten der Spektrallinien.

> Spektrallinien entsprechen den Übergängen zwischen den möglichen Energiestufen im Atom.

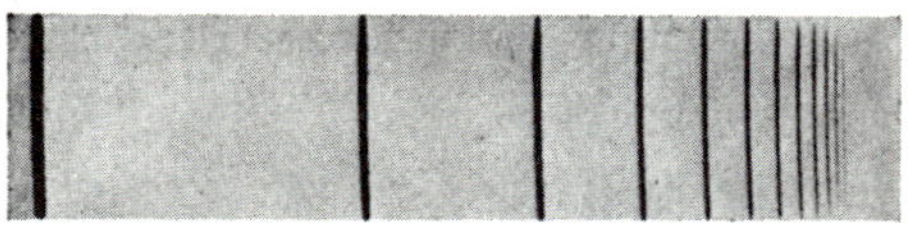

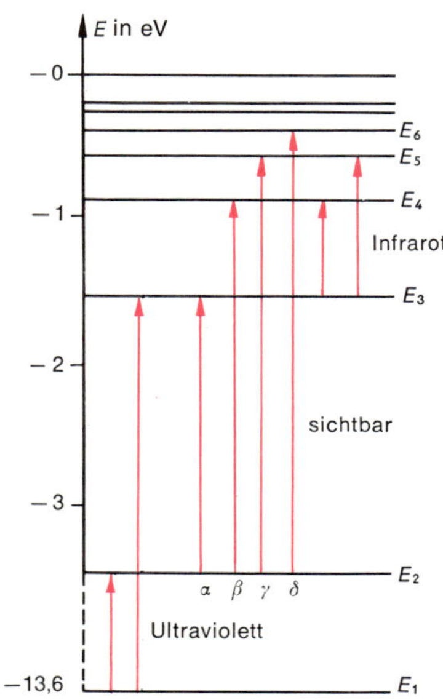

Absorptionsspektrum von Wasserstoff. Im sichtbaren Bereich liegen nur diejenigen Wasserstofflinien, die dem Übergang vom zweiten in höhere Energieniveaus entsprechen. Diese Linien werden als H_α, H_β ... *bezeichnet.*

Betrachten wir zunächst den *Grundzustand* des Wasserstoffatoms ($n = 1$). Weil es keine tiefere Energiestufe gibt, kann das Wasserstoffatom in diesem Zustand Energie nur aufnehmen, also Photonen absorbieren. Die Energien dieser Photonen ergeben sich aus den Differenzen zwischen den Energiestufen zu 10,20 eV, 12,09 eV ... Sie entsprechen Licht im ultravioletten Spektralbereich. Bringt man Wasserstoff in den Strahlengang einer Lichtquelle, die ultraviolettes Licht aussendet, so erhält man ein *Absorptionsspektrum*, wobei nur Photonen mit den oben berechneten Energien aus dem Strahlengang herausgefiltert werden.

Wir wenden uns nun den angeregten Zuständen $n = 2, 3 \ldots$ zu. Um die Wasserstoffatome in diese Energiestufen zu bringen, müssen wir Energie zuführen. Das kann z. B. durch Erhitzen des Wasserstoffgases auf einige tausend Kelvin geschehen. Bei diesen hohen Temperaturen stoßen die Wasserstoffatome mit so großen Geschwindigkeiten zusammen, daß die Energie ausreicht, um eines der Elektronen in einen angeregten Zustand zu heben. Der Stoß der beiden Wasserstoffatome verläuft dann unelastisch, denn ihre kinetische Energie wurde zur Anregung des Atoms verbraucht. Die kinetische Energie muß dabei zumindest 10,20 eV sein. Bei geringerer Energie können die Atome nicht angeregt werden. Es gibt nur elastische Stöße. Dies erklärt, warum sich die Atome und Moleküle vieler Gase bei Zimmertemperatur wie kleine Kugeln verhalten, die nur elastische Stöße erleiden. Die Energie der Stöße reicht nicht aus, um die Elektronen in den nächst höheren Zustand zu heben. So verstehen wir auch, warum Atome Milliarden von Stößen pro Sekunde erleiden können, ohne sich dabei im geringsten abzunützen.

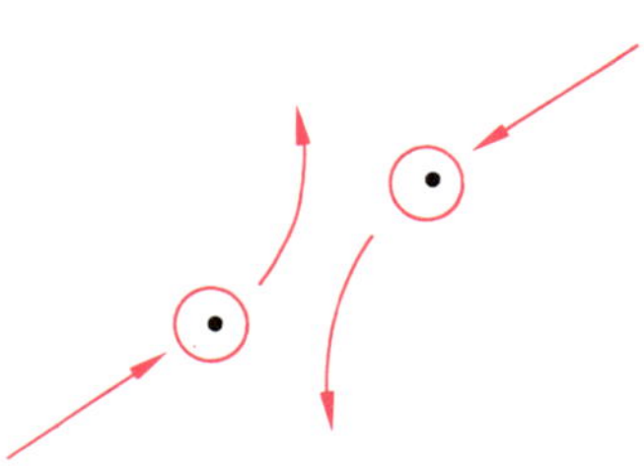

Stoßen zwei Wasserstoffatome mit geringer Geschwindigkeit zusammen, so reicht ihre Energie nicht aus, um ein Elektron in einen angeregten Zustand zu heben. Der Stoß verläuft elastisch.

> Stoßen Atome mit einer Energie zusammen, die geringer als die Anregungsenergie ist, so sind nur elastische Stöße möglich.

Bei hohen Temperaturen führen die Stöße stets zur Anhebung eines Teils der Elektronen in angeregte Zustände. Diese Elektronen kehren nach kurzer Zeit in den Grundzustand zurück und geben dabei Energie in Form von Photonen ab. Die Energie dieser Photonen entspricht dem Unterschied zwischen den Energiestufen des Atoms. Wir erhalten die Spektrallinien eines Emissionsspektrums.

Steigert man die Temperatur noch mehr, so reicht die Energie mancher Stöße aus, um ein Elektron völlig von seinem Atom loszulösen. Das Atom wird *ionisiert.* Das nunmehr freigesetzte Elektron kann jede beliebige Energie annehmen. Es gibt hier keine festen Energiestufen, denn das Elektron ist nicht mehr auf den begrenzten Bereich eines Atoms eingeschränkt. Bei der Ionisation von Atomen kann jede Energie oberhalb einer Mindestenergie absorbiert werden. Wir erhalten ein *kontinuierliches Absorptionsspektrum.* Fangen die Atomkerne die freien Elektronen wieder ein, so wird ein *kontinuierliches Emissionsspektrum* ausgesendet, denn die kinetischen Energien der Elektronen können vor dem Einfang beliebig groß gewesen sein.

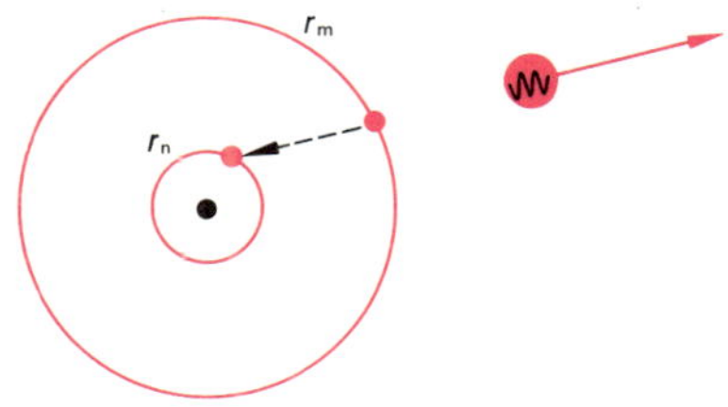

Ungefähr 10^{-8}s *nach der Anregung kehrt das Elektron in den Grundzustand zurück und sendet dabei ein Photon aus.*

b) Die Grenzen des Bohrschen Atommodells

Das Bohrsche Atommodell erlaubt es, die Energiestufen des Wasserstoffatoms mit großer Präzision zu berechnen. Die Bohrsche Quantenbedingung schien der Schlüssel zum inneren Aufbau des Atoms zu sein. In den Jahren nach 1913 versuchte man daher in vielen physikalischen Instituten, Bohrs Idee auch auf andere Atome zu übertragen – und scheiterte. Bereits beim Heliumatom ergab sich keine Übereinstimmung der theoretischen Vorhersagen mit dem beobachteten Spektrum. Die Situation schien paradox. Eine Theorie, die sich bei einem Atom bestens bewährte, versagte bei ihrer Anwendung auf alle anderen Atome des Periodensystems.

Mit Pauli gehe ich dran, Quantenrechnungen über Atome zu machen mit dem Näherungsverfahren, das Brody und ich in der Zeitschr. f. Phys. neulich an dem Beispiel des Oszillatorensystems entwickelt haben. Vielleicht kommt etwas dabei heraus. Sonst denke ich über allerlei nach, aber meist erfolglos. Die Quanten sind eine hoffnungslose Schweinerei.
Meine Frau und die Kinder sind wohl; denen bekommt Göttingen vorzüglich. Auch der kleine Sohn gedeiht prächtig.

Aus einem Brief von Max Born an Albert Einstein. Born versuchte vergeblich, die Bohrsche Theorie auf das Heliumatom anzuwenden.

Diese Tatsache verwirrte die größten Physiker in den ersten Jahrzehnten unseres Jahrhunderts. Von unserem heutigen Standpunkt können wir unschwer einsehen, warum sich Bohr, Sommerfeld, Born und viele andere vergeblich bemühten, das Rätsel des Heliumatoms und der anderen Atome zu lösen.

Im Bohrschen Atommodell nimmt man an, daß sich die Elektronen auf wohlbestimmten Bahnen um den Atomkern bewegen. Auch de Broglies Erklärung der Quantenbedingung durch stehende Elektronenwellen machte vom Begriff der Elektronenbahn Gebrauch.

Wir wissen aber bereits, daß man von einer Teilchenbahn nur sprechen kann, wenn diese Bahn viel dicker als die de-Broglie-Wellenlänge λ des Teilchens ist. Versucht man die Bahn eines Teilchens durch eine besonders kleine Blende besser zu bestimmen, so tritt Beugung auf, und wir können nicht mehr sagen, in welche Richtung das Teilchen weiterläuft.

Auch die Bahnen des Elektrons im Atom können wir daher nicht als ideale Linien ansehen, sondern müssen ihnen eine Dicke $\Delta r \gg \lambda$ zuschreiben. Andererseits ist der Bahnbegriff nur dann sinnvoll, wenn die Dicke der Bahn viel kleiner als der Bahnradius r ist, wenn also $r \gg \Delta r$ gilt. Aus den Bedingungen

$$r \gg \Delta r \text{ und } \Delta r \gg \lambda \text{ folgt aber } r \gg \lambda.$$

Wir setzen dies in die Quantenbedingung ein und erhalten:

$$n\lambda = 2\pi r \gg 2\pi\lambda, \text{ also } n \gg 2\pi.$$

Nur bei großen Quantenzahlen $n \gg 2\pi$ können wir sinnvollerweise von einem Radius der Elektronenbahn sprechen und die stehende Elektronenwelle näherungsweise durch eine Kreisbahn des Elektrons beschreiben. Für kleine Werte von n ist es nicht möglich, von Elektronenbahnen mit be-

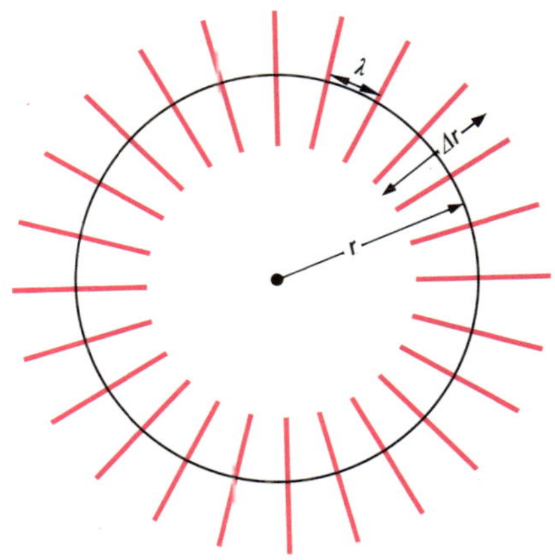

Der Bahnbegriff ist nur anwendbar, wenn die Dicke der Bahn wesentlich geringer als der Bahnradius ist.

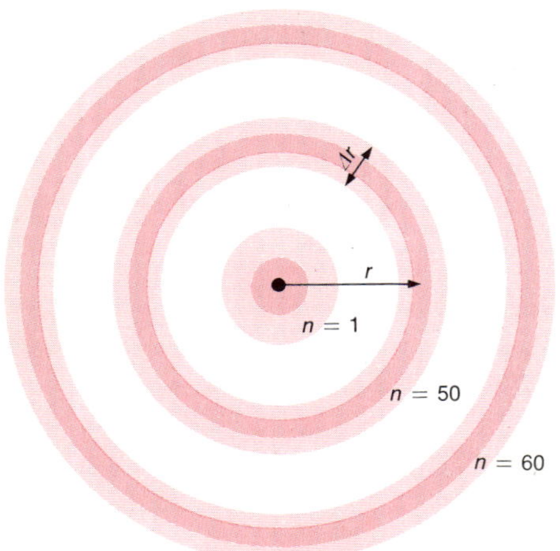

Nur für große Quantenzahlen ist der Bahnbegriff anwendbar. Für kleine Quantenzahlen ergibt sich keine Bahn, sondern ein unscharf begrenzter Bereich, in dem sich das Elektron aufhält. Man bezeichnet ihn als Orbital.

Erwin Schrödinger (1887–1961) arbeitete bis 1921 an der Universität Wien. Danach war er in Zürich tätig, wo auch seine vier grundlegenden Abhandlungen über »Quantisierung als Eigenwertproblem« entstanden, für die er 1933 den Nobelpreis erhielt. Später war er in Berlin, Graz und Dublin tätig, bevor er 1956 nach Wien zurückkehrte.

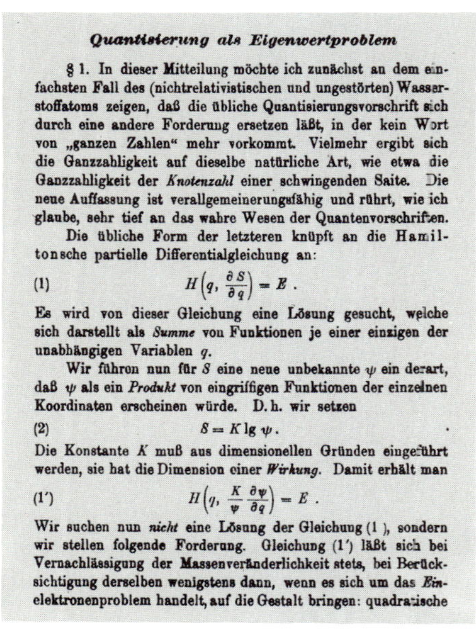

Quantisierung als Eigenwertproblem

§ 1. In dieser Mitteilung möchte ich zunächst an dem einfachsten Fall des (nichtrelativistischen und ungestörten) Wasserstoffatoms zeigen, daß die übliche Quantisierungsvorschrift sich durch eine andere Forderung ersetzen läßt, in der kein Wort von „ganzen Zahlen" mehr vorkommt. Vielmehr ergibt sich die Ganzzahligkeit auf dieselbe natürliche Art, wie etwa die Ganzzahligkeit der *Knotenzahl* einer schwingenden Saite. Die neue Auffassung ist verallgemeinerungsfähig und rührt, wie ich glaube, sehr tief an das wahre Wesen der Quantenvorschriften.

Die übliche Form der letzteren knüpft an die Hamiltonsche partielle Differentialgleichung an:

$$H\left(q, \frac{\partial S}{\partial q}\right) = E \, . \qquad (1)$$

Es wird von dieser Gleichung eine Lösung gesucht, welche sich darstellt als *Summe* von Funktionen je einer einzigen der unabhängigen Variablen q.

Wir führen nun für S eine neue unbekannte ψ ein derart, daß ψ als ein *Produkt* von eingriffigen Funktionen der einzelnen Koordinaten erscheinen würde. D. h. wir setzen

$$S = K \lg \psi \, . \qquad (2)$$

Die Konstante K muß aus dimensionellen Gründen eingeführt werden, sie hat die Dimension einer *Wirkung*. Damit erhält man

$$H\left(q, \frac{K}{\psi} \frac{\partial \psi}{\partial q}\right) = E \, . \qquad (1')$$

Wir suchen nun *nicht* eine Lösung der Gleichung (1), sondern wir stellen folgende Forderung. Gleichung (1′) läßt sich bei Vernachlässigung der Massenveränderlichkeit stets, bei Berücksichtigung derselben wenigstens dann, wenn es sich um das *Einelektronenproblem* handelt, auf die Gestalt bringen: quadratische

stimmtem Radius r zu sprechen, so daß auch die Bohrsche Quantenbedingung $p \cdot r = nh/2\pi$ ihren Sinn verliert.

> Das Bohrsche Atommodell gibt nur für große Quantenzahlen eine annähernd korrekte Beschreibung.
> Für kleine Quantenzahlen verliert der Bahnbegriff seinen Sinn.

Nur zufällig gibt die Bohrsche Theorie für Wasserstoffatome auch im Bereich kleiner Quantenzahlen die korrekten Energiestufen an. Dieser Zufall wiederholt sich für kein anderes Atom, und so wurden die Physiker jahrelang durch den großartigen Erfolg einer unzulässigen Näherung auf Irrwege geführt.

3. Die Orbitale

Wie können wir die stehenden Elektronenwellen auch im Bereich kleiner Quantenzahlen berechnen? Dazu müssen wir die Ausbreitung einer Welle in einem Bereich mit sehr stark veränderlichem Brechungsquotienten behandeln. Dieses Problem wurde erstmals im Jahre 1925 von dem österreichischen Physiker Erwin Schrödinger gelöst. In einer berühmten Reihe von Abhandlungen unter dem Titel »Quantisierung als Eigenwertproblem« stellte er eine Gleichung für die Ausbreitung der Elektronenwellen in beliebigen Kraftfeldern auf und wendete sie auf die Welle in der Umgebung eines Atomkerns an. Die »Schrödingergleichung« bildet heute die Grundlage für die Erklärung der Struktur der Materie. Die Eigenschaften von Atomen, Molekülen, Flüssigkeiten und Festkörpern berechnet man heute mit Hilfe der Schrödingergleichung. Sie ist die Bewegungsgleichung der de-Broglie-Wellen und verallgemeinert die Newtonsche Bewegungsgleichung in den Bereich atomarer Dimensionen. Die Schrödingergleichung ist vermutlich die meistzitierte und meistverwendete Gleichung der Physik des 20. Jahrhunderts.

Leider sind die mathematischen Hilfsmittel, die man zur Aufstellung und Lösung der Schrödingergleichung benötigt, ziemlich kompliziert. Schrödinger schrieb selbst im Jahre 1925: »Im Augenblick plagt mich eine neue Atomtheorie. Wenn ich nur mehr Mathematik könnte! Ich bin bei dieser Sache sehr optimistisch und hoffe, wenn ich es nur rechnerisch bewältigen kann, so wird es *sehr* schön.«

Wir dürfen nicht erwarten, daß die Ausbreitung einer Elektronenwelle in der Umgebung des Atomkerns einfach zu behandeln ist. Die Wellenlänge verändert sich ja dort von Punkt zu Punkt. So mußte auch Schrödinger den berühmten Mathematiker Hermann Weyl zu Hilfe bitten, weil er die Gleichung selbst nicht lösen konnte.

Um zum Verständnis des Atoms vorzudringen, müssen wir hier einen anderen Weg einschlagen und die Verwendung der Schrödingergleichung vermeiden. Wir suchen nach *Analogien,* die uns die wesentlichen Eigenschaften der stehenden Elektronenwelle im Atom anschaulich machen. Bei der Suche nach Analogien gehen wir zunächst davon aus, daß die Elektronenwelle auf einen Bereich von etwa 10^{-10} m um den Atomkern beschränkt ist. Auch in der Akustik treten stehende Wellen auf, wenn das Ausbreitungsgebiet der Welle beschränkt ist, wie z. B. bei einer schwingenden Saite oder einer schwingenden Membran.

Wir werden die Analogie zwischen stehenden Wellen bei Saiten und Membranen und stehenden Elektronenwellen benützen, um Ergebnisse aus der Akustik auf Elektronenwellen zu übertragen.

a) Das Atom und die schwingende Saite

Das bekannteste Beispiel für stehende Wellen bietet die schwingende Saite. Die möglichen Wellenlängen λ_n und Schwingungsfrequenzen f_n sind nur durch die Bedingung

$$L = n\frac{\lambda_n}{2} \quad \text{bzw.} \quad f_n = \frac{c}{\lambda_n} = n\frac{c}{2L} \qquad (n = 1, 2, 3 \ldots)$$

festgelegt. Dabei ist L die Saitenlänge und c die Fortpflanzungsgeschwindigkeit der Wellen. (Beachten Sie, daß wir in der Akustik die Grundschwingung $n = 1$ mit f_0 bezeichnet hatten, während sie hier f_1 heißt.)

Der größten Wellenlänge $\lambda_1 = 2L$, also deren niedrigsten Eigenfrequenz $f_1 = c/2L$ entspricht der *Grundton* der Saite. Die *Obertöne* $f_2, f_3 \ldots$ haben entsprechend höhere Frequenzen.

Wenn wir nun zum Atom übergehen, so müssen wir zunächst den wesentlichen Unterschied zur schwingenden Saite betonen. Bei der Saite schwingen tatsächlich Materieteilchen auf und ab. Im Atom dagegen schwingen die Elektronen *nicht* auf und ab. Vielmehr gibt die stehende Elektronenwelle die Wahrscheinlichkeit an, Elektronen an bestimmten Stellen im Raum vorzufinden. Diese Wahrscheinlichkeit hängt nicht von der Zeit ab und bewirkt die Stabilität und Unveränderlichkeit der Atome.

Die Analogie zwischen Saite und Atom besteht darin, daß sowohl bei der Saite, als auch beim Atom nur bestimmte Wellenlängen und Eigenfrequenzen möglich sind.

In der Quantentheorie hängen Energie und Frequenz gemäß $E = hf$ zusammen. Die Eigenfrequenzen der stehenden Wellen bedeuten daher auch Energiewerte. Dem Auftreten bestimmter Eigenschwingungen in der Akustik entspricht das Auftreten bestimmter Energiestufen im Atom.

> Die Energiestufen $E_1, E_2 \ldots$ des Atoms entsprechen den Eigenfrequenzen $f_1, f_2 \ldots$ stehender Wellen. Der Zusammenhang ist durch $E_n = hf_n$ gegeben.

Der Grundton der Saite hat die niederste Eigenfrequenz. Ihm entspricht der Grundzustand des Atoms, welcher die tiefste Energie aufweist. Die verschiedenen Obertöne der Saite weisen höhere Frequenzen auf. Nach $E = hf$ entsprechen ihnen die verschiedenen angeregten Zustände des Atoms, also im Bohrschen Atommodell die Bahnen mit höherer Energie.

Die Energiestufen erweisen sich damit als uralte Idee. Sie entsprechen dem Auftreten von harmonischen Grundtönen und Obertönen in der Musik, deren Frequenzen in einfachen Zahlenverhältnissen stehen. Diese Zahlenverhältnisse entsprechen den Quantenzahlen der Mikrophysik. Arnold Sommerfeld, der Begründer einer der bedeutendsten physikalischen Schulen in Deutschland, hat diesen Zusammenhang im Vorwort zu seinem Hauptwerk »Atombau und Spektrallinien« folgendermaßen beschrieben:

»Was wir heutzutage aus der Sprache der Spektren heraushören, ist eine wirkliche Sphärenmusik des Atoms, ein Zusammenhängen ganzzahliger Verhältnisse, eine bei aller Mannigfaltigkeit zunehmende Ordnung und Harmonie. Für alle Zeiten wird die Theorie der Spektrallinien den Namen Bohrs tragen. Aber noch ein anderer Name wird dauernd mit ihr verknüpft sein, der Name Plancks. Alle ganzzahligen Gesetze der Spektrallinien der Atomistik fließen letzten Endes aus der Quantentheorie. Sie ist das geheimnisvolle Organon, auf dem die Natur die Spektralmusik spielt und nach dessen Rhythmus sie den Bau der Atome und der Kerne regelt.«

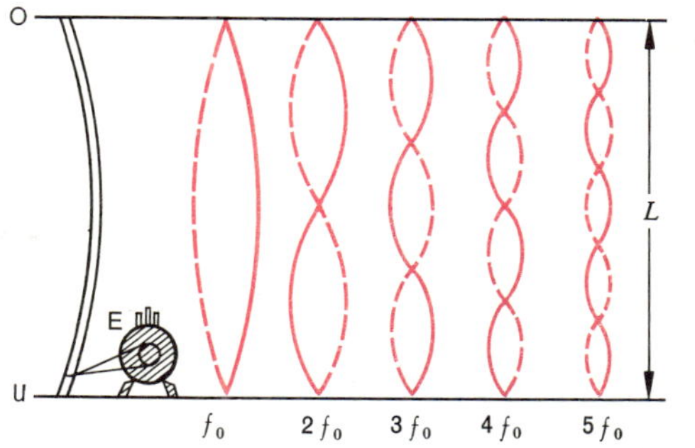

Die Eigenschwingungen einer Saite sind stehende Wellen, die in einem begrenzten Gebiet existieren.

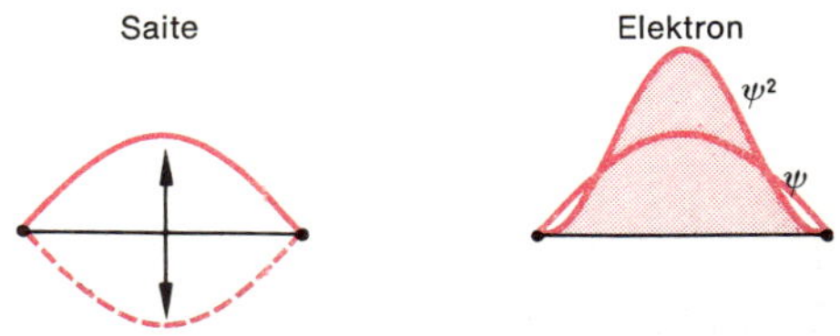

Wie bei der schwingenden Saite sind auch bei der Elektronenwelle ψ im Atom nur bestimmte Wellenlängen und Frequenzen möglich. Die Länge der Saite soll dem Durchmesser des Atoms entsprechen. Wegen der Beziehung $E = hf$ bedeuten die Eigenfrequenzen des Elektrons im Atom bestimmte Energiestufen. Während sich aber bei der Saite Materialteilchen auf- und abbewegen, gibt die stehende Elektronenwelle nur die Wahrscheinlichkeit an, Elektronen vorzufinden. Diese Wahrscheinlichkeit ist proportional zum Quadrat der Amplitude.

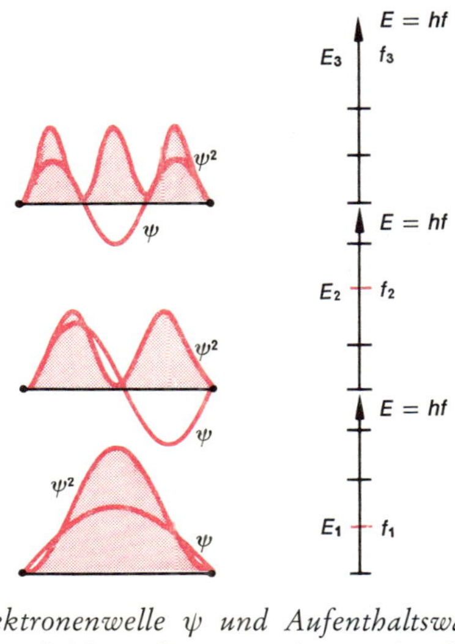

Elektronenwelle ψ und Aufenthaltswahrscheinlichkeit ψ^2 im Grundzustand und den ersten beiden angeregten Zuständen des Atoms.

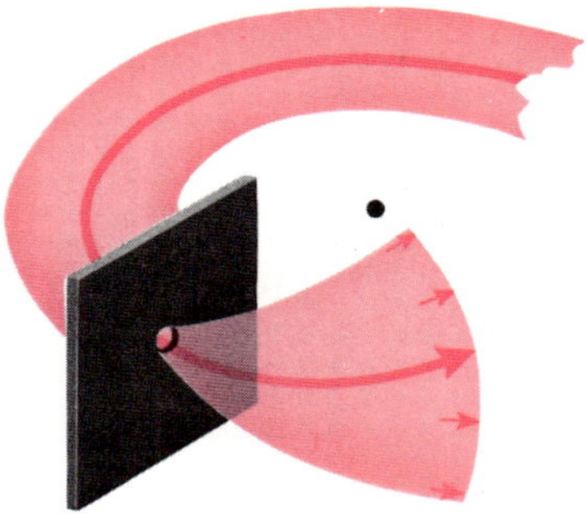

Versucht man, die Elektronenbahn im Atom durch eine Blende genau festzulegen, so führen Beugungserscheinungen dazu, daß die Welle hinter der Blende auseinanderläuft. Es gibt keine wohlbestimmten Elektronenbahnen im Atom!

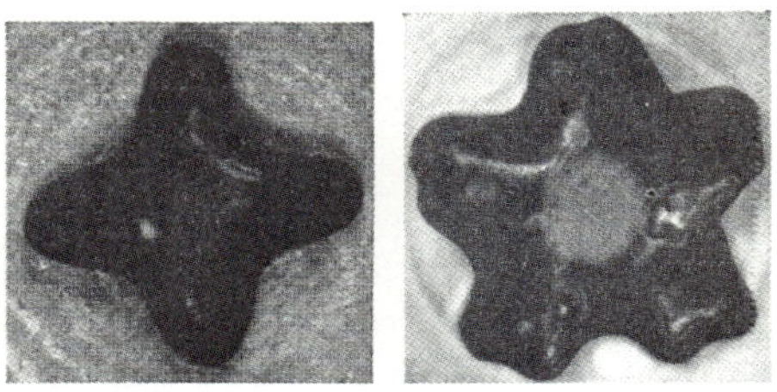

Die Form der Eigenschwingungen eines Wassertropfens bilden ein dreidimensionales Modell für die Eigenschwingungen des Elektrons im Atom.

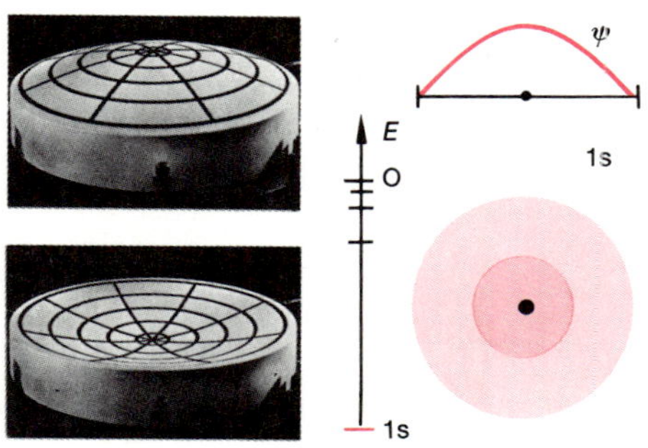

Die Grundschwingungen einer Membran veranschaulicht die Elektronenwelle im Grundzustand eines Atoms. Die Amplitude der Schwingung ist in der Mitte am größten. Das Elektron ist mit größter Wahrscheinlichkeit in der unmittelbaren Umgebung des Kerns anzutreffen.

b) Das Atom und die schwingende Membran

Die schwingende Saite gibt die wesentlichen Eigenschaften der Elektronenbahn im Bohrschen Modell recht gut wieder. Wie diese Bahnen ist auch die Saite nur eine eindimensionale Linie. Nach unseren früheren Überlegungen dürfen wir uns die Elektronenbahnen aber nicht als dünne Linien vorstellen, sie müssen zumindest einige de-Broglie-Wellenlängen »dick« sein. Versucht man die Elektronenbahn im Atom durch eine Blende sehr genau festzulegen, so führen Beugungserscheinungen dazu, daß die Elektronenwelle hinter der Blende auseinanderläuft. Auch durch noch so sorgfältiges Experimentieren erhalten wir keine wohlbestimmte Elektronenbahn im Atom. Die Aufenthaltswahrscheinlichkeit des Elektrons wird stets durch eine Welle beschrieben, die einen größeren Bereich um den Atomkern erfüllt.

Bei großen Quantenzahlen kann dieser Bereich immerhin noch eine unscharfe Kreisbahn ergeben. Bei kleinen Quantenzahlen ist die Dicke der Bahn genauso groß wie der Bahnradius, so daß der Bahnbegriff seinen Sinn verliert und wir nunmehr von einer Elektronenwelle sprechen können, die ein ausgedehntes Gebiet rund um den Atomkern erfüllt.

Die Eigenschaften der Elektronenwelle können dann nicht mehr durch eine schwingende Saite angenähert werden. Wir müssen vielmehr ein schwingendes dreidimensionales Gebilde betrachten. Ein Beispiel dafür ist ein schwingender Wassertropfen. Seine Eigenschwingungen geben ein Bild von der Form der Elektronenwelle im Atom, die wir für kleine Quantenzahlen erwarten.

Besonders anschaulich lassen sich die Eigenschaften der Elektronenwelle im Atom an einer Membran zeigen, die wir mit einem Lautsprecher zu Schwingungen anregen. Steigern wir die Frequenz des Lautsprechertones allmählich, so gerät die Membran jedesmal in starke Schwingungen, wenn eine ihrer Eigenfrequenzen angeregt wird. Diese Schwingungen entsprechen dann den stehenden Elektronenwellen, die nun nicht mehr auf eine dünne Elektronenbahn konzentriert sind.

Der *Grundzustand* (Zustand niederster Energie) des Elektrons entspricht der Grundschwingung (geringste Frequenz!) der Membran. Sie weist keine Knotenlinien auf und ihre Amplitude ist in der Mitte am größten. Das Quadrat der Amplitude gibt die Aufenthaltswahrscheinlichkeit des Elektrons an, wobei wir uns eine Dimension hinzuzudenken haben und von der kreisförmigen Membran zur Kugel übergehen müssen. Den Bereich hoher Aufenthaltswahrscheinlichkeit des Elektrons (er ist nicht scharf begrenzt) bezeichnet man als *Orbital*.

> Den Bereich hoher Aufenthaltswahrscheinlichkeit des Elektrons im Atom bezeichnet man als Orbital. Im Grundzustand befindet sich das Elektron im kugelförmigen 1s-Orbital.

Diesem Zustand entspricht im Bohrschen Atommodell die Quantenzahl $n = 1$. Die Aufenthaltswahrscheinlichkeit des Elektrons unterscheidet sich wesentlich von den Vorhersagen der Bohrschen Theorie. Das Elektron ist mit größter Wahrscheinlichkeit in der Umgebung des Atomkerns zu finden, da die Welle dort ihre maximale Amplitude aufweist. Auch die exakte Berechnung der Elektronenwellen mit Hilfe der Schrödingergleichung führt zu diesem Ergebnis.

Steigern wir die Frequenz des Lautsprechers, so treten Oberschwingungen der Membran mit kreisförmigen Knotenlinien auf. Sie sind analog zu den angeregten Zuständen $n = 2, 3 \ldots$ des Atoms. Der erhöhten Frequenz der

Membranschwingungen entspricht nach $E = hf$ erhöhte Energie des Elektrons im Atom. Das Quadrat der Amplitude der Membranschwingung gibt wieder die Aufenthaltswahrscheinlichkeit des Elektrons an. Man nennt die Elektronenverteilung mit einer Knotenlinie ein 2s-Orbital. Es entspricht dem Zustand $n = 2$ im Bohrschen Atommodell. Die höheren Zustände tragen die Bezeichnungen 3s, 4s . . . usw.

Wir rücken nun den Lautsprecher seitlich unter die Membran, wodurch antisymmetrische Eigenschwingungen angeregt werden. Die Amplitude der Schwingung hat dann nicht in der Mitte, sondern an den Seiten der Membran ihren maximalen Wert. Weil das Quadrat der Amplitude dort am größten ist, haben die entsprechenden Aufenthaltswahrscheinlichkeiten des Elektrons im Atom Hantelform. Man nennt sie p-Orbitale.

Das 2p-Orbital weist eine gerade Knotenfläche auf. Seine Frequenz stimmt etwa mit dem 2s-Orbital überein, von dem es sich nur durch die Form der Knotenfläche unterscheidet. Auch dieses Orbital gehört zu dem Zustand $n = 2$ des Bohrschen Atommodells. Zu einem Energiewert gibt es also im allgemeinen verschiedene mögliche Orbitalformen. Bei höheren Frequenzen treten auch 3p, 4p, . . . Orbitale mit mehreren Knotenlinien auf.

Ein 1p-Orbital existiert nicht, da die Ziffer »1« eine Schwingungsform ohne Knoten andeutet. Die einzige derartige Schwingungsform ist das 1s-Orbital. Die mit »2« numerierten Orbitale weisen eine Knotenfläche auf, die mit »3« enthalten zwei Knotenflächen, usw.

Die s- und p-Orbitale sind nicht die einzigen möglichen Schwingungsformen der Membran. Mit zwei Lautsprechern kann man auch kompliziertere Schwingungsformen anregen, welche den d-Orbitalen des Atoms entsprechen. Sie spielen in der Chemie der seltenen Erden eine Rolle.

Bei Zuständen höherer Energie des Elektrons gibt es kugelförmige s-Orbitale und hantelförmige p-Orbitale. Auch noch kompliziertere Orbitalformen sind möglich.

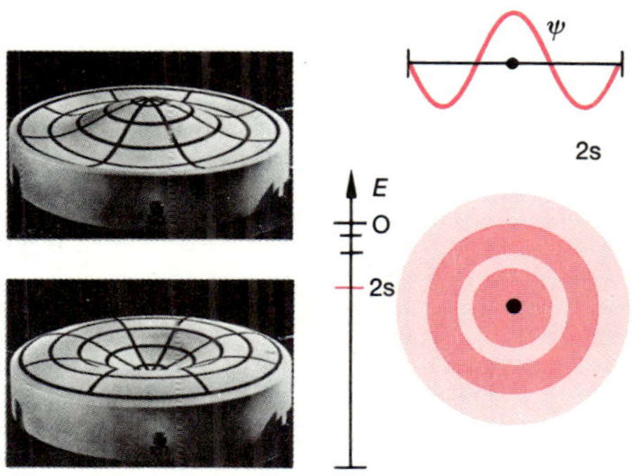

Die erste angeregte Schwingung der Membran entspricht dem 2s-Orbital. Es weist eine Knotenlinie auf.

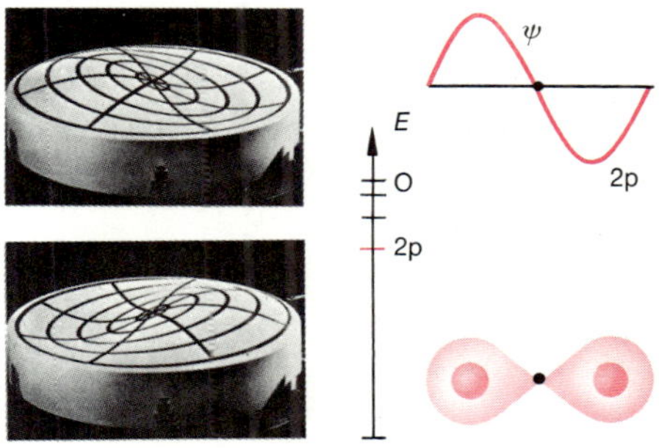

Eine asymmetrische Eigenschwingung der Membran weist ebenfalls eine Knotenlinie auf. Die entsprechende Eigenschwingung des Elektrons gehört zum 2p-Orbital. Die Energie von Elektronen im 2p-Orbital ist ungefähr die gleiche wie im 2s-Orbital und stimmt beim Wasserstoffatom sogar genau überein.

Wieviele 2p-Orbitale gibt es? Verschieben wir den Lautsprecher etwas, so dreht sich die Richtung der Knotenlinie auf der Membran. Bei einer Drehung um 90° erhalten wir eine neue, unabhängige Schwingungsform, welche die gleiche Frequenz aufweist wie das ursprüngliche 2p-Orbital. Alle weiteren verdrehten 2p-Eigenschwingungen können durch Überlagerungen dieser beiden Schwingungen gewonnen werden.

Eine analoge Situation haben wir bei Licht kennengelernt. Durch Überlagerung der Schwingungen, die in zwei aufeinander senkrecht stehenden Ebenen stattfinden, kann man jede gewünschte Polarisation aufbauen.

Bei der Membran gibt es jeweils zwei voneinander unabhängige p-Schwingungen mit gleicher Frequenz. Beim Atom gibt es jeweils drei p-Orbitale mit gleicher Energie, denn wir haben ein dreidimensionales Gebilde vor uns. Zur Unterscheidung bezeichnet man sie als

$$2p_x,\ 2p_y,\ 2p_z \quad \text{für } n = 2$$
$$3p_x,\ 3p_y,\ 3p_z \quad \text{für } n = 3$$
$$\ldots\ldots\ldots \qquad .$$

Bei Zuständen höherer Energie des Elektrons gibt es jeweils ein s-Orbital und drei verschiedene p-Orbitale.

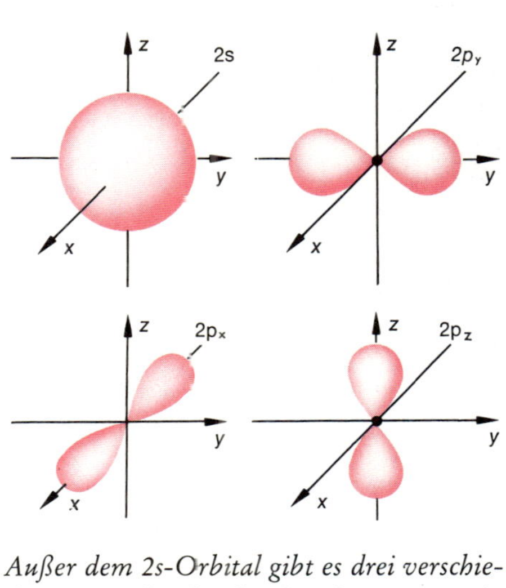

Außer dem 2s-Orbital gibt es drei verschiedene 2p-Orbitale, die den drei Raumrichtungen entsprechen. Für höhere Energiestufen gibt es noch kompliziertere Orbitalformen (d- und f-Orbitale).

Außerdem gibt es in den Energiestufen mit $n = 3,4$ . . . noch andere, kompliziertere Orbitalformen, die hier außer Betracht bleiben sollen.

4. Das Periodensystem der Elemente

Die Kenntnis der Orbitale ermöglicht es uns, den Aufbau der Elektronenhüllen verschiedener chemischer Elemente zu analysieren und dadurch das Periodensystem der Elemente zu erklären. Wir benötigen dazu noch Kenntnisse über die Verteilung der Elektronen auf verschiedene Orbitale. Sie wird durch das *Pauli-Prinzip* bestimmt.

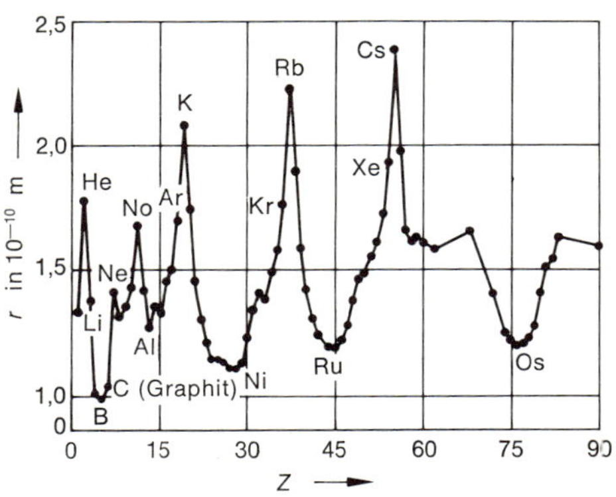

Die starken Unterschiede der Atomradien spiegeln das Periodensystem der Elemente wider.

a) Das Pauli-Prinzip

In welchen Orbitalen sind die Elektronen in einem Atom zu finden? Man könnte zunächst meinen, daß sich alle Elektronen jeweils im 1s-Orbital aufhalten, welches den kleinsten Radius und die größte Bindungsenergie aufweist:

$$r_1 = \frac{0{,}053\ \text{nm}}{Z}, \qquad E_1 = -13{,}6\, Z^2\ \text{eV}.$$

Wir würden erwarten, daß der Radius der Atome mit wachsender Ordnungszahl immer kleiner wird und die Bindungsenergie der Elektronen immer mehr ansteigt.

Die Experimente ergeben ein völlig anderes Verhalten. Trägt man die Atomradien und die Bindungsenergie als Funktion der Kernladungszahl Z auf, so ergibt sich eine Kurve, deren starke Schwankungen das Periodensystem der Elemente deutlich wiedergeben.

Die Alkalimetalle weisen auffallend große Atomradien auf. Ihre äußersten Elektronen sind offensichtlich weit vom Atomkern entfernt und können leicht abgetrennt werden, wie auch die Kurve der Bindungsenergien zeigt. Die besonders stabile Elektronenkonfiguration der Edelgase deutet sich in den besonders hohen Bindungsenergien an, die bei diesen Elementen auftreten.

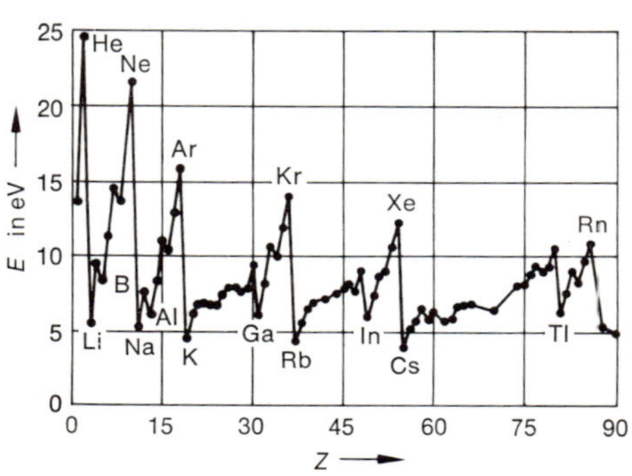

Auch die Bindungsenergien der Elektronen im Atom weisen einen ähnlichen Verlauf auf wie die Atomradien.

Wie können wir diese Ergebnisse erklären? Nicht alle Elektronen können im tiefsten Energiezustand, dem 1s-Orbital, sein. Die Elektronen müssen sich vielmehr auf verschiedene Orbitale verteilen. Ihre Verteilung genügt einer einfachen Regel, die von dem in Österreich geborenen Nobelpreisträger Wolfgang Pauli im Jahre 1925 entdeckt wurde.

> *Pauli-Prinzip*
> Jedes Orbital eines Atoms kann nur zwei Elektronen aufnehmen.

Mit dieser Verteilungsregel können wir das Periodensystem der Elemente erklären.

b) Das Periodensystem der Elemente

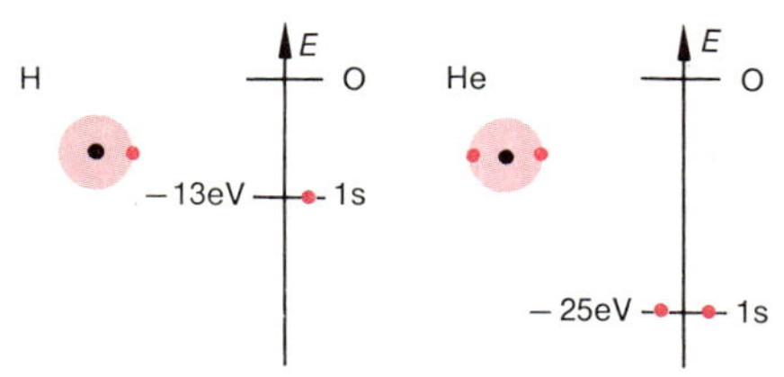

Der Aufbau von Wasserstoff und Helium. Die Elektronen sind im 1s-Orbital zu finden.

Wir beginnen die Besprechung mit den leichtesten Elementen.

Wasserstoff. Das einzige Elektron dieses Atoms hält sich im 1s-Orbital auf.

Helium. Beide Elektronen sind im 1s-Orbital zu finden. Wegen der größeren Ladung des Heliumkerns sind die Elektronen stärker gebunden als bei Wasserstoff. Zur Entfernung eines Elektrons aus dem Atom sind 24 eV erforderlich.

Das 1s-Orbital ist das einzige Orbital der Quantenzahl $n = 1$. Man bezeichnet es in der Chemie auch als *K-Schale.* Diese Schale ist nun abgeschlossen, und die weiteren Elektronen müssen in Orbitalen mit der Quantenzahl $n = 2$ untergebracht werden, die man auch als *L-Schale* bezeichnet. Sie besteht aus den 2s, $2p_x$, $2p_y$ und $2p_z$ Orbitalen und kann insgesamt 8 Elektronen aufnehmen.

Lithium. Das dritte Elektron wird im 2s-Orbital untergebracht. Dieses Orbital ist wesentlich größer als das 1s-Orbital. Die Bindungsenergie des dritten Elektrons ist deshalb wesentlich geringer, als die der beiden anderen Elektronen und beträgt nur 5 eV. Zur Entfernung eines Elektrons aus der K-Schale des Lithiums sind hingegen 70 eV erforderlich.

Beryllium. Ein weiteres Elektron wird im 2s-Orbital untergebracht. Wegen der größeren Kernladungszahl ist der Radius des Berylliums etwas kleiner als der des Lithiums.

Bor, Kohlenstoff, Stickstoff, Sauerstoff, Fluor und Neon. Die neu hinzutretenden Elektronen werden nun auf die 2p-Orbitale verteilt, wobei das $2p_x$, $2p_y$, $2p_z$-Orbital jeweils zwei Elektronen aufnehmen kann.

Die allmähliche Auffüllung der L-Schale entspricht der zweiten Periode des Periodensystems. Bei Neon ist die L-Schale abgeschlossen, und weitere Elektronen müssen in Orbitalen mit der Quantenzahl $n = 3$ untergebracht werden (M-Schale).

Wir wollen die chemischen Elemente mit höherer Ordnungszahl nicht im Detail besprechen. Bei diesen Atomen sind auch andere Orbitalformen wichtig. Ihr Auftreten erklärt die Nebengruppen des Periodensystems und verursacht die Schwierigkeiten, mit denen der Chemiker bei der Erforschung der »seltenen Erden« fertig werden muß.

Die Deutung des Periodensystems der chemischen Elemente durch die Theorie der Orbitale ist einer der Höhepunkte im Naturverständnis unseres Jahrhunderts. Die in der Chemie experimentell gewonnenen Resultate können nun von der Physik systematisch verstanden werden.

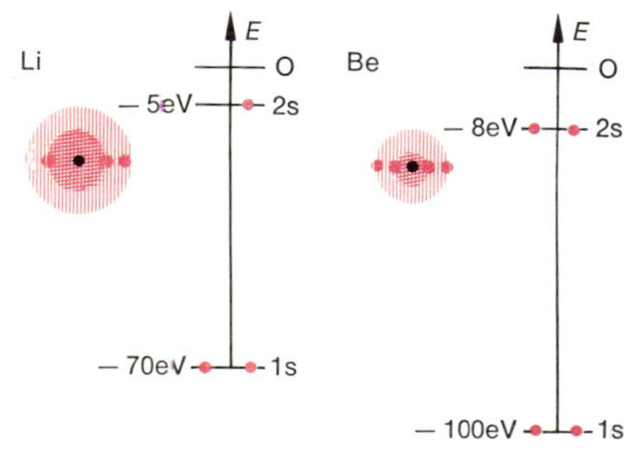

Bei Lithium und Beryllium wird auch das 2s-Orbital besetzt.

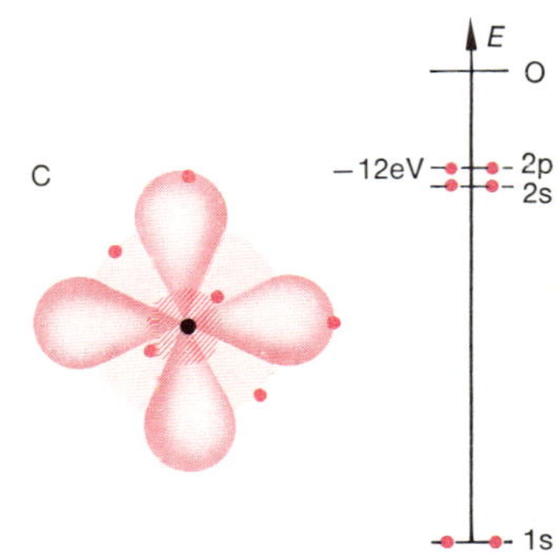

Bei Kohlenstoff werden auch die 2p-Orbitale mit Elektronen besetzt.

Die Quantentheorie erklärt das Periodensystem der Elemente.

Das Periodensystem der Elemente.

	1. a b	2. a b	3. a b	4. a b	5. a b	6. a b	7. a b	8.			
I.	1 H Wasserstoff 1,0080										2 He Helium 4,003
II.	3 Li Lithium 6,940	4 Be Beryllium 9,013	5 B Bor 10,82	6 C Kohlenstoff 12,011	7 N Stickstoff 14,008	8 O Sauerstoff 16	9 F Fluor 19,00				10 Ne Neon 20,183
III.	11 Na Natrium 22,991	12 Mg Magnesium 24,32	13 Al Aluminium 26,98	14 Si Silicium 28,09	15 P Phosphor 30,975	16 S Schwefel 32,066	17 Cl Chlor 35,457				18 Ar Argon 39,944
IV.	19 K Kalium 39,100	20 Ca Calcium 40,08	21 Sc Scandium 44,96	22 Ti Titan 47,90	23 V Vanadium 50,95	24 Cr Chrom 52,01	25 Mn Mangan 54,94	26 Fe Eisen 55,85	27 Co Kobalt 58,94	28 Ni Nickel 58 71	
	29 Cu Kupfer 63,54	30 Zn Zink 65,38	31 Ga Gallium 69,72	32 Ge Germanium 72,60	33 As Arsen 74,91	34 Se Selen 78,96	35 Br Brom 79,916				36 Kr Krypton 83,80
V.	37 Rb Rubidium 85,48	38 Sr Strontium 87,63	39 Y Yttrium 88,92	40 Zr Zirkonium 91,22	41 Nb Niob 92,91	42 Mo Molybdän 95,95	43 Tc Technetium 99	44 Ru Ruthenium 101,1	45 Rh Rhodium 102,91	46 Pd Palladium 106,4	
	47 Ag Silber 107,880	48 Cd Cadmium 112,41	49 In Indium 114,82	50 Sn Zinn 118,70	51 Sb Antimon 121,76	52 Te Tellur 127,61	53 I Iod 126,91				54 Xe Xenon 131,3
VI.	55 Cs Caesium 132,91	56 Ba Barium 137,36	57–71 seltene Erden	72 Hf Hafnium 178,5	73 Ta Tantal 180,95	74 W Wolfram 183,86	75 Re Rhenium 186,22	76 Os Osmium 190,2	77 Ir Iridium 192,2	78 Pt Platin 195,09	
	79 Au Gold 197,0	80 Hg Quecksilber 200,61	81 Tl Thallium 204,39	82 Pb Blei 207,21	83 Bi Wismut 209,00	84 Po Polonium 210	85 At Astatin 210				86 Rn Radon 222
VII.	87 Fr Francium 223	88 Ra Radium 226,05	89 Ac Actinium 227	90 Th Thorium 232,05	91 Pa Protaktinium 231	92 U Uran 238,07					

seltene Erden	57 La Lanthan 138,92	58 Ce Cer 140,1	59 Pr Praseodym 140,92	60 Nd Neodym 144,27	61 Pm Promethium 145	62 Sm Samarium 150,35	63 Eu Europium 152,0	64 Gd Gadolinium 157,26	65 Tb Terbium 158,93	66 Dy Dysprosium 162,51	67 Ho Holmium 164,94	68 Er Erbium 167,27	69 Tm Thulium 168,94	70 Yb Ytterbium 173,04	71 Lu Lutetium 174,99

Trans-urane	93 Np Neptunium 237	94 Pu Plutonium 242	95 Am Americium 243	96 Cm Curium 245	97 Bk Berkelium 249	98 Cf Californium 249	99 Es Einsteinium	100 Fm Fermium 254	101 Mv Mendelevium 256	102 No Nobelium u. f.

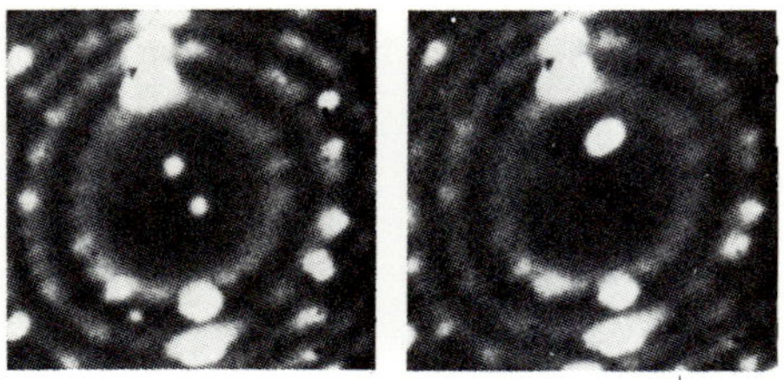

Die linke Feldionen-Mikroskopaufnahme zeigt zwei zunächst getrennte Atome. Etwas später haben sich die beiden Atome durch Bildung einer gemeinsamen Elektronenhülle zum Molekül vereint.

5. Kräfte zwischen Atomen und Molekülen

Die Berechnung der Elektronenverteilung im Atom ist nur der erste Schritt zum Verständnis des Aufbaues der Materie. Durch Kräfte zwischen Atomen entstehen Moleküle, Festkörper und Flüssigkeiten. Die Aufklärung der Natur dieser Kräfte war eine der größten Leistungen der Quantentheorie. Sie führte die Vielfalt der Reibungskräfte, Adhäsion, Kohäsion, Kapillarkräfte, . . . auf elektrische Kräfte zurück und gab ihnen so eine einheitliche Erklärung.

a) Die Atombindung

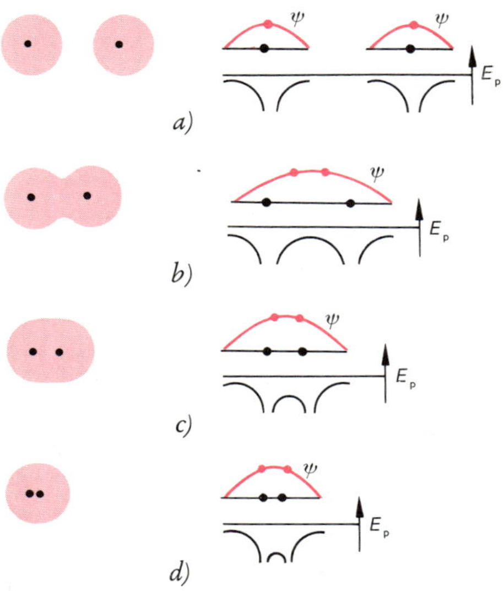

Nähert man zwei Atome aneinander an (Bilder a, b), so geraten die Elektronen in den Anziehungsbereich beider Atomkerne (Bild c). Den Elektronen steht mehr Raum zur Verfügung, und ihre Energie verringert sich. Bei zu starker Annäherung der beiden Atome (Bild d) steigt die Energie wieder an. Das Minimum der Energie bestimmt den Atomabstand im Molekül.

Die Atombindung tritt in einfachster Form in Molekülen wie H_2, N_2 . . . auf. Welche Kräfte halten z. B. die beiden Atome im Wasserstoffmolekül so stark zusammen, daß eine Energie von 4,7 eV erforderlich ist, um die beiden Atome zu trennen?

Betrachten wir zwei Wasserstoffatome, die zunächst in einiger Entfernung ruhen mögen. In jedem dieser Atome ist ein Elektron durch elektrische Kräfte an den Atomkern gebunden und hält sich in einem 1s-Orbital auf. Nun nähern wir die beiden Atome einander. Sinkt der Abstand der Atome auf ungefähr 0,1 nm, so fließen die beiden Orbitale ineinander und es bildet sich eine gemeinsame Elektronenhülle aus. Jedes der Elektronen kommt in den Anziehungsbereich beider Atomkerne. Dadurch steht ihm ein größerer Bereich zur Verfügung, in dem es sich aufhalten kann.
Wie man aus den Formeln

$$p=\frac{h}{\lambda} \quad \text{bzw.} \quad \frac{1}{2}mv^2=\frac{p^2}{2m}=\frac{h^2}{2m\lambda}$$

sieht, nimmt der Impuls und die kinetische Energie der Elektronen ab, weil die de-Broglie-Wellenlänge λ größer wird.

Besonders anschaulich wird dies durch den Vergleich mit der schwingenden Saite erklärt. Den beiden Atomen entsprechen zwei kurze schwingende Saiten, die im Molekül zu einer langen Saite vereint werden. Langen Saiten entsprechen tiefe Töne, also geringe Frequenzen, und in der Quantentheorie wegen $E = hf$ geringe Energien. Die Energieerniedrigung entspricht der *Bindungsenergie* der beiden Atome im Molekül. Zur Trennung der Atome muß Energie aufgewendet werden, es ist also eine Kraft erforderlich.

Bei der Bildung eines Moleküls aus zwei Atomen bildet sich eine gemeinsame Elektronenwolke aus. Den Elektronen steht mehr Raum zur Verfügung. Ihre de-Broglie-Wellenlänge vergrößert sich, Impuls und Energie werden geringer. Die Trennung der Atome erfordert Energie.

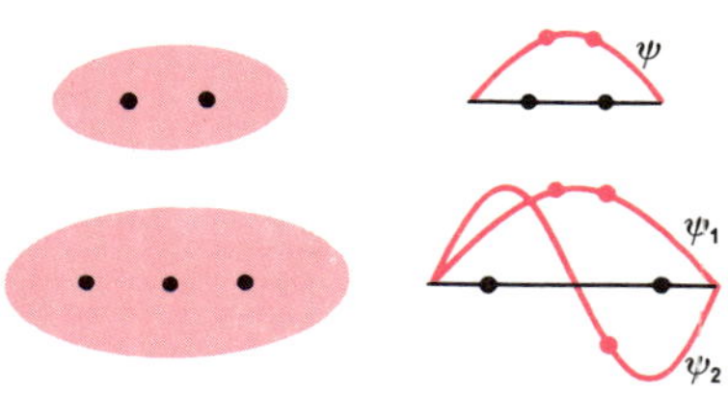

Das gemeinsame Orbital kann nur zwei Elektronen aufnehmen. Daher kommt es zur Bildung von H_2-Molekülen, aber nicht zu längeren Ketten, in denen die weiteren Elektronen Orbitale mit höherer Energie besetzen müßten.

Warum sind nicht auch die Moleküle H_3, H_4 . . . möglich? Wäre es nicht noch günstiger, viele Wasserstoffatome zu vereinen und dadurch den Bewegungsraum der Elektronen noch mehr zu vergrößern? Die Bildung solcher Großmoleküle würde jedoch zu keiner Energieverringerung führen. Im H_2-Molekül wurden die beiden 1s-Orbitale der Atome zu einem großen Orbital vereint, in dem sich zwei Elektronen aufhalten können. Bildet man aber ein H_3-Molekül, so muß das dritte Elektron wegen des Pauli-Prinzips ein Orbital höherer Energie besetzen, und die Energie steigt deshalb an.

Aus demselben Grund können sich auch aus Orbitalen, die bereits zwei Elektronen enthalten, keine gemeinsamen Elektronenwolken bilden. Das gemeinsame Orbital müßte ja vier Elektronen aufnehmen. Einen Ausweg bieten nur Elektronenschalen, die noch nicht voll gefüllt sind. Zwei der Elektronen können dann in ein anderes Orbital der Elektronenschale ausweichen, ohne daß zusätzliche Energie aufzubringen wäre. (Orbitale derselben Schale haben dieselbe Quantenzahl und folglich dieselbe Energie.) Liegen aber volle Elektronenschalen (Edelgaskonfigurationen!) vor, so ist auch dieser Ausweg unmöglich. Die beiden Elektronenschalen durchdringen einander dann nicht, sondern drücken sich gegenseitig zusammen, wenn man die Atome annähert. Dadurch steht den Elektronen weniger Raum zur Verfügung, ihre Energie steigt. Um diese Energie aufzubringen, muß man beim Aneinanderdrücken der Atome Arbeit aufwenden. Die Materie erweist sich als schwer komprimierbar.

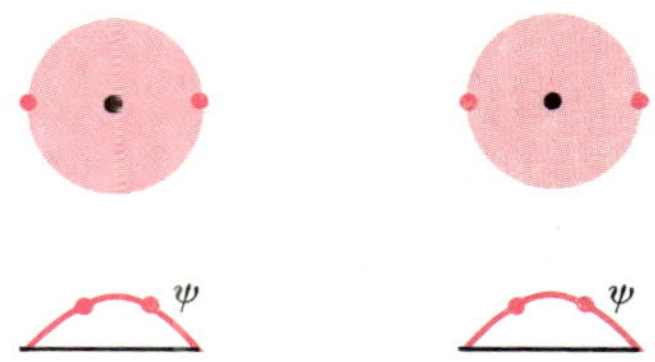

Bei Helium ist das 1s-Orbital mit zwei Elektronen besetzt. Es kommt daher nicht zur Bildung einer gemeinsamen Elektronenwolke.

Die Kräfte zwischen gefüllten Elektronenschalen verursachen die Undurchdringlichkeit der Materie.

Fehlt einem Atom nur *ein* Elektron zur Bildung einer abgeschlossenen Schale, so kommt eine Einfachbindung zustande. Fehlen dagegen *zwei* Elektronen, so entsteht eine *Doppelbindung,* wie z. B. bei Sauerstoff. Vier der acht Elektronen des Sauerstoffatoms finden in den 1s- und 2s-Orbitalen Platz. Zwei weitere Elektronen erfüllen das $2p_x$-Orbital. Die verbleibenden beiden Elektronen verteilen sich auf die $2p_y$- und $2p_z$-Orbitale und können gemeinsame Elektronenwolken mit einem zweiten Sauerstoffatom bilden. Es entsteht ein Sauerstoffmolekül O_2, das zwei Bindungen aufweist.

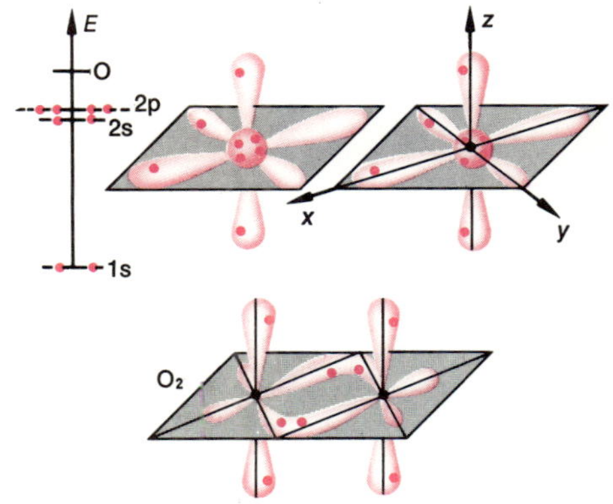

Beim Sauerstoffmolekül O_2 tritt eine Doppelbindung auf. Im $2p_x$- und $2p_y$-Orbital befindet sich nur je ein Elektron. Diese Orbitale bilden gemeinsame Elektronenwolken.

Auch bei Molekülen, die aus zwei verschiedenen Atomen aufgebaut sind, kommt die chemische Bindung durch Bildung gemeinsamer Elektronenhüllen zustande. Allerdings wird im allgemeinen eines der beiden Atome die gemeinsame Elektronenhülle stärker anziehen als das andere. Sie verschiebt sich dadurch etwas in Richtung dieses Atoms, das dadurch eine geringfügige negative Ladung aufweist, während sich beim anderen Atom ein positiver Ladungsüberschuß ergibt. Das Molekül wird dadurch zu einem elektrischen Dipol. Man bezeichnet es als *polares Molekül.*

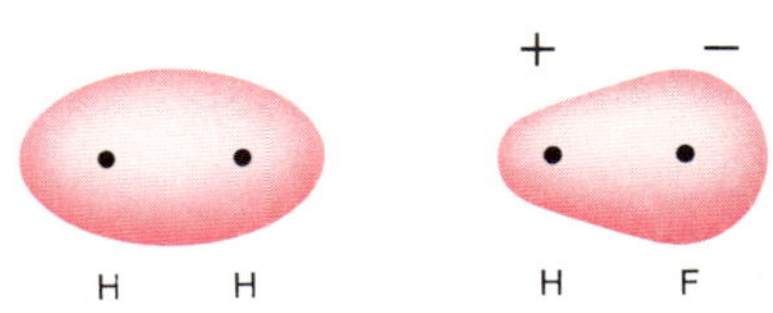

Bei Molekülen, die aus verschiedenen Atomen aufgebaut sind, verschiebt sich die Elektronenwolke im allgemeinen in Richtung auf eines dieser Atome. Dadurch entstehen polare Moleküle, deren Enden entgegengesetzt geladen sind.

In polaren Molekülen ist die gemeinsame Elektronenwolke in Richtung auf eines der Atome verschoben. Dadurch entsteht ein elektrischer Dipol.

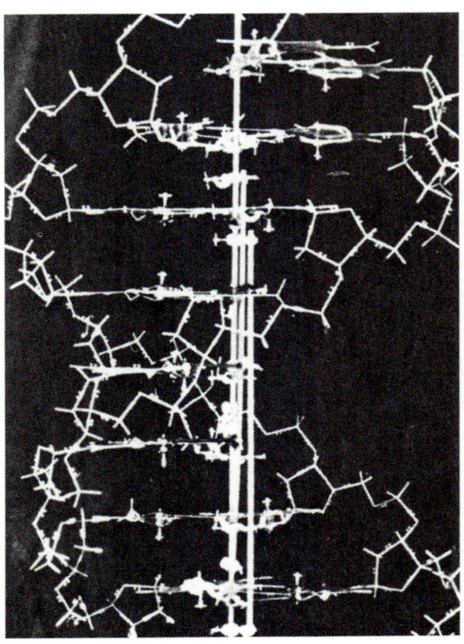

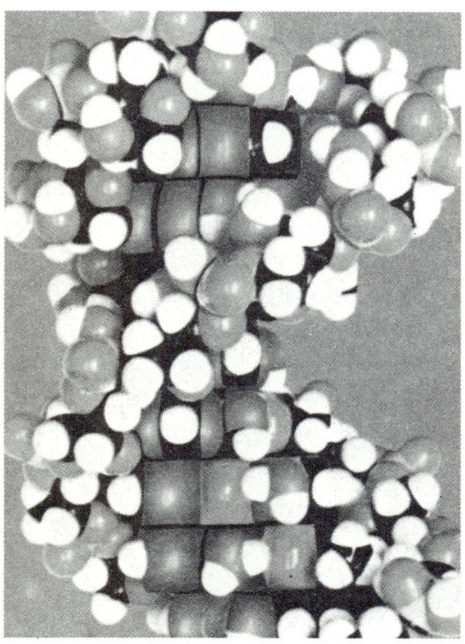

Molekülbaukästen erlauben es, die geometrische Form der Moleküle zu veranschaulichen. Eine Darstellung läßt die Bindungen und ihre Richtung klar hervortreten, während Kalottenmodelle (rechts) die Raumerfüllung durch die Orbitale betonen.

Nun läßt sich auch die räumliche Struktur der Moleküle leicht verstehen. In der Wärmelehre haben wir die Bedeutung besprochen, welche die geometrische Form des Wassermoleküls für das tägliche Leben hat. Wir wollen dieses Molekül als Beispiel für die Entstehung geometrischer Formen aufgrund der Quantentheorie wählen.

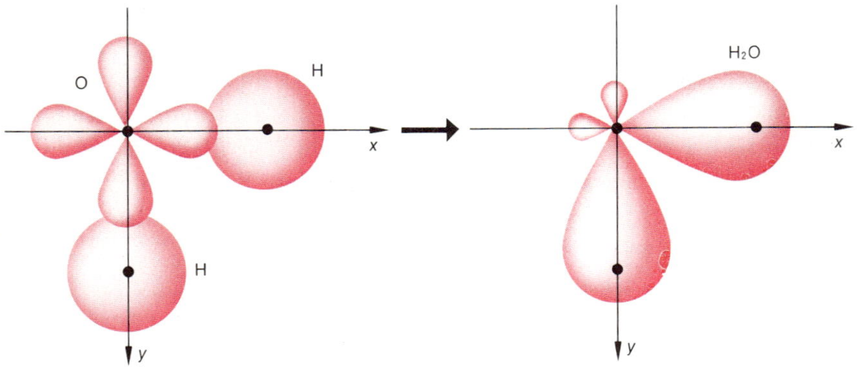

Das Wassermolekül verdankt seine geometrische Form dem Winkel zwischen den p-Orbitalen. Weil die Elektronenwolke stark in Richtung auf das Sauerstoffatom verschoben ist, tragen die Wasserstoffatome positive Ladung, und ihre Abstoßung vergrößert den Bindungswinkel auf 105 ° (unteres Bild).

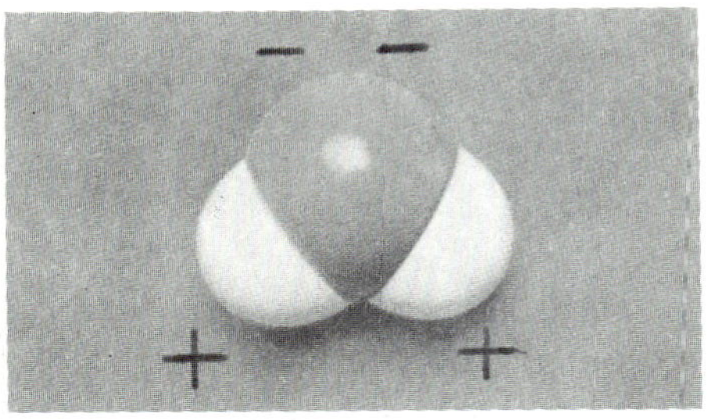

Im Sauerstoffatom befindet sich im $2p_y$- und $2p_z$-Orbital je ein einzelnes Elektron. Diese Elektronen können durch Bildung gemeinsamer Elektronenwolken chemische Bindungen mit anderen Atomen eingehen. Weil die Richtung des $2p_y$-Orbitals senkrecht auf diejenige des $2p_z$-Orbitals steht, erwarten wir, daß die Richtungen zu den beiden H-Atomen im Wassermolekül den Winkel 90° einschließen. Weil aber die Elektronenwolke stark in Richtung auf das Sauerstoffatom verschoben ist, tragen die beiden Wasserstoffatome einen positiven Ladungsüberschuß und stoßen einander ab. Dadurch erhöht sich der Bindungswinkel auf 105°.

In analoger Weise kann man auch alle anderen Winkel verstehen, die bei der Bindung von Atomen zu Molekülen auftreten. Die Geometrie der Orbitale erweist sich als Schlüssel zum Verständnis der Formen in der Natur.

Die in der Natur auftretenden Winkel folgen aus der Geometrie der Orbitale.

Hybrid-Orbitale

Weil die Winkel zwischen den p-Orbitalen stets 90° betragen, scheint sich aus der Geometrie der Orbitale eine langweilige, rechtwinkelig aufgebaute Welt zu ergeben. Tatsächlich beobachtet man aber auch das Auftreten von anderen Winkeln in der Natur. Sie können nur zum Teil durch die Abstoßung von Ladungen erklärt werden wie beim Wassermolekül.

Vielleicht am bemerkenswertesten ist das Auftreten verschiedener geometrischer Formen beim *Kohlenstoffatom.* Seine einzigartige Stellung in der organischen Chemie erklärt sich aus der Bildung von *Hybrid-Orbitalen,* die es ermöglichen, eine Vielfalt von Strukturen aufzubauen. Von den sechs Elektronen des Kohlenstoffatoms entfallen zwei auf das 1s-Orbital, während vier Elektronen in der L-Schale mit der Quantenzahl $n = 2$ zu finden sind. Diese Elektronen können sich in unterschiedlicher Weise auf die 2s- und 2p-Orbitale verteilen.

Bei zweiwertigem Kohlenstoff halten sich zwei Elektronen im 2s-Orbital auf, während die beiden anderen das $2p_x$- und $2p_y$-Orbital besetzen. Diese beiden einzelnen Elektronen können zwei chemische Bindungen eingehen, die einen Winkel von 90° einschließen.

Die vier Elektronen der L-Schale können sich aber auch anders verteilen. Hält sich nämlich je ein Elektron im 2s-, $2p_x$-, $2p_y$- und $2p_z$-Orbital auf, so sind vier chemische Bindungen möglich. Sie können verschiedene Richtungen untereinander einschließen, weil die den Orbitalen zugrundeliegende Eigenschwingungen des Elektrons durch Überlagerung neue Eigenschwingungen bilden können. Diesen Vorgang nennt man Hybridisierung.

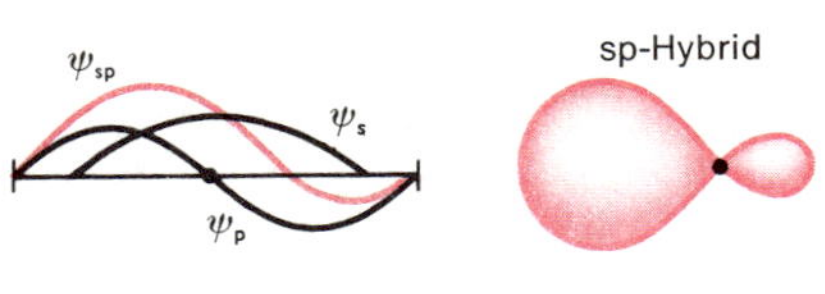

Bei Kohlenstoff kann es durch Überlagerung einer s- und einer p-Eigenschwingung zu Hybridorbitalen kommen. Die abgebildete sp-Eigenschwingung ist die Summe der s- und der p-Schwingung. Ein zweites sp-Hybridorbital entspricht der Differenz dieser beiden Schwingungen.

Der einfachste Fall ist die Überlagerung einer s-Schwingung mit einer p-Schwingung. Die Aufenthaltswahrscheinlichkeit des Elektrons in diesem sp-Hybrid-Orbital ist asymmetrisch. Der Atomkern ist nicht in der Mitte des Orbitals zu finden. Die seitliche Verschiebung des Orbitals erleichtert chemische Bindungen, weil sie die Bildung gemeinsamer Elektronenwellen mit anderen Atomen begünstigt.

Durch Überlagerung eines s- mit zwei p-Orbitalen erhalten wir sp^2-Hybrid-Orbitale. Die neuen Orbitale liegen in einer Ebene und schließen den Winkel 120° miteinander ein. Diese Konfiguration tritt beispielsweise im Benzolring auf.

Durch Überlagerung des s-Orbitals mit allen drei p-Orbitalen entstehen sp^3-Orbitale. Ihre charakteristische Form bestimmt die Geometrie des Methan-Moleküls und des Diamantgitters.

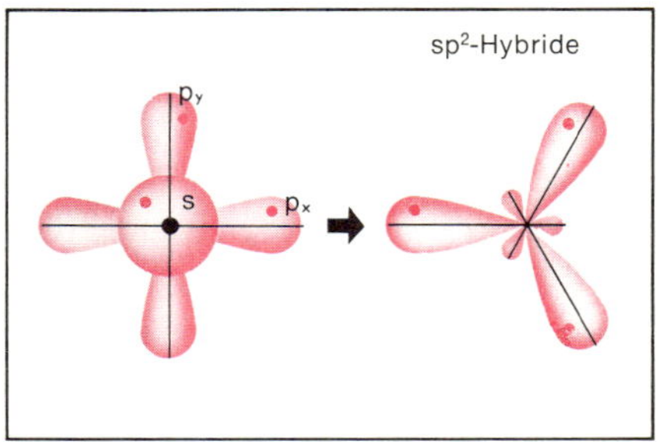

Durch Überlagerung einer s-Schwingung mit zwei p-Schwingungen kommt es zur Bildung von sp^2-Hybriden. Sie liegen in einer Ebene. Der Winkel zwischen den Bindungen beträgt hier 120°.

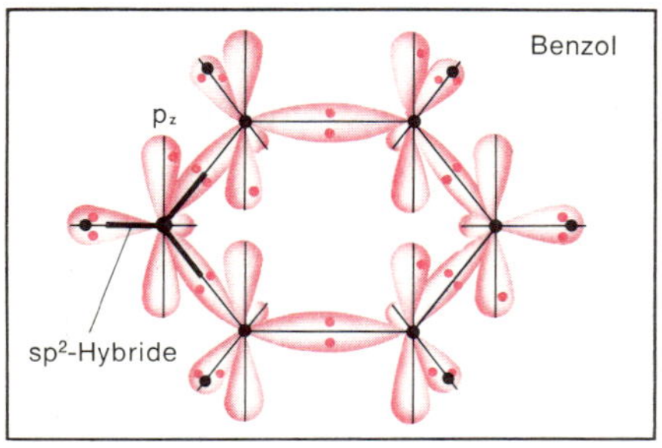

Der Benzolring wird – ebenso wie das Graphitgitter – aus sp^2-Hybriden aufgebaut. Die p_z-Orbitale überlagern sich ebenfalls zu gemeinsamen Elektronenwolken.

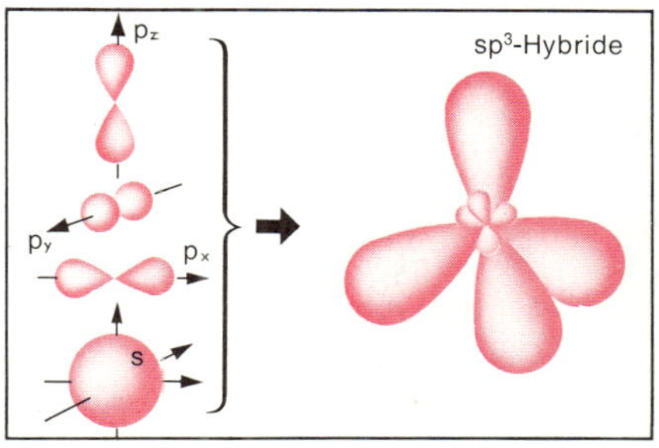

Durch Überlagerung einer s-Schwingung mit drei p-Schwingungen kommt es zur Bildung von sp^3-Hybriden. Sie treten z. B. im Diamantgitter auf.

b) Die Ionenbindung

Bei den Alkalimetallen Li, Na, K . . . kann man das einzelne Elektron außerhalb einer abgeschlossenen Schale mit einem Energieaufwand von nur 5 eV entfernen. Bei den Halogenen F, Cl . . . wird bei der Hinzufügung eines Elektrons die Energie 4 eV frei. Mit einem Gesamtaufwand an Energie von ungefähr 1 eV lassen sich daher z. B. aus den Atomen Na und Cl die Ionen Na^+ und Cl^- bilden. Die Ionen ziehen einander elektrostatisch an, bis sich die Elektronenhüllen berühren. Dabei entstehen aber keine NaCl-Moleküle, denn es kommt nicht zur Bildung gemeinsamer Elektronenhüllen. Die Ionen ordnen sich vielmehr zu einem *Ionenkristall,* in dem positive und negative Ladungen abwechseln. Der Kristall wird durch elektrostatische Kräfte zusammengehalten. Die frei werdende potentielle Energie beträgt etwa 5 eV pro Ionenpaar und übertrifft damit den Energieaufwand 1 eV zur Bildung der Ionen bei weitem.

In Ionenkristallen wechseln positive und negative Ionen ab.

> Die Anordnung der Ionen im Ionenkristall erfolgt so,
> daß der elektrostatische Energiegewinn
> den Energieaufwand zur Ionenbildung übertrifft.

Ionenkristalle sind in Flüssigkeiten leicht lösbar, die aus polaren Molekülen bestehen, wie z. B. Wasser. Die polaren Moleküle schieben sich zwischen die Ionen und trennen sie dadurch voneinander.

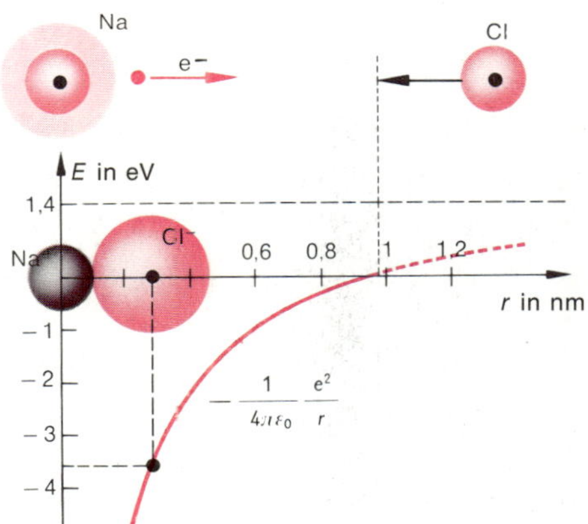

Nähert sich ein Chloratom einem Natriumatom, so tritt in einer Entfernung von etwa 1 nm Ionenbildung ein. Für kleinere Abstände übertrifft die freiwerdende potentielle Energie den Energieaufwand zur Bildung der Ionen.

c) Die metallische Bindung

Metalle weisen nur ein oder zwei Elektronen außerhalb einer abgeschlossenen Elektronenschale auf. Die Zahl der Elektronen reicht nicht aus, um durch Bildung von Atombindungen mit mehreren Nachbarn ein stabiles Kristallgefüge zu erzeugen. Die Atome geben ihre Elektronen vielmehr an ein gemeinsames Elektronengas ab. Wie beim Ionengitter ist auch hier der Abstand gleichnamiger Ladungen größer als derjenige ungleichnamiger Ladungen, so daß das Metall seine Festigkeit erhält. Allerdings können sich die Elektronen im Metall frei bewegen, wie die hohe elektrische Leitfähigkeit zeigt. Das Gefüge des Metalles ist nicht so starr, wie dasjenige der Ionenkristalle. Metalle können deshalb verformt und verarbeitet werden.

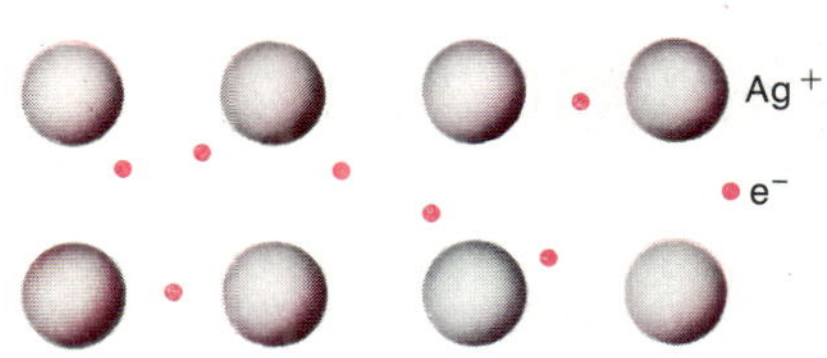

Das frei bewegliche Elektronengas bestimmt die Eigenschaften der Metalle.

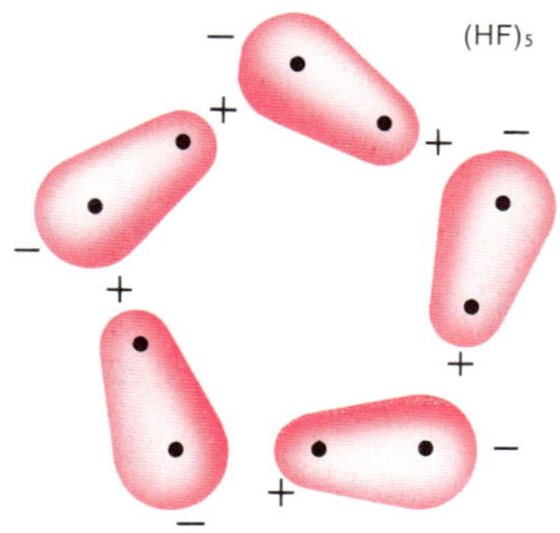

Van-der-Waals-Kräfte kommen durch die Anziehung entgegengesetzt geladener Enden von Molekülen zustande. Dadurch bilden sich z. B. in Fluorwasserstoff Molekülringe aus, die 5 bis 6 Moleküle aufweisen.

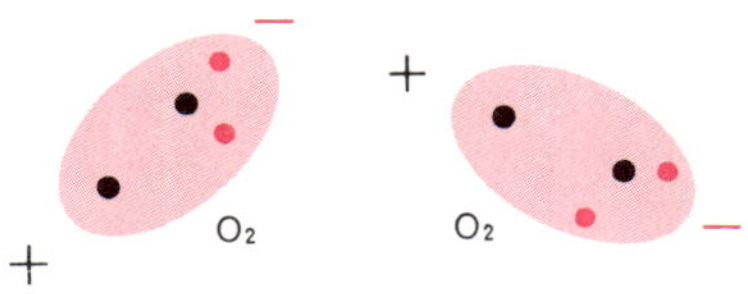

Auch in Molekülen, die aus zwei gleichen Atomen bestehen, führt die Elektronenbewegung zum Auftreten von Dipolmomenten. Dadurch kommt es zu einer elektrostatischen Anziehung zwischen benachbarten Molekülen.

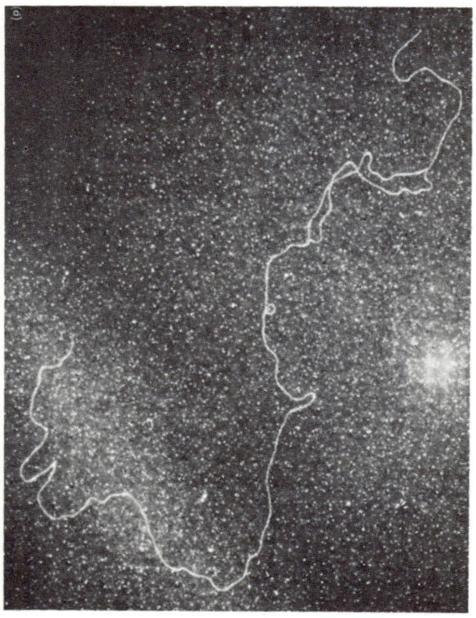

Damit der genetische Code abgelesen und vervielfältigt werden kann, müssen die beiden Stränge der Doppelhelix zunächst getrennt und später wieder zusammengefügt werden. Damit dies ohne chemische Reaktionen vor sich gehen kann, sind die Stränge mit Wasserstoffbrücken aneinander gebunden. Die Buchstaben A, C, G und T stehen für die vier Basen Adenin, Cytosin, Guanin und Thymin.

d) Van-der-Waals-Kräfte

Die bisher besprochenen Kräfte gestatten es, aus Atomen Moleküle und Festkörper aufzubauen. Aber auch zwischen Molekülen und zwischen Festkörpern wirken Kräfte, die man als *van-der-Waals-Kräfte* bezeichnet. Sie binden z. B. die Moleküle in einer Flüssigkeit aneinander und werden in Erscheinungen wie der Kapillarität oder Oberflächenspannung sichtbar.

Auch viele Festkörper, wie z. B. Eis, bestehen aus Molekülen, die durch van-der-Waals-Kräfte zu einem Kristallgitter vereinigt werden. Schließlich wirken auch zwischen Festkörpern Kräfte, die man je nach ihrem Auftreten als Adhäsion oder als Reibungskräfte bezeichnet. Es sind dies ebenfalls van-der-Waals-Kräfte, und wir können sie folgendermaßen verstehen.

Bei polaren Molekülen zieht das positiv geladene Ende eines Moleküls das negativ geladene Ende eines anderen Moleküls an. Es kommt zu elektrostatischen Kräften zwischen den Molekülen, die umso stärker sind, je ausgeprägter die Verschiebung der Elektronenverteilung im Molekül in Richtung auf eines der Atome ist. So entsteht z. B. die hohe Oberflächenspannung von Wasser durch die starke Verschiebung der Ladung im Wassermolekül. Ganz allgemein ist die elektrostatische Wechselwirkung zwischen Molekülen besonders intensiv, in denen Wasserstoffatome an bestimmte andere Atome, wie z. B. N, O . . . gebunden sind. Die dabei auftretenden *Wasserstoffbrücken* spielen in der Biochemie eine wesentliche Rolle.

Nicht nur zwischen polaren Molekülen treten Kräfte auf. Auch Gase wie z. B. H_2, N_2, O_2 können bei hinreichend tiefen Temperaturen verflüssigt oder kristallisiert werden. Zwischen Molekülen, in denen die Elektronenwolke nicht in Richtung eines Atomes verschoben ist, treten also ebenfalls Kräfte auf. Sie sind auf die Elektronenbewegung innerhalb eines Moleküls zurückzuführen, die in rascher Folge bald das eine, bald das andere Ende des Moleküls geladen erscheinen läßt. Dadurch kommt es zu einer elektrostatischen Anziehung zwischen benachbarten Molekülen.

> Zwischen Molekülen wirken van-der-Waals-Kräfte. Diese elektrostatischen Kräfte entstehen durch Verschiebungen von Ladungen innerhalb eines Moleküls.

Die zwischen den Molekülen wirkenden van-der-Waals-Kräfte unterscheiden sich von den innerhalb eines Moleküls wirkenden Kräften wesentlich. Die Lösung einer Atombindung erfordert eine Energie von einigen Elektronvolt und hat eine Umlagerung der Orbitale im Atom zur Folge. Die Lösung einer van-der-Waals-Bindung erfordert im allgemeinen nur wenige hundertstel Elektronenvolt und bewirkt keine Veränderung der Orbitale im Atom.

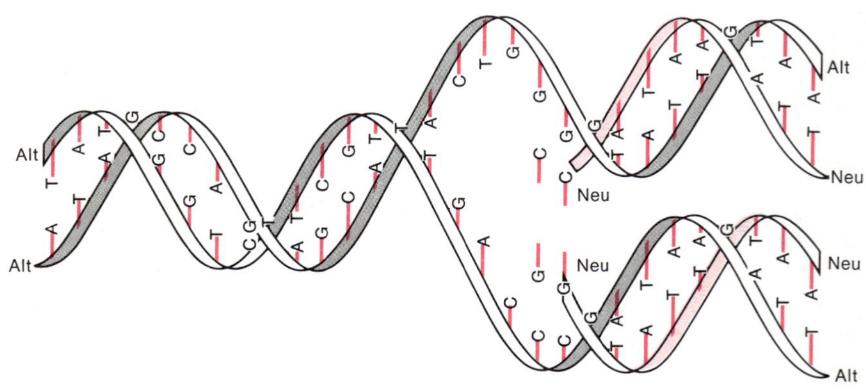

6. Enzyme als molekulare Maschinen

Wir kennen nun die Regeln des Puzzlespiels der Atome, mit deren Hilfe die Natur oder der Chemiker im Labor aus rund hundert verschiedenen Atomsorten die unabsehbare Zahl von Molekülen und Festkörpern zusammensetzt. Zu den interessantesten und wichtigsten Gebilden zählen die Riesenmoleküle der Biochemie, die wir hier an drei Beispielen betrachten wollen.

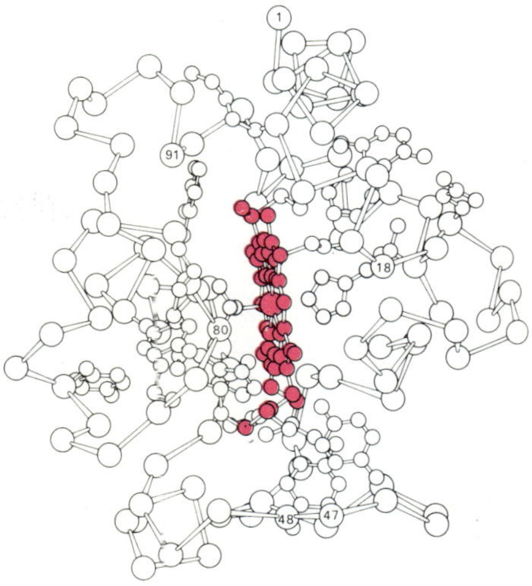

Das Cytochrom-c des Thunfisches. Die Speicherung von Elektronen erfolgt in der Zentralregion des Moleküls (Hemgruppe).

1. Beispiel: Cytochrom-c

Cytochrom-c ist ein »molekularer Speicher« der Elektronen aufbewahrt, um damit chemische Reaktionen an verschiedenen Stellen eines Organismus zu ermöglichen. Diese molekulare Maschine besteht aus rund 1500 Atomen. Die Erforschung ihres Aufbaues erfordert eine Kombination physikalischer und chemischer Methoden, wobei die Streuung von Röntgenstrahlen einen wichtigen Beitrag liefert.

Weil Elektronenspeicherung in allen Organismen erforderlich ist, läßt sich Cytochrom-c durch einige 100 Millionen Jahre der Evolutionsgeschichte zurückverfolgen. Der Aufbau dieses Moleküls aus etwa 100 Aminosäuren hat sich allmählich gewandelt und erlaubt es gewissermaßen, das Baujahr des molekularen Speichers abzulesen und damit Verwandtschaften zwischen Lebewesen quantitativ festzustellen.

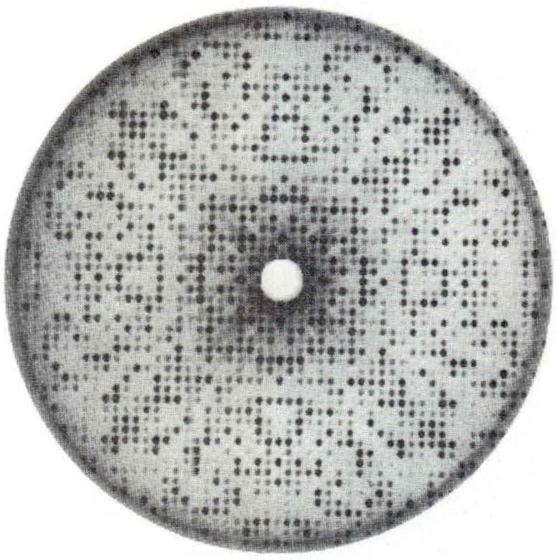

Aus der Streuung von Röntgenstrahlen an einem Lysozym-Kristall kann man den Aufbau des Lysozym-Moleküls bestimmen.

2. Beispiel: Lysozym

Lysozym hat die Aufgabe, die Zellwände von Bakterien aufzubrechen und zu zerstören. Es ist eine elektrostatisch arbeitende molekulare Maschine, in der ein Molekül der Zellwand in eine Spalte des Lysozyms eingebettet wird. Das Molekül wird durch Wasserstoffbindungen festgehalten. Elektrische Kräfte brechen es auf, und durch Anlagerung eines Wassermoleküles wird es endgültig in zwei Teile gespalten und so zerstört.

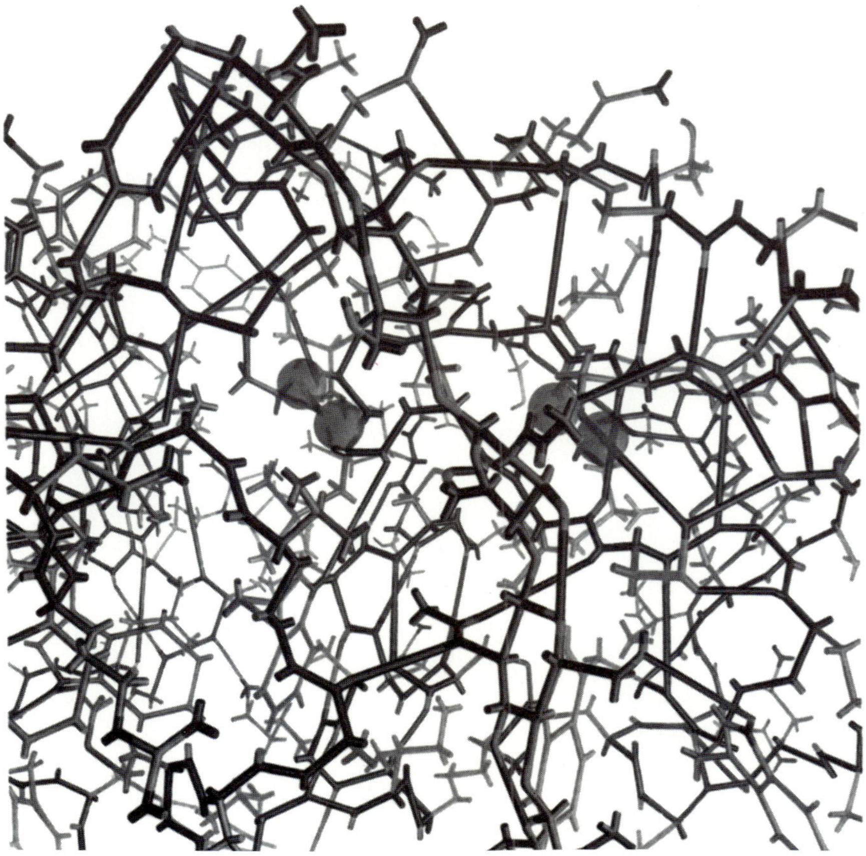

Ein Molekül der Bakterienwand – in der Bildmitte von oben nach unten verlaufend – wird durch elektrostatische Kräfte zerbrochen.

3. Beispiel: Die Doppelhelix (DNS)

Die Doppelhelix besteht aus zwei ineinander verwundenen Schrauben von Desoxyribonukleinsäure. Sie ist eine molekulare Maschine, welche die Aufgaben eines Computerspeichers erfüllt. Dieser Speicher enthält alle Angaben, die zur Konstruktion eines neuen Lebewesens notwendig sind.

Wie bei jedem Computer müssen die Daten abgelesen werden. Dazu werden die beiden Schrauben auseinandergewunden und kopiert. Hierfür müssen Bauelemente zur Verfügung stehen, welche leicht gelöst und wieder vereint werden können. Diese Funktion erfüllen Wasserstoffbrücken, die zwei Molekülteile ohne Umlagerung von Elektronenwolken, also ohne chemische Reaktionen aneinanderbinden.

Andere Bindungen müssen dagegen sehr stabil sein, um die unveränderte Übergabe des Erbmaterials über viele Generationen gewährleisten zu können. Hier sorgen Atombindungen für die notwendige Stabilität.

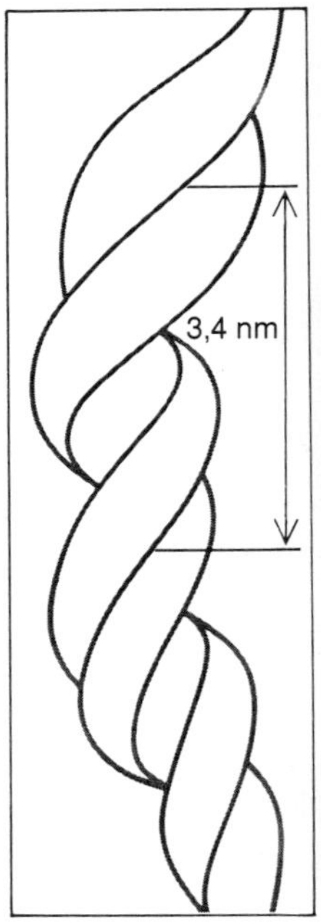

Die Schraubenstruktur der Doppelhelix wird im Elektronenmikroskop sichtbar.

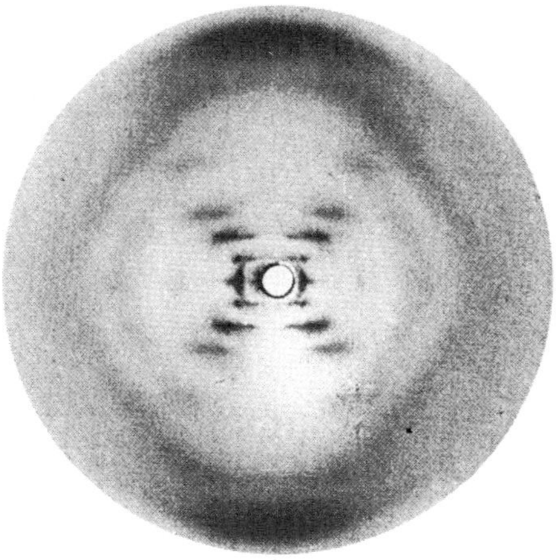

Im Jahre 1953 lasen Watson und Crick den Spiralbau der Doppelhelix aus einem Röntgen-Beugungsbild ab, welches von Rosalind Franklin angefertigt worden war.

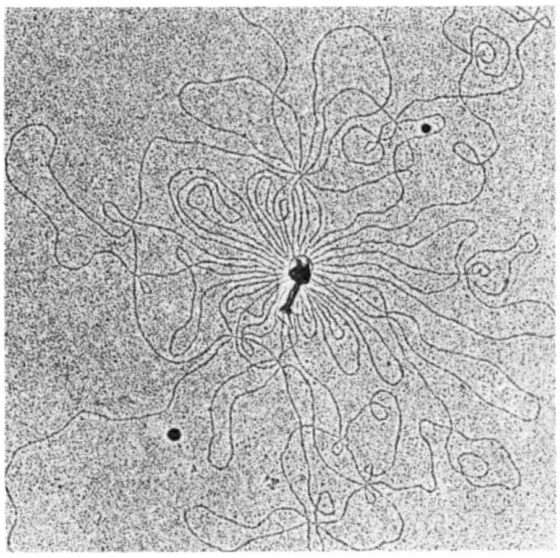

Die DNS eines Bakteriophagen bildet ein einziges Riesenmolekül, in dem die Bauanleitung für neue Generationen gespeichert ist. Die Gesamtlänge dieses „Computerbandes" beträgt 0,1 mm. Es kann 10^6 bit an Information speichern.

Testfragen:

1. Weshalb wird die de-Broglie-Welle eines bewegten Elektrons durch ein elektrisches Kraftfeld abgelenkt?
2. Wie erklärte de Broglie das Bohrsche Atommodell?
3. Welchen Kernabstand hat das Elektron des Wasserstoff-Atoms im Grundzustand?
4. Welche Energie hat das Elektron des Wasserstoff-Atoms im Grundzustand?
5. Weshalb verhalten sich die Atome bei Zimmertemperatur wie elastische Kugeln?
6. Wie kommen nach Bohr die Spektrallinien des Wasserstoff-Spektrums zustande?
7. Wie kommt nach Bohr beim Wasserstoff das kontinuierliche Absorptionsspektrum und wie das kontinuierliche Emissionsspektrum zustande?
8. Mit welcher Gleichung müßte das Verhalten der de-Broglie-Welle genaugenommen beschrieben werden?
9. Was versteht man unter einem „Orbital"?
10. Was besagt das Pauli-Prinzip?
11. Skizzieren Sie die Elektronenverteilung in den ersten 10 Elementen des Periodensystems.
12. Wie kommt die Atombildung zustande?
13. Wie kommt es zur Wertigkeit der Atome, und wie zur Undurchdringlichkeit der Materie?
14. Wie kommt es zur Ausbildung polarer Moleküle (Wasser!)?
15. Wodurch wird die räumliche Struktur der Moleküle festgelegt?
16. Wie kommt die Ionenbindung zustande?
17. Weshalb sind Ionenkristalle spröde und in Wasser leicht löslich?
18. Wie kommt die Metallbindung zustande?
19. Weshalb sind Metalle biegsam und gute elektrische Leiter?
20. Wie kommen die Van-der-Waals-Kräfte zustande, und wie machen sie sich nach außen hin bemerkbar?

IV. Kernphysik

Die Entdeckung des Atomkerns durch Ernest Rutherford stellte die Physik vor neue Aufgaben. Zunächst stand die Elektronenhülle der Atome im Mittelpunkt des Interesses. Bald wendete sich die Aufmerksamkeit der Physiker aber auch den Eigenschaften der Atomkerne zu. Geeignete Forschungsmethoden mußten erarbeitet werden, um ihre Struktur und Zusammensetzung zu bestimmen.

Bis zum Jahre 1939 war die neu entstehende Kernphysik ein Gebiet der Grundlagenforschung, in dem es nur wenige technische Anwendungen gab. Erst mit der Entdeckung der Kernspaltung wurde es möglich, Energie aus dem Atomkern freizusetzen. Unter strengster Geheimhaltung begann die Erforschung der physikalischen und technischen Möglichkeiten der Kernenergie. Mehr als eine Milliarde Dollar jährlich wurden damals in den USA zur Entwicklung einer Atombombe bereitgestellt.

Am 6. August 1945 wurde Hiroshima von einer Uranbombe zerstört. Drei Tage später fiel eine Plutoniumbombe auf Nagasaki. Die Zerstörung dieser beiden Städte beendete den zweiten Weltkrieg. Zugleich stellte sie die Weichen der Nachkriegsentwicklung. »Atomphysik« war ein Schlagwort, daß Tür und Tor öffnete und Milliarden flüssig machte. Wissenschaftler wurden zu einflußreichen Beratern von Politikern in Ost und West. Atomphysik, Kernphysik und Elementarteilchenphysik wurden mit großen finanziellen Mitteln unterstützt. Die Atomenergie schien die Energiequelle der Zukunft zu sein.

Hat die Erschließung der Kernenergie der Menschheit eine Büchse der Pandora eröffnet oder gibt sie uns die Chance, die Energieversorgung in den nächsten Jahrhunderten zu sichern? Welche Vorteile und welche Gefahren bringt diese Energiequelle mit sich? Um dies zu untersuchen, müssen wir zunächst die wichtigsten Grundlagen der Kernphysik kennenlernen.

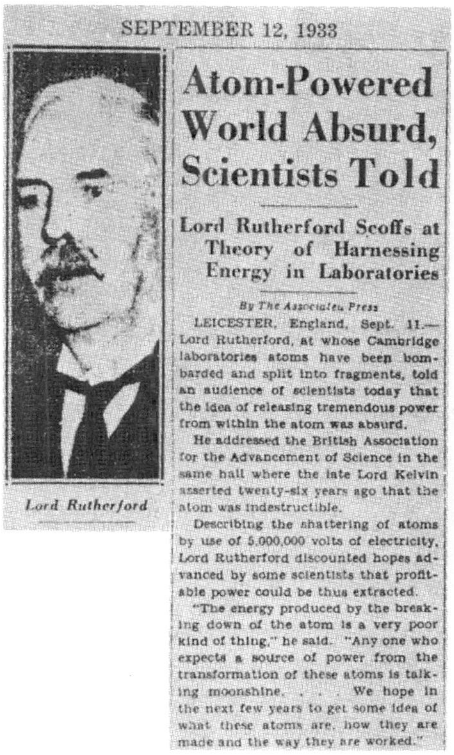

SEPTEMBER 12, 1933

Atom-Powered World Absurd, Scientists Told

Lord Rutherford Scoffs at Theory of Harnessing Energy in Laboratories

Lord Rutherford

By The Associated Press

LEICESTER, England, Sept. 11.—Lord Rutherford, at whose Cambridge laboratories atoms have been bombarded and split into fragments, told an audience of scientists today that the idea of releasing tremendous power from within the atom was absurd.

He addressed the British Association for the Advancement of Science in the same hall where the late Lord Kelvin asserted twenty-six years ago that the atom was indestructible.

Describing the shattering of atoms by use of 5,000,000 volts of electricity, Lord Rutherford discounted hopes advanced by some scientists that profitable power could be thus extracted.

"The energy produced by the breaking down of the atom is a very poor kind of thing," he said. "Any one who expects a source of power from the transformation of these atoms is talking moonshine. . . . We hope in the next few years to get some idea of what these atoms are, how they are made and the way they are worked."

Noch im Jahre 1933 hielt Rutherford die Energiefreisetzung aus Atomkernen für eine absurde Idee.

Im Dezember 1938 entdeckten Otto Hahn und Fritz Straßmann die Kernspaltung. Ihr Arbeitstisch steht heute im Deutschen Museum in München.

Wenige Jahre später entstanden in Oak Ridge unter Milliardenaufwand die ersten Anfänge der Kerntechnik. Hier wurde das spaltbare Material für die ersten Atombomben erzeugt.

Das Massenspektrum von Germanium zeigt Isotope mit den Massenzahlen 70, 72, 73, 74 und 76. Die Stärke der Linien ist proportional zur Häufigkeit der Isotope.

1. Die Struktur der Atomkerne

Die Ausdehnung und die chemischen Eigenschaften eines Atoms werden durch die Elektronenhülle bestimmt. Sie trägt aber nur etwa 0,05% zur Masse eines Atoms bei, die fast zur Gänze im Atomkern vereint ist. Er weist die positive Ladung Ze auf, wobei Z die Ordnungszahl des betreffenden chemischen Elements im Periodensystem ist.

a) Die Massen der Atomkerne

Ein großer Massenspektrograph, der für Präzisionsmessungen verwendet wird.

Die Massen der Atomkerne werden mit dem Massenspektrographen gemessen. Dabei zeigt sich, daß bei vielen chemischen Elementen Atomkerne auftreten, die zwar die gleiche Ladung, aber verschiedene Massen aufweisen. Man bezeichnet Atome eines chemischen Elements, die sich nur in der Masse ihrer Atomkerne unterscheiden, als *Isotope*. Sie gleichen einander in ihren chemischen Eigenschaften.

Im Jahre 1932 vermutete Werner Heisenberg, daß das Auftreten von Isotopen auf den Aufbau der Atomkerne aus positiv geladenen Protonen und elektrisch neutralen Neutronen zurückzuführen ist. Die Isotope eines Elements sollten sich durch die Anzahl der Neutronen im Atomkern unterscheiden. Bereits wenig später wies James Chadwick die Existenz des Neutrons auch experimentell nach.

Weil die Massen des Neutrons $m_n = 1{,}6749 \cdot 10^{-27}$ kg und des Protons $m_p = 1{,}6726 \cdot 10^{-27}$ kg fast gleich sind, ist die Masse eines Atomkerns näherungsweise ein ganzzahliges Vielfaches der Protonenmasse. Dieses Vielfache nennt man die *Massenzahl A* des Atomkerns. A gibt also die Anzahl der Teilchen im Atomkern an.

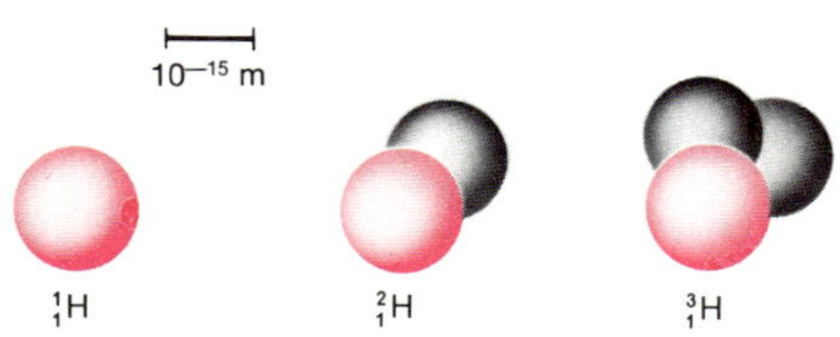

Bei Wasserstoff treten drei Isotope auf.

> Ein Atomkern mit der Massenzahl A besteht aus Z Protonen und $A–Z$ Neutronen.

Die Angabe der Massenzahl eines Atomkerns kann auf zwei Arten erfolgen. Z. B. schreibt man das Eisenisotop mit $A = 56$ entweder als Fe-56 oder – wenn auch die Kernladungszahl $Z = 28$ angegeben werden soll – als $^{56}_{28}$Fe.

Wie wir bereits in der Relativitätstheorie gesehen haben, ist die Masse eines Atomkerns etwas geringer, als die Massen der in ihm enthaltenen Protonen und Neutronen zusammengenommen. Dieser *Massendefekt* ist auf die Bindungsenergie E der Teilchen im Atomkern zurückzuführen und beträgt $\Delta m = E/c^2$. Dabei ist E die Energie, die man aufwenden muß, um den Atomkern in Protonen und Neutronen zu zerlegen. Weil der Atomkern aus A Teilchen besteht, ist zur Entfernung *eines* Teilchens aus dem Kern die Energie E/A erforderlich. Sie beträgt einige Millionen Elektronenvolt (MeV) und ist damit millionenmal größer als die Energie, die man aufwenden muß, um Elektronen aus der Atomhülle zu entfernen. Entsprechend groß sind die Energien, die man freisetzen kann, indem man die Teilchenzahl im Atomkern verändert.

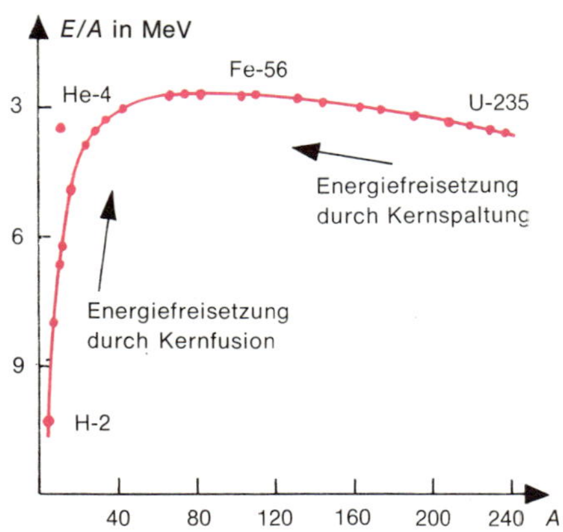

Die Bindungsenergie eines Teilchens im Atomkern hängt von der Massenzahl ab.

Die Messung des Massendefekts als Funktion der Ordnungszahl zeigt, daß Teilchen in Atomkernen mit Massenzahlen zwischen 50 und 60 besonders stark gebunden sind. Die größte Bindungsenergie pro Teilchen tritt bei Eisenkernen auf. Auffällig ist auch die hohe Bindungsenergie des Heliumkerns He-4, der aus zwei Protonen und zwei Neutronen aufgebaut ist. Die geringste Bindungsenergie weist Deuterium (schwerer Wasserstoff) auf.

b) Die Radien der Atomkerne

Um den Radius eines Atomkerns zu bestimmen, streut man Elektronen mit einer Energie von rund 500 MeV am Atom. Diese hochenergetischen Teilchen durchqueren die Elektronenhülle fast ohne Ablenkung und werden nur am Atomkern selbst gestreut. Die Abbildung zeigt die Winkelverteilung von Elektronen, die an einem Bleikern gestreut wurden. Sie läßt Minima und Maxima erkennen, die typisch für Beugungserscheinungen sind. Sie entstehen durch Interferenz der Elektronenwellen, die am Atomkern vorbeilaufen. Für den Winkel, unter dem das erste Beugungsminimum auftritt, liefert die Rechnung

$$\sin\theta = 0{,}61\,\frac{\lambda}{r},$$

wobei r der Radius des Atomkerns und $\lambda = 2{,}5 \cdot 10^{-15}$ m die de-Broglie-Wellenlänge der gestreuten Elektronen ist. (Analoge Überlegungen haben wir in der Optik bei der Beugung am Spalt durchgeführt.)

Bei der Streuung am Bleikern tritt das erste Minimum unter einem Winkel $\theta = 12°$ auf. Daraus erhalten wir für den Radius des Bleikerns:

$$r = \frac{0{,}61 \cdot 2{,}5 \cdot 10^{-15}\,\text{m}}{\sin 12°} = 7{,}3 \cdot 10^{-15}\,\text{m}.$$

Streut man die Elektronen dagegen an einem Sauerstoffkern $^{16}_{8}O$, so beobachtet man das erste Minimum unter einem Winkel $\theta = 30°$. Daraus folgt $r = 3 \cdot 10^{-15}$ m. Wegen seiner geringeren Massenzahl ist der Sauerstoffkern kleiner als der Bleikern.

Die Ergebnisse dieser und anderer Messungen kann man folgendermaßen zusammenfassen:

> Die Radien der Atomkerne betragen
> $r = 1{,}2 \cdot 10^{-15} \cdot A^{1/3}$ m.

Die Atomkerne sind demnach etwa 100 000mal kleiner als die Atome. Das Kernvolumen $(4\,\pi/3) \cdot r^3$ ist der Massenzahl proportional. Für $A = 1$ erhalten wir den Protonen- bzw. Neutronenradius $r = 1{,}2 \cdot 10^{-15}$ m.

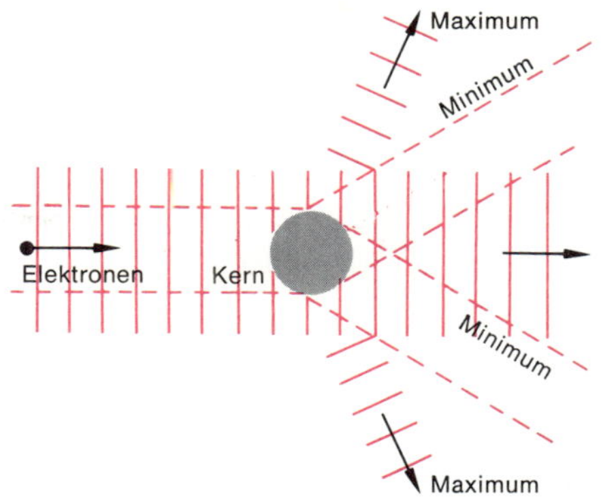

Bei der Streuung hochenergetischer Elektronen am Atomkern treten Interferenzen auf. Aus dem Interferenzmuster kann man den Radius des Atomkerns bestimmen.

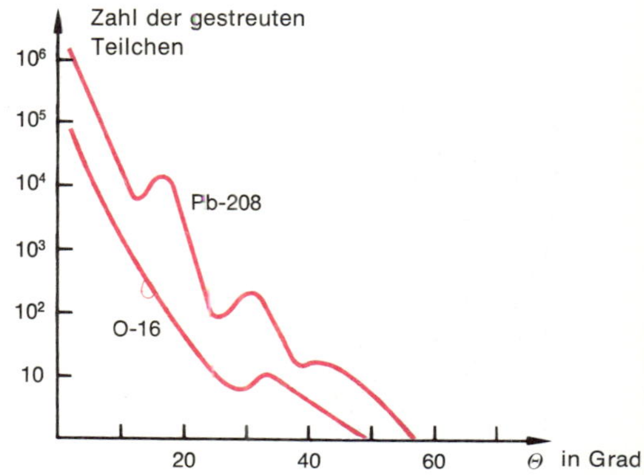

Die Winkelverteilungen der Elektronen, die an Bleikernen und an Sauerstoffkernen gestreut wurden.

c) Die Kernkraft

Die hohe Bindungsenergie der Atomkerne weist darauf hin, daß die Teilchen im Kern durch eine besonders starke Kraft aneinander gebunden sind. Man bezeichnet diese Kraft als *Kernkraft* oder als *starke Wechselwirkung*.

Um die Eigenschaften der Kernkraft zu erforschen, können wir uns wieder der Streuung bedienen. Die Messungen zeigen, daß zwischen zwei Protonen, zwei Neutronen und auch zwischen Proton und Neutron anziehende Kräfte wirken, falls der Abstand dieser Teilchen kleiner als $3 \cdot 10^{-15}$ m ist. Die Kernkraft hat also nur eine geringe Reichweite und fällt *nicht* wie $1/r^2$ ab. Sie unterscheidet sich dadurch von der Coulombkraft und der Gravitationskraft.

Dieses Ergebnis ist auch mit den Messungen der Bindungsenergie der Atomkerne im Einklang. Jedes Teilchen im Kern wird nur von den nächstgelegenen Teilchen angezogen, nicht aber von den weiter entfernt liegenden. Daher steigt die Bindungsenergie pro Teilchen *nicht* mit der Massen-

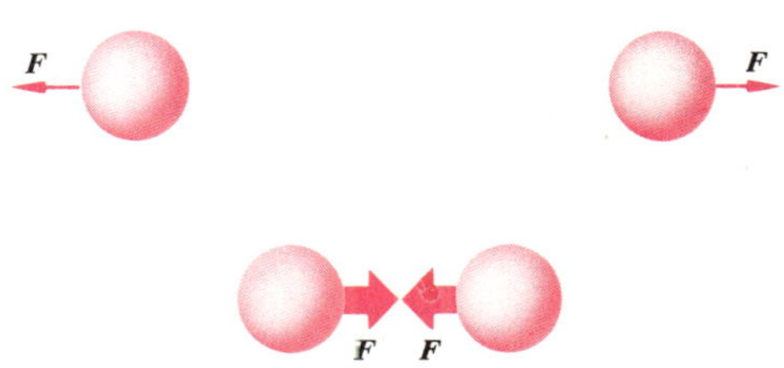

Zwischen zwei Protonen wirken abstoßende elektrische Kräfte. Kommen die beiden Protonen einander aber näher als 10^{-15} m, so werden die anziehenden Kernkräfte wirksam.

zahl an, wie dies bei einer langreichweitigen Kraft der Fall wäre. Die Experimente zeigen vielmehr, daß die Bindungsenergie pro Teilchen bei massereichen Atomkernen geringer ist. Dies ist auf den Einfluß der elektrischen Abstoßungskräfte zurückzuführen. Jedes Proton im Atomkern wird von allen anderen Protonen abgestoßen. Dagegen üben nur die nächstgelegenen Kernteilchen anziehende Kräfte aus, die das Teilchen im Atomkern festhalten. Bei großen Atomkernen beginnt die Abstoßung zu überwiegen, und das Proton ist weniger stark gebunden. Um die Wirkung der elektrischen Abstoßung zu verringern, weisen Atomkerne mit hoher Ordnungszahl zahlreiche Neutronen auf. Dadurch vergrößert sich der Abstand zwischen den Protonen, und die elektrostatische Abstoßung verringert sich entsprechend.

Jedes Proton im Atomkern wird von allen anderen Protonen abgestoßen. Dagegen üben nur die nächstgelegenen Kernteilchen anziehende Kräfte aus.

Diese Überlegungen erklären auch, warum man die Kernkraft als »starke Wechselwirkung« bezeichnet. Die wenigen Wechselwirkungen, die einen Kernbaustein an die nächstgelegenen Teilchen binden, reichen aus, um bis zu 100 elektrostatische Abstoßungen zu überwinden. Bei geringer Entfernung der Teilchen wirkt also die Kernkraft wesentlich stärker als die elektrische Abstoßungskraft.

Die Protonen und Neutronen im Atomkern sind durch Kernkräfte aneinander gebunden. Diese Kräfte haben eine sehr kurze Reichweite.

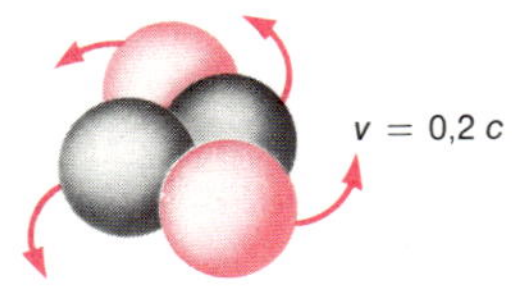

Die Teilchen bewegen sich im Kern mit einem Fünftel der Lichtgeschwindigkeit. Der Kern ist kein statisches Gebilde!

Wir haben den Aufbau der Atomkerne bisher vom Standpunkt des Teilchenbildes betrachtet. Wir müssen nunmehr auch den Wellencharakter der Protonen und Neutronen berücksichtigen. Die de Broglie-Wellenlänge der Teilchen im Atomkern muß ungefähr von der Größenordnung des Kerndurchmessers sein, weil das Teilchen ja auf das Gebiet des Atomkerns beschränkt ist. Bei dem oben betrachteten Sauerstoffkern beträgt die Wellenlänge daher $\lambda \approx 2r \approx 6 \cdot 10^{-15}$ m. Mit $p = mv = h/\lambda$ folgt für die Geschwindigkeit v der Kernteilchen

$$v = \frac{h}{m\lambda} = \frac{6{,}7 \cdot 10^{-34}\ \text{Js}}{1{,}7 \cdot 10^{-27}\ \text{kg} \cdot 6 \cdot 10^{-15}\ \text{m}} = 6{,}6 \cdot 10^{7}\ \text{m/s}.$$

Die Teilchen bewegen sich also im Atomkern mit einem Fünftel der Lichtgeschwindigkeit! Dies ist auf die geringe Ausdehnung des Kerns zurückzuführen. Je kleiner ein Gebilde ist, desto größer sind nach der de-Broglie-Beziehung $p = h/\lambda$ die Impulse der darin enthaltenen Teilchen. Der Atomkern ist also keinesfalls eine statische Anordnung von Protonen und Neutronen, sondern ein höchst dynamisches Gebilde, in dem die Teilchen durcheinander wirbeln.

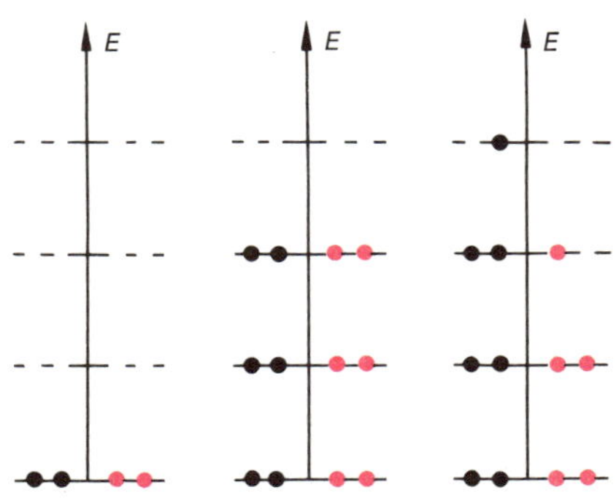

Protonen und Neutronen verteilen sich im Atomkern auf verschiedene Orbitale, deren Energien sich jeweils um einige MeV unterscheiden. Jedes Orbital kann zwei Protonen und zwei Neutronen aufnehmen.

Ebenso wie die Verteilung der Elektronen in der Atomhülle durch Orbitale beschrieben wird, denen bestimmte Energiestufen entsprechen, wird auch die Verteilung der Protonen und Neutronen im Atomkern durch Orbitale angegeben. Während aber die Energiestufen der Elektronen in der Hülle nur Abstände von einigen Elektronenvolt aufweisen, sind die Energiestufen des Atomkerns in Abständen von einigen Millionen Elektronenvolt zu finden. Ebenso wie die Elektronen der Atomhülle können auch die Teilchen im Atomkern durch Absorption von Photonen in eine höhere Energiestufe gehoben werden (Kernspektroskopie!). Dazu sind Photonen mit einer Energie von einigen MeV erforderlich.

Die nähere Untersuchung der Atomkerne zeigt, daß das Pauli-Prinzip auch für Protonen und Neutronen gültig ist. Nur jeweils zwei Protonen und zwei Neutronen können sich in einem Orbital aufhalten. Dadurch erklärt sich auch die besonders große Bindungsenergie des Heliumkerns. Er enthält *zwei* Protonen und *zwei* Neutronen im niedrigsten Energiezustand!

2. Die Gesetze der Radioaktivität

Im Jahre 1896 legte der französische Physiker Henri Becquerel zufällig eine Probe von Uranerz auf einen verpackten unbelichteten Film. Nach dem Entwickeln war auf dem Film die Kontur des Kristalls deutlich erkennbar. Becquerel schloß daraus, daß von dem Uranerz eine neue durchdringende Strahlung ausgehen müsse, die er als radioaktive Strahlung bezeichnete. Bald darauf experimentierte die polnische Physikerin Marie Curie mit dem Mineral Uranpechblende, dessen Radioaktivität noch wesentlich intensiver war als die des reinen Urans. Im Jahre 1898 gelang es ihr und ihrem Mann Pierre, die Quellen dieser starken Strahlung aus der Uranpechblende zu gewinnen. Es waren dies die bis dahin unbekannten Elemente Polonium und Radium.

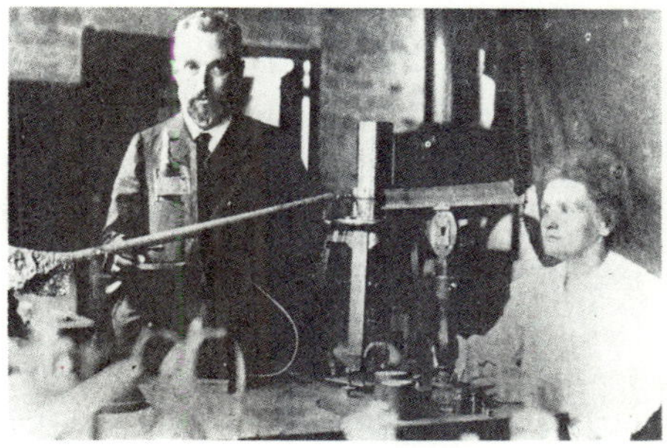

Marie und Pierre Curie.
Marie Curie (geb. Slotovska, 1867–1934) wurde in Warschau geboren und arbeitete in Paris als Assistentin von Henri Becquerel. Gemeinsam mit ihrem Mann Pierre Curie gelang es ihr, die Elemente Polonium und Radium als Quelle starker Strahlung in der Uran-Pechblende nachzuweisen. In vierjähriger mühsamer Arbeit gewannen sie bis zum Jahre 1902 ein Zehntelgramm Radiumchlorid. Im Jahre 1903 erhielt Marie Curie zusammen mit Pierre Curie und Henri Becquerel den Nobelpreis für Physik. 1911 erhielt sie auch den Nobelpreis für Chemie.

In der Folge wendete sich das Interesse den neuen Strahlen zu. Es zeigte sich, daß die Radioaktivität durch Veränderungen der Atomhülle – die z. B. bei chemischen Reaktionen stattfinden – nicht beeinflußt wird. Die Strahlung muß deshalb vom Atomkern selbst ihren Ausgang nehmen.

Einen wichtigen Hinweis auf die Natur der radioaktiven Strahlung fand Ernest Rutherford. Er zeigte, daß die Strahlung im Magnetfeld in drei Teile aufgespalten wird. Die γ-Strahlung wird nicht abgelenkt und muß deshalb ungeladen sein. Sie besteht aus Photonen mit einer Energie von einigen MeV. Die Untersuchung der negativ geladenen β-Strahlung zeigte, daß es sich dabei um Elektronen handelt, die vom *Kern* der radioaktiven Elemente ausgesendet werden. Die positiv geladenen α-Strahlen konnte Rutherford im Jahre 1909 durch Messung ihrer Masse und Ladung als Heliumkerne identifizieren. Bei radioaktiven Vorgängen kann also das Element Helium erzeugt werden!

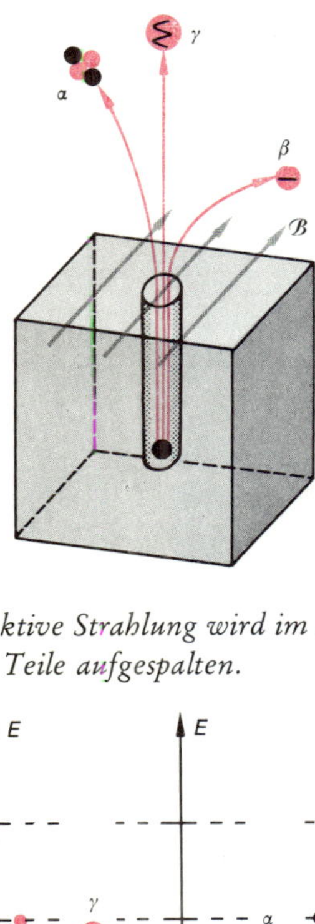

Radioaktive Strahlung wird im Magnetfeld in drei Teile aufgespalten.

Die meisten radioaktiven Präparate emittieren nur eine dieser drei Strahlungsarten. Bei γ-Strahlern geht ein Proton oder Neutron im Kern von einem angeregten Niveau unter Aussendung eines γ-Quants (hochenergetisches Photon) in den Grundzustand über. Die Anzahl der Protonen und Neutronen im Atomkern verändert sich dabei nicht. Der γ-Zerfall entspricht dem Übergang eines Elektrons in der Atomhülle von einem Energiewert zu einem anderen. Bei α-Strahlern sendet ein Atomkern einen Heliumkern aus und wandelt sich dadurch in einen anderen Atomkern um. Ein Beispiel dafür ist der α-Zerfall von U-238:

$$^{238}_{92}\mathrm{U} \rightarrow {}^{234}_{90}\mathrm{Th} + {}^{4}_{2}\alpha$$

Bei β-Strahlern zerfällt im Atomkern ein Neutron in ein Proton und ein Elektron*). Während das Proton durch die starken Kernkräfte im Atomkern festgehalten wird, verläßt das Elektron den Kern mit hoher Geschwindigkeit, denn die Kernkräfte wirken zwar auf Protonen und Neutronen, aber nicht auf Elektronen. Beispiele für β-Strahler sind:

$$^{14}_{5}\mathrm{B} \rightarrow {}^{14}_{6}\mathrm{C} + e, \quad {}^{14}_{6}\mathrm{C} \rightarrow {}^{14}_{7}\mathrm{N} + e.$$

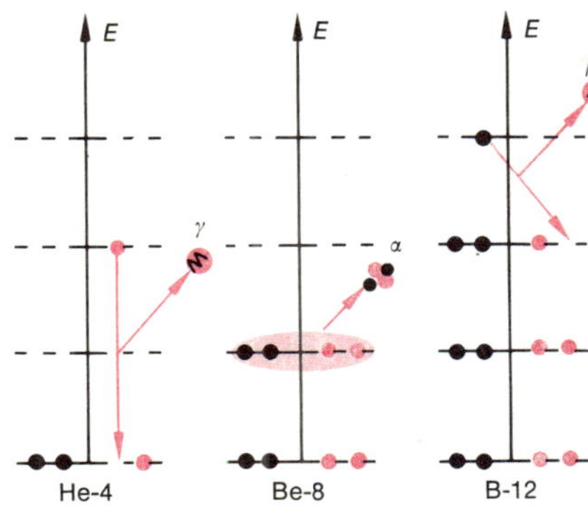

Fällt ein Proton von einem angeregten Zustand in den Grundzustand zurück, so wird ein γ-Quant ausgesendet, wie hier am Beispiel des He-4 gezeigt wird. Be-8 ist ein α-Strahler. Bei dem β-Strahler B-12 zerfällt ein Neutron in ein Proton und ein Elektron. Das Proton geht dabei in einen tieferen Energiezustand über.

Diese beiden Zerfälle sind ein Beispiel für eine *Zerfallsreihe*. Die beim radioaktiven Zerfall entstehenden Kerne sind oft selbst wieder radioaktiv, so daß eine Kette von Zerfällen entsteht. Von besonderer Bedeutung sind die natürlichen Zerfallsreihen, die wir in der Folge kennenlernen werden.

*) Beim β-Zerfall wird außer dem Elektron noch ein weiteres Teilchen ausgesendet, das Neutrino (ν). Es trägt keine Ladung.

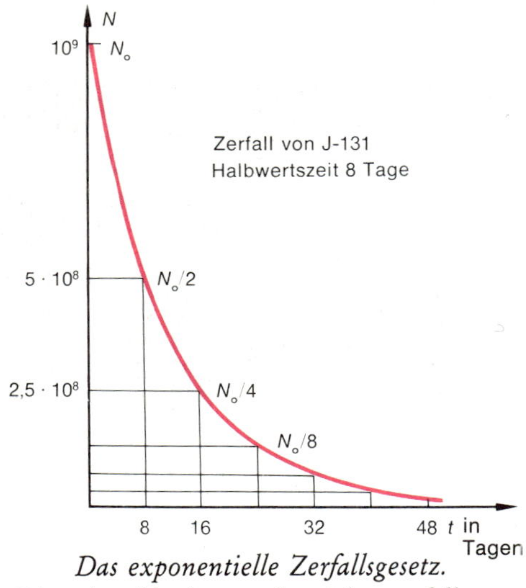

Das exponentielle Zerfallsgesetz. Die Anzahl der noch nicht zerfallenen Kerne von I-131 verringert sich innerhalb der Halbwertszeit von 8 Tagen jeweils auf den halben Wert. Die Radioaktivität der Probe fällt nach der gleichen Gesetzmäßigkeit ab.

Halbwertszeiten einiger Isotope		
Isotop	Zerfall	Halbwertszeit
U-238	α	$4{,}5 \cdot 10^9$ a
U-235	α	$6{,}8 \cdot 10^8$ a
J-129	β	$1{,}7 \cdot 10^7$ a
Zr-93	β	$1{,}5 \cdot 10^6$ a
Ra-226	α	1580 a
Sr-90	β	28 a
H-3	β	12 a
J-131	β	8 d
B-14	β	0,02 s
Be-8	α	$2 \cdot 10^{-16}$ s

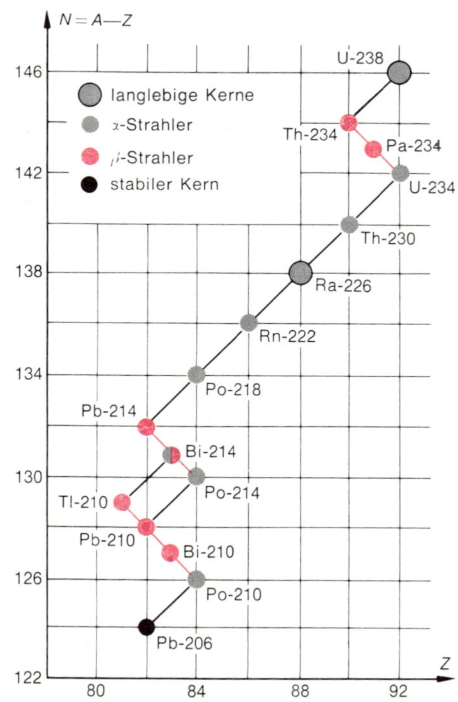

Die Uran-Radium-Reihe. Durch den Zerfall des langlebigen U-238 entstehen fortlaufend radioaktive Substanzen, die teilweise sehr kurze Halbwertszeiten haben. Am Ende dieser natürlichen Zerfallsreihe bildet sich ein stabiles Bleiisotop.

Das Zerfallsgesetz

Beim radioaktiven Zerfall verringert sich die Anzahl der radioaktiven Kerne allmählich. Dementsprechend nimmt auch die Strahlung jedes radioaktiven Präparats im Lauf der Zeit ab. Innerhalb der *Halbwertszeit* τ sinkt die Aktivität auf die Hälfte ihres Ausgangswertes. Die Halbwertszeit beträgt für manche Strahler 10^{10} Jahre, für andere nur Bruchteile einer Sekunde.

Die Zerfallskurve zeigt, daß die Anzahl $N(t)$ der zur Zeit t noch vorhandenen Kerne einem Exponentialgesetz genügt

$$N(t) = N_0 \, e^{-\lambda t}.$$

Dabei hängt die *Zerfallskonstante* λ mit der Halbwertszeit gemäß $\lambda = \ln 2/\tau$ zusammen. N_0 ist die Anzahl der Kerne zur Zeit $t = 0$.

Differenzieren wir $N(t)$ nach der Zeit, so erhalten wir die Veränderungsrate von $N(t)$, also die Zahl der Kerne, die pro Zeiteinheit zerfallen:

$$\frac{dN}{dt} = -\lambda N_0 e^{-\lambda t} = -\lambda N(t).$$

Die Anzahl der pro Sekunde zerfallenden Kerne ist als der Zahl der noch vorhandenen Kerne proportional. Bei radioaktivem Iod, I-131, das in Kernreaktoren entsteht, zerfallen z. B. von einer Milliarde Kerne rund 1000 Kerne pro Sekunde. Die Wahrscheinlichkeit dafür, daß ein gegebener Iodkern innerhalb einer Sekunde zerfällt,beträgt also 10^{-6}. Sie ist unabhängig davon, wieviel Zeit seit der Erzeugung des I-131 bereits vergangen ist.

Der Zerfall der Kerne kann weder durch physikalische, noch durch chemische Veränderungen beeinflußt werden. Ist eine radioaktive Substanz, z. B. in einem Kernreaktor, einmal erzeugt worden, so kann man nur zuwarten, bis ihre Aktivität von selbst wieder allmählich abklingt. Dieser Vorgang kann zehntausende Jahre beanspruchen. Wegen der schädlichen Auswirkungen radioaktiver Strahlung müssen die Präparate in dieser Zeit sorgfältig abgeschirmt und kontrolliert werden. Dies ist eines der Probleme bei der Verwendung von Kernenergie.

Die Menge eines radioaktiven Elements verringert sich durch den Zerfall ständig. Nach 10 Halbwertszeiten ist nur ein Promille der ursprünglich vorhandenen Substanzmenge übrig. Warum sind dann nicht alle radioaktiven Elemente bereits zerfallen?

Man nimmt an, daß die heute vorhandenen radioaktiven Elemente Relikte aus der Entstehungszeit des Sonnensystems sind. Sie haben sich vermutlich bei Kernumwandlungen in früheren Sterngenerationen gebildet. Überreste dieser Sterne waren Teil der Gaswolke, aus der das Sonnensystem vor rund 5 Milliarden Jahren entstanden ist. Die kurzlebigen radioaktiven Elemente zerfielen bald, aber einige sehr langlebige Elemente, wie z. B. Uran mit einer Halbwertszeit von 4,5 Mrd. Jahren, sind noch vorhanden. Sie bilden den Ausgangspunkt der *natürlichen Zerfallsreihen.* Diese Reihen beginnen jeweils mit einem langlebigen Element, bei dessen Zerfall fortlaufend radioaktive Elemente neu entstehen. Die kurzlebigen Elemente – wie z. B. Radium mit einer Halbwertszeit von 1620 Jahren – werden dadurch ständig nacherzeugt.

Radioaktive Elemente sind in unterschiedlicher Konzentration in allen Gesteinen enthalten. Die beim Zerfall freiwerdende Energie ist die Hauptquelle der *Erdwärme*. Besonders radioaktiv ist Granit. Ein Kubikkilometer Granit liefert 2770 Watt!

Radioaktive Substanzen haben zahlreiche wichtige Anwendungen in Wissenschaft und Technik gefunden, wie die folgenden Beispiele zeigen.

1. Beispiel: Radioaktive Altersbestimmung

Eine der wichtigsten Methoden zur Bestimmung des Alters von archäologischen Funden ist das C-14 Verfahren. Es beruht auf folgender Überlegung. Die Lufthülle der Erde enthält einen kleinen Anteil des radioaktiven Kohlenstoffisotops C-14. Dieses Isotop entsteht, wenn ein aus dem Weltraum kommendes Neutron (kosmische Strahlung!) einen Stickstoffkern trifft. Er wandelt sich dann unter Aussendung eines Protons in einen radioaktiven Kohlenstoffkern um:

$$^{14}_{7}N + ^{1}_{0}n \rightarrow ^{14}_{6}C + ^{1}_{1}p.$$

Dieser Kern zerfällt mit einer Halbwertszeit von 5730 Jahren. Die zerfallenden Kohlenstoffkerne werden fortlaufend durch neuentstehende Kerne ersetzt, so daß sich eine Gleichgewichtsverteilung von radioaktivem Kohlenstoff in der Luft ausbildet. Er wird von den Pflanzen in der Form von CO_2 genau wie gewöhnlicher Kohlenstoff assimiliert, solange die Atmung der Pflanze anhält. Dadurch bildet sich in lebenden Pflanzen ein konstanter Anteil von C-14 aus. Nach dem Absterben der Pflanze wird aber kein neuer radioaktiver Kohlenstoff mehr aufgenommen, und das gespeicherte C-14 zerfällt allmählich. Daher nimmt der C-14 Gehalt des abgestorbenen Pflanzenmaterials mit einer Halbwertszeit von 5730 Jahren ab.

Durch Bestimmung des C-14 Gehalts kann man deshalb ermitteln, seit wann eine Pflanze kein CO_2 mehr assimiliert hat. Auf diese Weise sind Altersbestimmungen an Holzresten, aber auch an anderen organischen Materialien (Knochen, Leder usw.) möglich.

2. Beispiel: Radioaktive Indikatoren

Die Lage und Ausbreitung radioaktiver Materialien kann man anhand der von ihnen ausgesendeten Strahlung leicht feststellen. Deshalb dienen radioaktive Isotope heute in vielen Bereichen der Physik, Chemie, Biologie, Medizin und Technik als »Indikatoren«. Sie erlauben es, beispielsweise Stoffwechselvorgänge in der Medizin zu verfolgen. Hierzu muß dem Organismus eine geringe Menge eines geeigneten radioaktiven Isotops zugeführt werden. Dieses Isotop – z. B. radioaktives Iod – unterscheidet sich in seinem chemischen Verhalten nicht von den stabilen Isotopen des Elements und nimmt daher im Organismus den gleichen Weg. Weil das radioaktive Isotop ständig Strahlung aussendet, kann es mit Hilfe von geeigneten Detektoren jederzeit lokalisiert werden. Ablauf und allfällige Störungen des Stoffwechsels lassen sich auf diese Weise feststellen.

Aber nicht nur in der Diagnose, sondern auch in der Therapie werden radioaktive Isotope in der Medizin eingesetzt. Durch Einlagerung radioaktiver Stoffe und durch radioaktive Bestrahlung kann das Zellwachstum beeinflußt werden. Bei der Krebstherapie versucht man Krebszellen durch gezielte Bestrahlung zu zerstören, ohne dabei das gesunde Gewebe in der Umgebung zu schädigen.

Radioaktive Indikatoren wurden erstmals im Jahre 1913 am Institut für Radiumforschung der Österreichischen Akademie der Wissenschaften angewendet. George de Hevesy benützte damals Pb-210 zur Untersuchung der Löslichkeit von Bleisulfid in Wasser.

Das Totenschiff des Pharao Sesostris III. Die Analyse des Holzes mit Hilfe der C-14-Methode ergab ein Alter von 3700 Jahren und bestätigte damit das Todesjahr Sesostris III. um 1850 v. Chr.

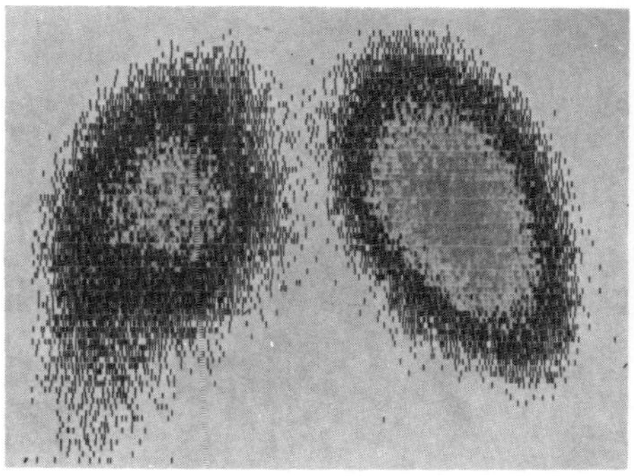

Radioszintigramm einer Lunge. Die Verwendung radioaktiver Indikatoren zur Diagnose von Erkrankungen ist ein wichtiges Hilfsmittel der Nuklearmedizin.

In einer Walzstraße wird die Dicke des erzeugten Blechs mit radioaktiven Indikatoren fortlaufend kontrolliert. Geringste Abweichungen von der Sollstärke verändern die Durchlässigkeit des Blechs für die radioaktive Strahlung.

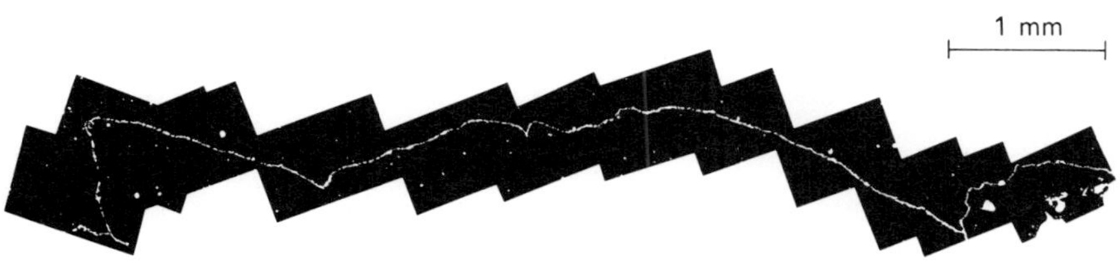

Autoradiographie der DNS von Drosophila. Die gesamte Länge dieses Riesenmoleküls ist 1,2 cm. Durch den Zerfall der eingebauten radioaktiven Indikatoren hat sich das Molekül selbst auf einer photographischen Platte abgebildet.

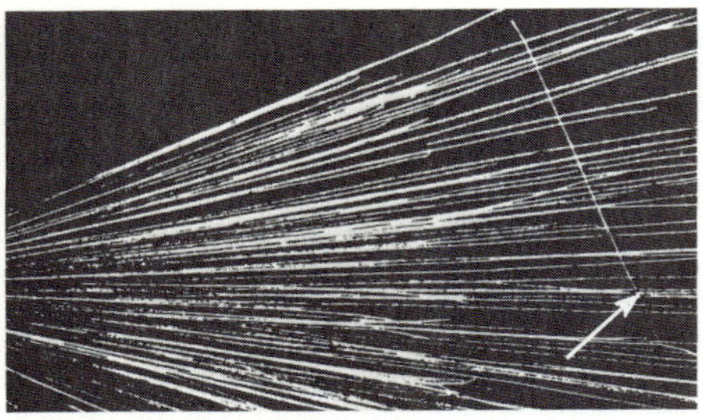

Beim Stoß eines Alpha-Teilchens gegen einen Stickstoff-Kern entsteht hier ein Sauerstoffkern und ein Proton.

Die Energiequelle dieses Herzschrittmachers ist eine plutoniumgefüllte Nuklidbatterie.

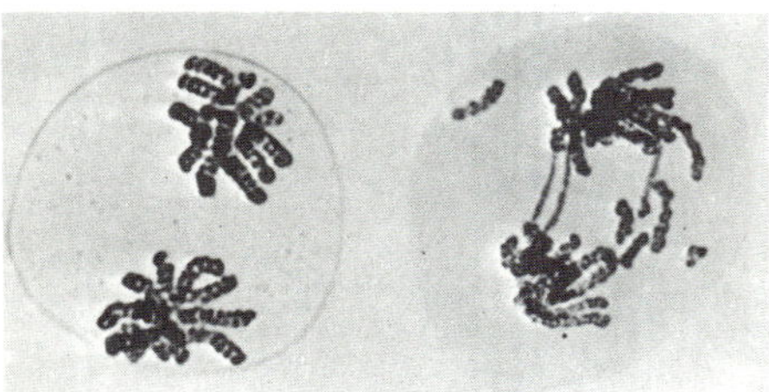

Radioaktive Strahlung kann genetische Schäden verursachen. Intakte Chromosome (linkes Bild) werden durch Bestrahlung mit Alpha-Teilchen in Bruchstücke zerlegt und teilweise falsch wieder verbunden (rechtes Bild).

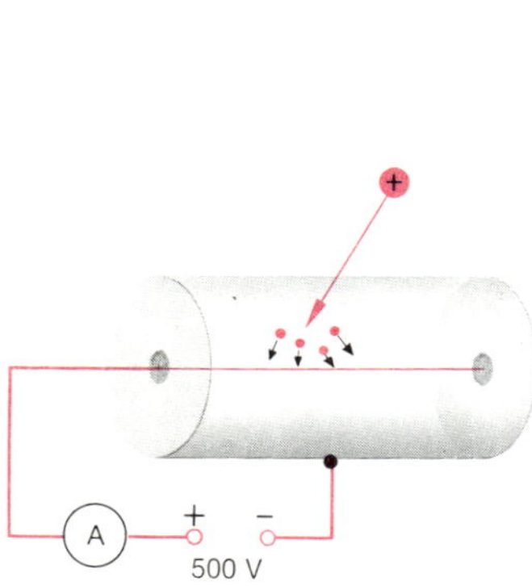

Aufbau eines Geiger-Müller-Zählrohrs. Ein geladenes Teilchen ionisiert auf dem Weg durch das gasgefüllte Zählrohr einige Atome. Die Elektronen werden vom positiv geladenen Draht angezogen und bewirken dort einen Strom, der mit dem Meßgerät nachgewiesen wird.

3. Beispiel: Künstliche Isotope

Stößt ein Teilchen oder ein Atomkern mit ausreichender Energie mit einem anderen Atomkern zusammen, so kann es zu einer Kernumwandlung und zur Entstehung neuer Isotope kommen. Dabei können Isotope entstehen, die in der Natur nicht vorkommen, wie z. B. radioaktiver Phosphor:

$$^{4}_{2}\mathrm{He} + {}^{27}_{13}\mathrm{Al} \rightarrow {}^{30}_{15}\mathrm{P} + {}^{1}_{0}\mathrm{n}.$$

Er zerfällt mit einer Halbwertszeit von 150 s in Silizium, wobei ein Positron ausgesendet wird*:

$$^{30}_{15}\mathrm{P} \rightarrow {}^{30}_{14}\mathrm{Si} + \mathrm{e}^{+}.$$

Zur Erzeugung künstlicher Isotope verwendet man meist die intensive Neutronenstrahlung, die von Kernreaktoren ausgeht. Diese Isotope dienen nicht nur als radioaktive Indikatoren, sondern auch zur Energieerzeugung. Die beim radioaktiven Zerfall freiwerdende Wärme dient als Energiequelle für Satelliten, Wetterstationen, Herzschrittmacher und viele andere Anwendungen.

Strahlenschutz

Die biologischen Schäden, welche durch radioaktive Strahlung hervorgerufen werden können, machen besondere Schutzvorkehrungen beim Umgang mit radioaktiven Materialien und beim Betrieb von Reaktoren erforderlich.

Die Intensität der Strahlung eines Präparats wird durch die Zahl der pro Sekunde ausgesendeten Teilchen angegeben. Man bezeichnet dies als die *Aktivität* des Präparats. Sie kann z. B. mit einem *Geiger-Müller-Zählrohr* gemessen werden. Es besteht aus einem Metallrohr, in dessen Mitte ein dünner Draht isoliert gespannt ist. Zwischen Draht und Rohr liegt eine Spannung von 500 V. Das Zählrohr ist mit einem Edelgas gefüllt. Durchquert ein geladenes Teilchen das Rohr, so ionisiert es auf seinem Weg einige Gasatome. Einige Elektronen gelangen in das starke elektrische Feld in Drahtnähe. Sie werden beschleunigt, stoßen gegen weitere Atome und lösen dadurch eine elektrische Entladung im Gas aus. Dabei fließt ein Strom durch das Zählrohr, der gemessen werden kann.

Für die biologische Wirkung der Strahlung ist wesentlich, wieviel und welche Strahlung vom Körper absorbiert wird.

Als *Energiedosis* bezeichnet man die pro Kilogramm des bestrahlten Körpers absorbierte Strahlungsenergie. Die Einheit der Energiedosis ist 1 J/kg.

Weil die biologische Wirksamkeit schwerer Teilchen größer ist als diejenige von Elektronen, legt man den Strahlenschutzmaßnahmen die *Äquivalentdosis* zugrunde. Zu ihrer Berechnung multipliziert man die Energiedosis mit einem Bewertungsfaktor q. Für Elektronen und Photonen ist $q = 1$, für Alpha-Teilchen $q = 10$.

Infolge der natürlichen Strahlungsbelastung absorbiert der menschliche Körper jährlich eine Äquivalentdosis von rund 4 mJ/kg. Zur Vermeidung von genetischen Schäden ist im Strahlenschutzgesetz festgelegt, daß die zusätzliche Strahlenbelastung des Menschen diesen Wert nicht überschreiten darf. Für Personen, die beruflich mit radioaktiven Präparaten arbeiten, ist ein Grenzwert von 50 mJ/kg pro Jahr zulässig.

Als Einheit der Energiedosis wurde früher 1 rad = 10 mJ/kg verwendet. Für die Äquivalentdosis war die Einheit 1 rem = 10 mJ/kg gebräuchlich.

---

*) Bei diesem Vorgang wandelt sich ein Proton im Atomkern in ein Neutron um. Bei der Reaktion entsteht auch ein Neutrino.

3. Die Kernenergie

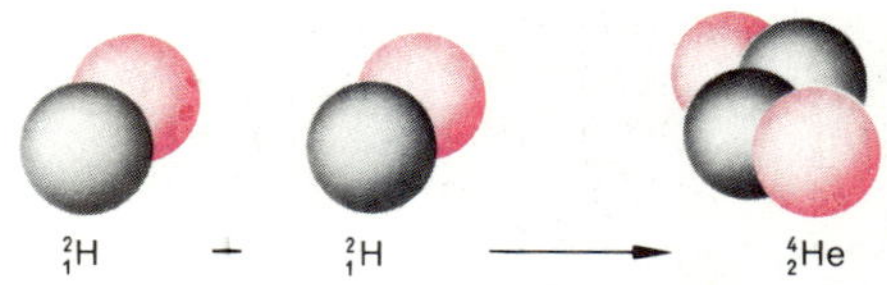

Bei der Kernfusion werden Kerne geringer Massenzahl zu schwereren Kernen vereint. Dabei wird Bindungsenergie freigesetzt.

Die Bindungsenergie von Atomkernen ist millionenfach höher als die Energien, die in der Elektronenhülle auftreten. Die Abhängigkeit der Bindungsenergie von der Massenzahl ermöglicht es, drei verschiedene Wege zur Freisetzung von Kernenergie einzuschlagen.

Zunächst könnte man Atomkerne aus Protonen und Neutronen aufbauen und dabei die gesamte Bindungsenergie eines Kerns freisetzen. Es ist jedoch keine Methode bekannt, Atomkerne aus Einzelteilchen zusammenzusetzen.

Bei der *Kernfusion* versucht man, zwei Atomkerne geringer Massenzahl zu einem großen Atomkern zusammenzufügen. Dieser Vorgang vollzieht sich seit Jahrmilliarden im Inneren der Sterne. Er bildet die Energiequelle der Sonne und damit allen Lebens auf der Erde. Bei der Explosion von Wasserstoffbomben wird dieser Vorgang technisch nachvollzogen. Eine geregelte Durchführung der Kernfusion im Laboratorium ist aber derzeit nur ansatzweise möglich.

Ein dritter Weg zur Freisetzung von Kernenergie besteht in der Aufspaltung von Kernen hoher Massenzahl in zwei oder mehrere Bruchstücke. Auf dieser *Kernspaltung* beruht die Energiegewinnung in Kernkraftwerken.

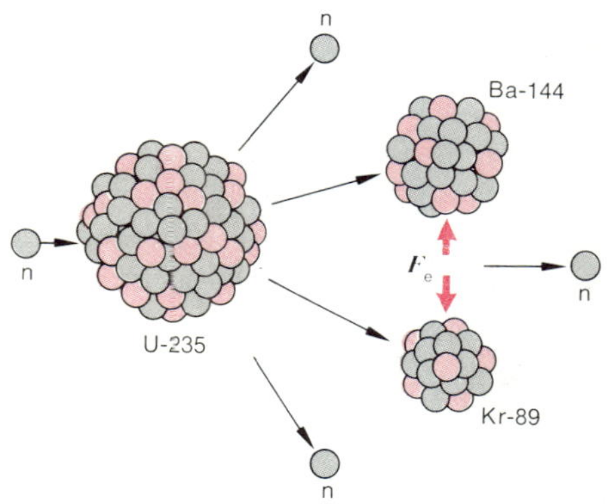

Bei der Kernspaltung wird ein sehr schwerer Atomkern in mehrere Bruchstücke zerteilt. Infolge der elektrischen Abstoßung fliegen die neu entstehenden Kerne mit hoher Geschwindigkeit auseinander. Die freigesetzten Neutronen können weitere Kerne spalten.

> Bei der Fusion leichter Kerne und bei der Spaltung schwerer Kerne wird Bindungsenergie freigesetzt.

a) Die Kernfusion

Bei der Bildung von einem Kilogramm Helium durch Fusion von Deuteriumkernen ^2_1H nach der Reaktion

$$^2_1H + ^2_1H \rightarrow ^4_2He$$

wird eine Energie von rund 200 Millionen Kilowattstunden frei. Die Bindungsenergie des Heliums ist nämlich wesentlich größer als diejenige des Deuteriums. Um die beiden Deuteriumkerne zu einem Heliumkern zu vereinen, muß man allerdings die wechselseitige elektrostatische Abstoßung überwinden und die beiden Atomkerne einander so nahe bringen, daß die kurzreichweitigen Kernkräfte wirksam werden. Dazu schießt man die Kerne mit hoher Energie aufeinander. Sobald die Kerne einander bis auf die Reichweite der Kernkräfte nahegekommen sind, setzt die Kernverschmelzung ein, und die Bindungsenergie wird nach außen abgegeben.

Um die Kerne mit hinreichender Energie aufeinander treffen zu lassen, kann man sie mit großen Beschleunigungsmaschinen gegeneinander schießen. Mit dieser Methode war es möglich, Fusionsreaktionen an einzelnen Kernen genau auszumessen. Dabei ist die Energieausbeute jedoch wesentlich geringer als der Energieaufwand für die Beschleunigungsmaschinen. Es müssen nämlich sehr viele Teilchen beschleunigt werden, um einige wenige »Treffer« zu erzielen, bei denen es tatsächlich zur Verschmelzung kommt.

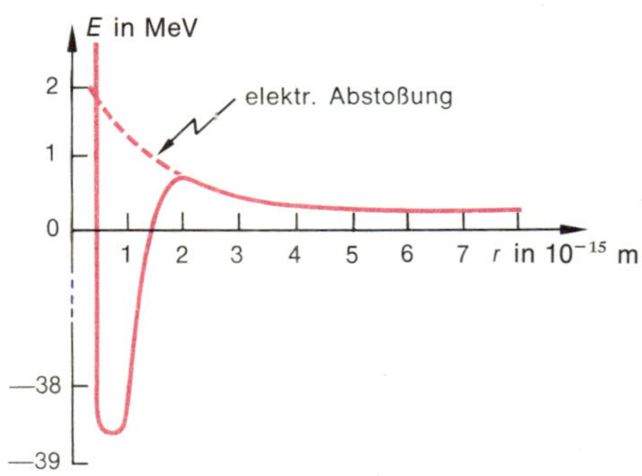

Damit zwei Deuteriumkerne zu einem Heliumkern verschmelzen, muß man sie zunächst mit großer Energie aufeinanderschießen, um die elektrostatische Abstoßung zu überwinden. Erst in einem Abstand von etwa 10^{-15} m werden die anziehenden Kernkräfte wirksam.

Wir können aber die Kernfusion auch durch eine entsprechend hohe thermische Bewegung der Deuteriumkerne herbeiführen. Sobald die Energie einzelner thermischer Stöße hinreicht, um die elektrostatische Abstoßung zu überwinden, setzt die Kernverschmelzung ein. Die erforderlichen Energien betragen einige MeV. Dies entspricht der mittleren thermischen Energie von Teilchen bei einer Temperatur von 10^{10} K. Allerdings weist auch bei geringerer Temperatur immer ein kleiner Prozentsatz der Teilchen eine

Eine sowjetische Kernfusionsanlage. Hier versucht man hohe Temperaturen zu erzielen, indem man die intensiven Lichtstrahlen zahlreicher Laser auf eine kleine Kugel aus Lithiumhydrid konzentriert.

thermische Energie auf, die wesentlich über der mittleren Energie liegt. So findet man schon bei einer Temperatur von 10^8 K einen genügenden Anteil von Deuteriumkernen mit Energien, die zur Kernfusion ausreichen. Bei der Wasserstoffbombe erzielt man diese hohe Temperatur, indem man zunächst eine Uranbombe zündet. So werden für kurze Zeit die zur Kernfusion notwendigen Voraussetzungen geschaffen. Auch im Innern der Sonne und der anderen Sterne finden thermonukleare Vorgänge statt, wobei die freiwerdende Energie die erforderliche Temperatur aufrecht erhält.

Viel schwieriger ist es, die Kernfusion unter Laboratoriumsbedingungen kontrolliert durchzuführen. Dazu ist es erforderlich, Deuterium – oder andere Elemente geringer Massenzahl – auf viele Millionen Kelvin zu erhitzen. Bei dieser Temperatur werden die Elektronen durch Stöße von den Atomkernen losgelöst. Es entsteht ein *Plasma* aus Kernen und Elektronen. Es ist nicht möglich, dieses Plasma in irgendeinem Behälter aufzubewahren, da es entweder die Gefäßwände zerstört oder an den massiven Gefäßwänden rasch abkühlt.

Um das Plasma von den Wänden fernzuhalten, bedient man sich des *Pinch-Effekts.* Weil sich parallele Ströme anziehen, schnürt sich ein stromdurchflossenes Plasma in einem zylindrischen Rohr von selbst ein. Je größer der Strom im Plasma ist, desto stärker ist auch die Einschnürung der Plasmasäule, die sich schließlich von den Gefäßwänden ablöst. Der starke Strom heizt das Plasma auch auf und führt zu den notwendigen hohen Temperaturen. Am einfachsten läßt sich der Plasmastrom erzeugen, wenn die Plasmasäule die Sekundärwicklung eines Transformators bildet.

Der Stellerator Wega des Max Planck-Instituts für Plasmaphysik in München. Ein Plasma mit einer Dichte von $2 \cdot 10^{13}$ *Teilchen pro Kubikzentimeter wird von einem Ringstrom von* 60 kA *durchflossen. Für* 50 ms *läßt sich hier eine Entladung aufrechterhalten, doch liegen die mittleren kinetischen Energien der Teilchen erst bei* 200 eV, *was für die Fusion nicht ausreicht.*

Anlagen zur Kernfusion wurden bereits in zahlreichen Varianten erprobt, ohne daß es bisher zu einem entscheidenden technischen Durchbruch gekommen ist. Ein wesentlicher Grund dafür liegt in der notwendigen Größe von Fusionsanlagen. Sie können nicht als kleine Modelle ausgeführt werden, weil stets eine Mindestmenge von Deuterium oder anderer Substanzen erforderlich ist, um eine ausreichende Reaktionswahrscheinlichkeit zu gewährleisten. Jedes Versuchsprojekt erfordert Milliardenaufwand und stellt ein dementsprechend großes finanzielles Risiko dar. Deshalb ist es notwendig, die Anstrengungen mehrerer Länder zu koordinieren und Großprojekte wie z. B. das europäische JET-Projekt durchzuführen. Trotzdem hofft man mit Hilfe von Fusionsreaktoren die Energieprobleme der Menschheit lösen zu können, denn der Vorrat von Deuterium im Wasser der Weltmeere ist fast unerschöpflich.

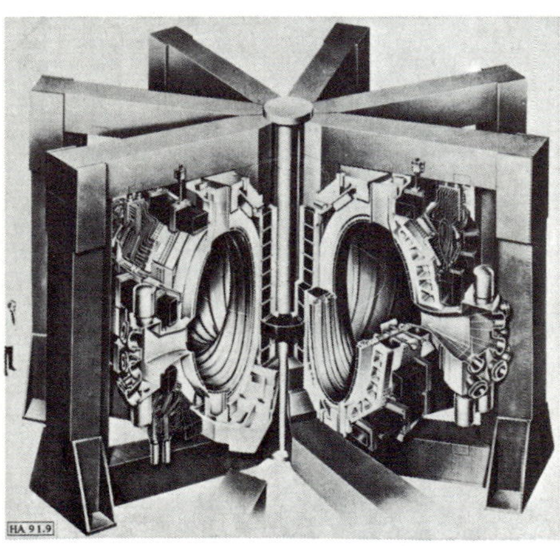

Der geplante europäische Tokomak JET. Das Plasma in diesem »Joint European Torus« soll einen Ring mit 3 m *Radius bilden. In einem Magnetfeld von* 3 T *soll ein Ringstrom von* 4000 kA *fließen.*

Die thermonukleare Kernfusion erfordert hohe Temperaturen, wie sie im Innern der Sterne auftreten.
Die kontrollierte Kernfusion stellt möglicherweise eine wichtige Energiequelle für die Zukunft dar.

b) Die Kernspaltung

Im Jahre 1938 entdeckten die beiden deutschen Wissenschaftler Otto Hahn und Fritz Straßmann beim Beschuß von Uran mit Neutronen unter den Reaktionsprodukten Elemente mit mittlerer Massenzahl, wie z. B. radioaktives Barium, dessen Entstehung zunächst unerklärlich schien. Die Lösung dieses Rätsels gaben die beiden Forscher Lise Meitner und Otto Frisch im Jahre 1939 in der Zeitschrift *Nature:* »Infolge ihrer dichten Lagerung und infolge des starken Energieaustausches würde man erwarten, daß sich die Teilchen in einem schweren Kern in einer Form kollektiver Bewegung befinden, die an die Bewegung eines Flüssigkeitstropfens erinnert. Wird diese Bewegung durch Hinzufügen weiterer Energie hinreichend heftig, so kann ein derartiger Tropfen in zwei kleinere Tropfen zerplatzen.« Damit war der Gedanke der Kernspaltung ausgesprochen. In der Folge erschienen zahlreiche Arbeiten, in denen die Spaltungshypothese von Meitner und Frisch weiter bestätigt wurde.

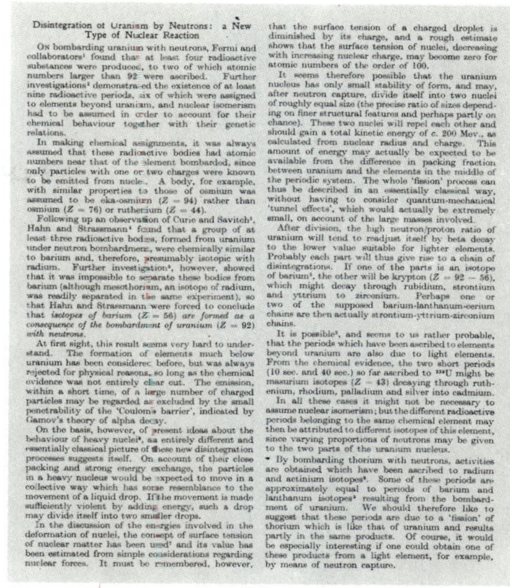

Disintegration of Uranium by Neutrons: a New Type of Nuclear Reaction

On bombarding uranium with neutrons, Fermi and collaborators[1] found that at least four radioactive substances were produced, to two of which atomic numbers larger than 92 were ascribed. Further investigations[2] demonstrated the existence of at least nine radioactive periods, six of which were assigned to elements beyond uranium, and nuclear isomerism had to be assumed in order to account for their chemical behaviour together with their genetic relations.

In making chemical assignments, it was always assumed that these radioactive bodies had atomic numbers near that of the element bombarded, since only particles with one or two charges were known to be emitted from nuclei. A body, for example, with similar properties to those of osmium was assumed to be eka-osmium ($Z = 94$) rather than osmium ($Z = 76$) or ruthenium ($Z = 44$).

Following up an observation of Curie and Savitch[3], Hahn and Strassmann[4] found that a group of at least three radioactive bodies, formed from uranium under neutron bombardment, were chemically similar to barium and, therefore, presumably isotopic with radium. Further investigation[5], however, showed that it was impossible to separate these bodies from barium (although mesothorium, an isotope of radium, was readily separated in the same experiment), so that Hahn and Strassmann were forced to conclude that *isotopes of barium ($Z = 56$) are formed as a consequence of the bombardment of uranium ($Z = 92$) with neutrons.*

At first sight, this result seems very hard to understand. The formation of elements much below uranium has been considered before, but was always rejected for physical reasons, so long as the chemical evidence was not entirely clear cut. The emission, within a short time, of a large number of charged particles may be regarded as excluded by the small penetrability of the 'Coulomb barrier', indicated by Gamov's theory of alpha decay.

On the basis, however, of present ideas about the behaviour of heavy nuclei[6], an entirely different and essentially classical picture of these new disintegration processes suggests itself. On account of their close packing and strong energy exchange, the particles in a heavy nucleus would be expected to move in a collective way which has some resemblance to the movement of a liquid drop. If the movement is made sufficiently violent by adding energy, such a drop may divide itself into two smaller drops.

In the discussion of the energies involved in the deformation of nuclei, the concept of surface tension of nuclear matter has been used[7] and its value has been estimated from simple considerations regarding nuclear forces. It must be remembered, however, that the surface tension of a charged droplet is diminished by its charge, and a rough estimate shows that the surface tension of nuclei, decreasing with increasing nuclear charge, may become zero for atomic numbers of the order of 100.

It seems therefore possible that the uranium nucleus has only small stability of form, and may, after neutron capture, divide itself into two nuclei of roughly equal size (the precise ratio of sizes depending on finer structural features and perhaps partly on chance). These two nuclei will repel each other and should gain a total kinetic energy of *c.* 200 Mev., as calculated from nuclear radius and charge. This amount of energy may actually be expected to be available from the difference in packing fraction between uranium and the elements in the middle of the periodic system. The whole 'fission' process can thus be described in an essentially classical way, without having to consider quantum-mechanical 'tunnel effects', which would actually be extremely small, on account of the large masses involved.

After division, the high neutron/proton ratio of uranium will tend to readjust itself by beta decay to the lower value suitable for lighter elements. Probably each part will thus give rise to a chain of disintegrations. If one of the parts is an isotope of barium[5], the other will be krypton ($Z = 92 - 56$), which might decay through rubidium, strontium and yttrium to zirconium. Perhaps one or two of the supposed barium-lanthanum-cerium chains are then actually strontium-yttrium-zirconium chains.

It is possible[5], and seems to us rather probable, that the periods which have been ascribed to elements beyond uranium are also due to light elements. From the chemical evidence, the two short periods (10 sec. and 40 sec.) so far ascribed to ^{239}U might be masurium isotopes ($Z = 43$) decaying through ruthenium, rhodium, palladium and silver into cadmium.

In all these cases it might not be necessary to assume nuclear isomerism; but the different radioactive periods belonging to the same chemical element may then be attributed to different isotopes of this element, since varying proportions of neutrons may be given to the two parts of the uranium nucleus.

* By bombarding thorium with neutrons, activities are obtained which have been ascribed to radium and actinium isotopes[8]. Some of these periods are approximately equal to periods of barium and lanthanum isotopes[5] resulting from the bombardment of uranium. We should therefore like to suggest that these periods are due to a 'fission' of thorium which is like that of uranium and results partly in the same products. Of course, it would be especially interesting if one could obtain one of these products from a light element, for example, by means of neutron capture.

Lise Meitner und Otto Frisch gaben die erste Erklärung der Kernspaltung.

Bei jedem Zerfall eines Urankerns wird eine Energie von rund 200 MeV frei. Die entstehenden Kerne mit mittlerer Massenzahl weisen hohe Bindungsenergien auf und fliegen infolge der abstoßenden elektrischen Kräfte mit großer Geschwindigkeit auseinander. Die Kernspaltung kann daher als Energiequelle dienen, wenn es gelingt, eine ausreichende Anzahl von Kernen unter kontrollierten Bedingungen zu spalten. Dies ist möglich, da bei jeder Spaltung eines Urankerns auch zwei bis drei Neutronen freigesetzt werden, die weitere Spaltungen auslösen und so eine *Kettenreaktion* einleiten. Dabei kann sich die Zahl der an der Spaltung beteiligten Neutronen von »Generation zu Generation« rasch vermehren. Diese Vermehrung beschreibt man durch den *Multiplikationsfaktor k.*

Für $k > 1$ steigt die Anzahl der an der Spaltung beteiligten Neutronen rapid an. Weil zwischen aufeinanderfolgenden Spaltungen nur eine Mikrosekunde vergeht, wächst die Anzahl der gespaltenen Atomkerne innerhalb von Sekundenbruchteilen auf sehr hohe Werte an. Das gesamte Uran wird unter Abgabe ungeheurer Energiemengen in kürzester Zeit gespalten. Dies geschieht in der Atombombe.

Ist der Multiplikationsfaktor einer Kettenreaktion genau eins, so bleibt die Zahl der Neutronen und der Spaltungen zeitlich konstant. Eine derart gesteuerte Kettenreaktion liefert kontinuierlich Energie und entspricht dem stationären Betrieb eines Kernreaktors.

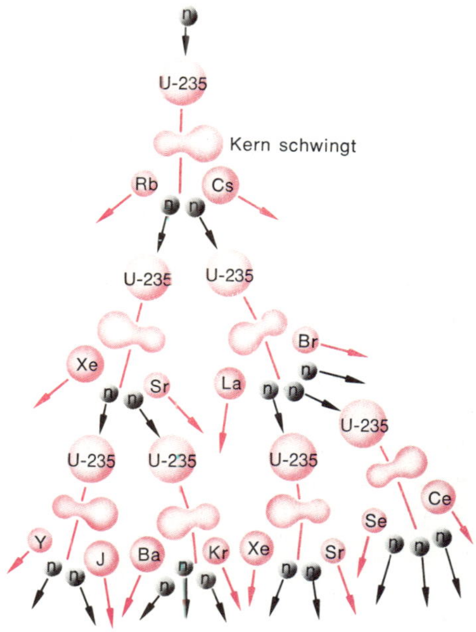

Bei jeder Spaltung eines Urankerns werden zwei bis drei Neutronen freigesetzt. Dadurch kommt es zu einer Kettenreaktion.

Für $k < 1$ nimmt die Anzahl der Neutronen und der Kernspaltungen dagegen mit der Zeit sehr rasch ab, und die Kettenreaktion kommt zum Stillstand. Dies tritt z. B. ein, wenn ein hoher Prozentsatz der erzeugten Neutronen das spaltbare Material verläßt, ohne weitere Kernspaltungen auszulösen. Um dies zu vermeiden, ist eine Mindestmenge an spaltbarem Material erforderlich, die man als *kritische Masse* bezeichnet. Für U-235 beträgt die kritische Masse rund 50 kg. Dies entspricht einer Urankugel mit einem Durchmesser von 17 cm.

Urankerne können durch Neutronen gespalten werden.
Dabei werden weitere Neutronen freigesetzt,
die eine Kettenreaktion auslösen können.

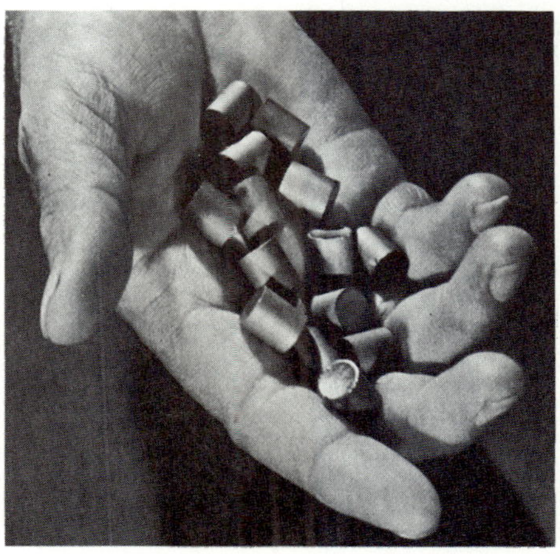

Brennstofftabletten für einen Kernreaktor. Solange die kritische Masse nicht erreicht ist, finden nur wenige Kernreaktionen statt. Das Uran kann ohne Gefahr gehandhabt werden.

Urankerne können sich aber auch ohne Einwirkung von Neutronen spontan in zwei Teile spalten. Dieser Vorgang ist allerdings selten. So entfällt bei U-238 auf zwei Millionen α-Zerfälle nur eine spontane Spaltung in zwei Kerne mittlerer Größe. Die spontanen Spaltvorgänge reichen aus, um die Kettenreaktion einzuleiten.

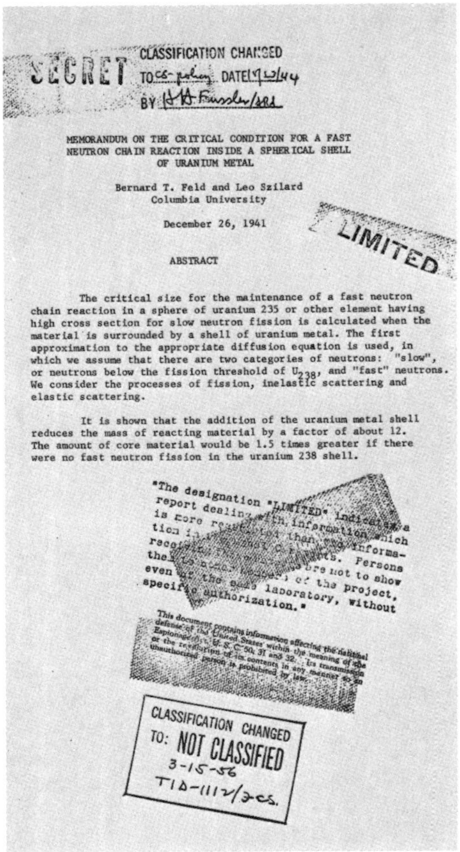

SECRET CLASSIFICATION CHANGED
TO cs-policy DATE 1/2/44
BY H. H. Fussler/sal

MEMORANDUM ON THE CRITICAL CONDITION FOR A FAST NEUTRON CHAIN REACTION INSIDE A SPHERICAL SHELL OF URANIUM METAL

Bernard T. Feld and Leo Szilard
Columbia University

December 26, 1941

LIMITED

ABSTRACT

The critical size for the maintenance of a fast neutron chain reaction in a sphere of uranium 235 or other element having high cross section for slow neutron fission is calculated when the material is surrounded by a shell of uranium metal. The first approximation to the appropriate diffusion equation is used, in which we assume that there are two categories of neutrons: "slow", or neutrons below the fission threshold of U_{238}, and "fast" neutrons. We consider the processes of fission, inelastic scattering and elastic scattering.

It is shown that the addition of the uranium metal shell reduces the mass of reacting material by a factor of about 12. The amount of core material would be 1.5 times greater if there were no fast neutron fission in the uranium 238 shell.

"The designation "LIMITED" indicates a report dealing with information which is more [illegible] than [illegible] information [illegible] receiv[illegible] informa- the[illegible] Persons even [illegible] are not to show [illegible] of the project, specific authorization."

This document contains information affecting the national defense of the United States within the meaning of the Espionage Act, U. S. C. 50; 31 and 32. Its transmission or the revelation of its contents in any manner to an unauthorized person is prohibited by law.

CLASSIFICATION CHANGED
TO: NOT CLASSIFIED
3-15-56
TID-1112/2cs.

Untersuchungen über Kernspaltung wurden ab 1940 zu Geheimdokumenten erklärt. Erst 1956 durfte dieser Artikel veröffentlicht werden.

Robert Oppenheimer und General Leslie Groves bei den Überresten des Gerüstes, auf dem im Jahre 1945 die erste Atombombe explodierte. Oppenheimer war der wissenschaftliche Leiter und General Groves der militärische Direktor des Entwicklungsprogramms.

Der Rauchpilz der Bombe von Nagasaki.

Russische Atomraketen bei einer Parade auf dem Roten Platz in Moskau. Atomare Sprengköpfe in Raketen und Satelliten können jeden Punkt der Erde in wenigen Minuten erreichen.

Eine Station des amerikanischen Frühwarnsystems in Alaska. Der Radarstrahl hat eine Reichweite von 4800 km.

c) Die Atombombe und ihre Folgen

In den ersten Monaten des Jahres 1939 waren mehr als 50 Artikel über Kernspaltung erschienen. Langsam wurde den beteiligten Physikern in USA und Europa klar, daß man damit eine ungeheure Energiequelle erschlossen hatte. Die weltpolitische Lage war gespannt, der zweite Weltkrieg stand unmittelbar bevor, und ein Vorhang der Geheimhaltung senkte sich über die weitere Arbeit der Physiker. In den USA befürchtete eine kleine Gruppe, darunter Leo Szilard, Eugen Wigner und Edward Teller, daß die Physiker in Deutschland unter der Leitung von Werner Heisenberg die Kernspaltung zum Bau einer Bombe ausnützen könnten. Es gelang, Albert Einstein von der Gefahr einer deutschen Atombombe zu überzeugen und ihn zu überreden, jenen schicksalsschweren Brief an Präsident Roosevelt zu schreiben, der den Beginn des amerikanischen Bombenprogrammes bildete. Drei Jahre später wurde am 2. Dezember 1942 um 15 Uhr unter der Leitung von Enrico Fermi an der Universität von Chicago der erste Kernreaktor der Welt versuchsweise für wenige Minuten in Betrieb genommen. Seine Leistung betrug zunächst 0,5 W oder 10^{10} Spaltungen pro Sekunde. Damit war die Möglichkeit einer Kettenreaktion bewiesen.

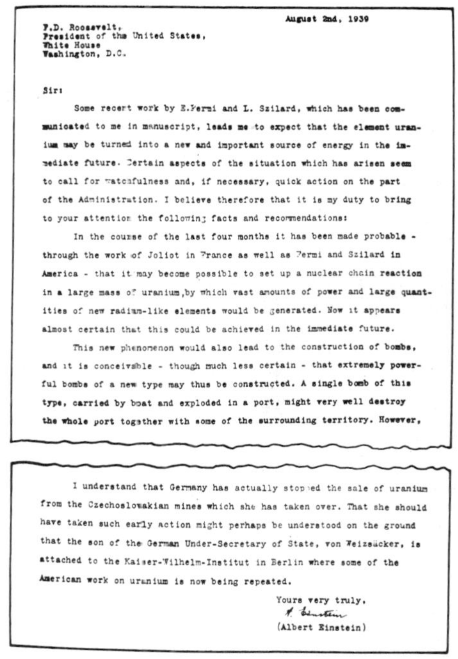

August 2nd, 1939

F.D. Roosevelt,
President of the United States,
White House
Washington, D.C.

Sir:

Some recent work by E.Fermi and L. Szilard, which has been communicated to me in manuscript, leads me to expect that the element uranium may be turned into a new and important source of energy in the immediate future. Certain aspects of the situation which has arisen seem to call for watchfulness and, if necessary, quick action on the part of the Administration. I believe therefore that it is my duty to bring to your attention the following facts and recommendations:

In the course of the last four months it has been made probable - through the work of Joliot in France as well as Fermi and Szilard in America - that it may become possible to set up a nuclear chain reaction in a large mass of uranium,by which vast amounts of power and large quantities of new radium-like elements would be generated. Now it appears almost certain that this could be achieved in the immediate future.

This new phenomenon would also lead to the construction of bombs, and it is conceivable - though much less certain - that extremely powerful bombs of a new type may thus be constructed. A single bomb of this type, carried by boat and exploded in a port, might very well destroy the whole port together with some of the surrounding territory. However,

I understand that Germany has actually stopped the sale of uranium from the Czechoslovakian mines which she has taken over. That she should have taken such early action might perhaps be understood on the ground that the son of the German Under-Secretary of State, von Weizsäcker, is attached to the Kaiser-Wilhelm-Institut in Berlin where some of the American work on uranium is now being repeated.

Yours very truly,

(Albert Einstein)

Ein Auszug aus dem Brief von Albert Einstein an Präsident Roosevelt.

Die Einleitung der Kettenreaktion war nur der erste Schritt zur Atombombe. Zum Bau einer Bombe benötigt man ein Material mit einem hohen Multiplikationsfaktor, wie z. B. das Uranisotop U-235 oder das Plutoniumisotop Pu-239. Ein technisches Großprojekt wurde eingeleitet, um diese Isotope in ausreichenden Mengen zu gewinnen. Natürliches Uran besteht nämlich zu 99,3% aus U-238 und nur zu 0,7% aus U-235. Die Trennung der beiden Isotope erwies sich als sehr schwieriges Unterfangen, das die Entwicklung völlig neuer Technologien erforderte.

Unter der Leitung von Enrico Fermi (links im Vordergrund) wurde im Jahre 1942 der erste Kernreaktor in Chicago gebaut.

Am 16. Juli 1945 explodierte die erste Atombombe auf dem Forschungsgelände Alamogordo, New Mexico. Drei Wochen später wurden die japanischen Städte Hiroshima und Nagasaki durch Atombomben zerstört. Der zweite Weltkrieg war beendet.

Die Folgen der Bombenabwürfe waren grauenhaft. Im Umkreis von Kilometern unterhalb der Abwurfstelle wurde durch die ungeheure Energiefreisetzung alles Leben verbrannt. In größerer Entfernung rief die radioaktive Strahlung der Bombe Gewebeschäden hervor. Zellen starben ab, verloren ihre Teilungsfähigkeit oder begannen sich unkontrolliert zu vermehren. Auch traten Genmutationen auf, die zu Erbschäden führten, die sich erst bei späteren Generationen auswirkten.

Das Wettrüsten der Supermächte führte in der Folge zur Entwicklung immer größerer und wirksamerer Kernwaffen. Das Geheimnis der Wasserstoffbombe, die zunächst in den USA entwickelt wurde, war durch Verrat wenig später auch in den UdSSR bekannt. Der Bau mächtiger Trägerraketen erlaubt es, Bomben in jedes beliebige Gebiet der Erde zu transportieren. Mit dem heute vorhandenen Potential an Kernwaffen kann man das »Raumschiff Erde« mit einem Schlag total verwüsten.

Auswirkung einer Atombombenexplosion auf ein zwei Kilometer entferntes Haus. Zunächst trifft die Temperaturwelle ein und wenig später zerstört die Druckwelle das Haus.

Für den Betrieb von Kernreaktoren benötigt man angereichertes Uran, das 2–3% des spaltbaren Isotops U-235 *enthält. Gasförmiges Uranhexafluorid durchläuft hier zahlreiche hintereinandergeschaltete Zentrifugen, wobei sich das leichtere Isotop* U-235 *in der Nähe der Zentrifugenachse anreichert.*

Ein Brennelement für einen Druckwasserreaktor ist aus mehreren hundert Brennstäben und zwanzig Regelstäben aufgebaut. Das hindurchströmende Wasser bildet den Moderator und führt auch die entstehende Wärme ab.

4. Kernreaktoren

Für den stationären Betrieb eines Kernreaktors benötigt man Brennstoffe, deren Multiplikationsfaktoren für Neutronen in der Nähe von eins liegen. Kerne des reinen Isotops U-238 absorbieren Neutronen zumeist, ohne sich dabei selbst zu spalten. In reinem U-238 kann daher keine Kettenreaktion ablaufen. Die Kerne des reinen Isotops U-235 spalten sich andererseits so leicht, daß die Kettenreaktion nur schwer kontrolliert werden kann. In den meisten Kernreaktoren wird als Brennstoff *angereichertes Uran* verwendet, bei dem der Anteil an U-235 bei rund 2–3% liegt, während natürliches Uran nur 0,7% U-235 enthält.

Messungen zeigen, daß die Spaltung von Kernen des Isotops U-235 um so wahrscheinlicher ist, je langsamer die spaltenden Neutronen sind. Deshalb werden die bei der Spaltung frei werdenden Neutronen durch einen *Moderator* (Bremsmittel), wie z. B. Graphit oder Wasser, bis auf Energien von einigen hundertstel Elektronvolt abgebremst. Dies entspricht der thermischen Energie bei Zimmertemperatur (»thermische Neutronen«). Der Ablauf der Kettenreaktion kann nun durch eine geeignete Anordnung von Moderator und Uranstäben gesichert werden.

Um die Kettenreaktion im Reaktor kontrolliert ablaufen zu lassen, muß der Multiplikationsfaktor genau eins sein. Dies wird durch Regelstäbe erzielt, die aus einem Material bestehen, das Neutronen besonders leicht absorbiert. Hierfür wird häufig Cadmium oder Bor verwendet. Sobald die Regelstäbe in den Reaktor geschoben werden, absorbieren sie einen hohen Anteil der an der Spaltung beteiligten Neutronen, so daß der Multiplikationsfaktor unter eins sinkt und die Kettenreaktion rasch erlischt. Bei stationärem Betrieb des Reaktors werden die Regelstäbe so weit herausgezogen, daß der Multiplikationsfaktor genau eins beträgt. Treten beim Reaktorbetrieb Schwierigkeiten auf, so fallen die Regelstäbe automatisch in den Reaktor und bringen die Kettenreaktion zum Stillstand.

Die Steuerung der Kettenreaktion durch Regelstäbe wird dadurch erleichtert, daß ein Teil der Neutronen bei der Spaltung nicht sofort emittiert wird, sondern erst von den radioaktiven Spaltprodukten mit einer Verzögerung von einigen Sekunden ausgesendet wird. Dadurch ist es möglich, die Kettenreaktion zeitgerecht zu kontrollieren. Bei den heute gebräuchlichen Reaktortypen ist das angereicherte Uran in Form von Brennstäben in einem Wassertank untergebracht. Das Wasser dient dabei sowohl zum Abführen der bei der Kernspaltung entstehenden Wärme, als auch zur Moderation (Abbremsung) der Neutronen.

Vom Schwimmbadreaktor FR-2 in Karlsruhe geht ein intensiver Neutronenstrom aus, der zur Erzeugung künstlicher Isotope benützt wird. Durch Kernumwandlungen entstehen z. B. in Silizium Phosphoratome.

Beim *Schwimmbadreaktor* ist der Wassertank ein offener Behälter. Das erhitzte Wasser wird über Wärmeaustauscher gekühlt. Dieser Reaktortyp eignet sich nicht zur Energieerzeugung, weil die erreichten Temperaturen zu gering sind. Der Schwimmbadreaktor dient vor allem für Forschungszwecke. Die aus dem Reaktorkern entweichenden Neutronen werden zur Erzeugung künstlicher Isotope verwendet. Auch können die Neutronen in Streuexperimenten zur Strukturuntersuchung herangezogen werden.

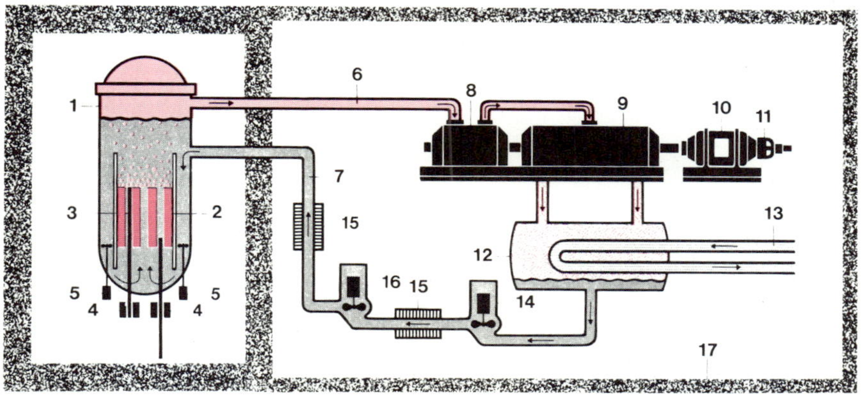

Der Aufbau eines Siedewasserreaktors.
1 Reaktor
2 Brennelemente
3 Regelstab
4 Regelstabantrieb
5 Umwälzpumpen
6 Frischdampf
7 Speisewasser
8 Hochdruckteil d. Turbine
9 Niederdruckteil d. Turbine
10 Generator
11 Erregermaschine
12 Kondensator
13 Flußwasser
14 Kondensatpumpe
15 Vorwärmanlage
16 Speisewasserpumpe
17 Betonabschirmung

Zur Energiegewinnung sind heute zwei Typen von Reaktoren im Gebrauch. Im *Siedewasserreaktor* beginnt das Wasser an der Oberfläche der Brennelemente zu sieden. Der entstehende Wasserdampf weist eine Temperatur von rund 320 °C und einen Druck von etwa 70 bar auf. Er wird einer Turbine zugeführt, die einen Generator zur Stromerzeugung antreibt.

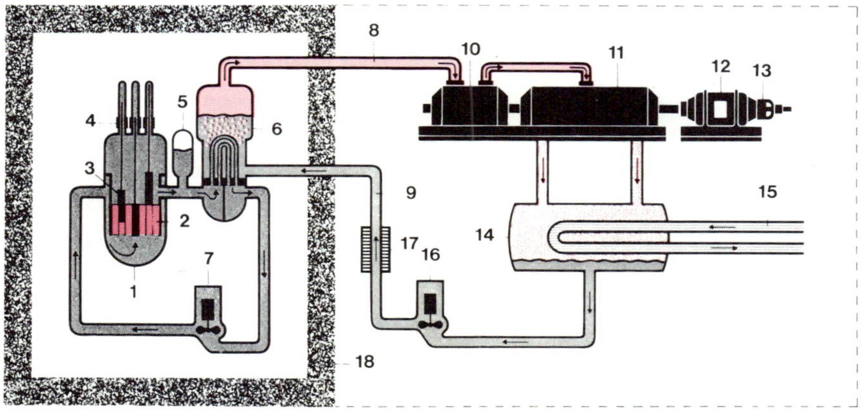

Der Aufbau eines Druckwasserreaktors.
1 Reaktordruckgefäß
2 Uranbrennelement
3 Regelstab
4 Regelstabantrieb
5 Druckhalter
6 Wärmetauscher (Dampferzeuger)
7 Kühlmittelpumpe
8 Frischdampf
9 Speisewasser
10 Hochdruckteil d. Turbine
11 Niederdruckteil d. Turbine
12 Generator
13 Erregermaschine
14 Kondensator
15 Flußwasser
16 Speisewasserpumpe
17 Vorwärmanlage
18 Betonabschirmung

Beim *Druckwasserreaktor* arbeitet man mit ungefähr der gleichen Betriebstemperatur, die ja zur Erzielung von hohen thermischen Wirkungsgraden wesentlich ist. Der Druck im Reaktorgefäß wird jedoch auf 150 bar gesteigert. Bei diesem Druck siedet das Wasser trotz der hohen Temperatur nicht. Durch einen Pumpenkreislauf wird das Wasser zu einem Wärmeaustauscher geführt, wo es Wärme an einen zweiten Wasserkreislauf abgibt. In diesem Kreislauf herrscht geringerer Druck, so daß das Wasser dort verdampft und zum Antrieb von Turbinen und Generatoren dient.

Kernkraftwerke sind Wärmekraftwerke.
Die bei der Spaltung freiwerdende Energie
dient zur Erzeugung von Wasserdampf,
mit dem Turbinen angetrieben werden.

Die Turbine des Kernkraftwerks Biblis A. Pro Sekunde strömen 2 Tonnen Dampf mit einem Druck von 50 bar *durch die Turbine. Die abgegebene Leistung beträgt* 1200 MW.

Druckwasserreaktor und Siedewasserreaktor sind derzeit die gebräuchlichsten Reaktortypen. Höhere Wirkungsgrade und bessere Ausnützung des Brennstoffs werden allerdings von zwei anderen Arten von Reaktoren erwartet, die derzeit in Entwicklung sind.

Der Reaktordruckbehälter von Biblis A wird mit 193 Brennelementen beladen.

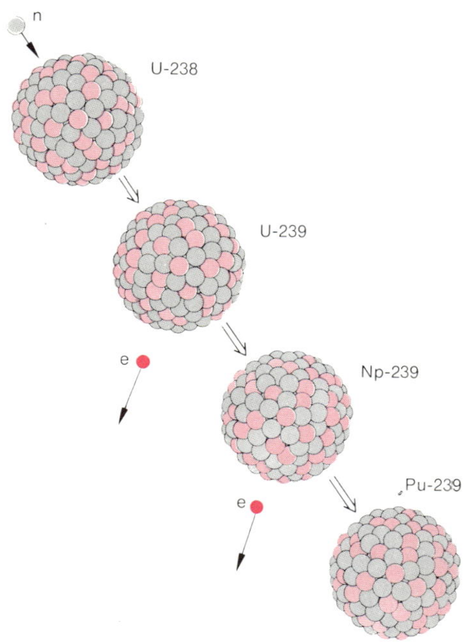

Die Brutreaktion.
Schnelle Neutronen werden von U-238 absorbiert. Das entstehende U-239 geht durch β-Zerfall in Np-239 und schließlich in Pu-239 über. Dieses Plutoniumisotop ist spaltbar und eignet sich daher als Reaktorbrennstoff.

Im *Hochtemperaturreaktor* ist der Reaktorkern aus kugelförmigen Brennelementen aufgebaut, die Graphit als Moderator enthalten. Für einen Reaktor mit einer elektrischen Leistung von 300 MW sind rund 700 000 derartige Kugeln erforderlich. In einem Druckgefäß strömt Heliumgas zwischen den Kugeln hindurch, wobei es sich aufheizt und zum Antrieb von Turbinen dient.

Weil bei diesem Reaktortyp höhere Temperaturen erreicht werden, können 40% der bei der Spaltung freiwerdenden Energie in elektrische Energie umgewandelt werden. Der Wirkungsgrad ist also etwas höher als bei den heute gebräuchlichen Reaktoren.

Der Hochtemperaturreaktor hat noch einen weiteren Vorteil. In den Brennstoffkugeln befinden sich sowohl U-235 (1 g je Kugel) als auch Th-232 (10 g je Kugel). Durch Neutroneneinfang wandelt sich das Thorium allmählich zu spaltbarem U-233 um. Es wird also ein zunächst nicht spaltbares Grundmaterial in Reaktorbrennstoff umgewandelt. Der Hochtemperaturreaktor »brütet« seinen eigenen Brennstoff.

Auch im *Brutreaktor* wird die Erzeugung von Kernenergie mit der Produktion von spaltbaren Material verbunden, wobei während des Betriebes mehr Kernbrennstoff anfällt, als verbraucht wird. Ein typischer Brutvorgang ist die Umwandlung von U-238 in das spaltbare Plutoniumisotop Pu-239. Für diese Umwandlung sind energiereiche und schnelle Neutronen erforderlich. Man spricht daher vom *Schnellen Brüter.* Als Kühlmittel dient hier nicht Wasser, das die Neutronen abbremsen würde, sondern flüssiges Natrium. Der technische Einsatz Schneller Brüter ist besonders schwierig, da zahlreiche Sicherheitsprobleme auftreten. Erstens schaltet sich dieser Reaktortyp im Störfall nicht wie ein wassergekühlter Reaktor automatisch ab. Zweitens ist flüssiges Natrium wegen seiner heftigen Reaktion mit Wasser im großtechnischen Einsatz besonders problematisch. Drittens ist Plutonium eine besonders giftige chemische Substanz.

Plutonium muß bei der Verarbeitung in »Handschuhkästen« hantiert werden. Im Inneren dieser dicht schließenden Gehäuse herrscht Unterdruck.

5. Die Risiken der Kernenergie

Die Sicherheitsprobleme beim Einsatz von Kernreaktoren stehen heute im Mittelpunkt einer heftigen Kontroverse. Über einige Fragen herrscht Einigkeit unter allen Experten, während andere Probleme unterschiedlich beurteilt werden. Bei der Besprechung der verschiedenen Problemkreise werden wir uns auf wassergekühlte Reaktoren beschränken.

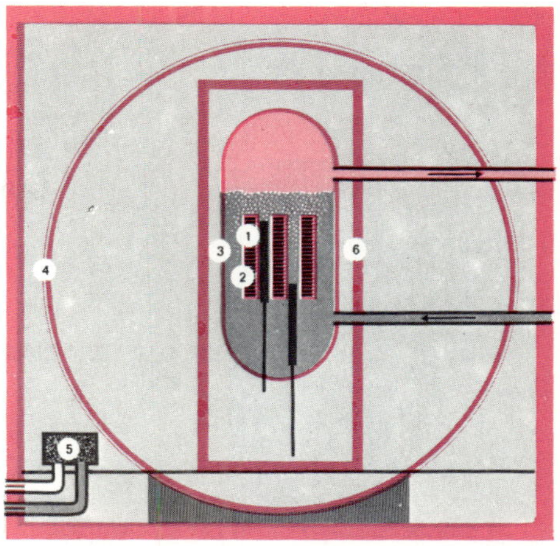

Mehrere Sicherheitsbarrieren verhindern das Entweichen radioaktiver Stoffe:
1 Brennstoff-Kristallgitter
2 Brennstabhülle
3 Reaktordruckgefäß
4 Sicherheitsbehälter mit Dichthaut
5 Rückhalteeinrichtungen für flüssige und gasförmige radioaktive Stoffe
6 Biologischer Schild

a) Die Radioaktivität im Normalbetrieb

Die Brennstäbe eines Reaktors sind vor dem Einbau in den Reaktorkern nicht in nennenswertem Maße radioaktiv. Erst mit dem Einsetzen der Kettenreaktion geht vom Reaktorkern ein intensiver Neutronenfluß aus, und in den Brennstäben beginnen sich die radioaktiven Spaltprodukte anzusammeln. Zahlreiche Schutzmaßnahmen verhindern das Austreten von Strahlung und von radioaktiven Stoffen in die Umwelt. Die vom Reaktor ausgehende Gamma- und Neutronenstrahlung wird vor allem vom Druckgefäß des Reaktors selbst und vom »biologischen Schild«, einem dicken Betonmantel, absorbiert. Die Strahlenbelastung in den Betriebsräumen des Reaktors und in seiner unmittelbaren Umgebung trägt nur einen verschwindenden Bruchteil zu jener natürlichen radioaktiven Strahlung bei, welcher der Mensch alltäglich durch andere Strahlenquellen ausgesetzt ist. Die im menschlichen Körper selbst enthaltenen natürlichen radioaktiven Substanzen strahlen ca. 20mal mehr als ein unmittelbar benachbartes Kernkraftwerk! Ebenso steigt die Strahlenbelastung durch die Übersiedlung in ein Hochhaus mehr an als durch ein nahegelegenes Kernkraftwerk.

Ort	mJ/kg a
Frankfurt	0,60
Schwarzwald	18,00
Wien, Asphaltstraße	0,45
Wien, Granitpflaster	1,10
Bregenz	0,70
Zürich	1,19
St. Moritz	1,80
Brasilien, Atlantikküste	87,00

Die natürliche Strahlenbelastung. Die Strahlung stammt zum Teil von radioaktiven Elementen in der Erde. Ein Teil der Strahlung kommt in Form »kosmischer Strahlung« aus dem All.

> Die von einem Kernreaktor im Normalbetrieb abgegebene Radioaktivität ist gegenüber der natürlichen Radioaktivität vernachlässigbar klein.

In den angegebenen Daten für die Strahlenbelastung durch Kernreaktoren ist auch die Emission gasförmiger und flüssiger radioaktiver Isotope durch den Reaktor berücksichtigt. Die vielfachen Schutzhüllen, die um den Reaktorkern gelegt werden, verringern die dadurch hervorgerufene Strahlenbelastung bis auf ein unschädliches Ausmaß.

b) Der größte anzunehmende Unfall (GAU)

Ein Reaktor ist im Prinzip ein Tauchsieder in einem Wasserkessel. Welche Unfälle können dabei auftreten?

Die Regelstäbe eines Reaktors sind so angelegt, daß sie im Störungsfall automatisch in den Reaktorkern hineinfallen und den Reaktor abschalten. Auch sind stets mehrere unabhängig voneinander arbeitende Systeme vorhanden.

Schwierigere Probleme gibt es bei der Wasserversorgung des Reaktors zu lösen. Das Druckgefäß muß gegen Flugzeugabstürze, Erdbeben, Sabotage und andere Einwirkungen geschützt sein. Trotzdem kann es durch eine Störung zu einem Rohrbruch im Wasserkreislauf des Reaktors kommen. Heißer und auch geringfügig radioaktiver Dampf tritt aus. Durch die 3 cm starke Sicherheitshülle des Reaktors soll eine radioaktive Verseuchung der Umgebung bei diesem »größten anzunehmenden Unfall« (GAU) verhindert werden. Allerdings kann eine geringfügige Erhöhung der Radioaktivität in

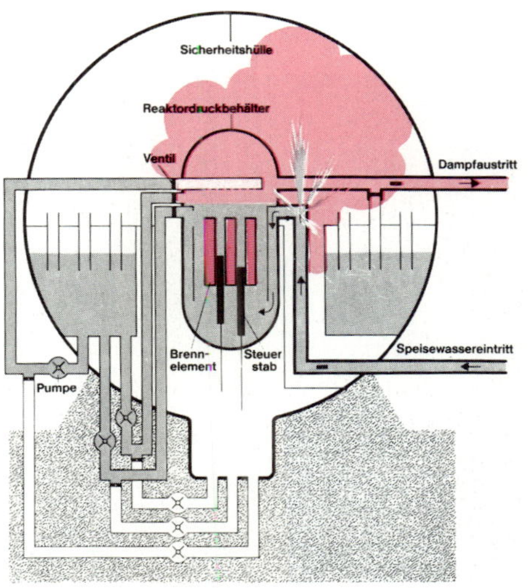

Unter dem größten anzunehmenden Unfall versteht man einen Bruch der Speisewasserleitung des Reaktors. Dabei tritt heißer, radioaktiver Dampf aus, der von der Sicherheitshülle des Reaktors zurückgehalten werden soll.

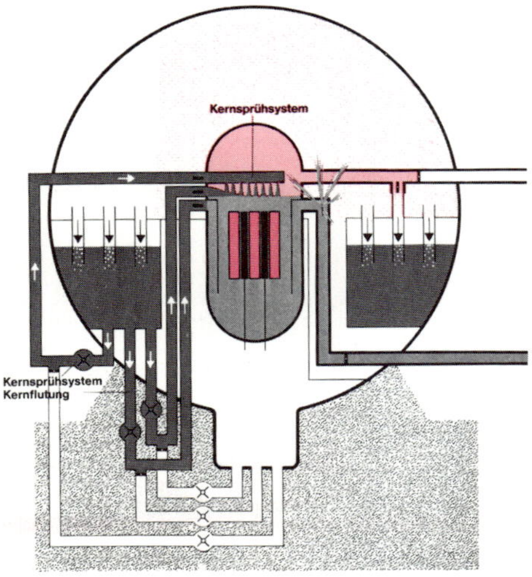

Das Notkühlsystem des Reaktors sorgt dafür, daß nach dem Bruch der Speisewasserleitung der Reaktorkern weiter gekühlt wird.

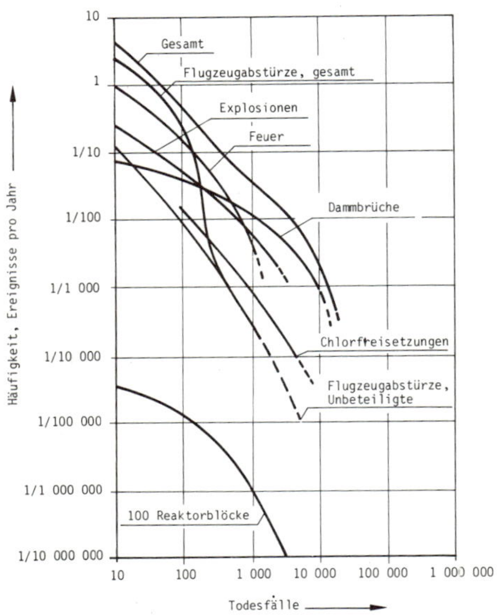

Im Rasmussen-Bericht wird die Häufigkeit von Todesfällen aufgrund verschiedener zivilisationsbedingter Ereignisse verglichen.

In der Wiederaufbereitungsanlage Karlsruhe wurden seit 1971 insgesamt 60 Tonnen abgebrannte Brennstäbe verarbeitet.

der unmittelbaren Umgebung des Reaktors nicht völlig ausgeschlossen werden. Die Wahrscheinlichkeit für das Eintreten dieses Unfalls wird auf ein Ereignis pro 10 000 bis 100 000 Betriebsjahre geschätzt. (Hier liegt ein strittiger Punkt vor.) Die mehrfach vorhandenen Notkühleinrichtungen des Reaktors sorgen dafür, daß auch der GAU sicher beherrscht wird.

Unter dem größten anzunehmenden Unfall (GAU) versteht man den Bruch der Hauptkühlleitung eines Reaktors. Dabei kann sich die Radioaktivität in der unmittelbaren Umgebung des Reaktors erhöhen. Notkühleinrichtungen sorgen für die Beherrschung des GAU.

c) Der Super-GAU

Was geschieht, wenn alle Notkühlsysteme oder alle Regelstäbe versagen? In diesem Fall verdampft das gesamte Wasser im Reaktor. Dadurch kommt die Kettenreaktion sofort zum Stillstand, da nunmehr der Moderator fehlt und die Neutronen keine Kernspaltung mehr auslösen können.

Auch bei völligem Versagen der Notkühlung und aller Regelstäbe kann der Reaktor nicht wie eine Atombombe explodieren.

Der Reaktor enthält ja nicht reines spaltbares Material, sondern nur schwach angereicherte radioaktive Brennstoffe. Im Fall eines Super-Gau – darunter versteht man den Ausfall aller Notkühlsysteme – würde sich allerdings der Reaktorkern stark erhitzen, weil die radioaktiven Spaltprodukte in den Brennstäben weiterhin Energie abgeben, obgleich die Kettenreaktion zum Stillstand gekommen ist. Dadurch könnte der Reaktorkern schmelzen, wobei wesentliche Mengen radioaktiver Isotope in die Umwelt gelangen und die Umgebung verseuchen würden.

Die Wahrscheinlichkeit für das Eintreten dieses Katastrophenfalles und für die möglichen Folgen wurden in einem detaillierten Bericht untersucht, der von der amerikanischen Regierung in Auftrag gegeben wurde. Dieser »Rasmussen Bericht« zeigt, daß die Risiken des Super-GAU wesentlich unter den anderen Risiken unserer Zivilisation liegen. Die Ergebnisse des Rasmussen Berichts sind allerdings umstritten, da z. B. eine Studie der amerikanischen physikalischen Gesellschaft höhere Folgeschäden im Falle eines Super-Gau vermuten läßt.

d) Die Wiederaufbereitung

Nach rund drei Betriebsjahren sind die Brennstäbe eines Reaktors durch zu hohe Konzentration radioaktiver Spaltprodukte unbrauchbar geworden und müssen ausgetauscht werden. Die abgebrannten Brennstäbe können entweder gelagert werden – bei Forschungsreaktoren erfolgt dies bereits seit drei Jahrzehnten ohne Schwierigkeiten –, oder einer Wiederaufbereitungsanlage zugeführt werden. In dieser Anlage werden die radioaktiven Spaltprodukte, die bei der Kernspaltung entstehen, von dem wieder verwendbaren U-235 getrennt, das noch in den Brennstäben enthalten ist. Über Wiederaufbereitungsanlagen liegen noch wenig technische Erfahrungen vor. Auch die dabei entstehenden Kosten sind schwer abzuschätzen.

e) Die Endlagerung

Der aus den Brennstäben entfernte radioaktive Müll muß zunächst in flüssiger Form einige Jahre gelagert werden, bis seine Radioaktivität etwas abgeklungen ist. Anschließend wird er auf chemischem Weg in ein Glas eingebettet, wobei der hochaktive Abfall eines 1300-MW-Kraftwerkes ca. 3 m^3 pro Jahr beträgt. (Außerdem fallen noch etwa 100mal größere Mengen an weniger stark radioaktiven Abfällen an.) Der hochaktive Abfall muß nun 10 000 Jahre lang gelagert werden, bis seine Aktivität hinreichend abgeklungen ist. Für etwa 20 Jahre wird der Atommüll zunächst in mittelfristigen Lagern aufbewahrt. Zu einem geeigneten Zeitpunkt wird das radioaktive Material dann in ein Endlager gebracht, welches Sicherheit für einige Jahrtausende bieten muß. Man denkt dabei vor allem an Stollen in großen Salzvorkommen.

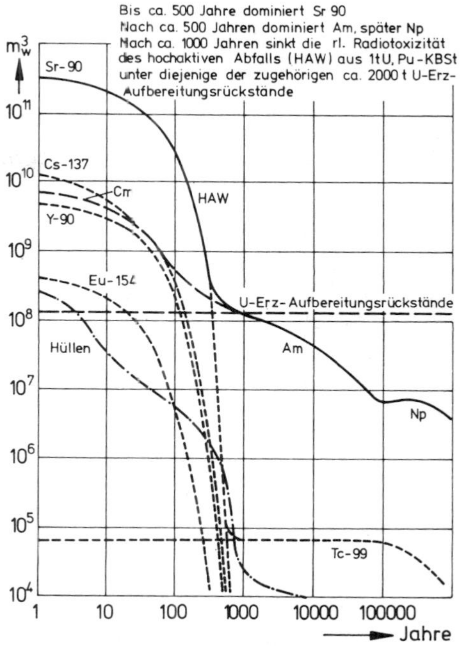

Die Radioaktivität der hochaktiven Abfälle eines Reaktors klingt nur langsam ab. Das Diagramm gibt die relative Radiotoxität des Abfalls von einer Tonne Uran an. Darunter versteht man das Wasservolumen, das zur Verdünnung des Abfalls auf die maximal zulässige Konzentration in Trinkwasser notwendig wäre.

Testfragen:

1. Wie bestimmt man die Masse der Atomkerne?
2. Was versteht man unter Isotopen?
3. Weshalb haben Isotope die gleichen chemischen Eigenschaften?
4. Aus welchen Teilchen ist der Atomkern aufgebaut?
5. Was versteht man unter der Massenzahl, was unter der Ordnungszahl?
6. Mittels welcher Experimente läßt sich der Radius der Kerne abschätzen?
7. Welche Formel beschreibt den Kernradius?
8. Um welchen Faktor ist die Bindungsenergie eines Kernbausteins größer als die Bindungsenergie eines Elektrons der Hülle?
9. Wie hängt die Bindungsenergie pro Kernbaustein von der Massenzahl ab?
10. Was wissen Sie über die starke Wechselwirkung (Kernkräfte)?
11. Welche Arten von radioaktiver Strahlung gibt es?
12. Wie ändert sich die Massenzahl und wie die Ordnungszahl bei der Aussendung
    a) eines Alpha-Teilchens, b) eines Elektrons, c) eines Gamma-Quants?
13. Beschreiben Sie die C-14-Methode zur Altersbestimmung.
14. Weshalb sind radioaktive Indikatoren in der Medizin so wichtig?
15. Wie lautet das radioaktive Zerfallsgesetz?
16. Welche Möglichkeiten gibt es, um Kernenergie freizusetzen?
17. Wo finden in großem Ausmaß Kernverschmelzungen statt?
18. Weshalb benötigt man für die Kernverschmelzung hohe Temperaturen?
19. Wie hält man in einer Fusionsanlage das heiße Plasma zusammen?
20. Was geschieht bei der Kernspaltung?
21. Erklären Sie die Begriffe „Kettenreaktion" und „Multiplikationsfaktor".
22. Was versteht man unter „kritischer Masse"?
23. Wie ist eine Atombombe aufgebaut, und wie funktioniert sie?
24. Wie ist im Prinzip ein Kernreaktor aufgebaut, und wie funktioniert er?
25. Welche Reaktortypen werden heute für Forschungszwecke und welche zur Energiegewinnung eingesetzt?
26. Was sind „Schnelle Brüter"?
27. Wie arbeitet ein Geiger-Müller-Zählrohr?
28. Warum kann ein Reaktor nicht wie eine Atombombe explodieren?
29. Was geschieht bei der Wiederaufbereitung der Brennstäbe?
30. Wie stellt man sich die Endlagerung des radioaktiven Atommülls vor?

Abtransport abgebrannter Brennstäbe.

Mittelaktive Abfälle werden in einem Salzbergwerk gelagert.

CERN, das Europäische Zentrum für Hochenergiephysik, liegt in der Nähe von Genf. 5000 Wissenschaftler und Techniker studieren hier den Aufbau der Materie. Im Jahre 1977 betrug das Gesamtbudget des CERN 640 Millionen Schweizer Franken. Es wurde von den Mitgliedsländern des Forschungszentrums aufgebracht. Es sind dies Belgien, die Bundesrepublik Deutschland, Dänemark, Frankreich, Großbritannien, Griechenland, Italien, die Niederlande, Norwegen, Österreich, Schweden und die Schweiz.

Die Beschleunigung der Teilchen erfolgt zunächst mit einem van-de-Graaff-Generator. Die vorbeschleunigten Teilchen werden dann in das 28-GeV-Protonen-Synchrotron eingeschossen und erreichen dort fast Lichtgeschwindigkeit. Die Ereignisse bei der Streuung der Teilchen werden mit riesigen Zähleranordnungen registriert.

V. Physik der Elementarteilchen

Zu Beginn des 20. Jahrhunderts betrachtete man die Atome als die letzten, unteilbaren Bestandteile der Materie. Die Entdeckung des Atomkerns und der Elektronenhülle zeigte jedoch, daß auch Atome teilbar sind. Nunmehr vermutete man, die Elektronen, Protonen und Neutronen seien die gesuchten Urbausteine der Materie. Besonders wichtig war die Erklärung des Aufbaus aller chemischer Elemente durch nur drei »Elementarteilchen«. Ein neuer Forschungszweig entstand, die »Elementarteilchenphysik«.

Die erhoffte Einfachheit des Aufbaus der Materie erwies sich als falsch. Bald entdeckte man außer Elektron, Proton und Neutron noch weitere Teilchen. Heute sind rund 200 verschiedene Teilchenarten bekannt, so daß sich wiederum die Frage nach den einfachsten Bausteinen der Materie stellt, nach dem »Urstoff«, der nach der Meinung vieler antiker Naturphilosophen die Welt aufbauen soll.

Sind die Elementarteilchen aus einfacheren Bausteinen aufgebaut? Vom Proton und vom Neutron wissen wir, daß sie einen Radius von rund 10^{-15} m haben. Was geschieht, wenn man versucht, diese Teilchen zu zerlegen, indem man sie z. B. heftig aufeinander schießt? Um diese Frage zu klären, benötigt die Elementarteilchenphysik große Beschleuniger. Mit ihrer Hilfe versucht man, den Aufbau der Materie zu enträtseln, aber auch neue Teilchenarten zu erzeugen und die zwischen verschiedenen Teilchen wirkenden Kräfte zu erforschen.

Die Teilchenstrahlen werden mit Magneten auf Targets gelenkt.

Ein Neutrino erzeugt beim Auftreffen auf den Wasserstoff einer Blasenkammer zahlreiche weitere Teilchen.

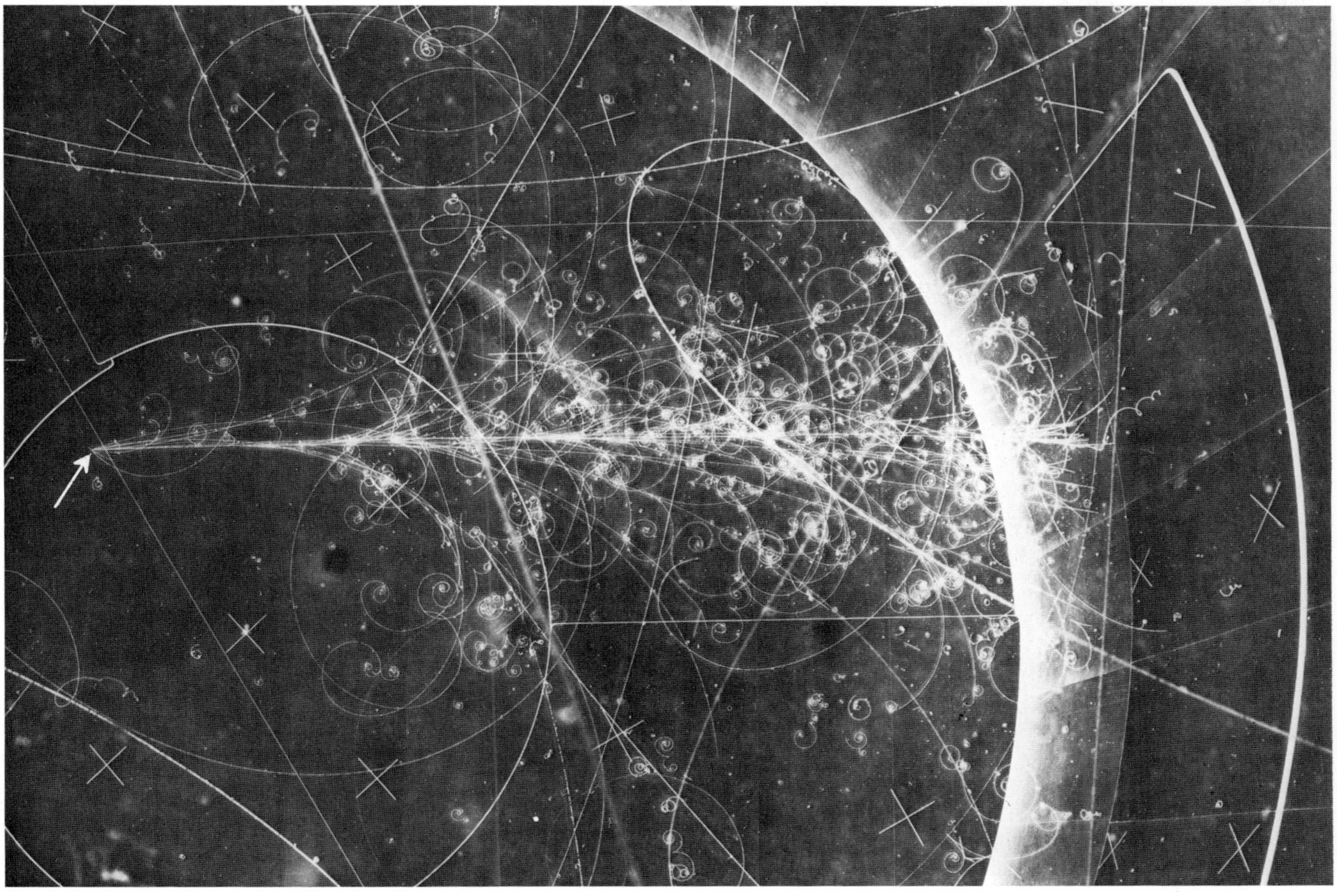

Der Linearbeschleuniger von Stanford. Hier werden Elektronen auf eine Energie von 20,5 GeV *beschleunigt.*

Die große europäische Blasenkammer von CERN. Ihr Kernstück ist ein 3 m hoher Zylinder, der mit 39 000 l Wasserstoff gefüllt ist.

1. Beschleuniger und Detektoren

Geladene Teilchen, wie Elektronen und Protonen, können durch elektrische Felder beschleunigt werden. Durchläuft dabei das Teilchen eine Spannung von einigen Millionen Volt, so wird es auf einige MeV beschleunigt. Um höhere Energie zu erzielen schaltet man einige Beschleunigungsstrecken hintereinander.

Im *Linearbeschleuniger* werden Elektronen durch viele hintereinander geschaltete Hochspannungsanlagen beschleunigt. Die größte Anlage dieser Art wurde 1966 in Stanford (USA) gebaut. Auf einer Länge von 3,2 km werden Elektronen von 240 Beschleunigungssystemen auf eine Energie von 22 GeV gebracht. Das evakuierte Rohr, in dem die Elektronen laufen, hat dabei einen Durchmesser von nur 10 cm. Am Ende der Beschleunigungsstrecke ist die Masse der Elektronen auf das 40 000fache angestiegen.

Ordnet man die Beschleunigungsstrecken nicht hintereinander sondern im Kreis an, so können die Teilchen das System mehrmals durchlaufen. Um sie in dem engen Führungsrohr auf einer genau vorgeschriebenen Kreisbahn zu halten, braucht man ein Magnetfeld. Weil der Durchmesser der Kreisbahn fest vorgegeben ist, kann die Stärke des Magnetfeldes nicht konstant bleiben, sondern muß mit zunehmender Teilchenenergie synchron erhöht werden. Dieser Beschleunigertyp heißt daher *Synchrotron.*

Das größte Synchrotron Europas wurde 1976 im Europäischen Kernforschungszentrum CERN bei Genf in Betrieb genommen. Die als Superprotonen-Synchrotron bezeichnete Anlage verleiht Protonen eine Energie von 400 GeV. Längs des 7 km langen Beschleunigerringes sind 744 Führungsmagnete angeordnet. Dazwischen befinden sich 216 Fokussiermagnete, die den Protonenstrahl horizontal und vertikal zusammendrücken. Jede Beschleunigungsphase dauert 3,5 s. Dabei durchlaufen 10^{13} Protonen 150 000mal den Ring und werden allmählich auf ihre Endenergie gebracht.

Die aus dem Beschleuniger kommenden Teilchen werden nun auf ein Target gerichtet, wo sie mit anderen Teilchen zusammenstoßen. Die Spuren der Teilchen werden dann mit verschiedenen Detektoren registriert. Häufig verwendet man dazu eine *Blasenkammer.* Sie ist mit einer Flüssigkeit gefüllt, deren Druck und Temperatur so geregelt wird, daß die Flüssigkeit knapp vor dem Sieden steht. Unmittelbar vor dem Durchgang der Teilchen wird der Druck plötzlich vermindert, so daß die Flüssigkeit zu sieden beginnt. Die ersten Blasen bilden sich an den Stellen, an denen elektrisch geladene Teilchen die Flüssigkeit durchqueren und dabei ionisieren. Die Blasenkammer dient zugleich als Target, denn die einfallenden hochenergetischen Teilchen stoßen auch mit den Atomen der Flüssigkeit zusammen. Dabei werden sie gestreut, oder es entstehen neue Teilchen.

Eine zweite Art von Detektoren sind *Funkenkammern.* Darin erzeugen geladene Teilchen Entladungsblitze zwischen elektrisch geladenen Platten.

In Funkenkammern lösen die geladenen Teilchen Funken aus. Dadurch kann man die Bahnen und die Umwandlungen der Teilchen verfolgen.

2. Die Vielfalt der Teilchen

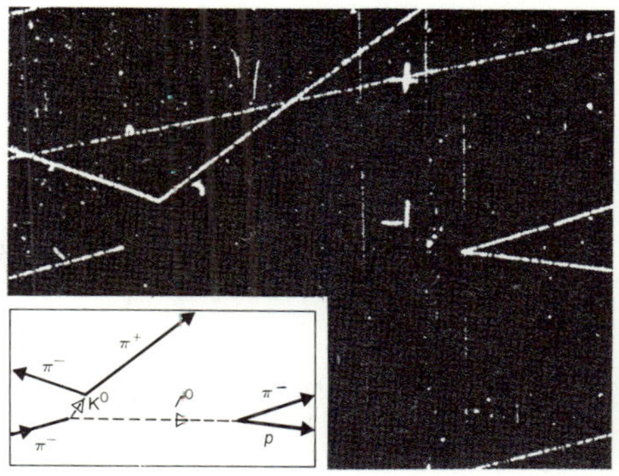

Beim Zusammenstoß von Elementarteilchen entstehen oft neue Teilchenarten, die bald wieder zerfallen. Hier sind beim Stoß eines π-Mesons gegen ein Proton zwei neutrale Teilchen entstanden, die keine Spuren hinterlassen. Nach kurzer Wegstrecke zerfallen die Teilchen aber in geladene Teilchen, die sichtbare Spuren in der Blasenkammer hinterlassen.

Die Ergebnisse der Elementarteilchenphysik haben die Hoffnung zerstört, mit Elektron, Proton und Neutron seien die wesentlichen Bausteine der Materie bereits gefunden. Zahlreiche neue Teilchenarten entstehen beim Zusammenstoß zweier energiereicher Teilchen, wobei sich ihre kinetische Energie in Ruhmasse umwandelt. Die neuen Teilchen können dabei nach ihrer Masse, elektrischen Ladung, ihrem Drehimpuls, aber auch nach ihrer Lebensdauer unterschieden werden. Die neu entstehenden Teilchen sind nämlich zumeist recht kurzlebig und zerfallen schon nach kurzer Zeit wieder in andere Teilchen. Das Blasenkammerbild zeigt z. B. die Entstehung zweier Teilchen beim Zusammenstoß von zwei Protonen. Die beiden neu entstandenen Teilchen zerfallen nach einer Wegstrecke $d \approx 10$ cm wieder. Weil sich die Teilchen fast mit Lichtgeschwindigkeit bewegen, folgt daraus für ihre Lebensdauer

$$t \approx \frac{d}{c} \approx \frac{0{,}1\ \mathrm{m}}{3 \cdot 10^8\ \mathrm{m/s}} \approx 3 \cdot 10^{-10}\ \mathrm{s}.$$

Manche andere Teilchen weisen noch kürzere Lebensdauer auf, die bis zu 10^{-23} s betragen kann. Außer dem Photon, Elektron und Proton kennt man nur ein weiteres stabiles Elementarteilchen, das *Neutrino* (ν). Es weist keine Ruhmasse auf und wird beim β-Zerfall von Atomen gemeinsam mit dem Elektron emittiert. Da das Neutrino keine Ladung trägt, hinterläßt es keine Spur und bleibt zumeist unentdeckt.

Die Elementarteilchen lassen sich heute erst ansatzweise in eine Systematik einordnen. Eines der wichtigsten Ergebnisse wurde dabei von dem englischen Physiker Paul Adrian Dirac hergeleitet. Er sagte im Jahre 1929 die Existenz der *Antiteilchen* vorher und gab die Daten des *Positrons* an. Dieses Teilchen hat die gleiche Masse wie das Elektron, trägt aber eine positive Ladung. Es wurde drei Jahre später entdeckt und war das erste Beispiel eines Antiteilchens. Heute kennt man fast alle Antiteilchen. Teilchen und Antiteilchen haben jeweils gleiche Masse und gleiche Lebensdauer. Ihre elektrische Ladung und andere Eigenschaften sind aber genau entgegengesetzt zueinander. Treffen Teilchen und Antiteilchen zusammen, so können sie sich gegenseitig vernichten. Ihre Ruhmasse wird dabei in Energie umgewandelt.

Einen weiteren Ansatz zu einer Einordnung der verschiedenen Elementarteilchen in eine Art von »Periodensystem« verdanken wir dem amerikanischen Nobelpreisträger Murray Gell-Mann. Von theoretischen Überlegungen ausgehend, gelang es ihm, die verschiedenen Teilchen in Gruppen zu ordnen, wobei zwischen den Massen der Teilchen feste Beziehungen bestehen. Bei der Einordnung der bekannten Teilchen in diese Gruppen blieben zunächst einige Plätze unbesetzt, wie dies ja auch beim Periodensystem der Elemente der Fall war. Alle fehlenden Teilchen konnten jedoch in der Folge entdeckt werden.

Einige wichtige Elementarteilchen

Name und Symbol	m/m_e	t in s
Photon γ	0	∞
Neutrino ν	0	∞
Elektron e^-, Positron e^+	1	∞
Myon μ^+, μ^-	207	$2 \cdot 10^{-6}$
Pion π^+, π^-	273	$2 \cdot 10^{-8}$
π^0	273	$2 \cdot 10^{-16}$
Eta η	1074	10^{-22}
Proton p	1836	∞
Neutron n	1839	1000
Lambda Λ^0	2183	$3 \cdot 10^{-10}$
Sigma$^+$ Σ^+	2328	$8 \cdot 10^{-11}$

Die Massen der Teilchen sind hier in Einheiten der Elektronenmasse angegeben. Man unterscheidet drei Teilchengruppen: Die Leptonen (leichte Teilchen), die Mesonen (mittelschwer) und die Baryonen (schwere Teilchen). Die Anzahlen der Leptonen und der Baryonen bleiben bei allen Stößen zwischen Teilchen konstant, falls man Antiteilchen negativ rechnet. Mesonen können dagegen bei Stößen in beliebiger Anzahl erzeugt werden.

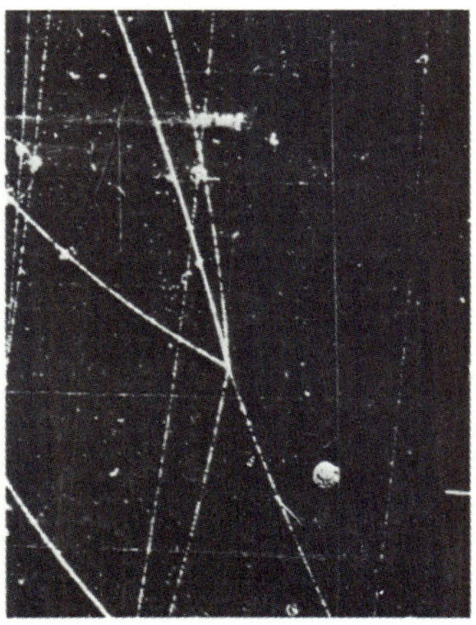

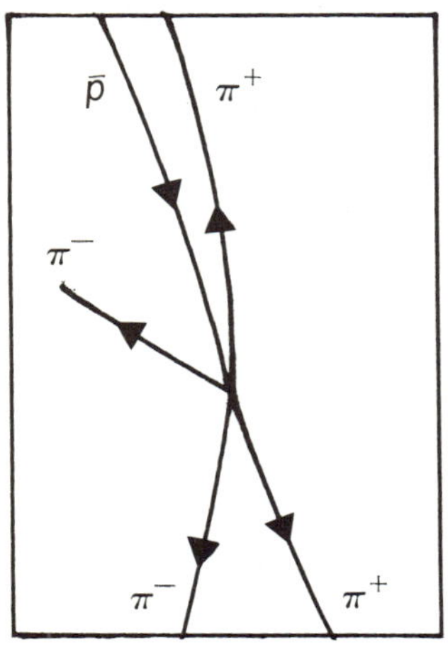

Ein Antiproton trifft auf ein ruhendes Proton. Bei diesem Zusammenstoß von Antimaterie mit Materie werden zunächst Pionen erzeugt, die nach kurzer Zeit wieder zerfallen. Dabei wird Ruhmasse in Energie umgewandelt.

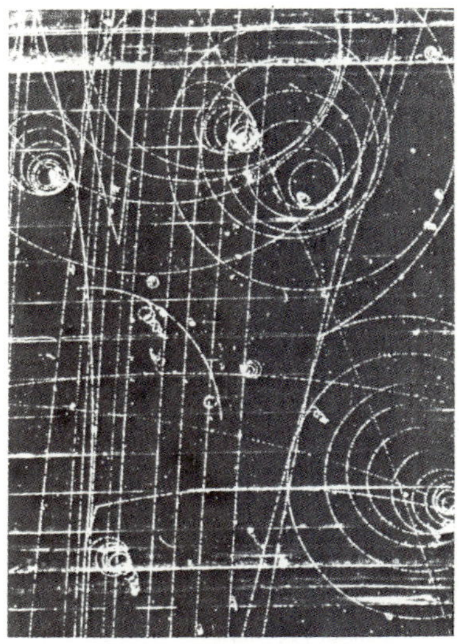

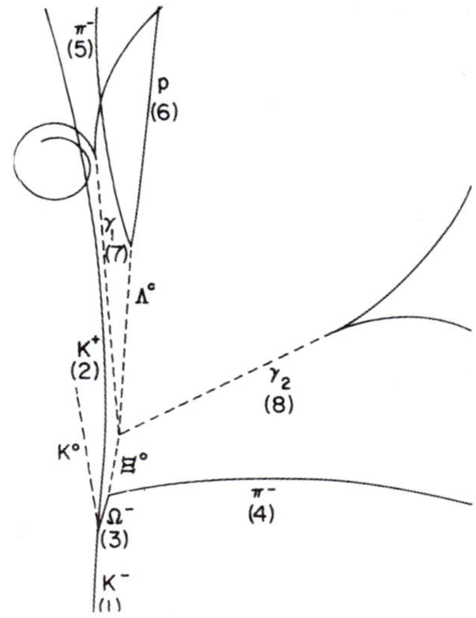

Die erste Blasenkammeraufnahme des Omega-Minus-Teilchens gelang im Jahre 1964 in Brookhaven. Die auftretenden Teilchenarten sind in der Zeichnung rechts identifiziert.

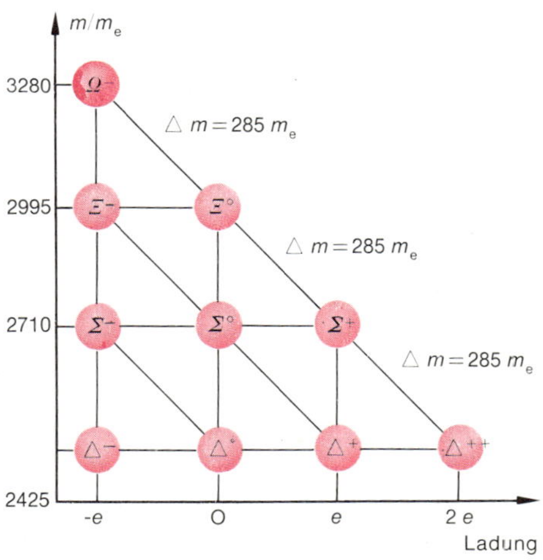

Das Ordnungsschema der Elementarteilchen, das zur Vorhersage des Omega-Minus-Teilchens führte.

Die Ordnung der Teilchen ist aber nur ein erster Schritt. Beim Periodensystem der Elemente gelang es, die Vielfalt der chemischen Elemente auf nur drei Bausteine, Elektron, Proton und Neutron, zurückzuführen. Werden sich auch die Elementarteilchen als teilbar erweisen, und wird es gelingen, die mehr als 200 verschiedenen Teilchen auf wenige noch grundlegendere Bausteine zurückzuführen? Der Antwort auf diese Frage gelten intensive Untersuchungen der Elementarteilchenphysiker. Die Struktur einiger Teilchen kann man durch Streuexperimente bestimmen. Die Streuung hochenergetischer Elektronen an Protonen oder Neutronen erlaubt es z. B., die Ladungsverteilung im Inneren dieser Teilchen zu messen. Im Bereich höchster Energien erhält man dabei ein Ergebnis, das an Rutherfords Entdekkung des Atomkerns erinnert: Die Teilchen werden wesentlich stärker gestreut, als man vermutete. Dieses Ergebnis kann man durch die Hypothese erklären, daß z. B. das Proton aus drei kleineren Teilchen aufgebaut ist, die man »Quarks« nennt. Auch das von Gell-Mann entdeckte Ordnungsschema der Teilchen läßt sich durch die *Quark-Hypothese* zwanglos erklären.

Sind wir damit auf eine neue Grenze der Teilbarkeit der Materie gestoßen? Die Experimente liefern bisher ein anderes Ergebnis. Man beobachtet nie, daß ein Proton beim Aufprall eines anderen hochenergetischen Teilchens in Teile zerfällt. Manche Physiker vermuten, daß die heute verwendeten Energien noch nicht ausreichen, um die Quarks im Proton voneinander zu trennen. Eine vielleicht noch plausiblere Vermutung anderer Forschungsgruppen ist, daß die Energien *niemals* ausreichen werden, um Elementarteilchen in noch kleinere Teilchen zu zerbrechen. Schießt man nämlich die Teilchen mit sehr hoher Energie aufeinander, so wird die Energie nicht zum Aufbrechen der Teilchen verwendet, sondern es entstehen *neue* Teilchen.

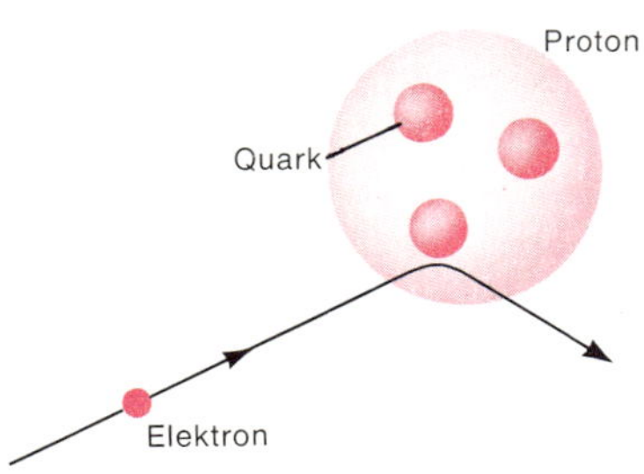

Bei der Streuung hochenergetischer Elektronen an Protonen treten stärkere Ablenkungen auf, als bei einem einheitlichen Aufbau der Protonen zu erwarten wäre. Man vermutet, daß auch die Protonen aus anderen Teilchen, den Quarks, aufgebaut sind.

Wir stehen hier vor einer völlig neuartigen Lösung der alten Kontroverse zwischen Demokrit und Aristoteles, die sich im Grunde bis in unsere Zeit hineinzieht. Demokrit glaubte bekanntlich an kleinste, unteilbare Urbausteine der Materie. Aristoteles sah in dieser Annahme einen inneren Widerspruch. Weil nämlich die Teilchen Ausdehnung und Gestalt haben müßten, konnten sie nicht unteilbar sein. Deshalb vertrat Aristoteles die Meinung, die Materie müsse immerfort weiter teilbar sein. Erst heute zeichnet sich eine elegante Lösung dieser einander widersprechenden Ansichten (»Aporie«) ab. Beim Versuch, die Elementarteilchen zu teilen, entstehen wegen der zur Teilung erforderlichen Energie als Bruchstücke keine kleineren Teilchen, sondern wiederum die »alten« Arten von Teilchen! Die Materie ist daher fortgesetzt teilbar, besteht aber dennoch aus letzten Urbausteinen!

3. Die Kräfte zwischen Elementarteilchen

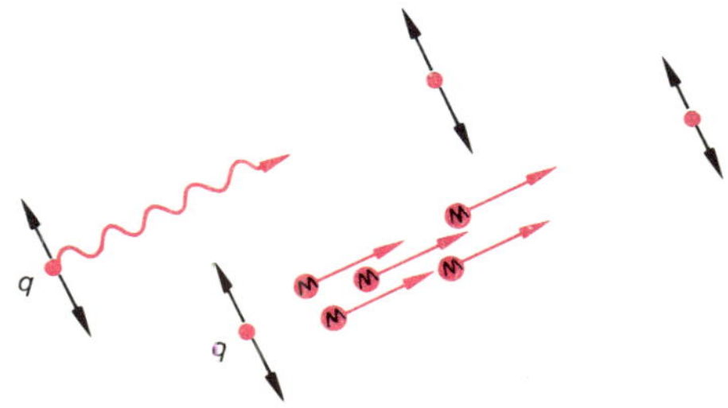

Eine beschleunigte Ladung sendet ein elektromagnetisches Feld aus. Eine andere Ladung wird in diesem Feld ebenfalls beschleunigt. Diese Kraftübertragung von einer Ladung zur anderen wird in der Teilchentheorie durch die Übertragung von Photonen gedeutet.

Auch die Kräfte, die zwischen verschiedenen Elementarteilchen wirken, können mit Hilfe von Streuversuchen gemessen werden. Die Ergebnisse dieser Messungen legen eine bedeutende Erweiterung des Feldbegriffes nahe, welche von folgenden Überlegungen ausgeht.

Eine ruhende Ladung ist von einem elektrischen Feld umgeben. Beschleunigt man die Ladung, so sendet sie ein Strahlungsfeld aus. Die Quantentheorie hat gezeigt, daß dieses Strahlungsfeld aus Photonen besteht. Bei der Aussendung von Licht geht ein Photon von einer Ladung aus und wird später von einer anderen Ladung absorbiert. Dem Strahlungsfeld sind also Teilchen zugeordnet, die Energie und Impuls von einer Ladung auf eine andere übertragen können. Die Vermutung liegt nahe, daß allen Feldern in ähnlicher Weise Teilchen zugeordnet sind. Diese Teilchen können Energie und Impuls übertragen, was genau der Wirkung einer Kraft entspricht. (In der Mechanik hatten wir die Kraft mit der zeitlichen Änderung des Impulses verknüpft!)

Diese Hypothese vereinfacht das Begriffssystem der Physik wesentlich. Zwei zunächst völlig verschiedenartige Begriffe, nämlich Teilchen und Kraft, werden hier auf einen Begriff zurückgeführt. Kräfte zwischen Teilchen entstehen stets durch Austausch von anderen Teilchen, welche Energie und Impuls von einem Ort zum anderen transportieren. Dies ist eine neuartige Lösung des Wechselwirkungsproblems.

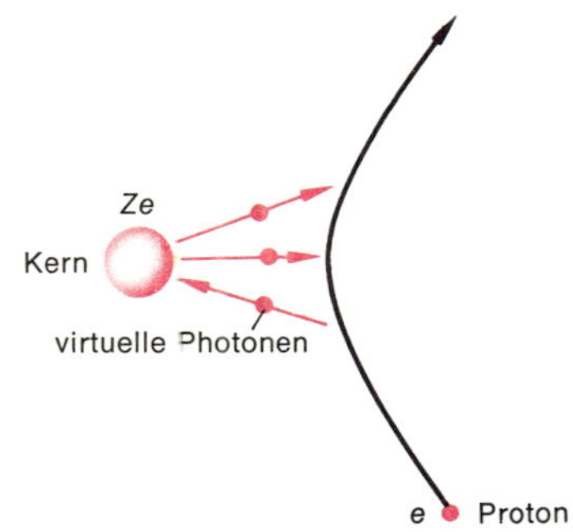

Die Vermutung liegt nahe, auch dem elektromagnetischen Feld Teilchen zuzuordnen, welche die Kraft übertragen. Man nennt diese Teilchen virtuelle Photonen.

Wie können wir uns den Austausch von Teilchen vorstellen, welche z. B. elektrostatische Kräfte übertragen? Dazu gehen wir von der Energie-Zeit-Unschärferelation $\Delta E \, \Delta t \approx h$ aus. Sie besagt, daß für einen kurzen Zeitraum Δt die Energie E nur mit einer Genauigkeit $\Delta t/h$ bestimmt ist. Für kurze Zeit ist es möglich, die Energieunschärfe als Teilchen zu »materialisieren«. Erreicht dieses »virtuelle Teilchen« innerhalb der Zeitspanne Δt eine andere Ladung, so überträgt es die Energie ΔE und einen entsprechenden Impuls.

Wir kommen damit zur Vorstellung, daß jede Ladung von einer Wolke virtueller Teilchen umgeben ist. Diese Teilchen werden immer wieder emittiert und absorbiert und bilden in ihrer Gesamtheit das Feld in der Umgebung der Ladung. Bringt man eine zweite Ladung in die Nähe, so werden manche virtuelle Teilchen von dieser Ladung absorbiert. Dadurch wird Energie übertragen. Umgekehrt stellt man sich vor, daß alle Teilchen, die wir vorfinden, Materialisierungen von Feldern sind.

> Jedes Feld entsteht durch Austausch von Teilchen.
> Jedes Teilchen ist die »Materialisierung« eines Feldes.

Ein beliebiges Kraftfeld wird hier durch virtuelle Teilchen gedeutet. Sie werden für kurze Zeit ausgesendet und später wieder absorbiert.

Soll ein virtuelles Teilchen mit der Masse m entstehen, so ist dazu die Energie $\Delta E = mc^2$ erforderlich. Diese Energie kann nur für die kurze Zeitspanne $\Delta t = h/\Delta E$ aufgebracht werden. In dieser Zeit kann das virtuelle Teilchen höchstens die Strecke

$$\Delta r = c \Delta t = c \frac{h}{\Delta E} = \frac{h}{mc}$$

zurücklegen. Die Reichweite der Energie- und Impulsübertragung ist also begrenzt und hängt mit der Masse m des entsprechenden virtuellen Teilchens zusammen.

Diese Idee können wir z. B. auf die Kernkräfte anwenden. Ihre Reichweite beträgt rund 10^{-15} m. Aus der oben angegebenen Beziehung folgt für die

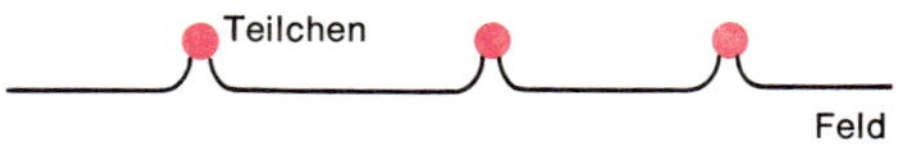

Die Quantenfeldtheorie geht von der Idee aus, daß alle Teilchen Materialisierungen von Feldern sind und Felder durch Austausch von Teilchen entstehen.

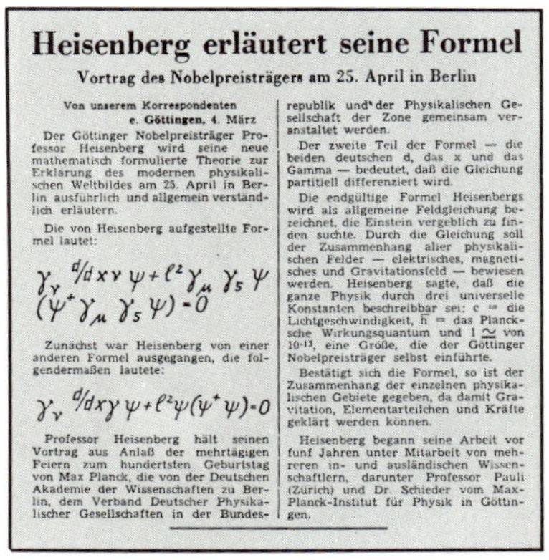

Heisenberg erläutert seine Formel

Vortrag des Nobelpreisträgers am 25. April in Berlin

Von unserem Korrespondenten
e. Göttingen, 4. März

Der Göttinger Nobelpreisträger Professor Heisenberg wird seine neue mathematisch formulierte Theorie zur Erklärung des modernen physikalischen Weltbildes am 25. April in Berlin ausführlich und allgemein verständlich erläutern.

Die von Heisenberg aufgestellte Formel lautet:

$$\gamma_\nu \, d/dx\nu \, \psi + \ell^2 \gamma_\mu \gamma_5 \psi (\psi^+ \gamma_\mu \gamma_5 \psi) = 0$$

Zunächst war Heisenberg von einer anderen Formel ausgegangen, die folgendermaßen lautete:

$$\gamma_\nu \, d/dx\gamma \, \psi + \ell^2 \psi (\psi^+ \psi) = 0$$

Professor Heisenberg hält seinen Vortrag aus Anlaß der mehrtägigen Feiern zum hundertsten Geburtstag von Max Planck, die von der Deutschen Akademie der Wissenschaften zu Berlin, dem Verband Deutscher Physikalischer Gesellschaften in der Bundesrepublik und der Physikalischen Gesellschaft der Zone gemeinsam veranstaltet werden.

Der zweite Teil der Formel — die beiden deutschen d, das x und das Gamma — bedeutet, daß die Gleichung partitiell differenziert wird.

Die endgültige Formel Heisenbergs wird als allgemeine Feldgleichung bezeichnet, die Einstein vergeblich zu finden suchte. Durch die Gleichung soll der Zusammenhang aller physikalischen Felder — elektrisches, magnetisches und Gravitationsfeld — bewiesen werden. Heisenberg sagte, daß die ganze Physik durch drei universelle Konstanten beschreibbar sei: c = die Lichtgeschwindigkeit, $\bar{h}$ = das Plancksche Wirkungsquantum und l $\simeq$ von 10^{-13}, eine Größe, die der Göttinger Nobelpreisträger selbst einführte.

Bestätigt sich die Formel, so ist der Zusammenhang der einzelnen physikalischen Gebiete gegeben, da damit Gravitation, Elementarteilchen und Kräfte geklärt werden können.

Heisenberg begann seine Arbeit vor fünf Jahren unter Mitarbeit von mehreren in- und ausländischen Wissenschaftlern, darunter Professor Pauli (Zürich) und Dr. Schieder vom Max-Planck-Institut für Physik in Göttingen.

Die Suche nach einer »vereinheitlichten Feldtheorie«, in der alle Wechselwirkungen auf ein einziges Feld zurückgeführt werden, ist bisher vergeblich geblieben. Auch der »Heisenbergschen Weltformel« blieb der Erfolg versagt.

Masse der entsprechenden virtuellen Teilchen $m = 2{,}2 \cdot 10^{-27}$ kg. Diese Überlegungen führten den japanischen Physiker Hideki Yukawa im Jahre 1935 zur Vorhersage neuer Teilchen, die wenig später tatsächlich entdeckt wurden. Es sind die π-Mesonen.

Der formale Ausbau der hier angedeuteten Theorie der Kräfte erfolgt in der *Quantenfeldtheorie.* Sie gibt eine einheitliche Beschreibung von Teilchen, Wellen, Kräften und Feldern, welche sich nur als verschiedene Aspekte einer einheitlichen Quantenstruktur erweisen, die den Erscheinungen unserer materiellen Erfahrungswelt zugrunde liegt. Dabei ist es allerdings noch nicht gelungen, die verschiedenen Kräfte, die man kennt, auf ein einziges Quantenfeld zurückzuführen. Eine derartige »vereinheitlichte Feldtheorie« wurde von Albert Einstein, Werner Heisenberg und vielen anderen vergeblich gesucht. Bisher war es nur möglich, die Vielfalt der Wechselwirkungen auf vier Grundarten zurückzuführen: Gravitation, schwache Wechselwirkungen (sie bewirken den β-Zerfall), elektromagnetische Wechselwirkungen und Kernkräfte.

Testfragen:

1. Welche Aufgaben hat die Elementarteilchenphysik?
2. Wie funktioniert ein Linearbeschleuniger?
3. Wie funktioniert ein Synchrotron?
4. Wie arbeitet eine Blasenkammer?
5. Wie arbeitet eine Funkenkammer?
6. Welche Elementarteilchen sind stabil?
7. In welchen Größen stimmen Teilchen und Antiteilchen überein?
8. In welchen Größen unterscheiden sich Teilchen und Antiteilchen?
9. Wie versucht man die Struktur der Elementarteilchen aufzudecken?
10. Was sind „Quarks“?
11. Wie steht es mit der Teilbarkeit der Elementarteilchen?
12. Wie lautet die Energie-Zeit-Unschärferelation, und was sagt sie aus?
13. Beschreiben Sie die Entstehung »virtueller« Teilchen.
14. Beschreiben Sie die Impulsübertragung durch virtuelle Teilchen.
15. Wie hängt die Reichweite eines Feldes von der Masse der entsprechenden virtuellen Teilchen ab?

Übungsbeispiele *

Photonen

1. Eine 100-W-Lampe sendet gelbes Licht der Wellenlänge $\lambda = 500$ nm aus.
   a) Berechnen Sie Energie, Impuls und dynamische Masse der Photonen.
   b) Welche Zahl von Photonen geht pro Sekunde von der Lampe aus, wenn 1 % der zugeführten Leistung im sichtbaren Bereich abgestrahlt wird?
   c) Nimmt die Masse der Lampe infolge der Aussendung der Photonen ab?

\+ 2. Die Abbildung zeigt eine Photozelle, die zur Lichtmessung dient (Belichtungsmesser!). Licht fällt auf eine Photokathode und löst Elektronen aus. Die auf positiver Spannung liegende Anode sammelt diese Elektronen.
   a) Die Photokathode S 11 besteht aus Cs_3Sb. Sie spricht auf Licht mit $\lambda < 670$ nm an. Wie groß ist die Austrittsarbeit W der Elektronen bei diesem Kathodenmaterial?
   b) Gelbes Licht ($\lambda = 500$ nm) fällt auf die Photokathode. Zeigen Sie, daß der Anodenstrom proportional zur Lichtintensität ist, wenn jedes Photon ein Elektron auslöst.
   c) Wie groß ist der Anodenstrom, wenn gelbes Licht mit 1 W Leistung auf die Kathode fällt und jedes Photon ein Elektron auslöst?
   d) Welchen Anodenstrom ruft blaues Licht ($\lambda = 400$ nm) mit gleicher Leistung hervor?

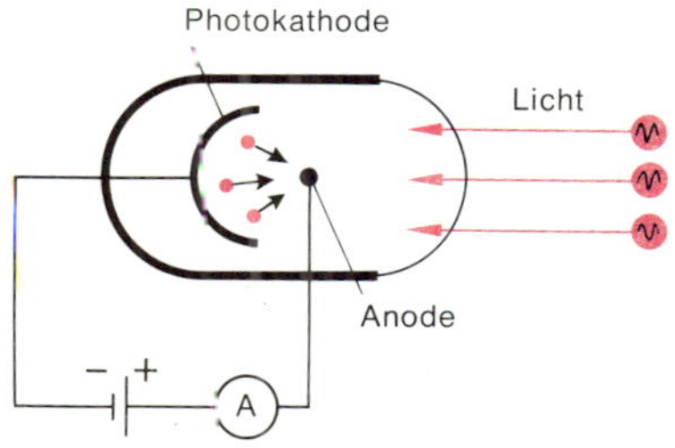

Zu Aufgabe 2

\+ 3. Von Fernsehapparaten geht auch Röntgenstrahlung aus.
   a) Wie kommt diese Strahlung zustande?
   b) In welchen Richtungen wird sie vorwiegend ausgestrahlt?
   c) Welche Wellenlänge hat die Strahlung ungefähr?

4. Ein Scheinwerfer sendet ein paralleles Lichtbündel mit einer Leistung von 100 W aus.
   a) Welchen Impuls haben die pro Sekunde ausgesendeten Photonen?
   b) Welche Rückstoßkraft kommt durch die Lichtaussendung zustande?
   c) Das Licht des Scheinwerfers wird durch einen Spiegel reflektiert. Wie groß ist die Kraft auf diesen Spiegel?

5. Ein Elektronenblitz sendet einen Blitz mit einer Dauer von 10^{-3} s aus, der 10 Joule Lichtenergie enthält. Das austretende Licht sei parallel.
   a) Wie groß ist der Gesamtimpuls der Photonen?
   b) Hängt der Gesamtimpuls von der Wellenlänge ab?
   c) Mit welcher Geschwindigkeit müßte sich ein Sandkörnchen ($m = 1$ mg) bewegen, damit es den gleichen Gesamtimpuls hat?
   d) Wie groß ist die Rückstoßkraft, die während des Blitzes auf das Blitzgerät wirkt?

6. Das Emissionsvermögen eines Schwarzen Körpers ist σT^4 ($\sigma = 5{,}67 \cdot 10^{-8}$ W/m²K⁴), wobei vorwiegend Photonen mit der Energie $E = hf = 5\,kT$ ausgesendet werden.
   a) Wieviele Photonen verlassen die Fläche A bei der Temperatur T pro Sekunde?
   b) Welche Rückstoßkraft wirkt auf die Fläche, falls alle Photonen in Richtung der Flächennormale ausgesendet werden?
   c) Der Strahlungsdruck ist gleich der Rückstoßkraft pro Fläche. Wie hoch ist der Strahlungsdruck im Inneren eines Sterns der Temperatur $T = 2 \cdot 10^7$ K?

7. In der utopischen Literatur findet man die Idee einer Photonenrakete. Sie wird nicht durch den Rückstoß eines Gasstroms, sondern eines Lichtbündels angetrieben.
   a) Wie hängt der Schub (= Rückstoßkraft) mit der ausgesendeten Lichtleistung zusammen?
   b) Wie hoch müßte man die Unterseite der Saturnrakete erhitzen, damit der Strahlungsdruck für den Start ausreicht? (Fläche $A = 100$ m², Masse $m = 500\,000$ kg)
   c) Wie hoch wäre dann die Lichtleistung?

8. Wie groß ist die Kraft, welche die Sonnenstrahlung auf die Erde ausübt?

\+ 9. Von Radiometern wird manchmal behauptet, daß sie sich durch den Druck der einfallenden Sonnenstrahlung zu drehen beginnen. Kann diese Behauptung richtig sein?

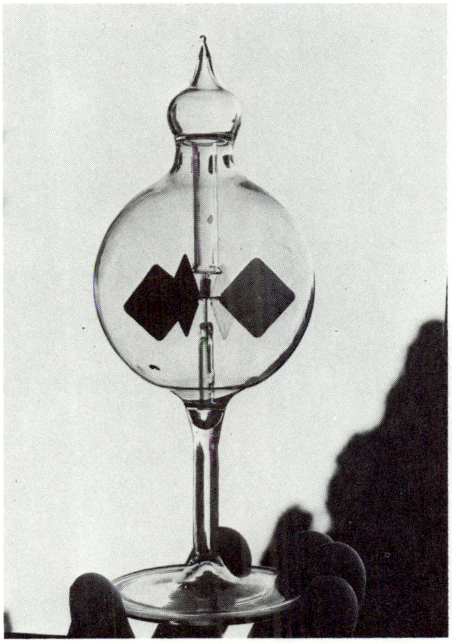

Zu Aufgabe 9
Dreht sich das Radiometer bei Lichteinfall infolge des Strahlungsdrucks?

*) Umfangreiche oder schwierigere Aufgaben sind mit + gekennzeichnet.

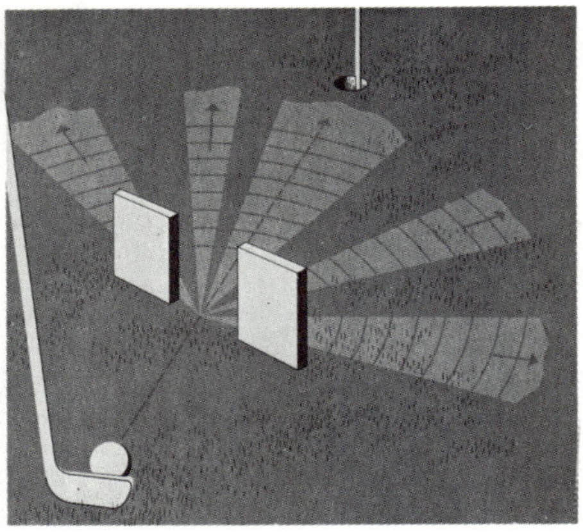

Zu Aufgabe 16

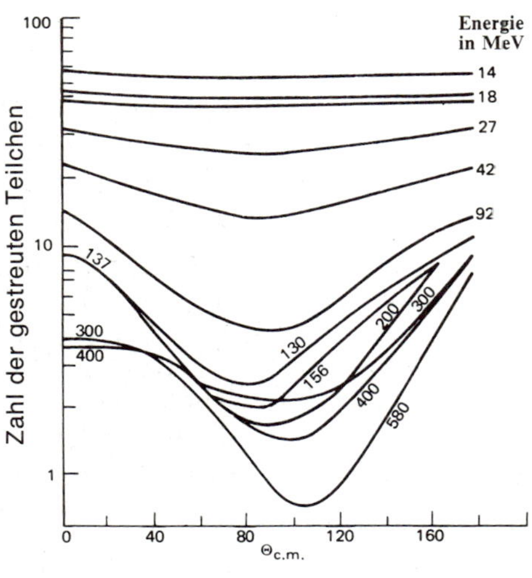

Zu Aufgabe 18

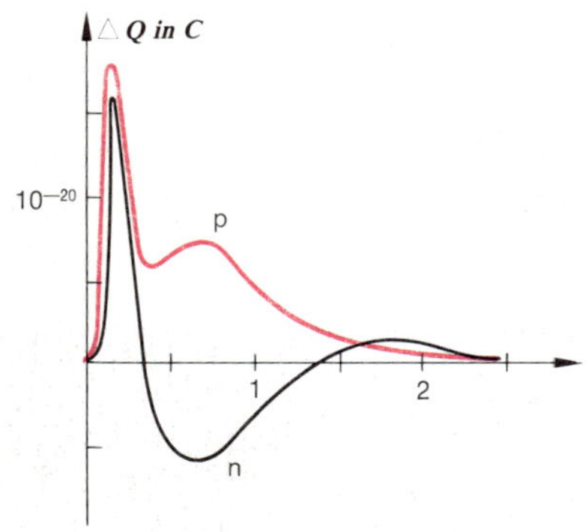

Zu Aufgabe 19
Auf der Ordinate ist die Ladung aufgetragen, die jeweils in einer Kugelschale der Dicke 10^{-16} m *enthalten ist. Die Fläche unter der Kurve gibt die Gesamtladung an.*

Materiewellen

10. Berechnen Sie die Wellenlänge der de-Broglie-Welle für

a) einen Tennisball	$m = 60$ g	$v = 10$ m/s,
b) ein Geschoß	$m = 1$ g	$v = 90$ m/s,
c) ein Proton	$m = 1{,}67 \cdot 10^{-27}$ kg	$U = 2{,}5 \cdot 10^5$ V,
d) ein Elektron	$m = 9{,}1 \cdot 10^{-31}$ kg	$U = 250$ V.

(U ist die beschleunigende Spannung, die das Proton bzw. das Elektron vom Zustand der Ruhe aus durchlaufen muß, um die erforderliche Geschwindigkeit zu erhalten.)

11. In einem Fernsehgerät werden Elektronen durch eine Spannung $U = 15$ kV beschleunigt. Welche de-Broglie-Wellenlänge haben diese Elektronen?

\+ 12. Berechnen Sie das Auflösungsvermögen eines Elektronenmikroskops als Funktion der Betriebsspannung U.
   a) Für $U < 100$ kV dürfen dabei relativistische Effekte i. a. vernachlässigt werden. Welche Geschwindigkeit haben die Elektronen in diesem Fall höchstens?
   b) Für $U > 1000$ kV haben die Elektronen annähernd Lichtgeschwindigkeit. Der Zusammenhang zwischen Impuls, Energie und Wellenlänge ist dann näherungsweise der gleiche wie bei Photonen: $E = pc = hc/\lambda$. Welcher Zusammenhang zwischen U und dem Auflösungsvermögen gilt dann?
   c) In Toulouse steht ein Elektronenmikroskop mit einer Beschleunigungsspannung $U = 3000$ kV. Welches Auflösungsvermögen hat dieses Gerät?
   d) Warum kann man durch weitere Steigerung der Beschleunigungsspannung das Auflösungsvermögen nicht beliebig steigern?

13. Elektronen, die durch einen Doppelspalt fallen, erzeugen auf einem Schirm ein Interferenzmuster. Wie ändert sich der Streifenabstand, wenn die beschleunigende Spannung von 50 V auf 5 000 V erhöht wird?

Heisenbergsche Unschärferelation

14. Ein Elektronenstrahl tritt durch einen Spalt der Breite $d = 0{,}1$ µm. Wie groß ist die Ungenauigkeit des Impulses und der Geschwindigkeit hinter dem Spalt?

\+ 15. In einem Fernsehgerät werden Elektronen durch eine Spannung $U = 15$ kV beschleunigt. Der Bildschirm ist vom Wehnelt-Zylinder $L = 25$ cm entfernt.
   a) Wie groß ist der Durchmesser des Lichtflecks auf dem Bildschirm, wenn die Blende am Wehnelt-Zylinder eine kreisförmige Öffnung hat vom Durchmesser 10 µm, bzw. 2 µm, bzw. 0,5 µM?
   b) Geben Sie eine Formel für den Durchmesser der Öffnung an, bei der sich der schärfste Bildpunkt ergibt.
   Anmerkung: Für die Beugung an einer kreisförmigen Öffnung gelten näherungsweise die gleichen Formeln wie für die Beugung an einem Spalt.

16. Sie schießen beim Minigolf daneben. Können Sie zur Entschuldigung die Unschärferelation heranziehen? Versuchen Sie, die erforderlichen physikalischen Größen (Spaltbreite, Geschwindigkeit, Masse des Balls . . .) selbst abzuschätzen!

\+ 17. Ein Laplacescher Dämon möchte den weiteren Verlauf des Wettergeschehens bestimmen. Dazu schießt er alle Moleküle der Luft aus kleinen Kanonen ab.
   a) Wie groß muß er die Ungenauigkeit der Kanonenöffnung wählen, damit er den ersten Stoß der Luftmoleküle (nach einer mittleren Wegstrecke von 10^{-7} m) möglichst gut vorhersagen kann?
   b) Wird er die Moleküle auf diesen Abstand treffen?

Streuung und Strukturforschung

18. Die Abbildung zeigt die Winkelverteilung von Neutronen, die an Protonen gestreut wurden. Wie kann man aus diesen Daten den Radius der Teilchen abschätzen?

19. Die Abbildung zeigt die Ladungsverteilung in Protonen und Neutronen. Diese Verteilung wurde von Hofstadter durch Streuung von Elektronen an Protonen gewonnen, wobei die Energie der Elektronen bis zu 20 GeV betrug. Die Ladungsverteilungen sind hier bis zu $r = 0$ gezeichnet. Wie weit können diese Kurven Messungen entsprechen? Wo wurden Extrapolationen vorgenommen?

Bohrsches Atommodell

20. Mit der Bohrschen Theorie können die Energiewerte aller Ionen berechnet werden, die nur ein einziges Elektron aufweisen, wie z. B. He^+.
    a) Bestimmen Sie die Energiewerte von He^+.
    b) Berechnen Sie die Wellenlängen der sichtbaren Spektrallinien von He^+.
21. Die Energieniveaus in einem Uranatom ($Z = 92$) können mit Hilfe der Bohrschen Theorie näherungsweise abgeschätzt werden.
    a) Welche Bindungsenergie haben die 1-s-Elektronen?
    b) Mit welcher Geschwindigkeit kreisen sie um den Kern?

Das Reaktordruckgefäß eines Druckwasserreaktors, umgeben vom biologischen Schild. Im Hintergrund das Lagerbecken für Brennelemente.

Orbitale und chemische Bindung

22. Fluor hat die Ordnungszahl $Z = 9$.
    a) Wie verteilen sich die Elektronen auf die verschiedenen Orbitale?
    b) Wieviele chemische Bindungen kann ein Fluoratom eingehen?
23. Welche geometrische Form hat
    a) Ammoniak, b) Schwefelwasserstoff?
24. In der folgenden Tabelle werden einige Eigenschaften von Kohlenmonoxid und Stickstoff verglichen. Können Sie diese Ähnlichkeiten erklären?

	CO	N_2
Schmelzpunkt	– 204 °C	– 210 °C
Siedepunkt	– 191 °C	– 196 °C
Dichte der Flüssigkeit	793 kg/m³	796 kg/m³

Radioaktivität

25. Die Zerfallskonstante von Radium beträgt $\lambda = 1{,}42 \cdot 10^{-11}\,s^{-1}$. Innerhalb welcher Zeit zerfällt die Hälfte der Radiumkerne?
26. Die Halbwertszeit von U-238 beträgt $4{,}5 \cdot 10^9$ Jahre. Wieviele Kerne zerfallen pro Sekunde in einem Kilogramm?
27. Cs-131 zerfällt mit einer Halbwertszeit von 9,7 Tagen. Wieviel Prozent der Ausgangsmenge ist noch vorhanden
    a) nach einem Monat, b) nach einem Jahr?

Die Hauptkühlmittelpumpe eines Reaktors. Sie pumpt stündlich 11 000 Tonnen Wasser in das Reaktordruckgefäß.

Kernreaktionen

28. Welche der folgenden Reaktionsgleichungen sind richtig?
    a) ${}^{14}_{7}N + {}^{4}_{2}He \rightarrow {}^{17}_{8}O + {}^{1}_{1}H$, c) ${}^{210}_{83}Bi \rightarrow {}^{210}_{84}Po + e^-$,
    b) ${}^{9}_{4}Be + {}^{4}_{2}He \rightarrow {}^{12}_{6}C + {}^{1}_{0}n$, d) ${}^{10}_{5}B + {}^{1}_{0}n \rightarrow {}^{6}_{3}Li + {}^{4}_{2}He$.
29. Warum sind Neutronen für künstliche Kernumwandlungen besonders gut geeignet, und warum kann man sie nicht wie ein Gas in Stahlflaschen aufbewahren?
30. Die Masse des Elektrons bzw. des Positrons beträgt $9{,}1 \cdot 10^{-31}$ kg. Bei der »Zerstrahlung« dieser beiden Teilchen werden zwei Photonen frei. Welche Frequenz haben diese Photonen, wenn sich die Elementarteilchen vor der Zerstrahlung mit vernachlässigbarer Geschwindigkeit bewegen?

Der Andromedanebel ist mit einer Entfernung von 2,3 Millionen Lichtjahren eine der nächsten Galaxien. In klaren Nächten ist er bereits mit freiem Auge zu erkennen. Er enthält rund 100 Milliarden Sterne und hat einen Durchmesser von 100 000 Lichtjahren.

Astrophysik

Vielleicht ist der Beginn aller Wissenschaft in der Faszination zu suchen, die der bestirnte Nachthimmel seit jeher ausgeübt hat. Schon in der Steinzeit haben sich Menschen mit den geheimnisvollen Bahnen des Mondes und der Planeten beschäftigt. Die Fixsterne betrachtete man damals einfach als leuchtende Punkte am »Himmelsgewölbe«.

Erst in der Mitte des 19. Jahrhunderts, nach der Entdeckung des Energiesatzes, wurde man sich eines neuen Problems bewußt. Woher stammt die Energie, welche die Sonne und die anderen Sterne ständig abstrahlen? Robert Mayer berechnete, daß die Sonne bereits nach 5000 Jahren ausgebrannt sein müßte, wenn sie aus reiner Kohle bestünde. Chemische Reaktionen konnten also offensichtlich nicht die gesuchte Energiequelle sein. Hermann Helmholtz nahm an, daß sich die Sonne aufgrund der gegenseitigen Gravitationsanziehung ihrer Teilchen zusammenzieht und dabei potentielle Energie in innere Energie umsetzt. Für etwa 30 Millionen Jahre würde diese Energiequelle ausreichen, um die Strahlung der Sonne aufrecht zu erhalten.

Die Geologen waren dagegen zur Ansicht gelangt, daß die Bildung der Sedimentgesteine auf der Erde einige hundert Millionen Jahre in Anspruch genommen hatte. Über diesen Widerspruch zwischen Physik und Geologie bemerkte Lord Kelvin im Jahre 1866: »Eine umfassende Reform der geologischen Spekulationen scheint nunmehr notwendig zu sein. Englands populäre Geologie steht gegenwärtig im direkten Gegensatz zu den Prinzipien der Naturwissenschaft.«

Der Hochmut der Physiker behielt Unrecht, und die Ansichten der Geologen über das Erdalter setzten sich durch. Heute schätzt man das Alter der Erde sogar auf mehr als vier Milliarden Jahre.

Erst im Jahre 1920 gelangten die Physiker der Energiequelle und damit der Langlebigkeit der Sterne auf die Spur. In einer berühmten Rede verkündete Sir Arthur Eddington, daß Kernfusion die gesuchte Energiequelle sei, denn »was dem Cavendish Laboratorium möglich ist, wird für die Sonne wohl nicht zu schwierig sein«. Es dauerte aber noch fast zwanzig Jahre, bis Hans Bethe in den USA und Karl Friedrich von Weizsäcker in Deutschland unabhängig voneinander zu detaillierten Theorien über die Kernfusion in Sternen kamen.

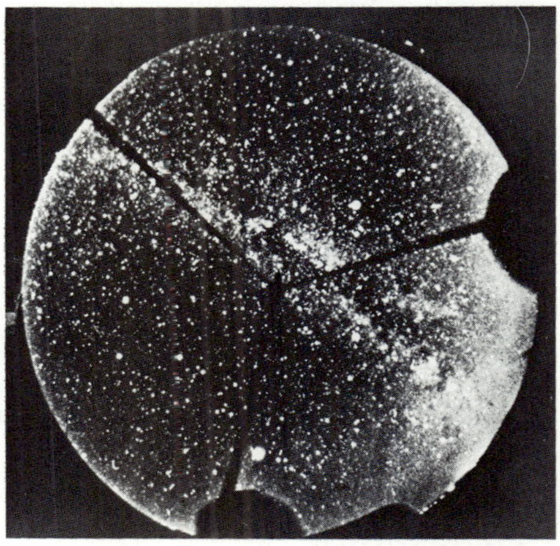

Vom Weltall aus gesehen bietet die Milchstraße einen ähnlichen Anblick wie der Andromedanebel. Das Bild zeigt einen Ausschnitt aus unserer Galaxis, der mit einem Weitwinkelteleskop aufgenommen wurde. Die Sonne ist einer von hundert Milliarden Sternen der Galaxis.

Im 19. Jahrhundert befürchtete man, daß die Energiequellen der Sonne bald versiegen und die Erde den Kältetod erleiden würde. Heute vermutet man, daß sich die Sonne in einigen Milliarden Jahren zu einem Riesenstern aufblähen wird, in dem die Erde zugrunde gehen wird.

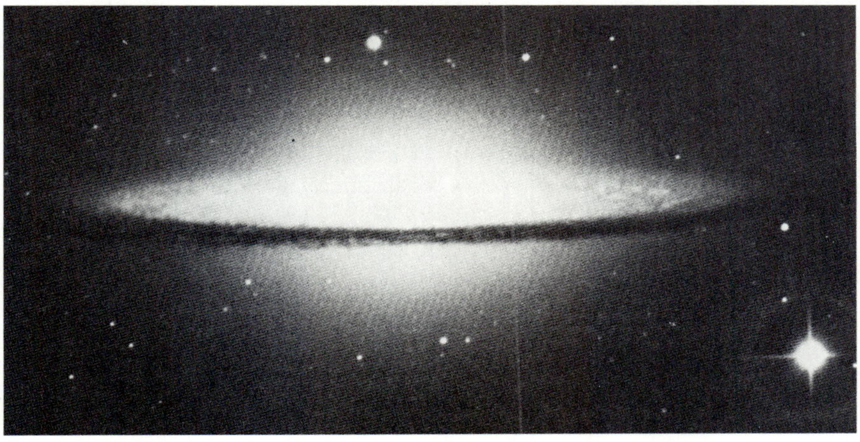

Ein Spiralnebel von der Seite gesehen. Auffällig sind die Dunkelwolken in der galaktischen Ebene.

I. Sterne und Galaxien

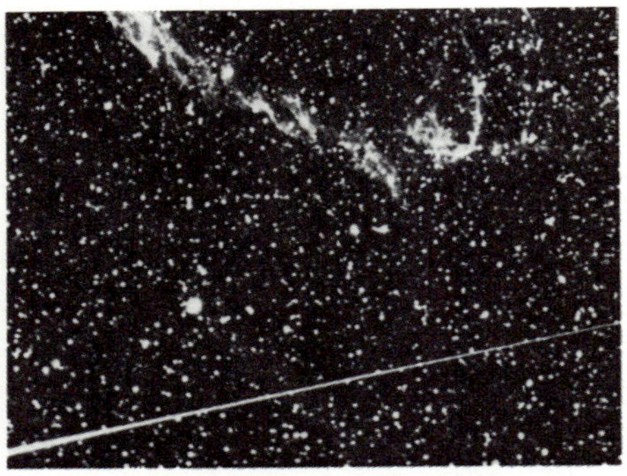

Ein Sternenfeld in der Milchstraße.

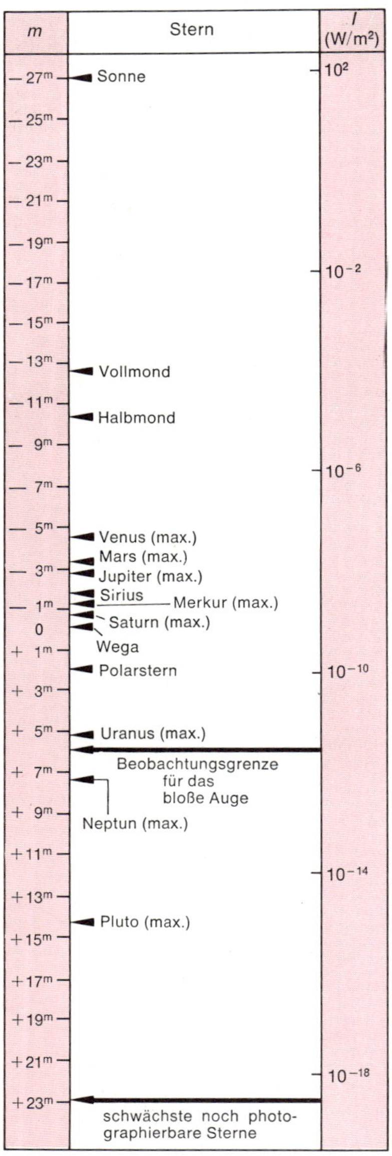

Größenklasse m und scheinbare Helligkeit I einiger wichtiger Himmelskörper.

1. Die Beobachtungsdaten

In einer klaren Nacht kann man mit dem freien Auge rund 2000 Sterne sehen. Aber bereits ein einfacher Feldstecher zeigt 50 000, ein kleines Fernrohr über 100 000 Himmelsobjekte. Die Gesamtzahl der Sterne, die man mit den größten Teleskopen und langer Belichtungszeit photographieren kann, beträgt sogar fast 10 Milliarden. Nur ein kleiner Teil davon wurde bisher studiert, und die größten Positionskataloge geben die Lage von etwa 3 Millionen Sternen auf der Himmelskugel wieder.

a) Helligkeit und Leuchtkraft der Sterne

Bereits im Altertum teilte man die Sterne in sechs Größenklassen ein. Die hellsten Sterne bezeichnete man als Sterne erster Größe, die nächst helleren als Sterne zweiter Größe und so fort bis zu den schwächsten, die mit bloßem Auge gerade noch sichtbar sind und die man Sterne sechster Größe nannte. Dieses System wurde in die moderne Astronomie übernommen, wobei man festlegte, daß einem Unterschied von einer Größenklasse ein Helligkeitsverhältnis von $10^{0,4} = 2{,}512$ entsprechen solle. Ein Stern erster Größe ist also 2,512mal heller als ein Stern zweiter Größe. Die Tabelle gibt die (durch ein hochgestelltes m gekennzeichneten) Helligkeiten einiger bekannter Sterne und Planeten an. Dem Polarstern entspricht der willkürlich festgelegte Wert $2^m, 12$. Die schwächsten noch photographierbaren Sterne sind von 23. Größe.

Weitere Aussagen über einen Stern sind möglich, wenn wir seine Entfernung r von der Erde messen. Für die sonnennächsten Sterne kann man sich dazu einer trigonometrischen Methode bedienen, bei der man den Erdbahndurchmesser als Standlinie benützt. Mit dieser Parallaxenmethode wurden die Entfernungen einiger hundert Sterne vermessen, wobei sich Alpha Centauri als sonnennächster Stern erwies. Sein Abstand beträgt

$$r = 4 \cdot 10^{16}\ \text{m} = 4{,}3\ \text{Lichtjahre} \quad (1\ \text{Lichtjahr} = 9{,}45 \cdot 10^{15}\ \text{m}).$$

Aus der Entfernung r und der scheinbaren Helligkeit eines Sternes können wir seine Leuchtkraft berechnen. Diese beiden Größen sind nämlich folgendermaßen definiert.

> *Scheinbare Helligkeit I:*
> Lichtenergie, die pro Quadratmeter und Sekunde ins Fernrohr einfällt.
> *Leuchtkraft L:*
> Lichtenergie, die der Stern pro Sekunde insgesamt aussendet.

Für Alpha Centauri ist beispielsweise $I \approx 2 \cdot 10^{-8}\ \text{W/m}^2$ und folglich

$$L = 4\pi r^2 I = 4\pi\,(4 \cdot 10^{16}\text{m})^2\, 2 \cdot 10^{-8}\text{W/m}^2 = 4 \cdot 10^{26}\text{W} = L_\odot.$$

Die Leuchtkraft L von Alpha Centauri stimmt also annähernd mit der Leuchtkraft $L_{\odot}$ der Sonne überein. Für andere Sterne erhält man Ergebnisse, die zwischen einem Zehntausendstel und der zehntausendfachen Leuchtkraft der Sonne liegen. Die Sonne erweist sich als typischer Fixstern mittlerer Leuchtkraft.

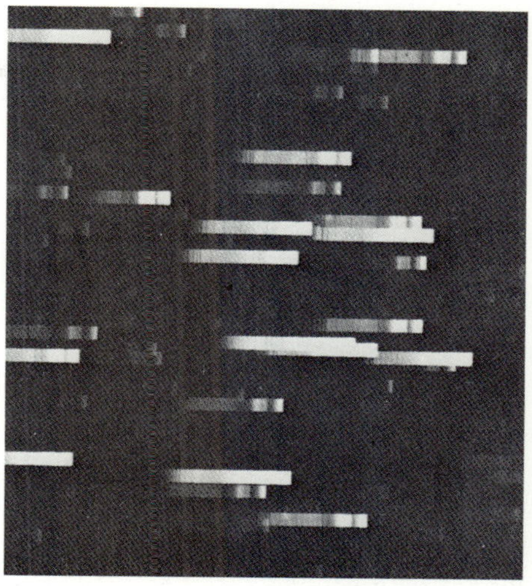

Bringt man ein Beugungsgitter in den Strahlengang eines Teleskops, so erhält man zahlreiche Sternspektren.

b) Temperatur und Radius der Sterne

Bringt man ein Beugungsgitter in den Strahlengang eines Teleskops, so kann man mit einer photographischen Platte die Intensität der Strahlung in Abhängigkeit von der Wellenlänge bestimmen. Aus der Lage des Intensitätsmaximums kann man mit Hilfe des Wienschen Verschiebungsgesetzes

$$\lambda_{max} T = 2{,}9 \cdot 10^{-3}\ \text{m} \cdot \text{K}$$

die Temperatur auf der Oberfläche des Sternes berechnen. Es ergeben sich Werte zwischen 2000 K und 20 000 K. Auch hier nimmt die Sonne mit einer Oberflächentemperatur von $T_{\odot} = 5800$ K einen mittleren Platz ein.

Von besonderer Bedeutung für die Astrophysik sind die Linien, die in jedem Sternspektrum auftreten und über die chemische Zusammensetzung des Sternes Aufschluß geben (siehe Optik). Sie zeigen, daß die meisten Sterne vorwiegend aus Wasserstoff bestehen, während schwerere Elemente nur eine geringe Rolle spielen.

Aus den Spektren kann man die Temperaturen der Sterne bestimmen.
Sie liegen zwischen 2000 K und 20 000 K.
Die Spektrallinien geben Aufschluß über
die chemische Zusammensetzung der Sterne.

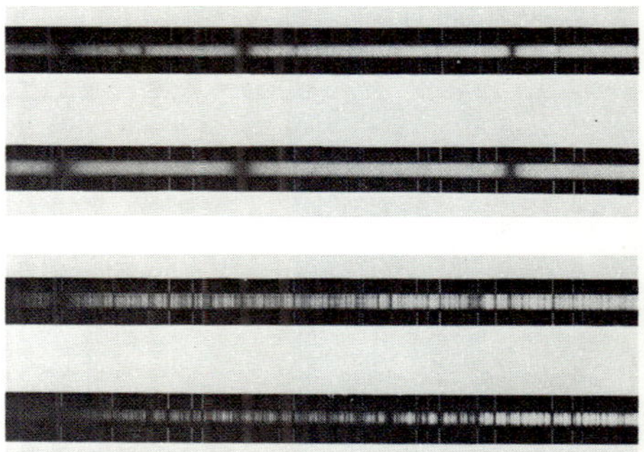

Aus dem Spektrum kann man die Temperatur eines Sternes berechnen. Die abgebildeten Spektren entsprechen in der Reihenfolge von oben nach unten Sternen mit Oberflächentemperaturen von 20 000 K, 12 000 K, 6 000 K *und* 3 000 K.

Aus den Beobachtungsdaten haben wir nunmehr Leuchtkraft und Temperatur der Sterne bestimmt. Damit können wir auch die Radien der Sterne berechnen. Die Leuchtkraft L ist ja das Produkt aus Oberfläche $4\pi R^2$ und Emissionsvermögen σT^4 eines Sternes. Schreiben wir diese Beziehung für einen beliebigen Stern und die Sonne an

$$L = 4\pi R^2 \sigma T^4 \qquad \text{und} \qquad L_{\odot} = 4\pi R_{\odot}^2 \sigma T_{\odot}^4,$$

so folgt durch Division:

$$\frac{L}{L_{\odot}} = \frac{R^2}{R_{\odot}^2}\,\frac{T^4}{T_{\odot}^4}, \qquad \text{also} \qquad R = R_{\odot}\left(\frac{T_{\odot}}{T}\right)^2 \sqrt{\frac{L}{L_{\odot}}}.$$

Damit können wir die Sternradien berechnen. Um einen ersten Überblick zu gewinnen, ordnen wir die Sterne im sogenannten *Hertzsprung-Russell-Diagramm* nach Temperatur und Leuchtkraft an. In diesem Diagramm kommt ein Großteil der bekannten Sterne entlang einer Linie, der *Hauptreihe*, zu liegen. Eine Reihe von Sternen findet man allerdings deutlich über der Hauptreihe. Die Leuchtkraft dieser *Roten Riesen* übertrifft diejenige der Hauptreihensterne bei gleicher Temperatur oft um das 1000fache. Unterhalb der Hauptreihe liegen die *Weißen Zwerge*. Ihre Leuchtkraft beträgt nur etwa ein Hundertstel der Leuchtkraft der Sonne. Welchen Radius weisen diese Sterne auf?

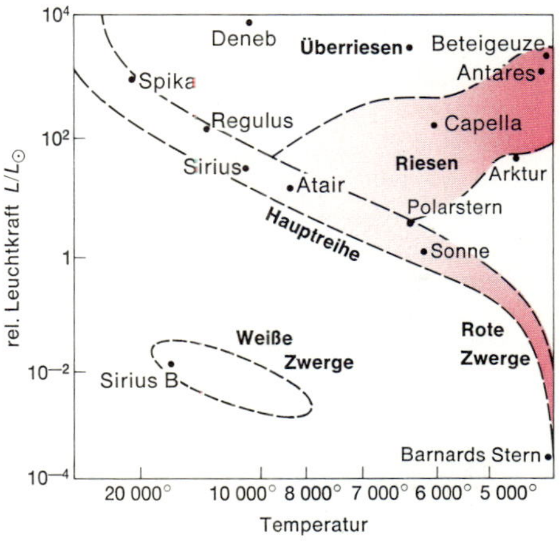

Im Hertzsprung-Russell-Diagramm ordnet man die Sterne nach Leuchtkraft und Temperatur an. Sterne mit hohen Temperaturen sind auf der linken Seite des Diagramms zu finden.

1. Beispiel: Capella

Im Sternbild des Fuhrmanns steht Capella, der sechsthellste Stern am Himmel. Ihre Temperatur gleicht etwa der Sonnentemperatur, ihre Leuchtkraft übertrifft aber diejenige der Sonne um das 150fache. Daraus folgt für den Radius der Capella:

$$R = R_{\odot}\sqrt{150} \approx 12 R_{\odot} = 8{,}4 \cdot 10^6\ \text{km}.$$

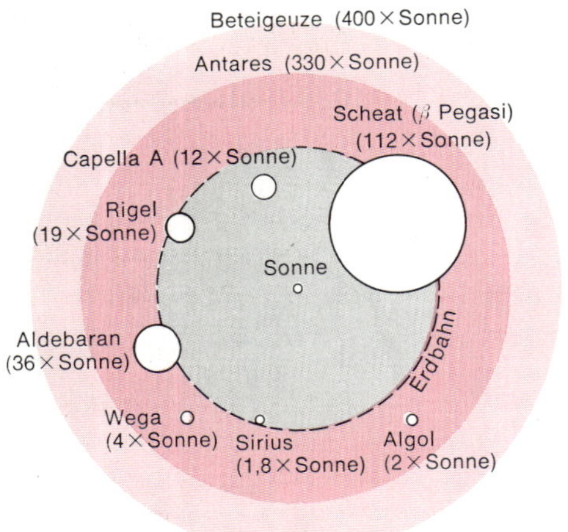

Der Durchmesser einiger bekannter Sterne im Vergleich zur Sonne und zur Erdbahn.

Im Vergleich zur Sonne ist Capella also tatsächlich ein »Riese«. Sie wird aber von anderen Sternen noch wesentlich übertroffen. Beteigeuze im Sternbild Orion hat den 400fachen Radius der Sonne. Stünde dieser Stern im Zentrum des Sonnensystems, so würde er bis über die Marsbahn hinausreichen!

2. Beispiel: Regulus

Der Hauptreihenstern Regulus weist die gleiche Leuchtkraft wie Capella auf. Seine Temperatur ist aber wesentlich höher, $T = 14\,000$ K $= 2{,}2\ T_\odot$. Daraus folgt für den Radius des Regulus:

$$R = R_\odot \left(\frac{1}{2{,}2}\right)^2 \sqrt{150} = 2{,}52\ R_\odot = 1{,}8 \cdot 10^6\ \text{km}.$$

Regulus ist trotz 150facher Leuchtkraft nicht wesentlich größer als die Sonne. Dieses Ergebnis ist für Hauptreihensterne typisch, deren unterschiedliche Leuchtkraft vor allem auf verschiedene Oberflächentemperaturen zurückzuführen ist.

Tabelle der hellsten Sterne

Stern	Symbol	m
Sirius	αCMar	− 1,5
Canopus	αCar	− 0,8
Toliman	αCen	− 0,3
Arktur	αBoa	0,0
Wega	αLyr	0,0
Capella	αAur	+ 0,1
Rigel	βOri	+ 0,3
Prokyon	αCMi	+ 0,4
Archernar	αEri	+ 0,6
Beteigeuze	αOri	+ 0,7
Atair	αAql	+ 0,8
Aldebaran	αTau	+ 0,9

Die Kurzbezeichnung in der mittleren Spalte bezieht sich auf das Sternbild, in der der Stern zu finden ist.

3. Beispiel: Die Weißen Zwerge

Das blau-weiße Licht dieser Sterne läßt auf hohe Temperaturen, $T \approx 4\ T_\odot$, schließen. Die geringe Leuchtkraft $L \approx 0{,}01\ L_\odot$ dieser Sterne muß also auf einen besonders kleinen Radius zurückzuführen sein:

$$R \simeq R_\odot \left(\frac{1}{4}\right)^2 \sqrt{\frac{1}{100}} = \frac{R_\odot}{160} \simeq 4400\ \text{km}.$$

Die Weißen Zwerge sind also fast zweihundertmal kleiner als die Sonne und weisen ungefähr den Radius der Erde auf. Der geringe Radius dieser Sterne weist auf einen ungewöhnlichen inneren Aufbau hin.

Wir fassen unsere Ergebnisse zusammen:

> Ordnet man die Sterne nach Leuchtkraft und Temperatur im Hertzsprung-Russell-Diagramm an, so liegt ein Großteil aller Sterne auf der Hauptreihe.
>
> Die Radien der Hauptreihensterne sind von der Größenordnung des Sonnenradius.
>
> Oberhalb der Hauptreihe liegen die Roten Riesen. Sie sind etwa 100mal größer als die Sonne.
>
> Unterhalb der Hauptreihe liegen die Weißen Zwerge. Sie sind ungefähr 100mal kleiner als die Sonne.

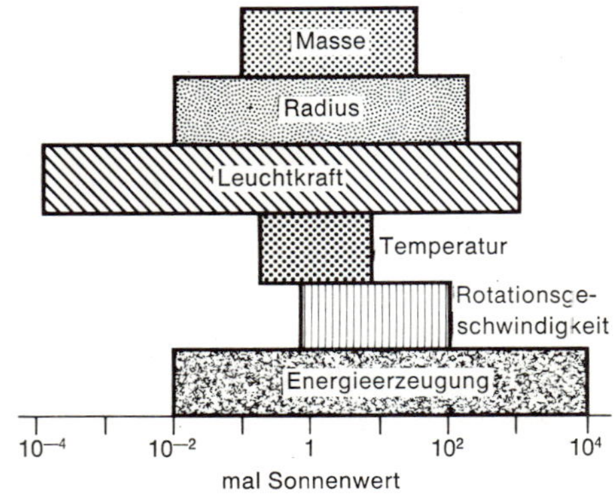

Die wichtigsten Zustandsgrößen der Sterne im Vergleich zur Sonne.
Es ist bemerkenswert, daß Sterne nur in einem engen Massen- und Temperaturbereich existieren.

Die Hauptreihensterne unterscheiden sich auch in einigen Eigenschaften ihrer Spektrallinien, wie z. B. der Linienstärke, von den Weißen Zwergen und den Roten Riesen. Man kann deshalb aus dem Spektrum eines Sternes erkennen, ob er der Hauptreihe angehört und welche Temperatur er hat. Aus der Temperatur kann man dann bei Hauptreihensternen auch die Leuchtkraft berechnen, und durch Vergleich mit der scheinbaren Helligkeit ihre Entfernung bestimmen. Auf diese Weise kann man die Entfernung von Sternen innerhalb der Milchstraße und sogar in einigen benachbarten Sternsystemen ermitteln.

> Durch Vergleich von Leuchtkraft und Helligkeit von Hauptreihensternen kann man ihre Entfernung bestimmen.

c) Masse und Dichte der Sterne

Das 3. Keplersche Gesetz liefert eine Beziehung zwischen dem Bahnradius r und der Umlaufsdauer T eines beliebigen Planeten:

$$\frac{T^2}{r^3} = \frac{4\pi^2}{G M_\odot}.$$

Daraus haben wir im Kapitel über die Newtonsche Gravitationstheorie die Sonnenmasse $M_\odot = 2 \cdot 10^{30}$ kg berechnet. In ähnlicher Weise kann man auch die Masse anderer Sterne ermitteln, falls es sich um ein Doppelsternsystem handelt. Dies soll anhand eines Beispiels erläutert werden.

Im Jahre 1834 entdeckte der deutsche Astronom Friedrich Wilhelm Bessel, daß sich Sirius, der hellste Stern am Nachthimmel, nicht gleichförmig bewegt. Bessel vermutete, daß Sirius um einen dunklen Begleitstern kreist, den er jedoch nicht entdecken konnte. Achtzehn Jahre später erprobte der amerikanische Instrumentenbauer Clark sein neues Fernrohr. Er dachte zunächst an einen Linsenfehler, als er neben Sirius einen matten Lichtfleck entdeckte, der fast von Sirius überstrahlt wurde. Eine genauere Beobachtung zeigte jedoch, daß es sich um einen lichtschwachen Stern handelte, der sich gemeinsam mit Sirius bewegte. Damit war der von Bessel vermutete dunkle Begleitstern gefunden. Er erwies sich als Weißer Zwerg. Die Messungen der nächsten Jahrzehnte zeigten, daß sich Sirius und sein Begleiter jeweils auf Ellipsenbahnen um ihren gemeinsamen Massenmittelpunkt bewegen. Die großen Halbachsen a_S und a_B von Sirius und seinem Begleitstern stehen dabei im Verhältnis 1 : 2. Mit Hilfe der Definition des Massenmittelpunktes können wir daraus das Verhältnis der Massen der beiden Sterne berechnen:

$$M_S a_S = M_B a_B \quad \text{oder} \quad \frac{M_B}{M_S} = \frac{a_S}{a_B} = \frac{1}{2}.$$

Die Masse des ungefähr erdgroßen Begleitsternes ist also halb so groß wie die Masse des 100mal größeren Sirius!

Aus der Umlaufsdauer $T = 50\ \text{a} = 1{,}5 \cdot 10^9$ s und den großen Halbachsen a_S und a_B können wir nun auch die Massen der beiden Sterne bestimmen. Dazu gehen wir wieder vom dritten Keplerschen Gesetz aus

$$\frac{T^2}{r^3} = \frac{4\pi^2}{G(M_S + M_B)},$$

wobei $r = a_S + a_B = 3 \cdot 10^{12}$ m ist. (Die obige Beziehung ist eine Verallgemeinerung des dritten Keplerschen Gesetzes und gilt für den Fall, daß zwei Körper unter der Wirkung ihrer Gravitationskräfte den gemeinsamen Schwerpunkt umlaufen.) Setzen wir die Zahlenwerte ein, so folgt:

$$M_S = 2M_\odot = 4 \cdot 10^{30}\ \text{kg}, \qquad M_B = M_\odot = 2 \cdot 10^{30}\ \text{kg}.$$

Dieses Verfahren zur Bestimmung von Sternmassen ist anwendbar, wenn ein Stern als Teil eines Doppelsternsystems auftritt. Allerdings kann man nur bei den nächsten Sternen die Bahnkurven mit ausreichender Genauigkeit messen. Man kennt deshalb nur die Massen einiger hundert Sterne aus direkten Beobachtungen. Die Massen der übrigen Sterne werden durch Vergleich mit bekannten Objekten auf folgende Weise ermittelt.

Trägt man die Leuchtkraft von Hauptreihensternen als Funktion der Masse auf, so ergibt sich die *Masse-Leuchtkraft-Beziehung*.
Wir sehen:

> Bei Hauptreihensternen besteht eine einfache Masse-Leuchtkraft-Beziehung.
> Die Massen aller Sterne liegen zwischen $0{,}01 M_\odot$ und $100 M_\odot$.

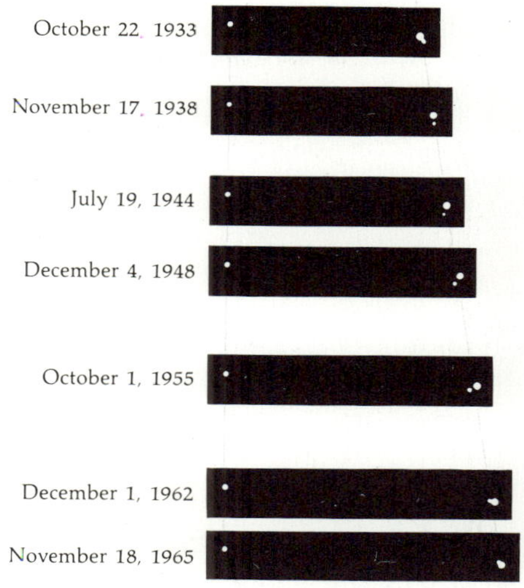

Das Doppelsternsystem Kruger 60. Sowohl die Bewegung der beiden Sterne um den gemeinsamen Schwerpunkt, als auch die Translationsbewegung des Doppelsternsystems in Bezug auf einen weiter entfernten Stern werden hier deutlich.

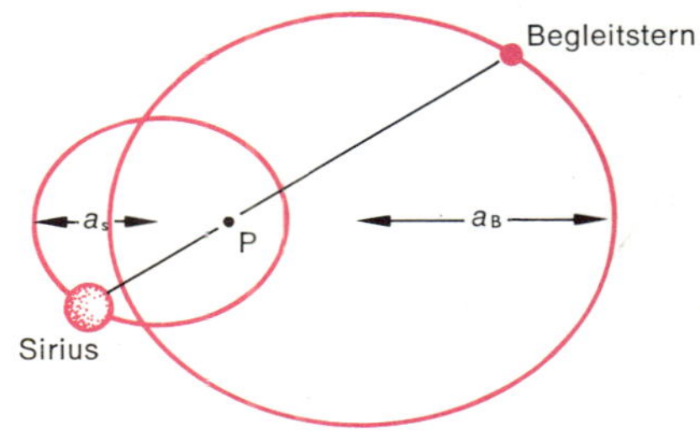

Die große Halbachse der Bahn des Siriusbegleiters ist doppelt so groß wie diejenige von Sirius. Daraus kann das Massenverhältnis bestimmt werden.

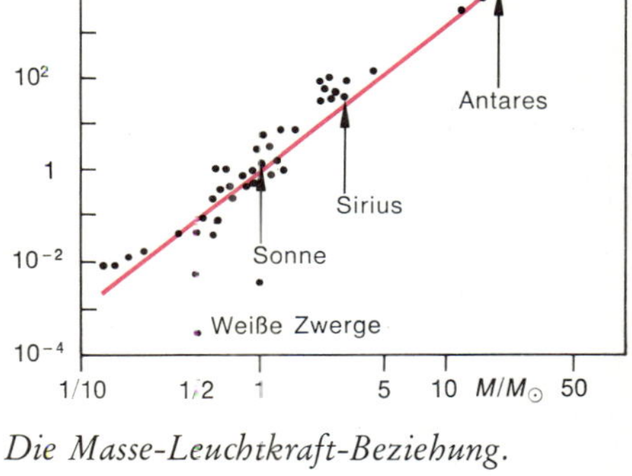

Die Masse-Leuchtkraft-Beziehung.

Die Sterne in der Sonnenumgebung	
Stern	Entfernung in Lichtjahren
Proxima Centauri	4,3
Alpha Centauri A	4,3
Alpha Centauri B	4,3
Barnards Stern	5,9
Wolf 359	7,7
Luyten 726-8	7,9
Lalande 21185	8,2
Sirius A	8,7
Sirius B	8,7
Ross 154	9,3

In einer Entfernung bis zu 10 Lichtjahren findet man 10 Sterne vor. Doppelsternsysteme sind hervorgehoben. Die Namen der Sterne beziehen sich meist auf Kataloge.

Aus Masse und Radius der Sterne können wir nun auch die Dichte berechnen. Wir wollen dies für Sirius und seinen Begleitstern durchführen. Mit $M = (4\pi/3)\,\varrho\,R^3$ erhalten wir aus den Beobachtungsdaten:

	M in kg	R in m	ϱ in kg/m³
Sirius	$4 \cdot 10^{30}$	$1{,}3 \cdot 10^9$	430
Begleitstern	$2 \cdot 10^{30}$	$5{,}4 \cdot 10^6$	$3 \cdot 10^9$

Während die Dichte von Sirius – und auch diejenige der übrigen Hauptreihensterne – mit der Dichte von Wasser und anderer irdischer Materialien vergleichbar ist, erweist sich der Sirius-Begleiter als millionenmal dichter. Ein Kubikzentimeter des Materials dieses Weißen Zwerges hat eine Masse von rund 3000 kg!

In ähnlicher Weise kann man auch die Dichten anderer Sterne berechnen. Dabei zeigt sich, daß die Roten Riesen wesentlich geringere Dichten als Hauptreihensterne aufweisen, weil sie bei ungefähr gleichen Massen ein bis zu millionenfach höheres Volumen besitzen. Ihre Dichte liegt daher bei etwa 10^{-3} kg/m³.

Die Dichte der Hauptreihensterne beträgt rund 1000 kg/m³.
Die Dichten der Roten Riesen sind millionenmal geringer.
Die Dichten der Weißen Zwerge sind millionenmal größer.

d) Veränderliche Sterne

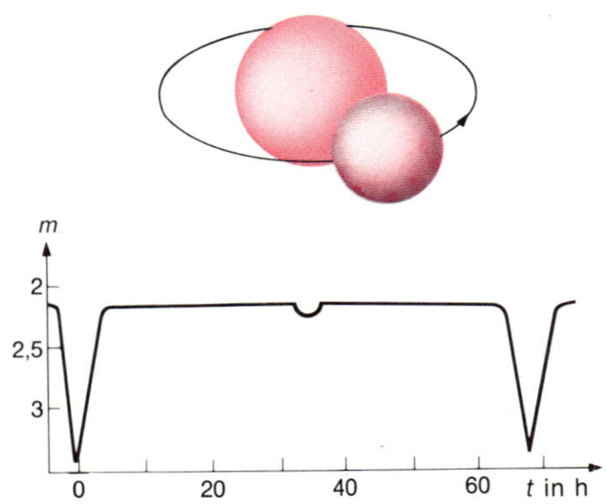

Die bedeckungsveränderliche Algol. Sie besteht aus zwei Sternen, die einander in einer Entfernung von 10 Mio. Kilometer umkreisen. Algol ist 96 Lichtjahre von der Erde entfernt. Die Lichtkurve entsteht durch die wechselseitige Bedeckung der beiden Sterne.

Bereits im Altertum war bekannt, daß manche Sterne, wie z. B. Algol im Sternbild des Perseus, ihre Helligkeit periodisch ändern. Für diese Helligkeitswechsel gibt es verschiedene Gründe.

Bedeckungsveränderliche sind Doppelsterne, die einander während des Umlaufs gegenseitig verdecken. So besteht z. B. Algol aus zwei Sternen mit 3,2- und 3,6fachem Sonnenradius, die in einem Abstand von 14 Sonnenradien umeinander kreisen, wobei ein Umlauf 2 Tage und 20 Stunden dauert.

Pulsierende Veränderliche sind Einzelsterne, deren Leuchtkraft sich periodisch verändert. Dieser Lichtwechsel kann einige Stunden, aber auch einige Jahre dauern, und die Leuchtkraft des Sternes ändert sich dabei bis zum 250fachen. Die wichtigsten Beispiele pulsierender Veränderlicher sind die *Cepheiden.* Die Temperatur dieser Sterne verändert sich während des Lichtwechsels um 1000 K, und ihr Radius schwankt um 20%. Die Veränderung der Leuchtkraft kommt also durch abwechselnde Ausdehnung und Kontraktion des Sternes zustande. Die Cepheiden weisen eine auffallende Beziehung zwischen der Periode des Helligkeitswechsels und der (mittleren) Leuchtkraft auf. Man kann die Leuchtkraft dieser Sterne daher aus der Periode bestimmen, und durch Vergleich mit der scheinbaren Helligkeit ergibt sich die Entfernung. Wir haben damit eine weitere Methode zur Verfügung, um die Entfernungsskala auszudehnen. Der auffällige Lichtwechsel der Cepheiden macht sie zu »Meilensteinen« im Kosmos, mit deren Hilfe Entfernungen im Weltall bis zu einigen Millionen Lichtjahren vermessen werden können.

Novae sind Sterne, bei denen explosionsartige Helligkeitsausbrüche auftreten. Sie sind, bildlich gesprochen, Betriebsunfälle in der Kernfusionsanlage des Sternes. Der Stern bläht sich auf das 100fache seines früheren Radius

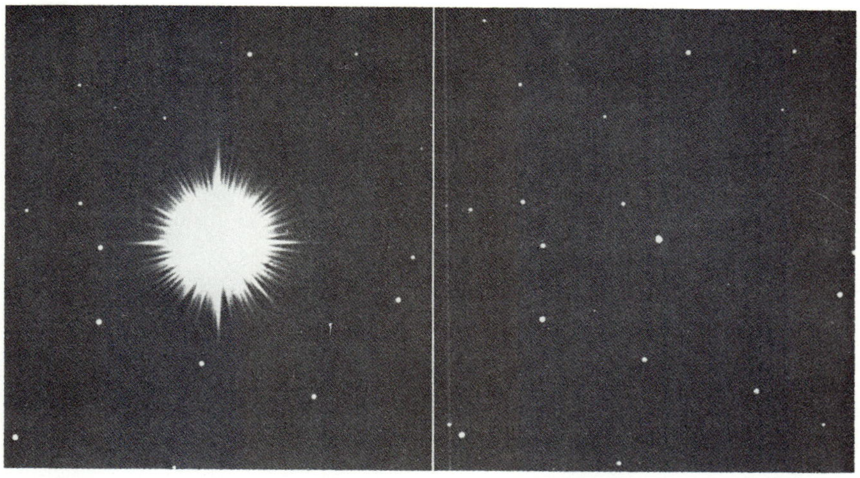

Die Nova Herculis 1934.
Das linke Bild wurde am 10. März 1934 aufgenommen, das rechte stammt vom 6. Mai 1935. Zu dieser Zeit war die Leuchtkraft wieder auf den früheren Wert abgeklungen.

auf, während seine Leuchtkraft um einen Faktor 1000 bis 100 000 ansteigt. Erst nach einigen Monaten oder Jahren nimmt die Leuchtkraft langsam auf den früheren Wert ab.

Supernovae sind katastrophale Explosionen von Sternen, bei denen die Helligkeit auf das 100 000 000fache ansteigt. Die Ursache dieser Sternenexplosionen wird in Abschnitt 2 erörtert.

e) Der Aufbau der Galaxien

Die Sonne ist einer von 100 Milliarden Sternen in unserer *Galaxis,* der Milchstraße, zu der auch alle übrigen Sterne zählen, die man am Nachthimmel erblickt. Das Fernrohr zeigt noch zahllose weitere Galaxien, die etwa die gleiche Anzahl von Sternen enthalten und Durchmesser von ungefähr 100 000 Lichtjahren haben.

Einige Galaxien haben, wie die Milchstraße, die Form großer Spiralen. Andere sind abgeflachte Ellipsoide und eine kleine Gruppe von Galaxien weist völlig irreguläre Formen auf.

Es ist ungeklärt, wie Galaxien entstehen und warum sich Sterne gerade zu solchen Gebilden vereinen. Leicht einzusehen ist nur der Grund für die Abflachung der Galaxien. Ähnlich wie beim Sonnensystem, aber in viel größerem Maßstab, zog sich eine Gaswolke zusammen, plattete sich unter dem Einfluß ihrer Drehung ab und spaltete in zahlreiche Einzelsterne auf.

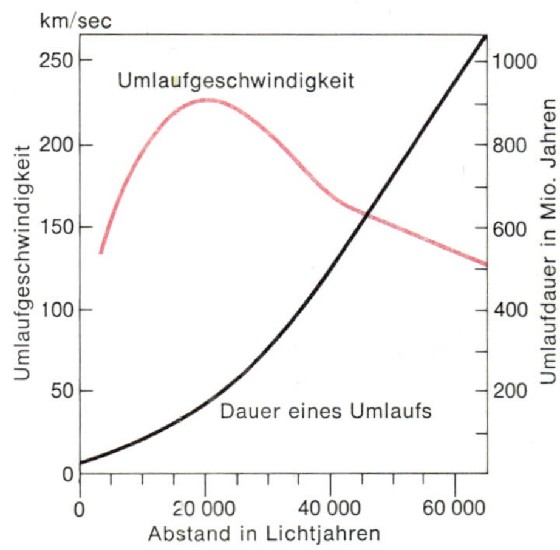

Die Umlaufgeschwindigkeit und die Umlaufdauer eines Sternes um das Zentrum der Milchstraße hängt von seiner Entfernung vom Zentrum ab. Die Milchstraße rotiert nicht wie ein starrer Körper!

Die Radioastronomie erlaubt es, die Rotation unserer Galaxis mit Hilfe des Doppler-Effektes zu bestimmen. Ungefähr einmal in 200 Millionen Jahren dreht sich unsere Galaxis um ihre Achse. Ihre Masse kann aus der Rotationsgeschwindigkeit ermittelt werden, denn die Gravitationsanziehung liefert die nötige Zentripetalkraft für den Zusammenhalt der Galaxis

$$m \frac{v^2}{r} = G \frac{m M(r)}{r^2}$$

Dabei ist m die Masse eines Sternes im Abstand r vom Zentrum und $M(r)$ die Gesamtmasse aller Sterne, die in einer Kugel vom Radius r enthalten sind. Damit kann man die Verteilung der Sterne innerhalb der Galaxis und auch ihre Gesamtmasse ermitteln. Das Ergebnis, $M \approx 10^{10} M_{\odot}$, stimmt näherungsweise mit den Resultaten von Sternzählungen überein.

Für viele Galaxien erhält man aus der Rotationskurve eine Masse, die etwa 10mal größer ist, als die aus Sternzählungen ermittelte Gesamtmasse. Der Grund dafür ist nicht bekannt.

Die Entstehung der Galaxien aus großen Gaswolken hat auch in anderer Weise ihre Spuren hinterlassen. Die Galaxien sind nämlich von zahlreichen *kugelförmigen Sternhaufen* umgeben, deren Verteilung nicht abgeflacht ist, sondern die ursprüngliche Form der Gaswolke verrät. In diesen Sternhaufen findet man besonders alte Sterne vor.

Der Sternhaufen M 13.
Er enthält rund 1 Million Sterne und ist annähernd kugelförmig.

Die Plejaden sind ein offener Sternhaufen, der am Winterhimmel gut erkennbar ist. Er enthält rund 120 Sterne, die vermutlich gemeinsam aus einer Wolke interstellaren Gases entstanden sind. Die Sterne beleuchten Reste der interstellaren Materie.

Der Orionnebel ist rund 1500 Lichtjahre von der Erde entfernt. Er besteht vor allem aus ionisiertem Wasserstoff mit einer Temperatur von ca. 10 000 K *und enthält einige besonders junge Sterne.*

Der mittlere Abstand der Sterne in einer Galaxis beträgt einige Lichtjahre. Nicht die gesamte Materie ist jedoch in Sternen vereint. Besonders in den Spiralarmen findet man *interstellare Materie* in Form von Gas- oder Staubwolken. Wegen der geringen Dichte, 10^{-21} kg/m^3, wird das interstellare Gas nur in wenigen Fällen sichtbar. Wird beispielsweise eine Gaswolke von einem hellen Stern beleuchtet, so beginnt sie selbst zu strahlen (Emissionsnebel) oder sie reflektiert das Sternenlicht (Reflexionsnebel). Aus den Spektrallinien kann man auch die chemische Zusammensetzung des Gases bestimmen, wobei man vor allem Wasserstoff und Helium vorfindet. In den letzten Jahren wurden aber überraschenderweise auch eine Reihe von chemischen Verbindungen in der interstellaren Materie entdeckt. Die Analyse ergab Spuren von Wasser, Zyan und Ammoniak. Sogar einige organische Moleküle, wie Methylalkohol und Ameisensäure wurden gefunden, sodaß die einfachsten Bausteine, die zur Entstehung des Lebens erforderlich sind, bereits im interstellaren Gas vorkommen.

Staubwolken machen nur etwa 1% der interstellaren Materie aus. Als Dunkelwolken verändern sie oft den Durchblick auf dahinterliegende Sterne. Die scheinbar sternfreien Gebiete innerhalb unserer Galaxis sind durch derartige Dunkelwolken zu erklären.

Der Pferdekopfnebel.
Hier schiebt sich eine Dunkelwolke vor eine leuchtende Gaswolke.

2. Die Entwicklung der Sterne

Vor der Entdeckung der Kernenergie vermutete man, daß jeder Stern sein Leben als Roter Riese beginnt und dann allmählich kleiner wird, wobei er den Gewinn an Gravitationsenergie laufend in Form von Strahlung abgibt. Man glaubte, daß der Stern dadurch die Hauptreihe erreicht und schließlich zum Weißen Zwerg wird. Die Rechnungen zeigten allerdings, daß ein derartiges Sternenleben nur wenige Millionen Jahre dauern könnte. Die Astrophysik unseres Jahrhunderts hat diese Vorstellung völlig verändert.

a) Die Entstehung eines Sternes

Wie man in der Wärmelehre erfährt, füllt jedes Gas das ihm zur Verfügung stehende Volumen gleichmäßig aus. Dieser Satz gilt allerdings nur unter Laboratoriumsbedingungen. Die großen Gaswolken im Kosmos neigen dazu, sich zusammenzuziehen und einen Stern zu bilden. Unter welchen Bedingungen ist dies der Fall?

Bei der Temperatur T hat ein Molekül der Gaswolke die mittlere kinetische Energie $^3/_2\, kT$. Bei tiefen Temperaturen erreichen die meisten Moleküle nicht die zum Entweichen aus der Gaswolke notwendige Fluchtgeschwindigkeit v_F, sondern fallen unter der Wirkung der Gravitationskraft wieder zurück. Die Gaswolke breitet sich dann nicht im Raum aus, sondern zieht sich zusammen. Es entsteht also ein Stern, falls die Beziehung erfüllt ist

$$\frac{3}{2}kT < \frac{m v_F^2}{2} = \frac{GmM}{R}.$$

(R ist der Radius, M die Masse der Gaswolke und m die Molekülmasse.) Ist die Dichte des Gases gleich ϱ, so folgt aus der obigen Ungleichung

$$\frac{3}{2}kT < \frac{GmM}{R} = \frac{Gm}{R}\left(\frac{4\pi}{3}\varrho R^3\right), \quad \text{also} \quad R > \sqrt{\frac{9}{8\pi}\frac{kT}{Gm\varrho}}.$$

Überschreitet der Radius R einer Gaswolke den Wert

$$R > \sqrt{\frac{9}{8\pi}\frac{kT}{Gm\varrho}},$$

so zieht sich die Gaswolke zusammen, und Sterne entstehen. (T Temperatur, m Masse der Moleküle, ϱ Dichte des Gases)

Betrachten wir beispielsweise interstellaren Wasserstoff mit $T = 100$ K, $m = 1{,}7 \cdot 10^{-27}$ kg, $\varrho = 10^{-20}$ kg/m³, so folgt:

$$R > \left(\frac{9}{8\pi}\frac{1{,}4 \cdot 10^{-23}\,\text{J/K} \cdot 100\,\text{K}}{6{,}67 \cdot 10^{-11}\,\text{Nm}^2/\text{kg}^2 \cdot 1{,}7 \cdot 10^{-27}\,\text{kg} \cdot 10^{-20}\,\text{kg/m}^3}\right)^{\frac{1}{2}} = 6{,}7 \cdot 10^{17}\,\text{m}.$$

Nur wenn die Gaswolke mehrere hundert Lichtjahre ausgedehnt ist und eine Mindestmasse

$$M = \varrho\frac{4\pi}{3}R^3 = 10^{-20}\frac{\text{kg}}{\text{m}^3}\frac{4\pi}{3}(6{,}7 \cdot 10^{17}\,\text{m})^3 = 1{,}3 \cdot 10^{34}\,\text{kg} = 6300\,M_\odot$$

aufweist, können sich Sterne bilden. Diese Masse ist viel größer, als diejenige eines einzelnen Sternes. Während sich aber die Wolke weiter zusammenzieht, steigt ihre Dichte. Dadurch werden kleinere Teilwolken instabil und ziehen sich ebenfalls zusammen. So entsteht aus einer großen Wolke interstellaren Gases eine Assoziation von Sternen. Dieser Vorgang findet seit Jahrmilliarden im Universum statt und wird heute noch in unserer Galaxis beobachtet.

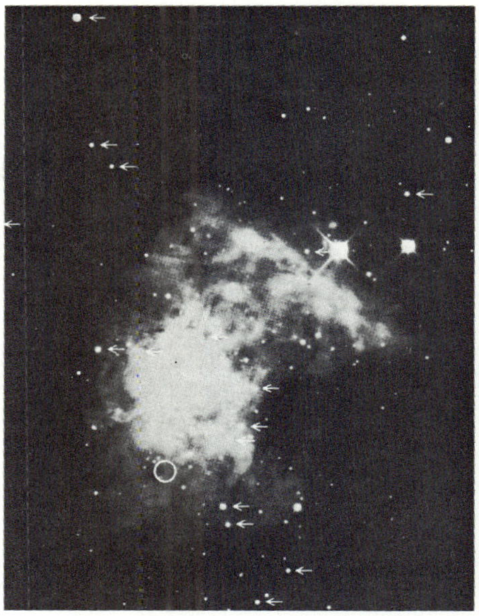

Eine Infrarotaufnahme des Orionnebels. Mit Pfeilen sind T Tauri Sterne markiert. Sie sind vermutlich erst wenige Hunderte oder Tausende Jahre alt. Im Jahre 1936 beobachtete man das Aufleuchten eines neuen Sternes, FU Orionis. Innerhalb der nächsten Jahre wird vermutlich ein neuer Stern an der mit einem Kreis markierten Stelle entstehen.

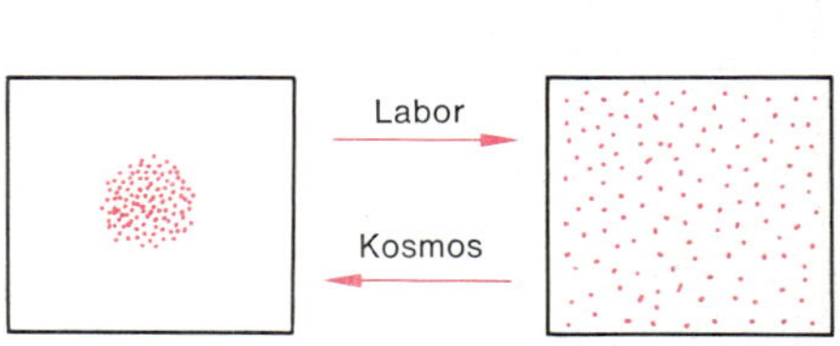

Während sich Gase im Laboratorium stets ausbreiten, können sich hinreichend große interstellare Gaswolken unter der Wirkung der eigenen Gravitationskraft zusammenziehen.

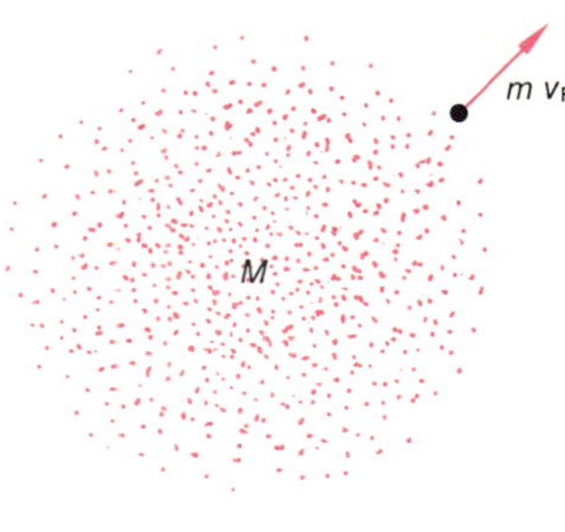

Eine Gaswolke zieht sich zusammen, falls die Geschwindigkeit der meisten Moleküle kleiner als die Fluchtgeschwindigkeit ist.

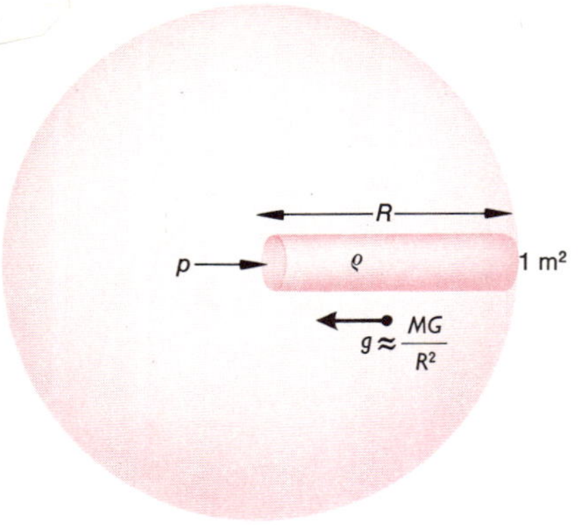

Der Kollaps einer Gaswolke kommt zum Stillstand, wenn der Gasdruck p ausreicht, um das Gewicht der darüberlastenden Gassäule zu tragen.

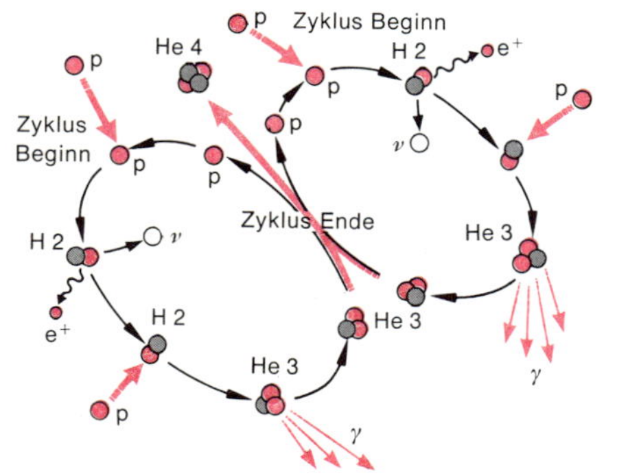

In kühlen Sternen verläuft die Fusion von Wasserstoff zu Helium vor allem über den Proton-Proton-Zyklus.

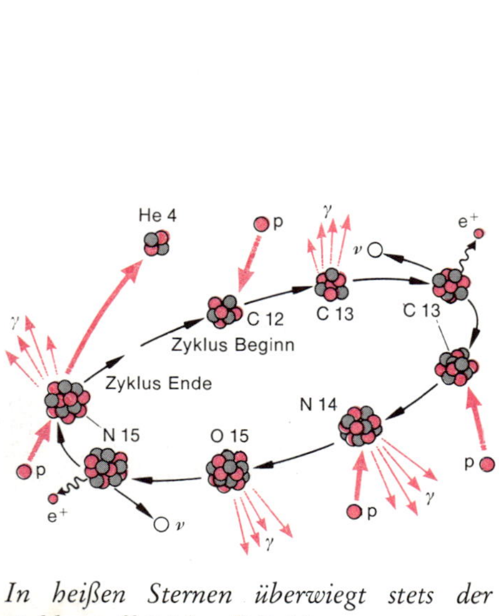

In heißen Sternen überwiegt stets der Kohlenstoff-Stickstoff-Zyklus.

b) Die Hauptreihensterne

Die Kontraktion der Gaswolken dauert einige Millionen Jahre. Dabei heizt sich das Gas auf, weil die Moleküle im Gravitationsfeld fallen und bei Zusammenstößen ihre Bewegung in ungeordnete thermische Bewegung verwandeln. Die Temperatur steigt solange an, bis Kernreaktionen im Innern der Gaswolke einsetzen. Die Kontraktion kommt zum Stillstand, und ein Stern leuchtet auf. Damit im Sternenzentrum Kernreaktionen einsetzen, muß die Sternmasse mindestens eine Hundertstel Sonnenmasse betragen. Liegt sie darunter, so kühlt der Stern allmählich aus und wird zu einem planetenähnlichen Körper (Schwarzer Zwerg!).

Damit der Stern stabil ist, muß der Gasdruck in seinem Innern der Gravitation das Gleichgewicht halten. Den Druck im Mittelpunkt des Sternes können wir leicht abschätzen, indem wir das Gewicht einer Gassäule von 1 m² Querschnitt und der Länge R bestimmen. Diesem Gewicht muß der Gasdruck p das Gleichgewicht halten:

$$p \approx \left(\frac{GM}{R^2}\right)(\rho \cdot R) = \frac{GM\rho}{R}, \quad \text{also} \quad \frac{p}{\rho} \simeq \frac{GM}{R}.$$

Unser Ergebnis ist nur näherungsweise gültig, weil wir die Dichte ϱ des Sternes als konstant angenommen haben und als Gravitationskraft den Wert an der Oberfläche in Rechnung setzten. In derselben Näherung dürfen wir p als mittleren Druck im Stern betrachten, den wir mit Hilfe der Zustandsgleichung für ein ideales Gas berechnen können:

$$pV = NkT \qquad (N = \text{Anzahl der Gasmoleküle}).$$

Führen wir statt des Volumens V die Dichte $\varrho = Nm/V$ ein, so folgt durch Einsetzen in die Gleichgewichtsbedingung

$$\frac{p}{\rho} = \frac{kT}{m} \approx \frac{GM}{R}, \quad \text{also} \quad kT \approx \frac{GMm}{R}.$$

Dies stimmt mit unseren früheren Überlegungen überein. Ist die kinetische Energie der Moleküle zu groß, so fliegt der Stern auseinander. Ist die kinetische Energie der Moleküle zu klein, so fällt der Stern zusammen.

Damit können wir die Temperatur im Inneren der Sterne abschätzen. Für die Sonne erhalten wir

$$T \approx \frac{GmM}{kR} = \frac{6{,}7 \cdot 10^{-11}\ \text{Nm}^2/\text{kg}^2 \cdot 1{,}7 \cdot 10^{-27}\ \text{kg} \cdot 2 \cdot 10^{30}\ \text{kg}}{1{,}4 \cdot 10^{-23}\ \text{J/K} \cdot 7 \cdot 10^{8}\ \text{m}} = 2{,}3 \cdot 10^{7}\ \text{K}.$$

Dieses Ergebnis stimmt mit exakteren Rechnungen, deren Resultate in der Abbildung gezeigt sind, ungefähr überein.

Die hohen Temperaturen im Sterninnern werden durch *Kernfusion* aufrechterhalten. In komplizierten Reaktionsketten wird dabei Wasserstoff in Helium umgewandelt (»Wasserstoffbrennen«).

Die Kernreaktionen im Inneren eines Sternes sind deswegen kompliziert, weil vier *Kernbausteine* zum Aufbau eines Heliumkernes erforderlich sind. Ein gleichzeitiger Zusammenstoß von vier Teilchen an einem Punkt ist ein höchst unwahrscheinlicher Vorgang, deshalb muß der Heliumkern schrittweise aufgebaut werden. Je nach der Temperatur im Sterninneren dienen dazu zwei verschiedene Zyklen. Bei kühlen Sternen überwiegt der Proton-Proton-Zyklus, in heißen Sternen der Kohlenstoff-Stickstoff-Zyklus.

In jeder Sekunde werden im Inneren der Sonne $6{,}7 \cdot 10^{11}$ kg Wasserstoff verarbeitet, wobei die entstehenden Heliumkerne wegen des Massendefektes eine um $4{,}2 \cdot 10^{9}$ kg geringere Masse aufweisen. Pro Sekunde werden dabei $4 \cdot 10^{26}$ J frei und in Form von Strahlung in den Weltraum abgegeben.

Die Masse der Sonne reicht aus, um das Wasserstoffbrennen etwa 10 Milliarden Jahre lang aufrechtzuerhalten. In dieser Zeit verbleibt die Sonne auf der Hauptreihe. Auch in den anderen Hauptreihensternen findet Wasserstoffbrennen statt, wobei sich allerdings sehr unterschiedliche Lebensdauern ergeben. Weil ein Stern von 50 Sonnenmassen etwa die 100 000fache Leuchtkraft der Sonne hat, reicht sein Wasserstoffvorrat nur für eine Betriebsdauer von einigen Millionen Jahren aus. Die massereichen Sterne, die wir heute auf der Hauptreihe beobachten, können also erst vor relativ kurzer Zeit entstanden sein. Dies bestätigt, daß in der Galaxis laufend neue Sterne entstehen.

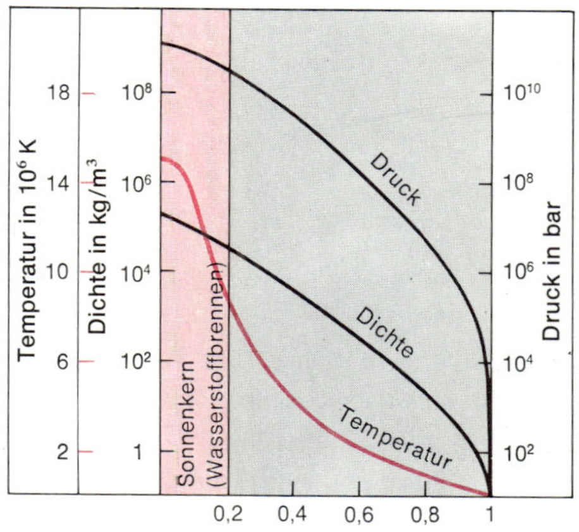

Der Verlauf von Temperatur. Dichte und Druck im Sonneninneren. Die Wasserstoff-Brennzone umfaßt nur einen kleinen Teil des Sonnenvolumens.

c) Die Altersphase der Sterne

Sind etwa 10% des Wasserstoffvorrates eines Sternes verbraucht, so beginnt eine neue Entwicklungsphase. Das schwere Helium sammelt sich im Sterninneren an, und die Fusion des Wasserstoffes geht nun nicht mehr im Zentrum des Sternes, sondern in einer weiter außen liegenden Schicht vor sich. Der Stern bläht sich auf und wird zum Roten Riesen. Für die Sonne wird dies in etwa vier Milliarden Jahren der Fall sein. Ihr Radius reicht dann weit über die Erdbahn hinaus.

Um das Helium im Zentrum des Roten Riesen im Gleichgewicht zu halten, muß die Temperatur dort weiter ansteigen. Das Helium verschmilzt zu schwereren Elementen, wobei in zahlreichen Fusionsvorgängen Beryllium, Kohlenstoff, Kalzium und die anderen chemischen Elemente bis zum Eisen gebildet werden. Vom Eisen an entstehen Kerne größerer Ordnungszahl unter Energiezufuhr durch Anlagerung von Neutronen.

Auch die chemischen Elemente, die wir heute auf der Erde vorfinden, dürften im Inneren von Roten Riesen aus früheren Sterngenerationen erzeugt worden sein. Sie wurden beim Zusammenbruch dieser Sterne ins All geschleudert und bildeten dort Gaswolken, aus denen neue Sterne und Planeten entstanden sind.

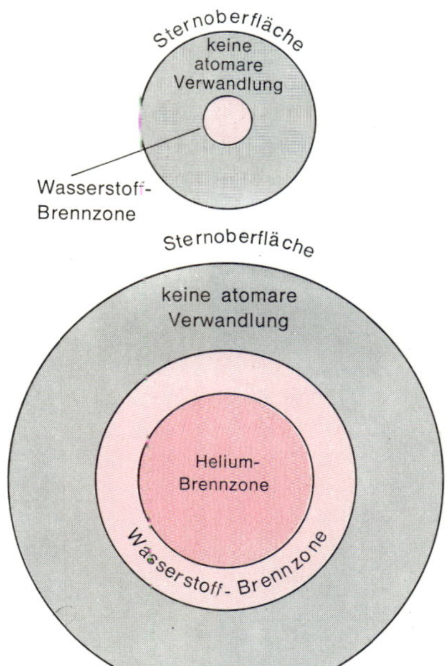

Ist der Wasserstoffvorrat eines Sternes teilweise aufgebraucht, so wird er zum Roten Riesen. Das Helium sammelt sich nämlich im Zentrum des Sternes und verbrennt dort zu chemischen Elementen höherer Ordnungszahl. Durch die Energieproduktion (Strahlungsdruck) wird der Stern aufgebläht.

d) Der Zusammenbruch eines Sternes

Das Gleichgewicht, welches der Rote Riese nach seiner Expansion erreicht, ist bei weitem nicht so stabil wie das Wasserstoffbrennen auf der Hauptreihe des Hertzsprung-Russell-Diagramms. Manche der Sterne beginnen zu pulsieren, während andere Explosionen erleiden, die sich als Nova-Ausbrüche bemerkbar machen. Bei sehr massereichen Sternen kann es sogar zu Supernova-Ausbrüchen kommen, bei denen ein wesentlicher Teil der Sternmasse in den Raum geschleudert wird und eine Gaswolke bildet.

Am Ende dieser komplizierten Entwicklungsphasen bricht der Stern unter der Wirkung seines eigenen Gravitationsfeldes zusammen. Bei diesem Gravitationskollaps können drei Arten von Himmelskörpern entstehen.

Beim Zusammenbruch eines Sternes mit einer Masse bis zu 2 $M_\odot$ kommt der Kollaps bei dem Radius $R \approx 10^7$ m zum Stillstand, und ein *Weißer Zwerg* entsteht. Ein Beispiel dafür ist der Sirius-Begleiter.

Liegt die Masse des zusammenbrechenden Sternes zwischen 2 $M_\odot$ und 10 $M_\odot$, so wird ein großer Teil der Masse in einer *Supernova-Explosion* nach außen geschleudert. Der innerste Teil des Sternes, etwa im Ausmaß einer Sonnenmasse, stürzt dagegen in sich zusammen und kommt erst bei einem Radius von rund 10 km als *Neutronenstern* zur Ruhe.

Ist die Masse des Sternes aber größer als 10 $M_\odot$, so kommt der Kollaps überhaupt nicht zum Stillstand. Der Stern stürzt immer weiter in sich zusammen. Es entsteht ein *Schwarzes Loch*.

Mit den Eigenschaften von Weißen Zwergen, Neutronensternen und Schwarzen Löchern wollen wir uns im folgenden Abschnitt beschäftigen.

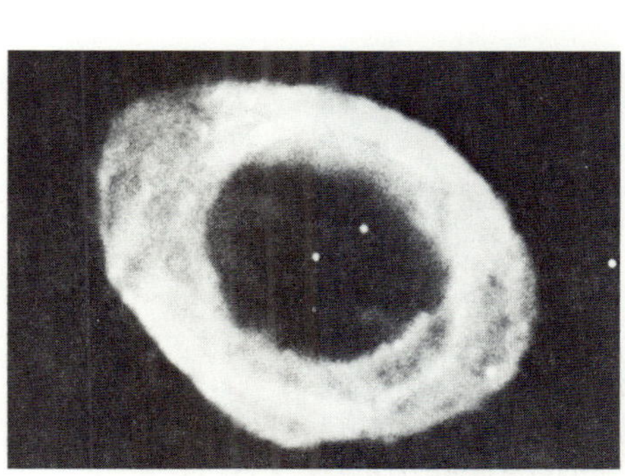

Der Ringnebel in der Leier. Die Gaswolke wurde von dem Stern in der Mitte ausgestoßen und expandiert mit einer Geschwindigkeit von 50 km/s.

3. Strukturen im Kosmos

Um einen Überblick über die Vielfalt der Körper im Universum zu erhalten, wollen wir alle bisher besprochenen Objekte in einem Masse-Radius-Diagramm eintragen. Dabei wird es notwendig sein, einen logarithmischen Maßstab zu verwenden, da viele Größenordnungen das einzelne Atom vom Stern trennen.

Die Objekte im Universum lassen sich in ein großes Diagramm eintragen, in dem sie nach Masse und Radius (oder einer charakteristischen Länge) eingeordnet werden.

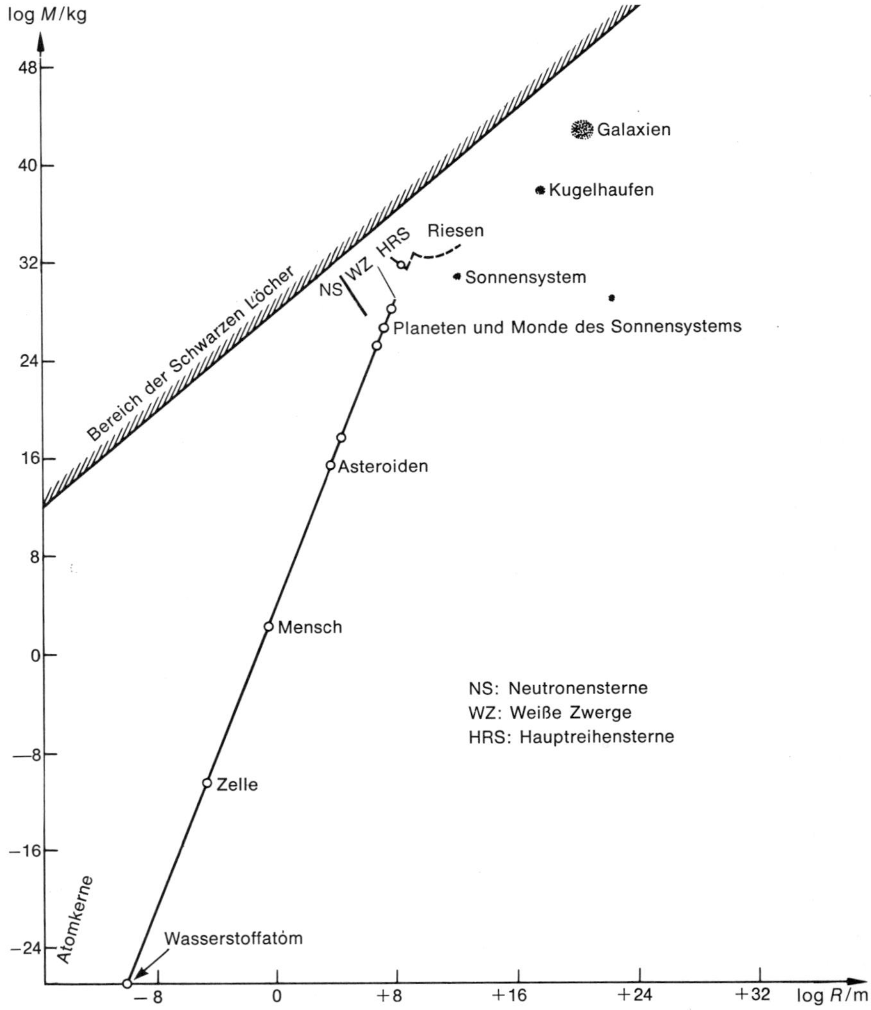

a) Hauptreihensterne

Zunächst tragen wir die Hauptreihensterne in unser Diagramm ein. Ihre Massen liegen zwischen 10^{28} kg und 10^{32} kg, ihre Radien zwischen 10^7 m und 10^{11} m.

Die roten Riesen finden wir in unserem Diagramm oberhalb der Hauptreihensterne, weil sie bei gleicher Masse größeren Radius aufweisen.

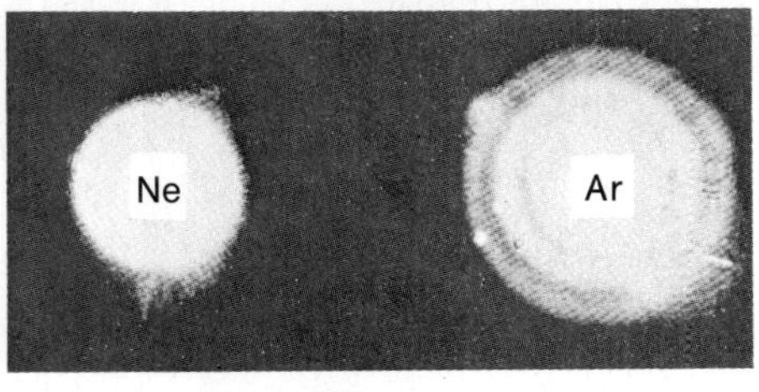

Vom Einzelatom bis zum Planeten Jupiter kommen alle Objekte in dem Diagramm auf einer Geraden zu liegen. Sie weist auf den gleichartigen Bau dieser Gebilde hin.

b) Vom Atom zum Planeten

Nun tragen wir in das Diagramm die Strukturen in unserer Umgebung ein. Beginnend mit dem einzelnen Atom, über große Moleküle, Viren, Zellen, Mäuse, Menschen bis zum Elefanten liegen alle Punkte ungefähr auf einer Geraden. (Dabei wollen wir unter dem Radius jeweils eine typische Längenabmessung der Objekte verstehen.) Diese Gerade setzt sich fort, wenn wir nun auch Asteroiden, Monde und die Planeten des Sonnensystems eintragen. Vom Wasserstoffatom bis zum Planeten Jupiter erstreckt sich die Gerade über 54 Größenordnungen auf der Massenskala und über 18 Größenordnungen der linearen Ausdehnung.

Die Beziehung zwischen Masse und Radius, die hier zum Ausdruck kommt, ist einfach

$$M = \rho \frac{4\pi}{3} R^3 \quad (\rho \approx 1000 \text{ kg/m}^3).$$

Sie weist auf einen einheitlichen Aufbau aller dieser Objekte hin, wenn wir von den Unterschieden in der chemischen Zusammensetzung usw. absehen. Es ist der atomare Aufbau der Materie, der hier zum Ausdruck kommt.

Mit zunehmender Masse weisen die Objekte immer deutlicher Kugelgestalt auf, was auf den Einfluß der Schwerkraft zurückzuführen ist. Für kalte Massen oberhalb der Jupitermasse, 10^{27} kg, »zerdrückt« die Gravitationskraft die Atome im Inneren der Körper in zunehmendem Maße. Es entstehen Sterne mit besonders hoher Dichte, nämlich die Weißen Zwerge.

c) Weiße Zwerge und Neutronensterne

Wir können nun den inneren Aufbau der Weißen Zwerge erklären. Ihre hohe Dichte von 10^9 kg/m^3 zeigt, daß in ihnen die Atome unter der Wirkung der Gravitation auf ein Hundertstel ihres üblichen Radius zusammengedrückt wurden. Dadurch steht jedem Elektron nur sehr wenig Raum zur Verfügung. Nach der de Broglie-Beziehung steigen deshalb sein Impuls und seine kinetische Energie stark an. Die energiereichen Elektronen sorgen nun für den Druck im Sterninneren. Weil dieser Druck eine Folge der Quantenphysik ist und von der Temperatur nicht abhängt, bleibt ein Weißer Zwerg auch dann stabil, wenn er seine gesamte verfügbare thermische Energie abgestrahlt hat und dabei allmählich kalt geworden ist. Als ausgebrannter Stern bleibt er im Weltall zurück.

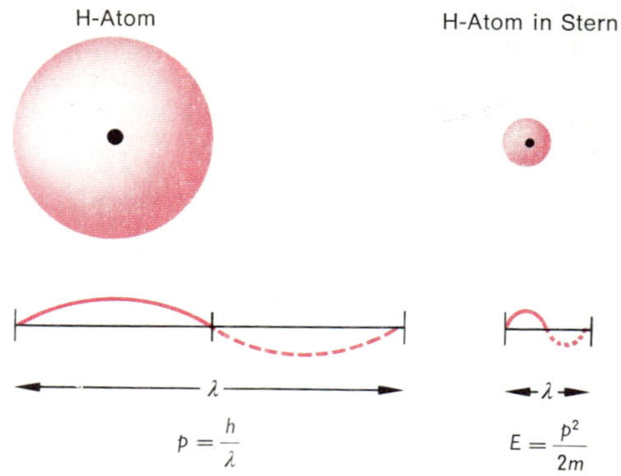

Durch die Gravitationskraft werden die Atome im Inneren von Weißen Zwergen stark komprimiert. Die de Broglie-Wellenlänge der Elektronen sinkt dadurch ab, und ihr Impuls sowie ihre Energie steigen an. Die energiereichen Elektronen halten den Druck im Sterninneren aufrecht, der der Gravitation das Gleichgewicht hält.

Der Druck der Elektronen vermag der Schwerkraft allerdings nur bis zu einer oberen Massengrenze, der *Chandrasekhar-Grenze* $M = 1{,}4\, M_{\odot}$, standzuhalten. Größere Massen können durch Elektronendruck nicht stabilisiert werden. Weiße Zwerge entstehen daher beim Gravitationskollaps *masseärmerer* Sterne.

Beim Zusammenbruch von *massereicheren* Sternen hält der Druck der Elektronen dem Kollaps nicht stand. Die Dichte der Materie nimmt weiter zu. Dadurch steigt auch die Energie der Elektronen so lange an, bis sie ausreicht, um aus Elektron und Proton ein Neutron entstehen zu lassen:

$$\mathrm{e} + \mathrm{p} \rightarrow \mathrm{n} + \nu.$$

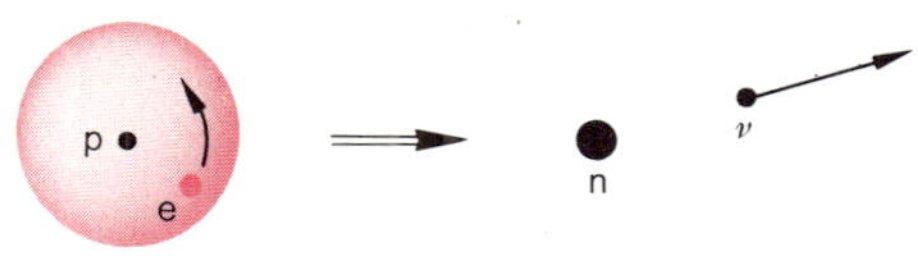

Beim Zusammenbruch eines massereichen Sterns bilden sich aus Elektronen und Protonen durch inversen Beta-Zerfall Neutronen. Die Sternmaterie wandelt sich in ein Neutronengas um, und ein Neutronenstern entsteht.

Durch diesen »inversen β-Zerfall« werden die Elektronen allmählich aufgebraucht, und die gesamte Sternmaterie verwandelt sich in Neutronen. Der Wegfall des Druckes der Elektronen bewirkt, daß der Gravitationskollaps zunächst umso rascher fortschreitet und der Stern immer höhere Dichte erreicht. Dadurch steht nunmehr den Neutronen immer weniger Raum zur Verfügung, und nach der Unschärfe-Relation steigt ihr Impuls. Erreichen die Dichten ungefähr 10^{17} kg/m^3 – also die Dichte von Kernmaterie – so kann der Druck der Neutronen den Kollaps zum Stillstand bringen. Eine Schockwelle geht dabei durch den Stern und ein Teil der Sternmaterie wird nach außen geschleudert, während innen ein Neutronenstern zurückbleibt. Er weist einen Radius von rund 10 km auf, hat aber ungefähr die Masse der Sonne!

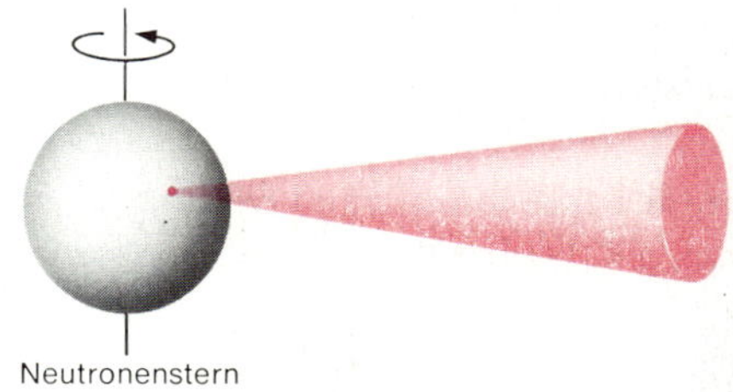

Der Durchmesser eines Neutronensterns beträgt nur rund 10 km. Geladene Teilchen kreisen in seinem Magnetfeld und senden Synchrotronstrahlung aus. Die Rotation des Sterns bewirkt, daß diese Strahlung den Raum wie das Licht eines Leuchtturms überstreicht.

Es erscheint zunächst unwahrscheinlich, daß man ein derart kleines Gebilde im All entdecken kann, doch ist dies aufgrund des starken Magnetfeldes $\mathcal{B} \approx 10^8$ T der Neutronensterne möglich. In diesem Magnetfeld bewegen sich geladene Teilchen auf Spiralbahnen und senden dabei Synchrotronstrahlung aus. Diese Strahlung kann man mit Radioteleskopen und bei manchen Neutronensternen auch mit optischen Teleskopen beobachten. Sie weisen eine charakteristische Eigenschaft auf. Bei der Entstehung eines

Der Krebsnebel ist der Überrest einer Supernova, die im Jahre 1054 in unserem Milchstraßensystem explodierte. Chinesische und japanische Chroniken berichten von einem »Gaststern« der zwei Jahre sichtbar blieb und heller als Venus war.

Neutronensternes verringert sich der Radius eines Sternes von rund 1 Million Kilometer auf etwa 10 Kilometer. Dabei beginnt der Stern, der sich ursprünglich in einigen Tagen einmal um seine Achse drehte, immer rascher zu rotieren, weil der Drehimpuls erhalten bleiben muß. Dadurch können Neutronensterne Rotationsperioden aufweisen, die nur Bruchteile einer Sekunde betragen. Weil das Magnetfeld mit dem Stern mitrotiert, überstreicht der Leuchtfinger der Synchrotronstrahlung den Himmel mit der Periode der Drehbewegung, und die Neutronensterne verraten sich durch ihre pulsierende Strahlung. Man nennt sie daher auch *Pulsare*.

Der berühmteste Pulsar liegt im Zentrum des Krebsnebels. Dieser Nebel entstand im Jahre 1054 bei einer Supernova-Explosion, die von chinesischen Astronomen beobachtet wurde. Der Kollaps eines Sternes führte hier zu einem Neutronenstern, der sich 33mal pro Sekunde um seine Achse dreht und dabei sowohl sichtbares Licht als auch Radiowellen aussendet.

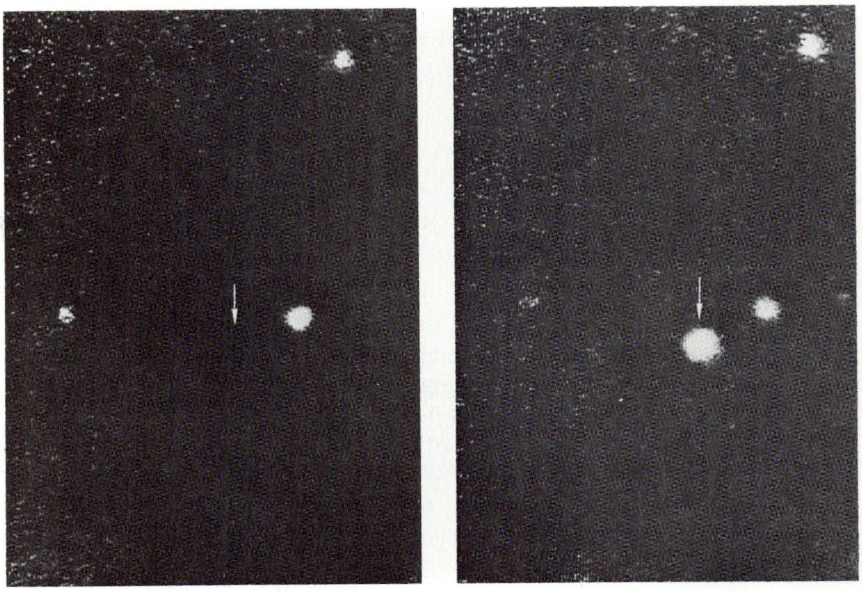

Der Neutronenstern im Zentrum des Krebsnebels dreht sich 33mal pro Sekunde um seine Achse. Dabei überstreicht der Lichtbalken dieses Pulsars immer wieder die Erde, und der Stern wird für wenige tausendstel Sekunden für uns sichtbar.

d) Schwarze Löcher

Kollabiert ein Stern mit einer Masse $M > 10\,M_{\odot}$, so vermag auch der Druck der Neutronen der Gravitation nicht das Gleichgewicht zu halten. Der Stern fällt immer weiter in sich zusammen, bis er schließlich fast punktförmig wird.

Allerdings können wir diesen Zusammenbruch nicht bis zum Ende verfolgen. Infolge der Abnahme des Sternradiuses R erhöht sich die Fluchtgeschwindigkeit und erreicht schließlich die Lichtgeschwindigkeit c. Dann gilt:

$$v_F^2 = c^2 = \frac{2\,GM}{R}, \quad \text{also} \quad R = \frac{2\,GM}{c^2}.$$

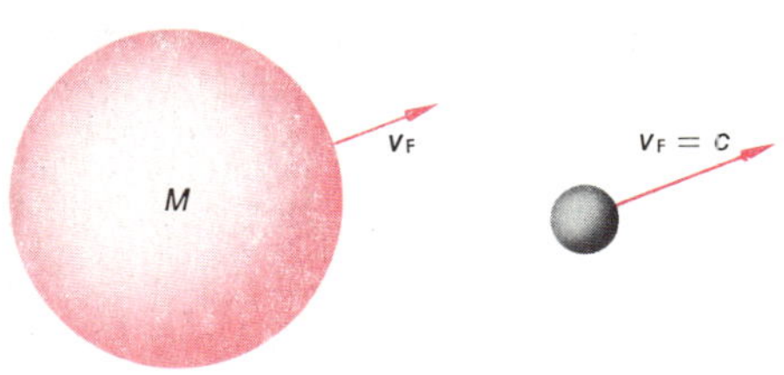

Beim Zusammenbruch eines Sterns steigt die Fluchtgeschwindigkeit, die zum Verlassen der Sternoberfläche erforderlich ist, stark an. Am Schwarzschild-Radius erreicht die Fluchtgeschwindigkeit die Lichtgeschwindigkeit. In der Folge kann auch das Licht die Sternoberfläche nicht verlassen. Der Stern wird zum Schwarzen Loch.

$v_F = \sqrt{\frac{2GM}{R}}$ = Fluchtgeschw.

Ist dieser kritische Radius – man nennt ihn Schwarzschildradius $\mathcal{R}$ – erreicht, so kann auch Licht die Sternoberfläche nicht verlassen, und der Stern wird zum *Schwarzen Loch*.

> Sinkt der Radius eines Sternes auf den Schwarzschildradius ab
>
> $$\mathcal{R} = \frac{2\,GM}{c^2},$$
>
> so können weder Licht noch Teilchen die Sternoberfläche verlassen.

Der weitere Kollaps des Sternes zu immer kleineren Radien bleibt dadurch jedem außenstehenden Beobachter prizipiell verborgen.

Wie Neutronensterne sind auch Schwarze Löcher sehr kleine Gebilde. Ein Schwarzes Loch mit der Masse 10 $M_{\odot}$ hat den Schwarzschildradius

$$\mathcal{R} = \frac{2GM}{c^2} = \frac{2 \cdot 6{,}7 \cdot 10^{-11}\ \mathrm{Nm^2/kg^2} \cdot 2 \cdot 10^{31}\ \mathrm{kg}}{9 \cdot 10^{16}\ \mathrm{m^2/s^2}} = 30\ \mathrm{km}.$$

Weil von Schwarzen Löchern keinerlei Strahlung ausgehen kann, schien es zunächst sehr schwer, sie im All zu entdecken und so ihre Existenz zu bestätigen. Dies ist nur möglich, wenn ein Stern eines Doppelstern-Systems kollabiert und ein Schwarzes Loch bildet. Es umkreist dann den zweiten Stern des Systems in einiger Entfernung. Sein intensives Gravitationsfeld saugt Gas von der Oberfläche des Sternes ab. Das Gas strömt in einem Wirbel mit einem Durchmesser von ungefähr 100 km in das Schwarze Loch hinein. Dabei erreicht es fast Lichtgeschwindigkeit und heizt sich auf einige Millionen Grad auf, noch bevor es den Schwarzschildradius erreicht. Das heiße Gas sendet intensive Röntgenstrahlung aus. Von Satelliten aus kann man versuchen, diese Röntgenstrahlung zu entdecken. Tatsächlich wurden in den letzten Jahren einige hundert Röntgenquellen innerhalb und außerhalb der Milchstraße identifiziert. Einige dieser Röntgenquellen sind wahrscheinlich Schwarze Löcher.

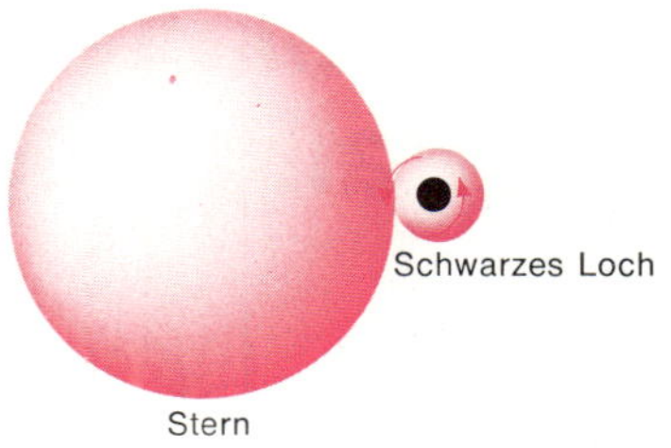

Ein Schwarzes Loch umkreist einen Stern. Ein derartiges Gebilde kann entstehen, wenn ein Partner eines Doppelsternsystems kollabiert. Das intensive Gravitationsfeld des Schwarzen Loches saugt Gas von der Sternoberfläche ab. Es stürzt in einem großen Wirbel in das Schwarze Loch und heizt sich dabei auf Millionen Grad auf.

Testfragen:

1. Was versteht man unter der scheinbaren Helligkeit eines Sternes?
2. Was versteht man unter der Leuchtkraft eines Sternes?
3. Welcher Zusammenhang besteht zwischen scheinbarer Helligkeit und Leuchtkraft?
4. Wie bestimmt man die Oberflächentemperatur eines Sternes?
5. Wie kann man den Radius eines Sternes abschätzen?
6. Beschreiben Sie das Hertzsprung-Russell-Diagramm.
   a) Wie verläuft die Hauptreihe?
   b) Wo liegt das Gebiet der Roten Riesen?
   c) Wo sind die Weißen Zwerge zu finden?
7. Wie kann man in einem Doppelsternsystem die Massen der beiden Partner bestimmen?
8. Was versteht man unter der Masse-Leuchtkraft-Beziehung? Wozu wird sie verwendet?
9. In welchem Bereich liegen die Massen der Sterne?
10. Welche Massendichte haben
    a) Hauptreihensterne, b) Rote Riesen, c) Weiße Zwerge?
11. Wie kommt der Lichtwechsel von Bedeckungsveränderlichen zustande?
12. Wodurch wird die veränderliche Leuchtkraft der Cepheiden hervorgerufen?
13. Wie kann man die Entfernung der Cepheiden ermitteln?
14. Was sind Novae, was sind Supernovae?
15. Welche Struktur hat unsere Galaxis?
16. Wie läßt sich die Rotationsgeschwindigkeit unserer Galaxis messen, und wie lange dauert etwa eine Umdrehung?
17. Wie läßt sich die Masse unserer Galaxis abschätzen? In welcher Größenordnung liegt sie?
18. Was weiß man über die chemische Zusammensetzung der interstellaren Materie?
19. Wie kommt es, daß in manchen Gebieten unserer Galaxis keine Sterne zu sehen sind?
20. Welche Bedingung muß erfüllt sein, damit sich eine Gaswolke zusammenballt?
21. Welche Überlegung liefert die Temperatur im Zentrum eines Sternes?
22. Woher bezieht die Sonne ihre Strahlungsenergie?
23. Wie lange kann die Sonne als »Wasserstoff-Brenner« Energie abgeben?
24. Welche Kernreaktionen gehen in den Roten Riesen vor sich?
25. Welchen Vorgängen verdanken wir die chemischen Elemente mit hohen Ordnungszahlen?
26. Wie entstehen
    a) Weiße Zwerge, b) Neutronensterne, c) Schwarze Löcher?
27. Wodurch werden die Weißen Zwerge im Gleichgewicht gehalten?
28. Welchen Radius und welche Dichte haben etwa die Weißen Zwerge?
29. Wodurch werden die Neutronensterne im Gleichgewicht gehalten?
30. Welchen Radius und welche Dichte haben etwa die Neutronensterne?
31. Was sind Pulsare?
32. Weshalb ist der Krebsnebel in astrophysikalischer Hinsicht so interessant?
33. Was versteht man unter dem Schwarzschildradius?
34. Welche Größe hat etwa der Schwarzschildradius eines Schwarzen Loches?
35. Woran kann man Schwarze Löcher erkennen?

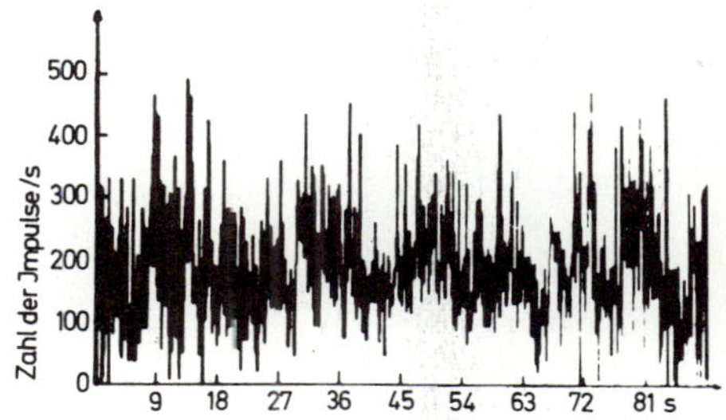

Strahlung der Röntgenquelle Cygnus-X1. Man vermutet, daß diese Röntgenstrahlung von Gas ausgeht, das in ein Schwarzes Loch stürzt.

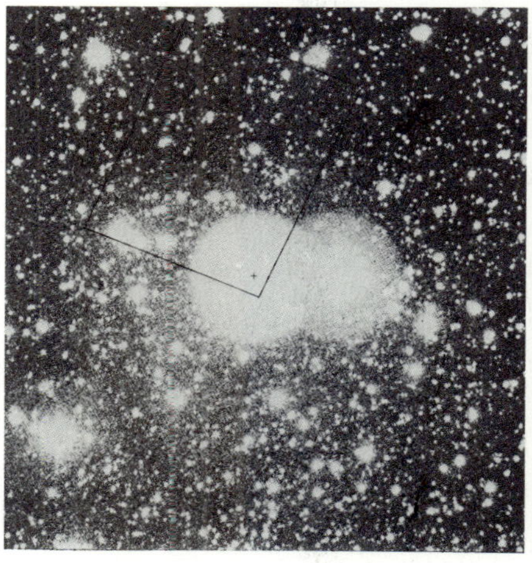

Der Stern HDE 226868 befindet sich an der Stelle, von welcher die Röntgenstrahlung ausgeht. Die Spektrallinien dieses Sternes weisen darauf hin, daß er mit einer Geschwindigkeit von 75 km/s um ein anderes Objekt kreist, welches im Fernrohr nicht sichtbar ist. Man vermutet, daß der Stern und ein Schwarzes Loch mit einer Masse von rund 6 Sonnenmassen um den gemeinsamen Schwerpunkt kreisen.

II. Grundlagen der allgemeinen Relativitätstheorie

»Eine neue Größe der Weltgeschichte: Albert Einstein, dessen Forschungen eine völlige Umwälzung unserer Naturbetrachtung bedeuten und den Erkenntnissen eines Kopernikus, Kepler und Newton gleichwertig sind.«

Die Aufstellung der speziellen Relativitätstheorie durch Albert Einstein hatte weitreichende Veränderungen der Begriffe Raum und Zeit zur Folge. Zeigte sie doch, daß Bewegung den Gang von Uhren und die Länge von Maßstäben beeinflußt.

Diese Entdeckungen bewirkten auch Veränderungen in allen anderen Teilbereichen der Physik. Vor allem war die Newtonsche Gravitationstheorie mit den neuen Auffassungen von Raum und Zeit in Einklang zu bringen. Dies gelang Albert Einstein im Jahre 1915, als er die allgemeine Relativitätstheorie schuf. Sie zeigte, daß auch Gravitationsfelder einen Einfluß auf Maßstäbe und Uhren haben, und eröffnete dadurch völlig neue Denkmöglichkeiten auf dem Gebiet der Physik.

Wir wollen einige Ergebnisse der allgemeinen Relativitätstheorie an einfachen Spezialfällen herleiten.

1. Die Rotverschiebung

Wir betrachten einen Lichtstrahl, der in einem Gravitationsfeld aufsteigt. Hat das Licht die Frequenz f, so beträgt die Energie eines Photons $E = hf$, wobei h das Plancksche Wirkungsquantum ist. Dieser Energie entspricht eine Photonenmasse

$$m_D = \frac{E}{c^2} = \frac{hf}{c^2} \qquad (c = 3 \cdot 10^8 \text{ m/s}, \qquad h = 6{,}67 \cdot 10^{-34} \text{ Js}),$$

welche im Gravitationsfeld emporgehoben wird. Die dazu erforderliche Arbeit beträgt

$$W = m_D g H = \frac{hf}{c^2} g H.$$

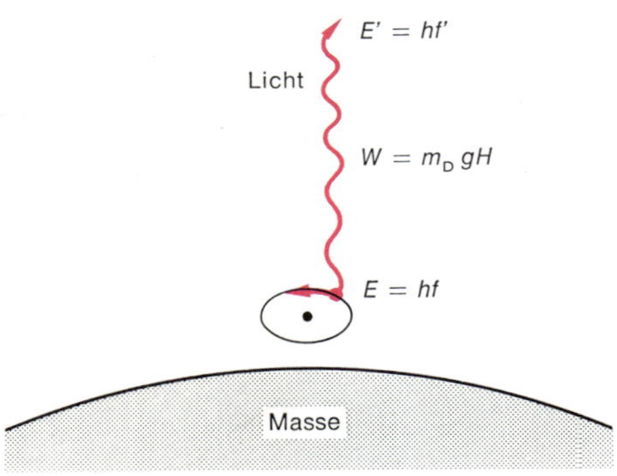

Ein Photon steigt im Schwerefeld auf. Dabei muß es Arbeit verrichten, und seine Energie verringert sich.

Weil der Lichtstrahl auf seinem Weg die Arbeit W verrichtet, kommt er oben mit verminderter Energie an

$$E' = hf' = E - W = hf - \frac{hf}{c^2} g H,$$

und seine Frequenz verringert sich auf

$$f' = f\left(1 - \frac{gH}{c^2}\right).$$

Diesen Effekt bezeichnet man als *Rotverschiebung*. (Bei sichtbarem Licht werden die Spektrallinien gegen das rote Ende des Spektrums verschoben!)

Steigt ein Lichtstrahl in einem Gravitationsfeld empor, so verringert sich seine Frequenz f auf

$$f' = f\left(1 - \frac{gH}{c^2}\right).$$

Die Messung der Rotverschiebung gelang im Jahre 1965 den beiden amerikanischen Physikern G. Pound und G. Rebka. Sie arbeiteten mit γ-Strahlung, die in einem Turm 20 m hoch emporstieg. Die Frequenzverminderung beträgt in diesem Fall

$$f' = f\left(1 - \frac{10\ \mathrm{m/s^2} \cdot 20\ \mathrm{m}}{9 \cdot 10^{16}\ \mathrm{m^2/s^2}}\right) = f\,(1 - 2{,}22 \cdot 10^{-15}).$$

Dieser geringfügige Effekt, der bei sichtbarem Licht nur eine Frequenzänderung von etwa 1 Hz bewirken würde, konnte mit Hilfe spezieller experimenteller Methoden (Mösbauer-Effekt) gemessen werden. Die Ergebnisse stimmen mit den Vorhersagen der Theorie innerhalb der Meßgenauigkeit von 1% überein.

Auch an den Spektrallinien der Sonne kann man den Effekt feststellen. Weil das Licht Arbeit verrichten muß, um im Sonnengravitationsfeld aufzusteigen und zur Erde zu kommen, verringert sich seine Frequenz auf

$$f' = f\left(1 - \frac{GM}{c^2 R}\right),$$

wobei M die Sonnenmasse und R der Sonnenradius sind.

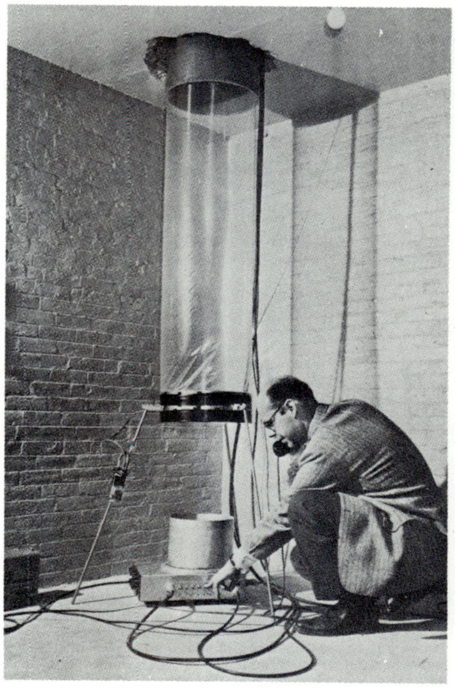

Georg Pound am unteren Ende des Turms, in dem die Rotverschiebung der Spektrallinien gemessen wurde.

2. Uhren im Gravitationsfeld

Von der Rotverschiebung ausgehend können wir das Verhalten von Uhren im Gravitationsfeld berechnen. Dazu verwenden wir ein besonders elementares Modell einer Atomuhr. Im Bohrschen Bild können wir den Umlauf des Elektrons um den Atomkern als Zeitgeber einer Uhr verwenden. Nebenher kann das vom Atom ausgestrahlte Licht als Sender dienen, der es gestattet, den Gang von zwei solchen Atomuhren im Gravitationsfeld zu vergleichen.

Jedesmal, wenn das Elektron (bildlich gesprochen) an einer bestimmten Stelle seiner Umlaufbahn angekommen ist, soll es einen Wellenberg aussenden und den Zeiger der Atomuhr um eine Zeiteinheit weiterrücken. Jeder von der Atomuhr A ausgehende Wellenberg wird dadurch zum Zeitsignal, der das Weiterrücken des Zeigers angibt. Empfängt man die Welle bei der Atomuhr B, so kann man den Gang der Uhren A und B vergleichen.

Liegt die Uhr B im Gravitationsfeld in größerer Höhe H als die Uhr A, so kommt das Zeitsignal von A bei B mit verminderter Frequenz an

$$f' = f\left(1 - \frac{gH}{c^2}\right).$$

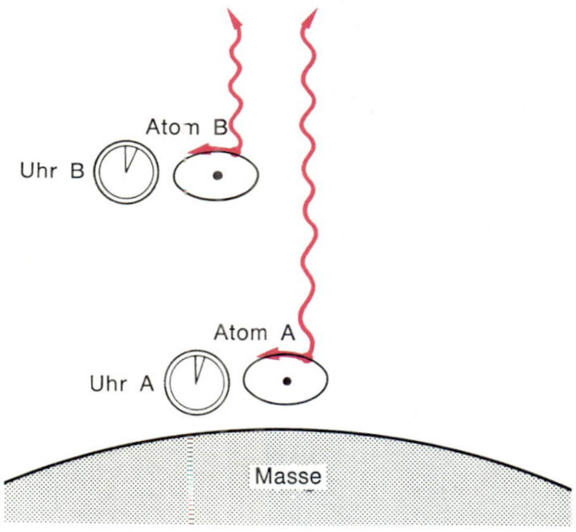

Uhr A sendet ein Zeitsignal aus. Damit kann ihr Gang mit Uhr B verglichen werden. Wegen der Rotverschiebung kommt das Zeitsignal mit verringerter Frequenz an.

Bei der Uhr B kommen also um den Faktor $(1 - gH/c^2)$ weniger Wellenberge an, die das Weiterrücken des Zeigers von A angeben, als die Uhr B selbst aussendet. Weil kein Wellenberg auf dem Weg von unten nach oben verloren gehen kann, müssen wir schließen, daß die Uhr A um den Faktor $(1 - gH/c^2)$ langsamer geht als die Uhr B, also

$$T_A = T_B\left(1 - \frac{gH}{c^2}\right).$$

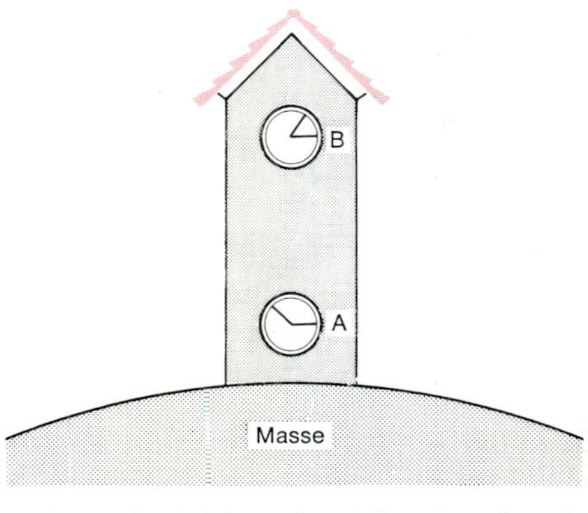

In großer Höhe gehen Uhren rascher. Wer höher lebt, altert schneller (allerdings nur um wenige Mikrosekunden).

Wir haben damit die Rotverschiebung in völlig neuer Weise gedeutet. Nach der ursprünglichen Herleitung könnte man meinen, daß die Frequenz des Lichtes auf dem Weg nach oben allmählich abnimmt. Diese Deutung kann jedoch nicht zutreffen, da auf dem Weg nach oben keine Wellenberge verloren gehen können. Ebenso viele Schwingungen, wie unten ausgegangen sind, müssen auch oben ankommen. Wir müssen daher die Rotverschiebung so interpretieren, daß Atome oder Uhren weiter unten im Gravita-

Die Vorhersagen der Relativitätstheorie wurden von Physikern der Universität von Maryland mit Unterstützung der amerikanischen Marine getestet. Der Gang der Atomuhr im Flugzeug wurde mit Uhren am Boden verglichen.

tionsfeld einen langsameren Gang aufweisen, als in größerer Höhe. Die Zeit vergeht im Gravitationsfeld von Ort zu Ort unterschiedlich schnell!

> Befindet sich eine Uhr B im Schwerefeld in der Höhe H oberhalb einer Uhr A, so gilt für die Zeitangaben dieser Uhren
>
> $$T_A = T_B\left(1 - \frac{gH}{c^2}\right).$$

Diese Vorhersage der allgemeinen Relativitätstheorie wurde bereits mehrfach überprüft. Eines der elegantesten Experimente stammt aus dem Jahre 1976. Mit einem Flugzeug wurde eine Atomuhr auf 10 000 m Höhe gebracht und ihr Gang mit einer Atomuhr am Boden verglichen. Die genaue Lage und Geschwindigkeit des Flugzeugs wurde mit einem Radarverfahren während des vierzehnstündigen Fluges bestimmt.

Von der an Bord befindlichen Atomuhr gingen laufend Zeitsignale aus, die mit den Angaben der Atomuhr am Boden verglichen wurden. (Die Laufzeit des Zeitsignals wurde dabei berücksichtigt.) So konnte man während des Fluges die ständig zunehmende Differenz der Zeitangaben der beiden Uhren verfolgen. Zwei Effekte tragen dazu bei. Die Uhr im bewegten Flugzeug geht um den Faktor $\sqrt{1 - v^2/c^2}$ langsamer, als die Uhr am Boden und sollte dadurch während des Fluges um 5,7 ns zurückbleiben. Andererseits befindet sich die Uhr im Flugzeug in größerer Höhe und muß daher etwas rascher gehen als die Vergleichsuhr. Aus den Flugdaten läßt sich dieser Effekt berechnen, er sollte 52,8 ns betragen.

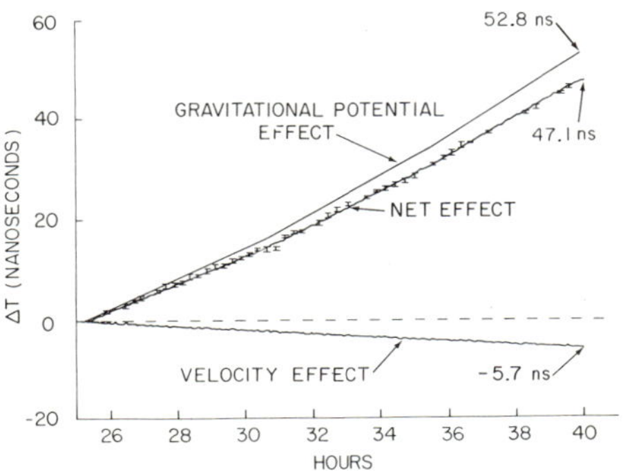

Während der Versuchsdauer von rund 60 Stunden wurde die Uhr im Flugzeug laufend mit den Uhren am Boden verglichen. Vor und nach dem Flug stimmt der Gang der beiden Uhren überein. Während des Fluges geht die Uhr im Flugzeug etwas rascher.

Insgesamt muß die Uhr im Flugzeug während des Fluges allmählich einen Zeitvorsprung von 47,1 ns aufbauen. Nach der Landung geht sie zwar genauso schnell wie die Bodenuhr, der Zeitunterschied bleibt jedoch erhalten. Die Abbildungen zeigen die experimentellen Resultate, die in bester Übereinstimmung mit den Vorhersagen der Theorie stehen.

> Mit Atomuhren kann man die relativistischen Zeiteffekte mit einer Genauigkeit von etwa 1% bestätigen.

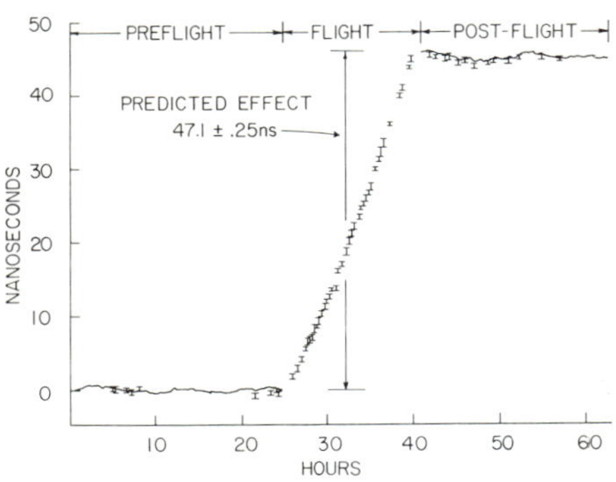

Anhand der genau bekannten Flughöhe und Fluggeschwindigkeit wurden die Zeitabweichungen für den Höheneffekt und den Geschwindigkeitseffekt berechnet. Die Summe der beiden Meßdaten wird hier mit den Ergebnissen der Zeitmessung verglichen. Die Kurve ändert ihre Steigung, weil das Flugzeug allmählich höher steigt.

Von besonderer Bedeutung ist der Einfluß relativistischer Effekte auf den Gang von Uhren für das in Vorbereitung befindliche weltweite *Navigationssystem*. Es besteht aus acht Satelliten mit Atomuhren an Bord, von denen Zeitsignale ausgehen. Aus der Laufzeit der Signale kann der Empfänger seine drei Lagekoordinaten mit einer Genauigkeit von wenigen Metern bestimmen.

Wir haben uns oben auf Uhren beschränkt, die sich im homogenen Schwerefeld der Erde befinden. Wir können unser Ergebnis aber leicht auf eine Uhr verallgemeinern, die sich in beliebiger Entfernung von einer schweren Masse befindet.

> Bringt man eine Uhr A in die Nähe einer schweren Masse, so geht sie langsamer als eine weit entfernte Vergleichsuhr B
>
> $$T_A = T_B\left(1 - \frac{GM}{c^2 r}\right).$$
>
> (r ist der Abstand der Uhr vom Mittelpunkt der Masse.)

3. Maßstäbe im Gravitationsfeld

Mit dem Energiesatz konnten wir den Einfluß des Gravitationsfeldes auf den Gang einer Uhr berechnen. Den Einfluß des Gravitationsfeldes auf Maßstäbe können wir nicht durch ähnliche, einfache Überlegungen bestimmen. Die Vorhersage dieses Effektes ist vielmehr eines der wichtigsten Ergebnisse der allgemeinen Relativitätstheorie und erfordert großen mathematischen Aufwand. Das Ergebnis der Rechnung lautet:

Die allgemeine Relativitätstheorie sagt vorher, daß in der Umgebung einer Masse Uhren langsamer gehen und Maßstäbe schrumpfen.

> Bringt man einen Maßstab A in die Nähe einer schweren Masse, so wird er kürzer als ein weit entfernter Vergleichsmaßstab B
>
> $$L_A = L_B \left(1 - \frac{GM}{c^2 r}\right).$$
>
> (r ist der Abstand des Maßstabes vom Mittelpunkt der Masse.)

Die Theorie besagt also, daß ein Maßstab auf einem Berg etwas länger ist als auf Meeresniveau. Wie überprüft man diese Aussage? Bringen wir den höher gelegenen Maßstab nach unten, so wird auch er kürzer, und der Unterschied verschwindet. Wir müssen daher einen anderen Weg gehen.

Wir beginnen mit einem Gedankenexperiment. Um zu erproben, ob Umfang U und Durchmesser $2R$ eines Kreises die Beziehung $U = 2\pi R$ erfüllen, legt ein Geometer zahllose Maßstäbe auf einem großen Kreis rund um die Sonne auf und bestimmt so den Kreisumfang U. (Es soll sich dabei um ideale Maßstäbe handeln, die sich weder durch die Wirkung der Gravitationskräfte dehnen oder verbiegen, noch durch Temperaturunterschiede beeinflußt werden.) Mit den gleichen Maßstäben mißt der Geometer auch den Kreisdurchmesser. Nach der Euklidischen Geometrie sollte das Verhältnis folgenden Wert haben:

$$\frac{U}{2R} = \pi = 3{,}14159\,26536\ \ldots\ldots\ldots\ldots$$

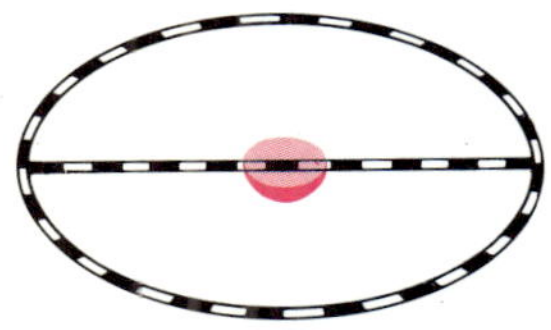

Ein Geometer mißt Umfang und Durchmesser eines Kreises um die Sonne. Das Ergebnis weicht – der Relativitätstheorie gemäß – von der Vorhersage der Euklidischen Geometrie ab. In der Umgebung der Sonne schrumpfen alle Maßstäbe. Man benötigt daher für den Durchmesser mehr Maßstäbe als erwartet.

Die Messung ergibt aber bei einem Kreis, der etwa der Erdbahn entspricht,

$$\frac{U}{2R} = 3{,}14159\,24853\ \ldots\ldots\ldots\ldots$$

Der Durchmesser des Kreises ist größer, als nach dem Umfang zu vermuten war. Die Vorhersage $U = 2\pi R$ der euklidischen Geometrie hat der empirischen Prüfung nicht standgehalten. Die euklidische Geometrie hat sich als falsch erwiesen!

Sie können dem verwirrten Geometer diesen Effekt sicher leicht erklären. In der Umgebung der Sonne schrumpfen die Maßstäbe, so daß mehr Maßstäbe zur Vermessung des Durchmessers erforderlich sind, als es der Umfang vermuten läßt. So läßt sich die Vorhersage der allgemeinen Relativitätstheorie zumindest im Prinzip untersuchen. Bevor wir auf die praktische Versuchsdurchführung eingehen, wollen wir das Ergebnis noch etwas anders darstellen.

Der Geometer kann auf dem Standpunkt beharren, daß seine Maßstäbe nicht schrumpfen. Er führt sein Versuchsergebnis vielmehr darauf zurück, daß der Raum in der Umgebung der Sonne »gekrümmt« ist. Auch auf der abgebildeten Fläche ist der Durchmesser eines Kreises größer, als es nach den Vorhersagen der euklidischen Geometrie zu erwarten wäre. Damit haben wir das berühmte Konzept der *Raumkrümmung* gewonnen, das der allgemeinen Relativitätstheorie üblicherweise zugrunde gelegt wird.

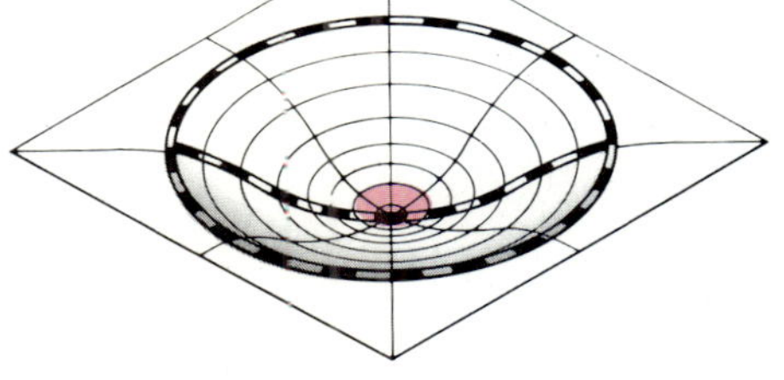

Das Ergebnis der Messung kann auch durch eine »Raumkrümmung« ausgedrückt werden. Auf der gekrümmten Fläche ist der Durchmesser eines Kreises länger als in der Ebene. Man benötigt daher mehr Maßstäbe um ihn auszulegen.

Welche der beiden Deutungen wir auch bevorzugen, stets kommen wir zum gleichen Ergebnis. Die Vorhersagen der euklidischen Geometrie versagen in

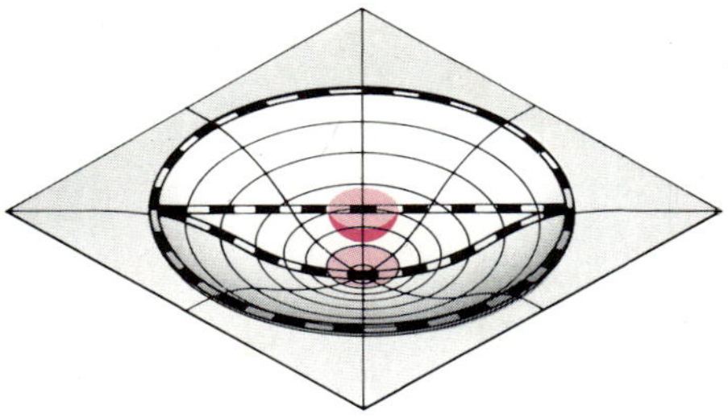

Die Ergebnisse der Messung können auf zwei Weisen ausgedrückt werden.

der Umgebung schwerer Massen. Dies war eines der sensationellsten Ergebnisse der allgemeinen Relativitätstheorie. Galt doch die euklidische Geometrie durch Jahrtausende hindurch als Musterbeispiel von »synthetischen Aussagen a priori«. Man hatte in der gesamten europäischen Geistesgeschichte immer wieder versucht, auch allen anderen Wissenschaften einen ähnlich hohen Sicherheitsgrad zu geben wie der Geometrie. Nun erwies sich sogar diese scheinbar solide Grundlage menschlichen Wissens als trügerisch. Das Verhältnis von Geometrie und Wirklichkeit war nicht so einfach, wie man es angenommen hatte. Einstein hat dies einmal in der knappen Formulierung zusammengefaßt: »Insofern sich Gesetze der Mathematik auf die Wirklichkeit beziehen, sind sie nicht sicher, insofern sie sicher sind, beziehen sie sich nicht auf die Wirklichkeit.«

Aus rein geometrischen Überlegungen können wir nichts über die mit Maßstäben bestimmte Geometrie des Raumes erfahren, denn es ist nicht sicher, ob die Axiome der Geometrie für diese Maßstäbe auch Gültigkeit haben. Andererseits zeigen unsere Überlegungen die Schwierigkeit auf, zu irgendwelchen Aussagen über den »Raum« zu gelangen. Machen wir nicht immer nur Aussagen über Maßstäbe? Tatsächlich konnten wir unsere Meßergebnisse auf zwei verschiedene Arten deuten. Zunächst sind wir davon ausgegangen, daß Maßstäbe im Gravitationsfeld schrumpfen. Damit liegt eine Aussage über Maßstäbe vor. Dann haben wir unser Ergebnis umgedeutet und als Aussage über den Raum selbst gewertet. Mit verschiedenen theoretischen Begriffssystemen können wir das gleiche experimentelle Ergebnis beschreiben.

Es verbleibt festzustellen, wie man die Geometrie in der Umgebung der Sonne nun tatsächlich ausmessen kann. Dazu dienen die folgenden Experimente.

Schnittbild der Haystack Radar-Antenne, die von Irwin Shapiro und seinen Mitarbeitern für Präzisionsmessungen der Planetenentfernungen benützt wird. Die Meßgenauigkeit beträgt wenige hundert Meter!

a) Das Shapiro-Experiment

Im Jahre 1965 schlug der amerikanische Physiker Irwin I. Shapiro eine Überprüfung der geometrischen Verhältnisse in der Sonnenumgebung vor, die durch die Fortschritte der Radartechnik ermöglicht wurde. Shapiros Experiment ist im Prinzip sehr einfach: Ein Radarsignal geht von der Erde aus, wird an der Venus reflektiert und kehrt wieder zur Erde zurück. Man mißt also den Abstand Erde–Venus mit Hilfe der Radarmethode. Der Radarstrahl legt dabei einen annähernd radialen Weg im Schwerefeld der Sonne zurück, wobei sein Gesamtweg gleich dem Durchmesser der Erdbahn plus dem Durchmesser der Venusbahn ist. Diese Durchmesser müssen sich nach den Vorhersagen der allgemeinen Relativitätstheorie als etwas größer erweisen, als nach denjenigen der euklidischen Geometrie. Wegen des größeren Weges verlängert sich auch die Laufzeit des Radarsignals, wenn das Signal auf seinem Weg von der Erde zur Venus und zurück knapp am Sonnenrand vorbeigeht.

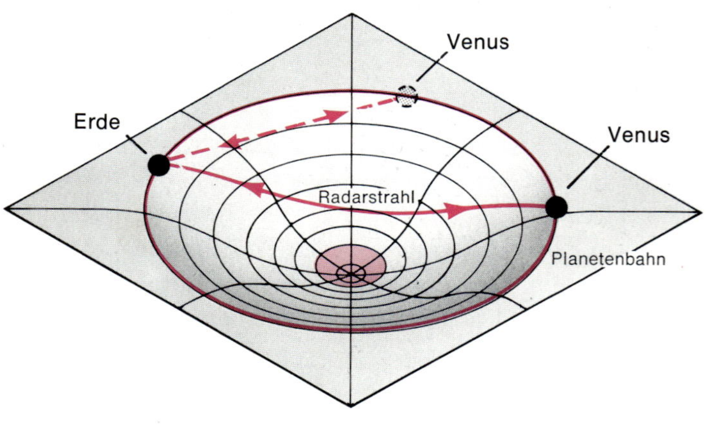

Läuft der Radarstrahl auf seinem Weg zur Venus und zurück knapp an der Sonne vorbei, so hat er wegen der Raumkrümmung einen um ca. 40 km verlängerten Weg zurückzulegen.

Diese Laufzeitvergrößerung wurde von Shapiro gemessen. Die Ergebnisse stimmen mit einer Genauigkeit von 1% mit den Vorhersagen der allgemeinen Relativitätstheorie überein, wie die Abbildung zeigt.

Shapiros Messungen bedeuten eine direkte Bestätigung der Raumkrümmung in der Umgebung der Sonne. Die Verlängerung des Weges, den der Radarstrahl durchlaufen muß, beträgt bis zu 36 km

Die Laufzeitverlängerung wird nur zur Hälfte durch die Raumkrümmung hervorgerufen. 50% des Effektes sind auf die Verlangsamung des Uhrenganges in der Sonnenumgebung zurückzuführen.

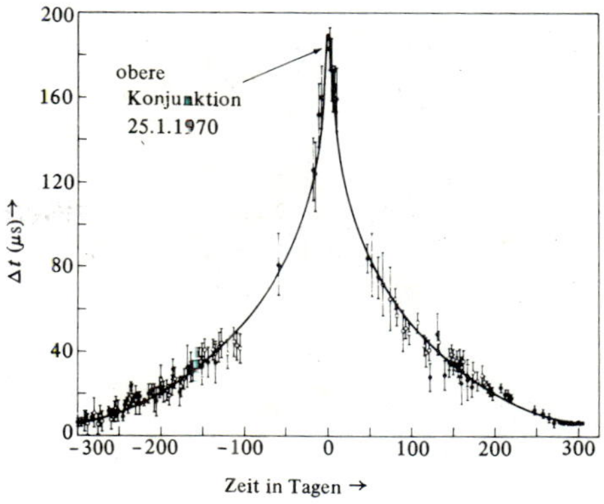

Die Meßergebnisse von Shapiro. Die Kurve gibt an, um wieviel sich die Laufzeit des Radarstrahles durch die Krümmung des Raumes und durch die Verlangsamung des Uhrenganges in der Sonnenumgebung verlängert.

b) Lichtablenkung und Periheldrehung

Die Raumkrümmung in der Umgebung der Sonne hat noch einen weiteren Einfluß auf die Bahn eines Lichtstrahls, der knapp an der Sonne vorbeiläuft. Er wird im Gravitationsfeld der Sonne aus seiner geradlinigen Bahn abgelenkt, wobei die allgemeine Relativitätstheorie den Wert dieser Lichtablenkung zu $\delta = 1{,}75''$ vorhersagt. Auch dieser Effekt wurde durch Präzisionsmessungen bestätigt. Die Meßgenauigkeit betrug 1%.

Die Krümmung des Raumes hat auch einen Einfluß auf die Planetenbahnen. Die Bahnellipsen der Planeten ruhen nicht im Raume, wie es nach der Newtonschen Gravitationstheorie sein müßte, sondern drehen sich langsam um die Sonne. Dabei dreht sich der sonnennächste Punkt der Bahn, das Perihel, im Fall des Planeten Merkur um 43 Winkelsekunden im Jahrhundert. Dieser Effekt war bereits vor der Aufstellung der Relativitätstheorie bekannt. Seine Erklärung durch die Einsteinsche Theorie bildet den größten Triumph der neuen Ideen über die Gravitation.

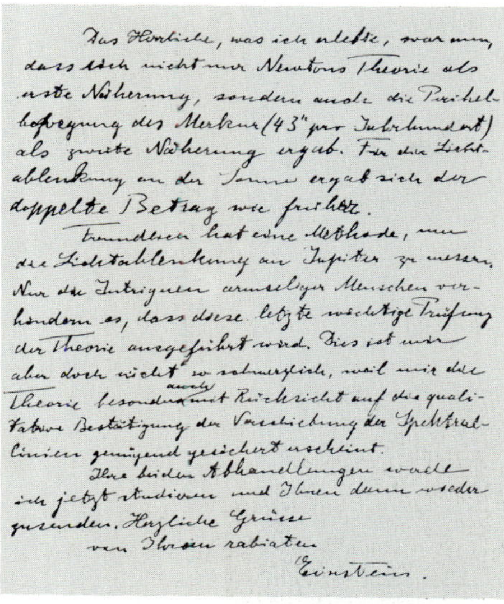
Das Herrliche, was ich erlebte, war nun, dass sich nicht nur Newtons Theorie als erste Näherung, sondern auch die Perihelbewegung des Merkur (43" pro Jahrhundert) als zweite Näherung ergab. Für die Lichtablenkung an der Sonne ergab sich der doppelte Betrag wie früher.

Freundlich hat eine Methode, um die Lichtablenkung an Jupiter zu messen. Nur die Intriguen armseliger Menschen verhindern es, dass diese letzte wichtige Prüfung der Theorie ausgeführt wird. Dies ist mir aber doch nicht so schmerzlich, weil mir die Theorie besonders auch mit Rücksicht auf die qualitative Bestätigung der Verschiebung der Spektrallinien genügend gesichert erscheint.

Ihre beiden Abhandlungen werde ich jetzt studieren und Ihnen dann wieder zusenden. Herzliche Grüsse von Ihrem rabiaten
Einstein.

Aus einem Brief Albert Einsteins an Arnold Sommerfeld (28. 11. 1915): »Das Herrliche, was ich erlebte, war nun, daß sich nicht nur Newtons Theorie als erste Näherung, sondern auch die Perihelbewegung des Merkur als zweite Näherung ergab.«

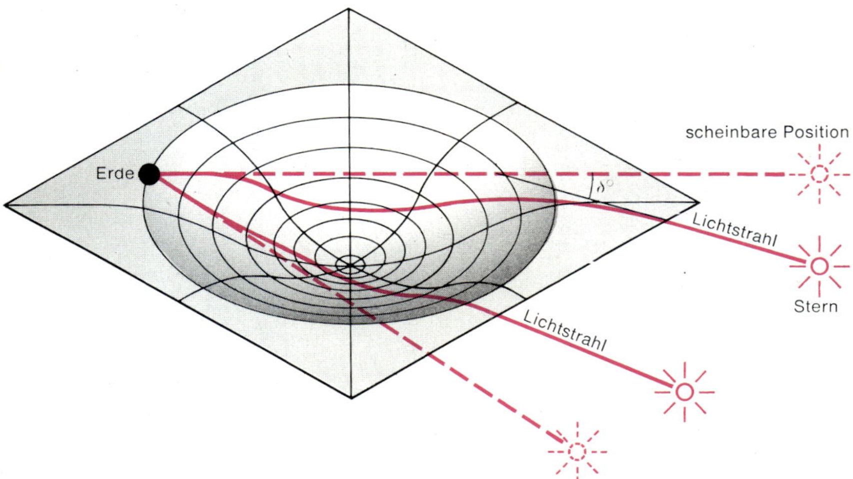

Läuft das Licht eines Sterns knapp am Sonnenrand vorbei, so wird es durch das Gravitationsfeld der Sonne um den kleinen Winkel δ abgelenkt.

Testfragen:

1. Wie kommt die Rotverschiebung der Spektrallinien im Gravitationsfeld zustande?
2. Welchen Einfluß haben Gravitationsfelder auf den Gang idealer Uhren?
3. Welchen Einfluß haben Gravitationsfelder auf ideale Maßstäbe?
4. Weshalb verliert die euklidische Geometrie in starken Gravitationsfeldern ihre Gültigkeit?
5. Was versteht man unter »Raumkrümmung«?
6. Beschreiben Sie das Shapiro-Experiment. Zu welchem Ergebnis führte es?
7. Was versteht man unter der Lichtablenkung am Sonnenrand?
8. Wie groß ist die Lichtablenkung am Sonnenrand?
9. Was versteht man unter Periheldrehung?
10. Wie groß ist die Periheldrehung des Planeten Merkur?

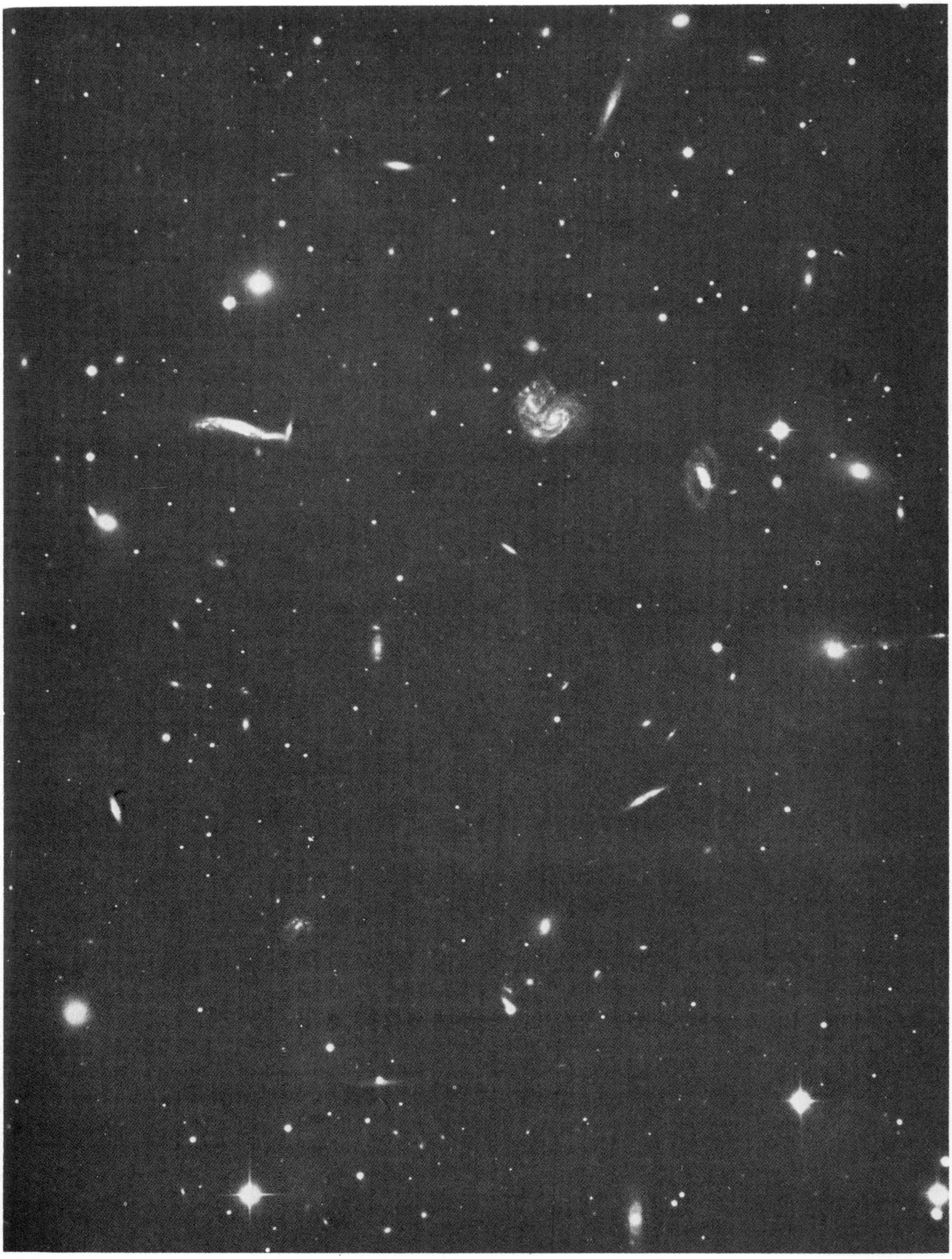

Ausschnitt aus dem Herkules-Galaxienhaufen.
Diese Galaxien sind 300 Millionen Lichtjahre entfernt und bewegen sich mit mehr als 10 000 km/s *von der Erde weg.*

III. Kosmologie

Im Weltbild der Griechen bildete die Erde den Mittelpunkt des Universums. Sie war von konzentrischen Äthersphären umgeben, die den Mond und die anderen Planeten trugen. Die äußerste Kugelschale, das Himmelsgewölbe, war den Sternen zugedacht. Man schätzte seinen Radius im Mittelalter auf etwa 1 Million Kilometer. Jenseits des Himmelsgewölbes war nichts – nicht einmal Raum. Denn ohne Materie war in der Aristotelischen Philosophie auch kein Raum denkbar.

Die Kopernikanische Wende und die Erfindung des Fernrohres führten in der zweiten Hälfte des 16. Jahrhunderts eine radikale Veränderung der Ideen über das Universum herbei. Die Erde war nicht mehr Mittelpunkt des Weltalls, ja selbst die Sonne erschien nunmehr als einer von zahllosen Fixsternen im Milchstraßensystem.

Im 18. Jahrhundert begann man zu vermuten, daß auch unsere Milchstraße nur eine von zahlreichen Galaxien ist, die das Universum erfüllen. Zu Beginn des 20. Jahrhunderts gestatteten es die großen Teleskope, einige Milliarden Lichtjahre weit in das All hinaus zu blicken. Dabei ergab sich, daß im Universum die Galaxien ebenso zufällig verteilt sind wie die Moleküle in einem Gas. Um 1930 wurde klar, daß dieses »Gas« eine bemerkenswerte Eigenschaft hat – es expandiert!

»Der Mensch durchstößt die Himmelskugel.« Das aristotelische Universum war vom Himmelsgewölbe begrenzt. Kann der Weltraum aber einfach aufhören?

1. Die Expansion des Universums

In den Jahren 1924 bis 1929 zeigten Messungen des amerikanischen Astronomen Edwin Hubble, daß alle Spektrallinien entfernter Galaxien eine Verschiebung zum roten Ende des Spektrums hin aufweisen. Diese Rotverschiebung erklärt sich zwanglos mit Hilfe des Doppler-Effektes. Bewegt sich eine Galaxis mit der Geschwindigkeit v von der Erde weg, so empfangen wir das von ihr ausgehende Licht mit der verminderten Frequenz

$$f' = f\sqrt{\frac{1-v/c}{1+v/c}}.$$

Aus der Rotverschiebung kann man die Geschwindigkeit der Galaxien bestimmen. Hubbles Messungen zeigten, daß die Fluchtgeschwindigkeit v der Galaxien proportional zu ihrer Entfernung r von der Erde ist. Es gilt also

$$v = H\,r.$$

Der Proportionalitätsfaktor H heißt *Hubble-Konstante.* Sein Zahlenwert folgt aus den Messungen der Rotverschiebung. Die Fluchtgeschwindigkeit von Galaxien in der Entfernung $r = 10^{22}$ km beträgt $v = 1{,}6 \cdot 10^4$ km/s. Daraus ergibt sich die Hubble-Konstante

$$H = \frac{v}{r} = \frac{1{,}6 \cdot 10^4\ \text{km/s}}{10^{22}\ \text{km}} = 1{,}6 \cdot 10^{-18}\ \text{s}^{-1}.$$

Weil man Entfernungen im Universum nicht sehr genau kennt, ist auch die Hubble-Konstante mit einer Unsicherheit von etwa ± 30% behaftet.

Das Hubble-Gesetz scheint zunächst die Erde und das Sonnensystem als Mittelpunkt einer großen Explosion auszuzeichnen. Die Abbildung zeigt

Virgo
$r = 8 \cdot 10^{20}$ km
$v = 120$ km/s

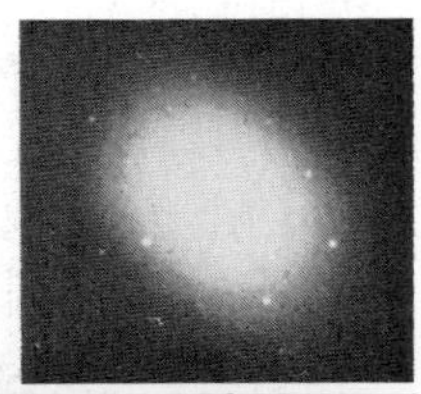

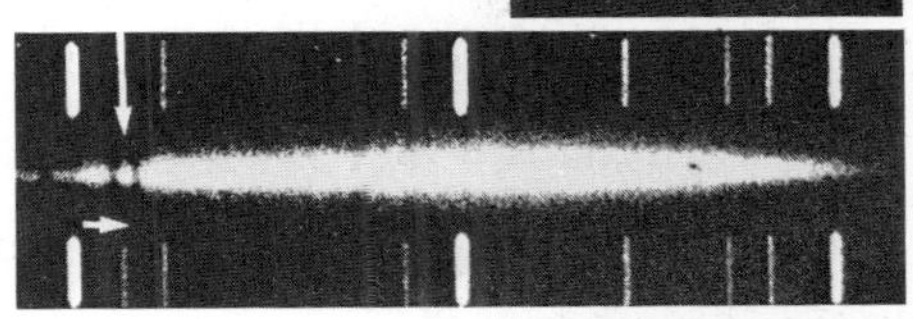

Corona Borealis
$r = 1{,}4 \cdot 10^{22}$ km
$v = 21\,600$ km/s

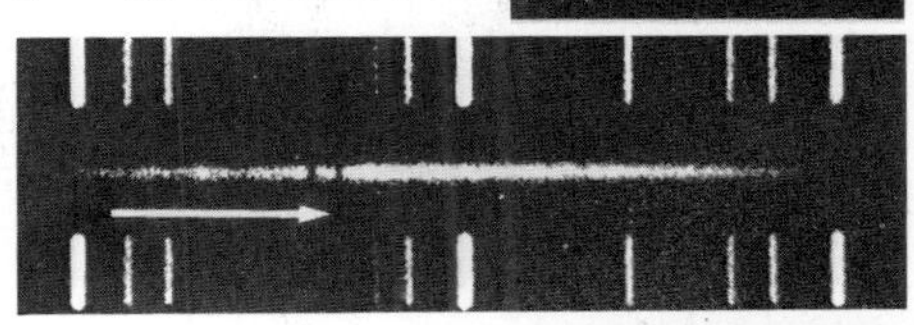

Bootes
$r = 2{,}5 \cdot 10^{22}$ km
$v = 39\,200$ km/s

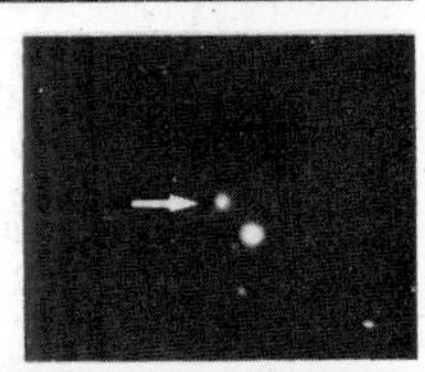

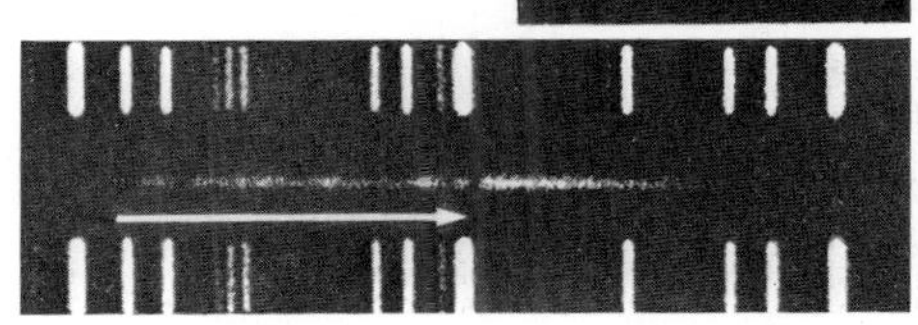

Die Rotverschiebung der Kalziumlinien ist im Spektrum vieler Galaxien gut meßbar.

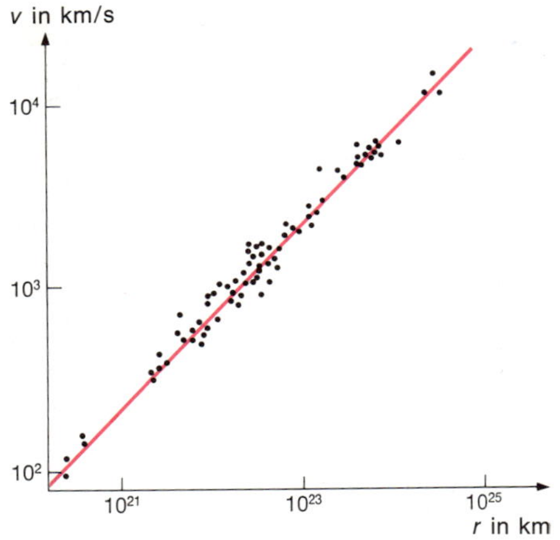

Die Galaxien entfernen sich von uns mit einer Geschwindigkeit, die proportional zu ihrer Entfernung von der Erde ist.

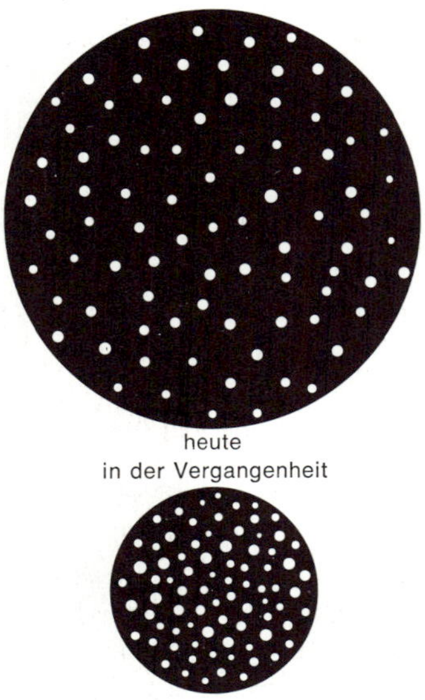

In einem unbegrenzten expandierenden Raum gibt es keinen Mittelpunkt. Jede Galaxie entfernt sich von jeder anderen, wobei die Geschwindigkeit stets proportional zur Entfernung ist.

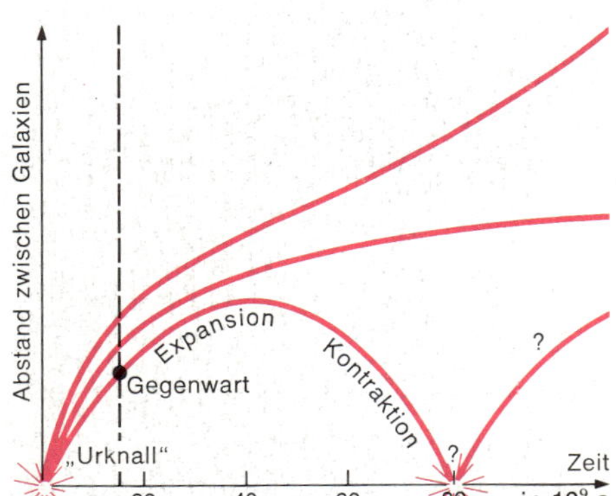

Der weitere Verlauf der Expansion des Universums ist noch unbekannt. Falls das Universum wieder in sich zusammenstürzt, wird dies frühestens in 70 Milliarden Jahren geschehen.

aber, daß bei einem expandierenden Gas von Galaxien jede Galaxis einen scheinbaren Mittelpunkt bildet. Von jeder Galaxis aus gesehen vergrößern sich die Entfernungen aller anderen Galaxien, und jeder Beobachter scheint im Mittelpunkt einer kosmischen Explosion zu stehen, wo immer er sich auch befinden mag.

Die Expansion des Universums
Alle Galaxien entfernen sich voneinander
mit Geschwindigkeiten v, die proportional zur Entfernung r sind:

$$v = Hr \qquad (H = 1{,}6 \cdot 10^{-18}\ \mathrm{s}^{-1}).$$

Um die physikalische Bedeutung der Hubble-Konstante kennenzulernen, betrachten wir eine beliebige Galaxie. Wie hat sich ihre Entfernung r im Laufe der Zeit verändert? Falls die Geschwindigkeit der Galaxie im Laufe der Jahrmilliarden konstant geblieben ist, gilt für diese gleichförmige Bewegung

$$r = vt + r_0.$$

Setzen wir dies in das Hubble-Gesetz ein,

$$v = H\,(vt + r_0) = v\,(Ht) + Hr_0,$$

so ergibt sich die Identität $v = v$ nur, falls $r_0 = 0$ und $Ht = 1$ gelten. Die Bewegung der Galaxien erfüllt demnach $r = vt$. Zur Zeit $t = 0$ müssen alle Galaxien in einem Punkt $r = 0$ vereinigt gewesen sein. Die Zeit, die seither vergangen ist, können wir aus der Beziehung $Ht = 1$ berechnen:

$$t = 1/H = 6{,}3 \cdot 10^{17}\ \mathrm{s} = 20 \cdot 10^9\ \text{Jahre}.$$

Vor etwa 20 Milliarden Jahren waren demnach die Galaxien in einem Punkt vereinigt und begannen in alle Richtungen auseinanderzufliegen. Was sich davor ereignet hat und wieso es zu diesem »Urknall« kam, vermag die Physik nicht zu beantworten.

Unsere Rechnung zeigt, daß die Hubble-»Konstante« wegen $Ht = 1$ eine Funktion der Zeit ist. Im Laufe der Jahrmillionen nimmt sie allmählich ab und erscheint uns nur deshalb als Konstante, weil alle astronomischen Messungen sich nur auf einen Zeitraum von wenigen Jahrzehnten beziehen.

Die obige Rechnung beruht allerdings auf sehr unsicheren Annahmen. Die seit einigen Jahrzehnten beobachtete Expansion des Universums haben wir durch einige Milliarden Jahre linear extrapoliert!

Genauere Vorhersagen über den Verlauf der Expansionskurve liefert die allgemeine Relativitätstheorie. Sie zeigt, daß die Geschwindigkeit v der Galaxien in früheren Epochen des Universums größer war als heute, da die Gravitationsanziehung die Expansion allmählich bremst. Die Expansionskurve enthält aber stets den Punkt $r = 0$ und bestätigt damit die Hypothese des Urknalls, der allerdings weniger lang zurückliegt, als die lineare Extrapolation ergibt. Die besten Schätzungen für das Alter des Universums liegen im Bereich zwischen 10 und 13 Milliarden Jahren. Das Sonnensystem mit einem Alter von etwa 5 Milliarden Jahren ist also relativ spät in der Geschichte des Universums entstanden.

Für den zukünftigen Verlauf der Expansion liefert die Theorie zwei Möglichkeiten. Ist die mittlere Dichte des Universums derzeit nämlich geringer als $\varrho_c = 5 \cdot 10^{-27}\ \mathrm{kg/m^3}$, so reicht die Anziehung zwischen den Massen im Universum nicht aus, um die Expansion zu stoppen und umzukehren. Das Universum expandiert in diesem Fall für alle Zeiten.

Überschreitet die mittlere Dichte des Universums dagegen ϱ_c, so wird die Expansion durch die Gravitationsanziehung allmählich gebremst und kommt zum Stillstand. Das Universum stürzt schließlich wieder in sich zusammen.

Es ist heute nicht möglich zu entscheiden, welches Schicksal das Universum erleiden wird. Die Messungen deuten darauf hin, daß die Massendichte kleiner als der kritische Wert ist, so daß das Universum vermutlich beliebig lange expandieren wird.

2. Die Größe des Universums

Zwischen dem geozentrischen Weltbild und unserem heutigen Bewußtsein von der Bedeutungslosigkeit der Erde im Weltall liegen zwei Jahrtausende menschlicher Geistesgeschichte. Im Laufe dieser Zeit stellte sich stets heraus, daß das Universum jeweils größer war, als man anzunehmen wagte. Heute können wir einen Bereich von einigen Milliarden Lichtjahren in jeder Richtung überblicken. Wie groß ist das Universum aber nun wirklich?

Bei der Beantwortung dieser Frage stoßen wir auf ein ernstes Hindernis. Weil seit dem Urknall rund 13 Milliarden Jahre vergangen sind, kann Licht bisher nur aus einem Umkreis von 13 Milliarden Lichtjahren auf der Erde eingetroffen sein. Von weiter entfernten Regionen des Universums können wir noch keine Kenntnis erlangen. So begrenzt ein *Welthorizont* den uns zugänglichen Bereich des Universums stets auf einen Ausschnitt, selbst wenn das Universum unendlich groß sein sollte.

Kann es überhaupt etwas anderes geben, als ein unendliches Universum, von dem uns nur ein winziger Ausschnitt zugänglich ist? Lange Zeit schien das unendliche Weltall die einzige Denkmöglichkeit zu sein. Denn ein begrenzter Raum, der plötzlich irgendwo aufhört, ist wohl kaum vorstellbar. Die Entdeckung der nicht-euklidischen Geometrien im 19. Jahrhundert und ihre physikalische Verwirklichung in der allgemeinen Relativitätstheorie haben aber gezeigt, daß es noch eine weitere Möglichkeit gibt, die man früher übersehen hatte. Das Universum kann endlich, aber unbegrenzt sein!

Um diese Möglichkeit anschaulich darstellen zu können, müssen wir uns auf eine zweidimensionale Analogie beschränken. Eine unendliche Ebene tritt anstelle des unendlichen Raumes, ein begrenztes Flächenstück anstelle des begrenzten Raumes. Offensichtlich können wir uns nicht vorstellen, daß der Raum irgendwo eine Grenze hat, denn was wäre dahinter? Diese Möglichkeit scheidet aus. Es besteht aber kein Grund, die Überlegung auf Ebenen, also euklidische Räume, zu beschränken. Wenn wir auch gekrümmte Flächen als zweidimensionale Modelle des Universums zulassen, so ergibt sich eine weitere Möglichkeit. Eine Kugel ist ein Beispiel einer endlichen, aber unbegrenzten Fläche. Ebenso gibt es auch dreidimensionale, nicht-euklidische Räume, die endlich, aber unbegrenzt sind. In ihnen kehrt man bei einer Weltraumreise, die stets in eine Richtung verläuft, nach langer Zeit wieder an den Ausgangspunkt zurück.

Auch die größten Teleskope lassen heute keine Entscheidung zu, ob wir in einem derartigen endlichen Weltall leben, oder in einem unendlichen All, von dem uns nur ein begrenzter Ausschnitt zugänglich ist.

3. Das frühe Universum

Aus der Rotverschiebung der Spektrallinien haben wir geschlossen, daß das Universum vor etwa 13 Milliarden Jahren in einem Urknall entstanden ist. Diese Theorie wurde von den meisten Physikern lange Zeit mit großer Skepsis beurteilt, denn es war sehr schwierig, weitere experimentelle Belege dafür zu bringen.

Dies gelang erst im Jahre 1965 den beiden amerikanischen Wissenschaftlern Penzias und Wilson. Bei dem Versuch, Radiosignale von Satelliten zu messen, beobachteten sie zufällig elektromagnetische Wellen mit einer Wellen-

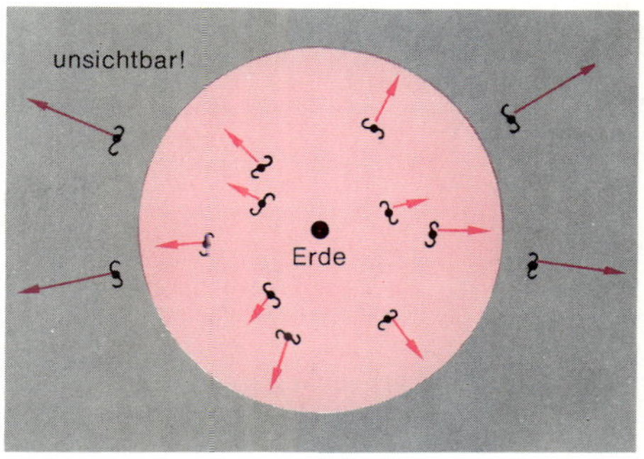

Der sichtbare Ausschnitt des Universums ist durch den Welthorizont begrenzt. Von Regionen, die weiter als 13 Milliarden Lichtjahre entfernt sind, kann das Licht noch nicht bis zu uns gelangt sein.

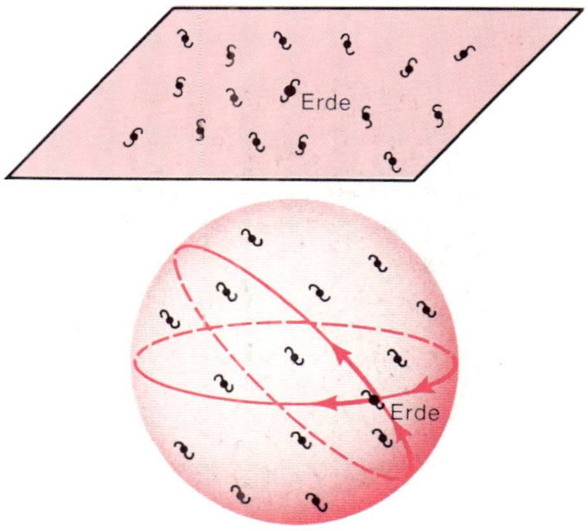

Zwei Modelle der Geometrie des Universums.
Die Ebene ist ein zweidimensionales Modell eines Euklidischen Universums. Es erstreckt sich in alle Richtungen ins Unendliche. Die Kugel ist ein Modell eines unbegrenzten, aber endlichen Universums.

Penzias und Wilson vor der Hornantenne, mit der sie die kosmische Hintergrundstrahlung entdeckten.

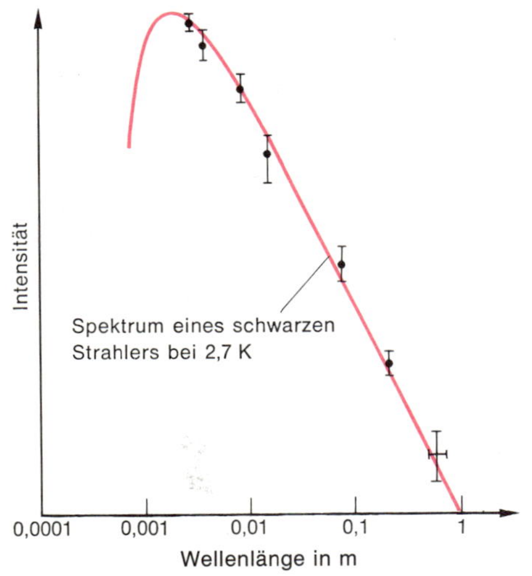

Das Spektrum der kosmischen Hintergrundstrahlung entspricht einer Schwarzen Strahlung von 2,7 K.

Epochen der Kosmologie

Zeit	Dichte in kg/m³	Temperatur in K
10^{10} Jahre	10^{-27}	2,7
Zeitalter der Sterne		
10^{6} Jahre	10^{-18}	10^{4}
Zeitalter der Strahlung		
1000 s	10	10^{8}
Zeitalter der Kernreaktionen		
10^{-4}s	10^{+18}	10^{12}
Zeitalter der Elementarteilchen		
0	∞	∞

länge von einigen Zentimetern, die sie auf keine bekannte Strahlungsquelle zurückführen konnten. Die Wellen fielen vielmehr völlig gleichmäßig aus allen Richtungen auf die Erde ein. Die Messung der Spektralverteilung dieser *kosmischen Hintergrundstrahlung* ergab, daß es sich um Schwarze Strahlung mit einer Temperatur von 2,7 K handelt.

Die Existenz der kosmischen Hintergrundstrahlung war bereits 20 Jahre früher von dem amerikanischen Physiker George Gamov und seinen Mitarbeitern vorgeschlagen worden. Sie versuchten, die Verteilung der chemischen Elemente im Universum zu erklären. Dabei gingen sie von der Annahme aus, daß das Universum kurz nach dem Urknall sehr heiß war und intensive Kernverschmelzungen in dieser Frühzeit des Weltalls stattgefunden hatten. Sie hofften, die Entstehung und Verteilung der schweren Atomkerne auf diese Weise erklären zu können.

In dieser Zeit intensiver Kernreaktionen sollte das Universum auch von Schwarzer Strahlung sehr hoher Temperatur erfüllt gewesen sein. Gamov hoffte, daß Reste der Strahlung sich bis in unsere Zeit als kosmische Hintergrundstrahlung mit einer Temperatur von einigen Grad Kelvin erhalten haben. Diese Strahlung wurde von Penzias und Wilson entdeckt.

Wir können uns damit ein etwas detaillierteres Bild von der Frühzeit des Universums machen. Man nimmt an, daß damals folgende Vorgänge abgelaufen sind.

In den ersten 10^{-4} s nach dem Urknall, dem »Zeitalter der Elementarteilchen«, war die Temperatur so hoch, daß sich alle Elementarteilchen fast mit Lichtgeschwindigkeit bewegten und in ständigen Stößen immer neue Teilchen erzeugten, die rasch wieder zerfielen.

Bald sank die Temperatur des Universums aber auf einige Milliarden Kelvin ab. In dem folgenden »Zeitalter der Kernreaktionen« bildeten sich durch Stöße zwischen Protonen, Neutronen und anderen Teilchen allmählich individuelle Atomkerne, wobei auch ein Teil der chemischen Elemente entstand. Die Abbildung zeigt die Erzeugung von Helium und Deuterium beim Urknall. Die Rechnung ergibt allerdings, daß nur diese leichten Elemente in den ersten Sekunden entstehen. Die anderen Elemente müssen in Kernreaktionen gebildet worden sein, die später in Sternen und Supernova-Explosionen stattfanden.

Einige Minuten nach dem Urknall sank die Temperatur auf 100 Millionen Kelvin ab. Das »Zeitalter der Strahlung« begann. Die Kernreaktionen kamen allmählich zum Erliegen, und eine Million Jahre lang änderte sich nichts wesentliches an der Struktur der Materie. In dieser Zeit ließ die intensive kosmische Hintergrundstrahlung die Entstehung von Sternen nicht zu.

Nachdem die Temperatur aber unter 10 000 K abgesunken war, konnten sich aus Atomkernen und Elektronen allmählich Atome bilden. In der Folge entstanden im »Zeitalter der Sterne« die ersten Sterngenerationen, aus deren Überresten auch unser Sonnensystem aufgebaut ist.

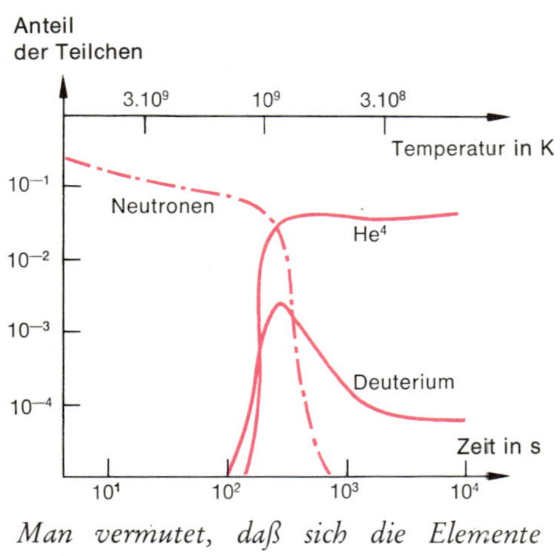

Man vermutet, daß sich die Elemente Helium und Deuterium in den ersten Minuten nach dem Urknall gebildet haben.

Testfragen:

1. Wie hat sich das Bild des Universums im Lauf der Geschichte verändert?
2. Wie bestimmt man die Expansion des Universums?
3. Welche Beziehung besteht zwischen der Fluchtgeschwindigkeit einer Galaxie und ihrem Abstand von der Erde?
4. Spielt bei der Expansion die Erde bzw. das Sonnensystem eine ausgezeichnete Rolle?
5. Welche Größe hat heute die »Hubble-Konstante«?
6. Wie groß ist das Alter des Universums etwa?
7. Welche Möglichkeiten gibt es hinsichtlich der weiteren Entwicklung des Universums, und welche Kenntnis wäre nötig, um hier eine Entscheidung zu fällen?
8. Was versteht man unter dem Welthorizont? Wie weit ist er heute von uns entfernt?
9. Welche Belege gibt es für die Theorie des Urknalls?
10. Welche Temperatur hat heute die kosmische Hintergrundstrahlung?

Physikalische Forschung

Physikalische Forschung in der Schweiz

In der Schweiz, einem rohstoffarmen Land, konzentrierte sich schon bald die Entwicklung und Produktion auf relativ hochwertige Produkte. Aus diesem Grunde besitzt die Schweiz heute pro Kopf der Bevölkerung vor den Vereinigten Staaten und der Bundesrepublik die höchste Forschungsintensität. Im Gegensatz zu allen anderen Industrienationen übersteigt der Forschungsaufwand für chemische Produkte denjenigen der Metall- und Maschinenindustrie bei weitem.

In der Schweiz werden rund vier Fünftel der gesamten Forschungsmittel von der Industrie zur Verfügung gestellt; in den Vereinigten Staaten und der Bundesrepublik sind es weniger als 50%. Der relativ niedrige Beitrag des Staates wird fast ausschließlich den Hochschulen zur Verfügung gestellt. Zwischen den einzelnen Hochschullaboratorien und der Privatindustrie bestehen enge Kontakte. So gibt es etwa seit kurzem eine Stiftung für Mikrotechnik, in der Hochschul- und Industrieforschung auf dem Gebiet der Mikromechanik und der Mikroelektronik zusammengefaßt und koordiniert werden.

Im Jahre 1978 wurden in der Schweiz 3 Milliarden Franken für Forschung und Entwicklung ausgegeben, 90% davon für die angewandte und 10% für die Grundlagenforschung. Die physikalische Grundlagenforschung konzentriert sich auf die kantonalen Universitäten Zürich, Basel, Bern, Genf, Lausanne, Neuenburg und Freiburg sowie auf die beiden Eidgenössischen technischen Hochschulen (ETH) in Zürich und Lausanne. Der Schweizerische Nationalfonds, eine Einrichtung zur Förderung der wissenschaftlichen Forschung, wendete 1978 rund 18% der insgesamt zur Verfügung stehenden Mittel von 130 Millionen Franken für physikalische Forschung auf.

Wie viele andere Länder kann auch die Schweiz Großprojekte der Grundlagenforschung nicht selbständig im großen Stil betreiben. Die Mitgliedschaft in internationalen Organisationen, wie etwa CERN (Elementarteilchenphysik) und ESA (europäische Weltraumforschung) ermöglicht trotzdem die aktive Verfolgung der entsprechenden Forschungsrichtungen. Eine Gruppe des physikalischen Instituts der Universität Bern beteiligte sich an den Apollo-Mondlandeexperimenten der NASA, das Plasma-Forschungsinstitut der ETH Lausanne arbeitet am europäischen Kernfusionsgroßversuch JET mit.

Am Schweizerischen Institut für Nuklearforschung (SIN) und am Eidgenössischen Institut für Reaktorforschung (EIR) werden ausgewählte Probleme der Teilchen- und Kernphysik bearbeitet. Zudem erforscht das EIR bereits seit einiger Zeit neue Nutzungsmöglichkeiten der Sonnenenergie.

Die physikalische Forschung in der Industrie konzentriert sich vor allem auf einige Großbetriebe der Uhrenbranche, der Elektro- und Maschinenindustrie sowie auf die Herstellung wissenschaftlich-technischer Präzisionsinstrumente. Physikalische Grundlagenforschung in größerem Stil betreibt lediglich die Firma Brown-Boveri. Die Industrie kann einzelne Forschungsvorhaben auch an Hochschulinstitute zur Bearbeitung übertragen oder sich an das speziell für Auftragsforschung gegründete private Batelle-Institut in Genf wenden.

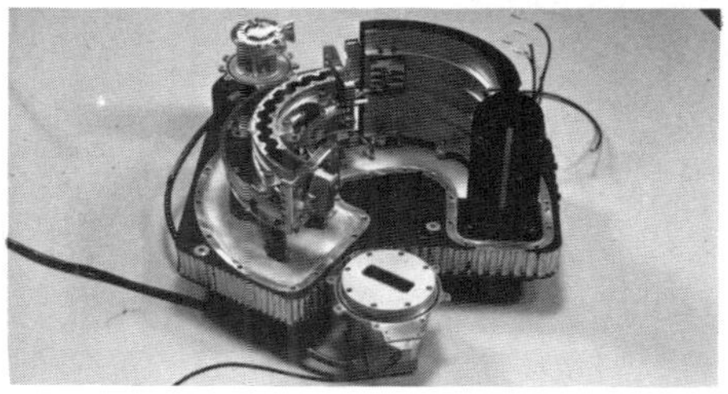

Massenspektrometer für den geostationären Satelliten Geos
Deutlich erkennbar ist die runde Kammer, in welcher ionisierte Teilchen mittels eines magnetischen Feldes abgelenkt werden.

Bohrkernentnahme auf einem Gletscher
Durch die Analyse von Isotopenverhältnissen und Spurenelementen in den Schichten eines Gletschers lassen sich die atmosphärischen Bedingungen vergangener Zeiten rekonstruieren.

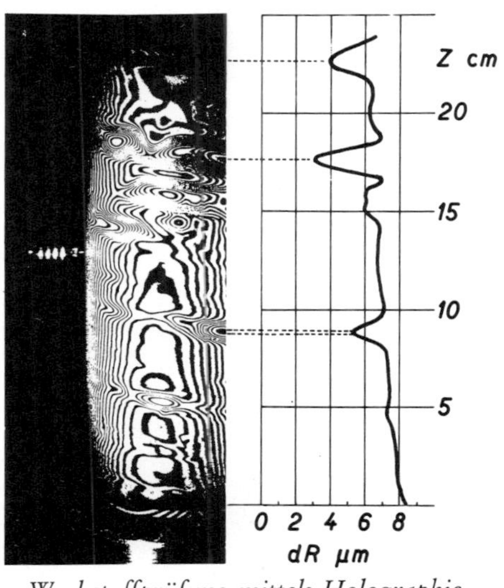

Werkstoffprüfung mittels Holographie
Ein Hohlzylinder wurde leer und mit Druckluft (100 bar) gefüllt auf der gleichen Fotoplatte holographisch registriert. Das bei der Rekonstruktion entstehende Interferenzmuster (linkes Bild) gibt Auskunft über die erfolgte Verformung (grafische Darstellung rechts; dR entspricht der erfolgten Ausdehnung).

Physikalische Forschung in Deutschland

Wissenschaft, Forschung und technische Entwicklung werden in Deutschland von Hochschulen, wissenschaftlichen Einrichtungen außerhalb der Hochschulen und Wirtschaftsunternehmen getragen. Gegenwärtig bestehen in der Bundesrepublik 42 wissenschaftliche Hochschulen mit Vertretung in Forschung und Lehre. In der DDR gibt es 7 Universitäten und zahlreiche Spezial-Hochschulen.

In Deutschland unterstützten zunächst nur die im 18. Jh. gegründeten Akademien die Forschung. Hauptträger der Forschung wurde im 19. Jahrhundert die Universität, nachdem W. v. Humboldt das Primat von Forschung und Lehre postuliert hatte. Zu Beginn des 20. Jh. wurde die Kaiser-Wilhelm-Gesellschaft gegründet, um die Forschung im größeren Rahmen staatlich zu fördern. Aus ihr ging nach dem Zweiten Weltkrieg als Nachfolgeorganisation der Kaiser-Wilhelm-Gesellschaft die Max-Planck-Gesellschaft hervor. Physikalische Forschung wird heute in folgenden Max-Planck-Instituten betrieben:

Physik und Astrophysik in München,
Plasma-Physik in Garching bei München,
Kernphysik und Astronomie in Heidelberg,
Festkörperforschung in Stuttgart,
Biophysik in Frankfurt,
Radioastronomie in Bonn,
Eisenforschung in Düsseldorf,
Kohlenforschung in Mülheim/Ruhr,
Strömungsforschung und biophysikalische Chemie in Göttingen,
Aeronomie in Lindau/Harz,
Meteorologie in Hamburg,
Limnologie in Plön.

Der Aufschwung der Kernenergie seit Ende der fünfziger Jahre und das wachsende Interesse an der Elementarteilchenphysik führten zur Gründung weiterer staatlicher Forschungszentren. So entstand die Gesellschaft für Kernforschung in Karlsruhe und die Kernforschungsanlage in Jülich sowie die Gesellschaft für Kernenergieverwertung, Schiffbau und Schiffahrt in Geesthacht. Weitere derartige Forschungszentren sind das Hahn-Meitner-Institut in Berlin für Kern- und Festkörperphysik, die Gesellschaft für Schwerionenforschung in Wixhausen bei Darmstadt, das deutsche Elektronensynchrotron in Hamburg (Elementarteilchenphysik), die deutsche Forschungs- und Versuchsanstalt für Luft- und Raumfahrt in Köln-Porz und die Gesellschaft für Strahlen- und Umweltforschung in Neuherberg. Für die Forschung auf dem Gebiet der Datenverarbeitung wurde die Gesellschaft für Mathematik und Datenverarbeitung in St. Augustin gegründet. Die physikalisch-technische Bundesanstalt in Braunschweig und Berlin beschäftigt sich vorwiegend mit der Standardisierung von Meßverfahren und Meßeinheiten auf allen Gebieten der Physik. Das posttechnische und das fernmeldetechnische Zentralamt in Darmstadt widmet sich den Problemen der Nachrichtenübertragung. Am Beispiel dieser Großforschungseinrichtungen wird deutlich, daß neue und in ihrer Komplexität bisher noch unbekannte forschungspolitische Aufgabenstellungen auch neue organisatorische Lösungen erforderlich machen. Dies gilt etwa für die Gebiete der Energieforschung, der Weltraumforschung und der Datenverarbeitung.

In der DDR wurde das Kernforschungszentrum Rossendorf bei Dresden gegründet.

Es gibt in der Bundesrepublik Deutschland staatliche und private Forschungsförderungsorganisationen. Hervorzuheben ist hierbei insbesondere die deutsche Forschungsgemeinschaft, die eine wesentliche Koordinierungsrolle in der universitären Forschung wahrnimmt und im Jahre 1975

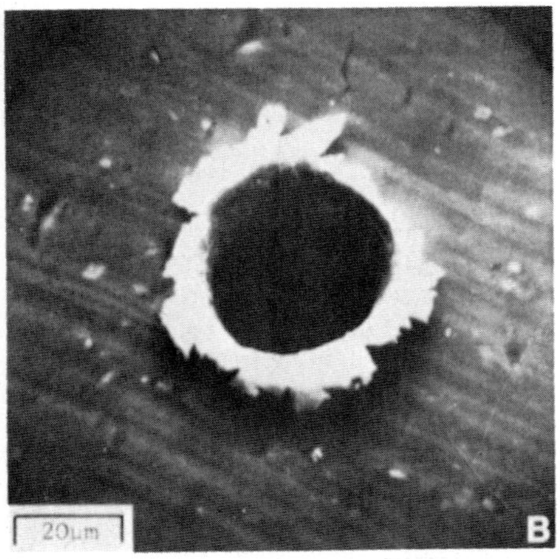

Einschlagkrater von interplanetaren Staubteilchen auf Aluminiumfolie. Dieses Skylab-Experiment gibt Aufschluß über kosmischen Staub und kosmische Strahlen. Die wissenschaftliche Auswertung der Ergebnisse erfolgt im Max-Planck-Institut für Kernphysik in Heidelberg.

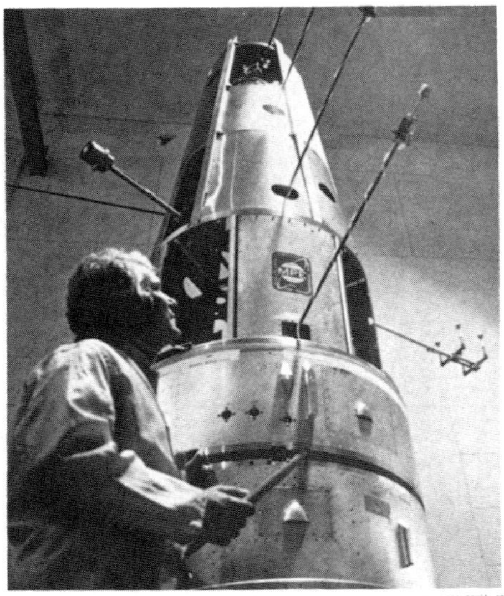

Nordlichter und ihre Entstehung werden beim Projekt „Stachelschwein" erforscht. Das Ziel dieser Experimente ist die Erforschung der Magnetosphäre.

Der Iodlaser in Garching bei München erreicht eine Strahlungsleistung von 10^{12} Watt, was ungefähr der 15fachen Leistung sämtlicher Kraftwerke der Bundesrepublik entspricht.

etwa 620 Millionen DM für die Förderung von Forschungsprojekten zur Verfügung stellte.

Forschung ist heute weniger denn je im nationalen Rahmen denkbar. Aus diesem Grunde beteiligt sich die Bundesrepublik an zahlreichen internationalen Forschungsorganisationen, wie etwa an der internationalen Atomenergieorganisation IAEO mit Sitz in Wien und rund 1 200 Mitarbeitern, an der gemeinsamen Forschungsstelle der europäischen Atomgemeinschaft EURATOM mit Sitz in Italien und rund 2 000 Beschäftigten, sowie der europäischen Organisation für Kernforschung CERN mit Sitz in Genf und fast 5 000 Mitarbeitern. Rund 25% der gesamten Aufwendungen der europäischen Kernforschungsorganisation CERN werden von der Bundesrepublik Deutschland finanziert.

Darüber hinaus sind tätig:

Für Forschung auf dem Gebiet der Erkundung des Weltraums die Institute der ESA (European Space Agency), für astronomische Forschung in der südlichen Hemisphäre die ESO (European South Hemisphere Observatory), für Forschung zur Energiegewinnung aus der Kernfusion das JET (Joint European Torus) und schließlich für Forschung auf dem Gebiet der nuklearen Festkörperphysik das ILL (Institut Laue-Langevin).

Die DDR ist am Vereinigten Institut für Kernforschung in Dubna bei Moskau beteiligt.

Physikalische Forschung ist eine der wichtigsten Grundlagen jeder technischen Innovation und Entwicklung. Physikalische Forschung ist damit auch Grundlage für den Ausbau des Standards und der Konkurrenzfähigkeit hochindustrialisierter und exportorientierter Staaten wie der Bundesrepublik Deutschland und der DDR.

Stahl erstarrt in einem »dentritischen Kristallgefüge«. Zwischen den Einzelkristallen reichern sich die Verunreinigungen an und beeinflussen die Werkstoffeigenschaften.

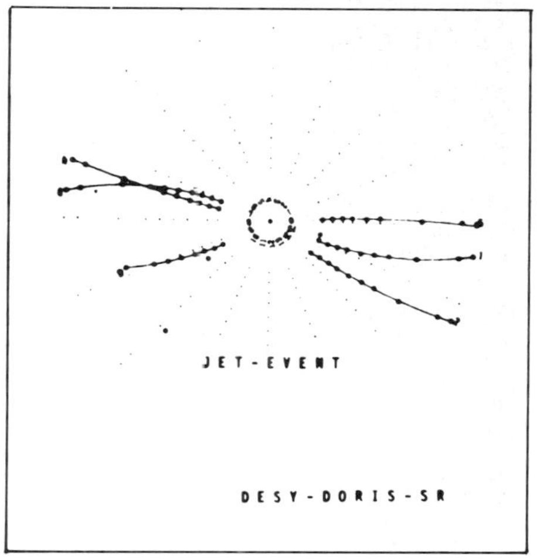

Auf den Spuren der Quarks

Beim Zusammenstoß eines Elektrons und eines Positrons in den Speicherringen des deutschen Elektronensynchrotrons DESY in Hamburg werden viele Beispiele von »Jet-Events« beobachtet. Man vermutet, daß bei diesen Zusammenstößen Elektron und Positron vernichtet werden. Es entstehen ein Quark und ein Antiquark, die in entgegengesetzte Richtungen auseinanderfliegen. Starke Kräfte zwischen diesen Teilchen erfordern hohe Energie zu ihrer Trennung. Diese Energie materialisiert sich in Form der beiden auseinanderfliegenden Teilchenstrahlen. Sie sind der bisher direkteste Beweis für die Existenz der Quarks.

Übungsbeispiele *

Edwin Hubble am 5-m-Teleskop von Mt. Palomar.

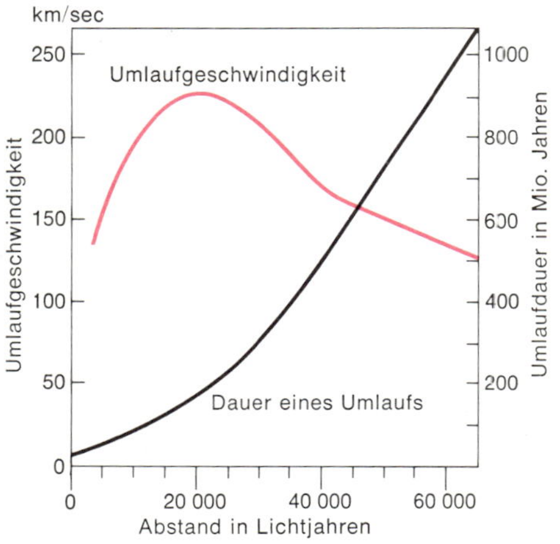

Zu Aufgabe 7

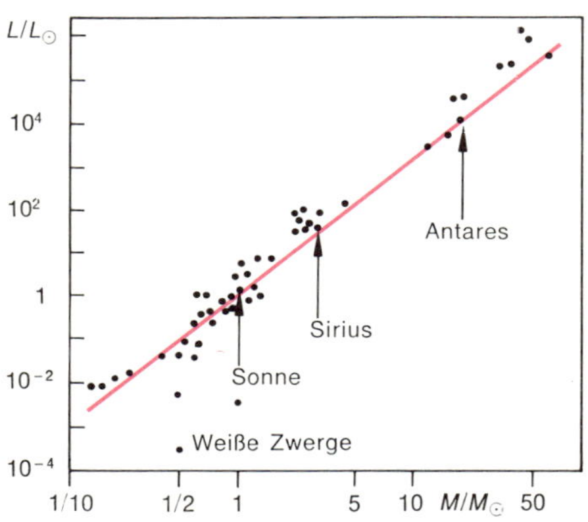

Zu Aufgabe 10

Beobachtungsdaten

1. Beschreiben Sie den Zusammenhang zwischen der scheinbaren Helligkeit I und der Größenklasse m eines Sterns formelmäßig.

2. Die Parallaxe eines Sterns ist der Winkel, unter dem die Erdbahn vom Stern aus erscheint.
   a) Wie groß ist die Parallaxe von Alpha Centauri (Entfernung 4,3 Lichtjahre)?
   b) Wie groß ist die Entfernung eines Sterns bei einer Parallaxe von $1''$? Diese Entfernung wird als Parsec (Parallaxensekunde) bezeichnet und mit pc abgekürzt.

3. Die schwächsten noch photographierbaren Sterne sind von 23. Ordnung.
   a) Wieviele Photonen – mittlere Energie 3 eV – fallen pro Sekunde von einem derartigen Stern auf den Spiegel des Teleskops von Mt. Palomar (Durchmesser 5 m)?
   b) Könnte man bei längerer Belichtung noch schwächere Sterne photographieren?

4. Mit dem freien Auge kann man noch Sterne sechster Größe erkennen. Wieviele Photonen fallen dabei pro Sekunde in die Pupille (Durchmesser 5 mm)?

5. Die Temperatur des Sterns Deneb beträgt 11 000 K, seine Leuchtkraft ist 10 000mal größer als diejenige der Sonne. Wie groß ist der Radius von Deneb?

6. Welches Gewicht hat ein Kubikzentimeter des Siriusbegleiters
   a) auf der Erde, b) auf der Oberfläche des Siriusbegleiters?

7. Die Abbildung zeigt die Umlaufgeschwindigkeit der Galaxis als Funktion der Entfernung vom Galaktischen Zentrum. Bestimmen Sie die Gesamtmasse, die rund um das Galaktische Zentrum in einer Kugel enthalten ist vom Radius
   a) 20 000 Lichtjahren, b) 60 000 Lichtjahren.

Entwicklung der Sterne

8. Eine Gaswolke stürzt unter der Wirkung der eigenen Gravitationskraft zusammen. Nähern Sie den Sturz ins Zentrum durch eine Bewegung mit konstanter Beschleunigung.
   a) Wie lange dauert der Kollaps für eine Gaswolke mit Radius R und Masse M?
   b) Wie lange dauert der Kollaps einer Gaswolke von Masse und Ausdehnung einer Galaxie?

9. Robert Mayer hat berechnet, daß die Sonne bereits nach 5000 Jahren ausgebrannt sein würde, wenn sie aus Kohle bestünde. Überprüfen Sie diese Rechnung. Welche Probleme treten dabei auf?

10. Die Abbildung zeigt die Masse-Leuchtkraft Beziehung für Hauptreihensterne.
    a) Beschreiben Sie diese Beziehung formelmäßig.
    b) Jeder Hauptreihenstern kann rund 0,1% seiner Masse in Energie umwandeln. Für welche Brenndauer reicht der Energievorrat eines Sterns mit 100 Sonnenmassen?

Grundlagen der allgemeinen Relativitätstheorie

11. Das National Bureau of Standards liegt in Colorado in einer Seehöhe von 1650 m.
    a) Gehen Uhren dort schneller oder langsamer als im United States Naval Observatory in Washington (Seehöhe 80 m)?
    b) Wieviel macht der Gangunterschied pro Jahr aus?

---

*) Umfangreiche und schwierigere Aufgaben sind mit + gekennzeichnet.

12. Aus der allgemeinen Relativitätstheorie folgt, daß die Ablenkung eines Lichtstrahls an einem Körper mit der Masse M und dem Radius R gegeben ist durch

$$\delta = \frac{4GM}{c^2 R}.$$

a) Wie groß ist δ für einen Weißen Zwerg ($M = 2 \cdot 10^{30}$ kg, $R = 5000$ km)?
b) Wie groß ist δ für einen Neutronenstern ($M = 2 \cdot 10^{30}$ kg, $R = 10$ km)?

Struktur des Universums

13. Unsere Galaxis enthält etwa 100 Milliarden Sterne, deren Leuchtkraft im Mittel gleich der Leuchtkraft der Sonne sei.
 a) In welcher Entfernung wäre die Milchstraße gerade noch als Objekt 23. Größe photographierbar?
 b) Welche Gründe könnten dafür maßgeblich sein, daß Galaxien nur bis zu einem Zehntel dieser Distanz tatsächlich sichtbar sind?

+ 14. Die Abbildung zeigt in der Mitte ein sternartiges Objekt 13. Größe, den Quasar (»Quasi stellar object«) 3 C 273. Die Untersuchung der Rotverschiebung der Spektrallinien dieses Objekts zeigte, daß es sich mit großer Geschwindigkeit wegbewegt.
 a) Bestimmen Sie die Fluchtgeschwindigkeit mit dem abgebildeten Originalspektrum.
 b) Bestimmen Sie die Entfernung.
 c) Welche Leuchtkraft hat 3 C 273? Ist dieses Ergebnis überraschend?

+ 15. Der mittlere Abstand von Galaxien im Universum beträgt ca. 10 Mio. Lichtjahre. Die Masse einer Galaxie beträgt ca. 100 Mrd. Sonnenmassen.
 a) Wieviele Galaxien gibt es im sichtbaren Teil des Universums?
 b) Wieviele Sterne gibt es im sichtbaren Teil des Universums?
 c) Aus wievielen Elementarteilchen besteht etwa der sichtbare Teil des Universums?
 d) Wie groß ist die mittlere Massendichte im Universum?

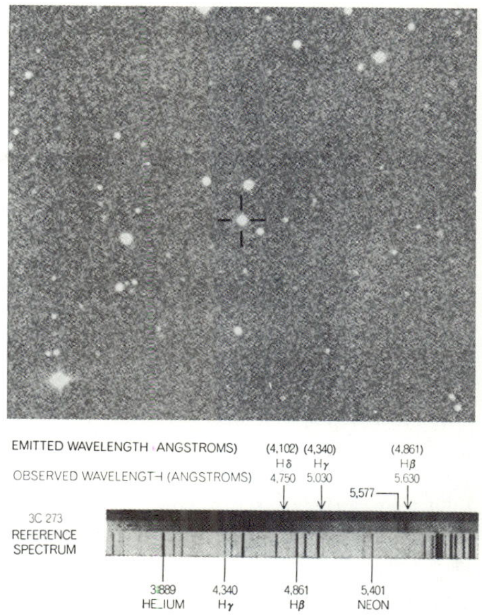

Zu Aufgabe 14
In diesem Spektrum sind die Wellenlängen in Angström (Å) angegeben. Es gilt die Beziehung 1 Å = 10^{-10} m.

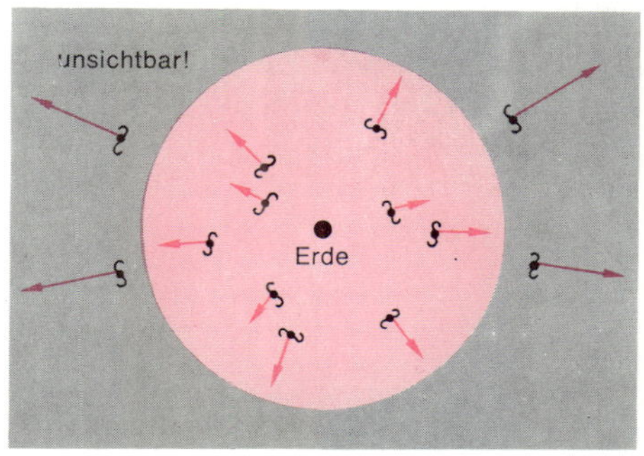

Zu Aufgabe 15
Wieviele Galaxien gibt es im sichtbaren Teil des Universums?

Physikalische Konstanten

Gravitationskonstante	$G = 6{,}67 \cdot 10^{-11}$ Nm²/kg²
Loschmidtsche Zahl	$L = 6{,}02 \cdot 10^{23}$ Teilchen/mol
Boltzmann-Konstante	$k = 1{,}38 \cdot 10^{-23}$ J/K
Allgemeine Gaskonstante	$R = k \cdot L = 8{,}314$ J/K mol
Molvolumen eines idealen Gases	$V_o = 22{,}7$ dm³ ($p_o = 1$ bar)
Elektrische Feldkonstante	$\varepsilon_o = 8{,}854 \cdot 10^{-12}$ As/Vm
Magnetische Feldkonstante	$\mu_o = 1{,}256 \cdot 10^{-6}$ Vs/Am
Vakuum-Lichtgeschwindigkeit	$c = \frac{1}{\sqrt{\varepsilon_o \mu_o}} = 2{,}99792 \cdot 10^8$ m/s
Plancksche Konstante	$h = 6{,}626 \cdot 10^{-34}$ Js
Stefan-Boltzmann-Konstante	$\sigma = 5{,}67 \cdot 10^{-8}$ W/m² K⁴
Wiensche Konstante	$b = 0{,}00289$ m K
Elementarladung	$e = 1{,}602 \cdot 10^{-19}$ As
Faraday-Konstante	$F = e \cdot L = 96512$ As/mol
Ruhmasse des Elektrons	$m_e = 9{,}11 \cdot 10^{-31}$ kg
Ruhmasse des Protons	$m_p = 1{,}6726 \cdot 10^{-27}$ kg
Ruhmasse des Neutrons	$m_n = 1{,}6749 \cdot 10^{-27}$ kg

Lösungen der Übungsbeispiele

Zu Aufgabe 13
Fühlen Sie sich dicker, wenn Sie im CERN-Beschleuniger kreisen? Welches Lebensalter könnten Sie dabei erreichen?

Relativitätstheorie

1. $\Delta t/t = 10/1440 = 0{,}7\,\%$.
2. a) $\Delta t = \frac{10^5\ \text{m}}{3 \cdot 10^8\ \text{m/s}} = 0{,}3$ ms. b) $\Delta t = \frac{2\ \text{m}}{330\ \text{m/s}} = 6$ ms.
3. Für die Abstände d_1 und d_2 zu den beiden Sendern gilt $d_1(c - v) = d_2(c + v)$ und $d_1 + d_2 = 2000\ \text{km} \rightarrow d_1 = 1000\ \text{km} + 670\ \text{m}$.
4. a) $t_R = 9\,\text{a}$, b) $t = t_R\sqrt{1 - v^2/c^2} = 7{,}8$ a.
   c) $1\,\text{a} = t = (9\ \text{Lichtjahre}/v) \cdot \sqrt{1 - v^2/c^2} \rightarrow v = 0{,}9938\,c$.
5. a) $t = t_R - t = t_R \cdot (1 - \sqrt{1 - v^2/c^2}) = 0{,}1$ ns, b) An der Grenze der Meßbarkeit.
6. Reisedauer $t_R = 44\,\text{a}$, $t = t_R\sqrt{1 - v^2/c^2} = 17\,\text{a}$.
7. $H(v) = H\sqrt{1 - v^2/c^2} = 200$ m.
8. a) $t_R = L/v = 50$ ns, b) $L(v) = L\sqrt{1 - v^2/c^2} = 7{,}2$ m, c) $t = L(v)/v = 40$ ns.
9. Sendedauer $t_E = \sqrt{\frac{1+v/c}{1-vc}}\,t = 5$ h.
10. Sendedauer $t_E = \sqrt{\frac{1-v/c}{1+v/c}}\,t = 0{,}5$ h.
11. $\sqrt{\frac{1-v/c}{1+v/c}} = \frac{394\ \text{nm}}{475\ \text{nm}} \rightarrow v = 0{,}18\,c$.
12. $m_D = 2m \rightarrow \sqrt{1 - v^2/c^2} = 1/2 \rightarrow v = 0{,}87\,c$.
13. a) $m_D = 29\,m$. b) Nein, für sich selbst ruhen Sie ja.
14. $m_D = 7000\,m$ bzw. $m_D = 14\,000\,m$.
15. $\Delta m = m_D - m = E/c^2 \approx mv^2/2c^2$. Bei einer Masse $m = 1000$ kg beträgt die Massenzunahme $\Delta m = 4 \cdot 10^{-12}$ kg.
16. 1 kg Energie entspricht $25 \cdot 10^9$ kWh.
17. a) $m = E/c^2 = 10^{-14}$ kg. b) Dick machen nicht die Joule selbst, sondern das Fettgewebe, in dem die überschüssige Energie gespeichert wird.
18. a) $E = (m_D - m)\,c^2 \rightarrow m_D = m + E/c^2 = 15\,000\,m$.
    b) $\sqrt{1 - v^2/c^2} = 1/15\,000 \rightarrow v = 0{,}999\,999\,998\,c$.
19. $m = E/c^2 = 67$ kg.
20. $\Delta m = 4 \cdot 10^{26}\ \text{J}/c^2 = 4{,}4 \cdot 10^9$ kg.
21. a) $E = (0{,}006)\,(1\ \text{kg})/c^2 = 5{,}4 \cdot 10^{14}\ \text{J} = 150$ Mio. kWh, b) $7 \cdot 10^{11}$ kg.
22. Die freiwerdende Energie entspricht der Masse $m = E/c^2 = 4 \cdot 10^{-11}$ kg/mol. Die Masse des Wassers beträgt daher $m = (1 - 2 \cdot 10^{-12})$ kg.
23. $2\,(mc^2 + 2\,mc^2) = Mc^2 \rightarrow M = 6\text{m}$.
24. Energieerhaltung: $m\,c^2 + 4\,m\,c^2 + m\,c^2 = M_D\,c^2$, Impulserhaltung: $m_D\,v = M_D\,v'$.
    Der Energiesatz liefert: $M_D = 6\,m$, der Impulssatz ergibt: $v' = m_D\,v/6\,m$.
    Kinetische Energie des heranfliegenden Teilchens: $(m_D - m) \cdot c^2 = 4\,m\,c^2$. Daraus folgt:
    $m_D/m = 5$, $v = \sqrt{24\,c/5}$, $v' = \sqrt{2/3\,c}$, $M = M_D\sqrt{1 - v'^2/c^2} = 2\sqrt{3}\,m$.

Struktur der Materie

1. a) $E = hc/\lambda = 4 \cdot 10^{-19}$ J; $p = h/\lambda = 1{,}3 \cdot 10^{-27}$ kg m/s; $m_D = 4{,}4 \cdot 10^{-36}$ kg.
   b) $(4 \cdot 10^{-19}\ \text{J}) \cdot N = 1\ \text{W} \rightarrow N = 2{,}5 \cdot 10^{18}$ Photonen/s, c) nein.
2. a) $W = hc/\lambda = 3 \cdot 10^{-19}\ \text{J} = 1{,}87$ eV.
   b) Der Anodenstrom I beträgt $I = Ne$, wobei N die Zahl der pro Sekunde ausgelösten Elektronen ist. N ist proportional zur Lichtintensität.
   c) $N = 2{,}5 \cdot 10^{18}$ Photonen/s treffen auf. $I = Ne = 0{,}4$ A. Tatsächlich lösen bei diesem Kathodenmaterial 14% der auftreffenden Photonen Elektronen aus, so daß der Anodenstrom nur $0{,}14 \cdot 0{,}4\ \text{A} = 0{,}056\ \text{A} = 56$ mA beträgt.
   d) Die Zahl der Photonen beträgt hier nur $N = 2 \cdot 10^{18}$ Photonen/s, der tatsächliche Anodenstrom nur 45 mA.
3. a) Die Elektronen werden am Bildschirm abgebremst.
   b) Die Strahlung wird seitlich abgestrahlt.
   c) $\lambda = 8 \cdot 10^{-11}$ m
4. a) $p = E/c = 3{,}3 \cdot 10^{-7}$ kg m/s
   b) Kraft = Impulsänderung/Zeit = $3{,}3 \cdot 10^{-7}$ N,
   c) $F = 6{,}6 \cdot 10^{-7}$ N; die Impulsänderung ist $2p$!

Das Institut für Elektronenmikroskopie in Toulouse. Der Aufbau dient zur Aufnahme der Beschleunigungseinrichtung für die Elektronen.

5. a) $p = 3{,}3 \cdot 10^{-8}$ kg m/s, b) Nein, nur von der Gesamtenergie,
   c) $p = mv \rightarrow v = 3{,}3$ cm/s, d) $F = p/t = 3{,}3 \cdot 10^{-5}$ N.
6. a) $N = A \cdot \sigma T^4/5kT = 8{,}2 \cdot 10^{-14} A \cdot T^3$ (Photonen/sm²K³),
   b) $F = A \cdot \sigma T^4/c = 1{,}9 \cdot 10^{-16} A \cdot T^4$ N/m²K⁴,
   c) Strahlungsdruck $= F/A = 3 \cdot 10^{13}$ P $= 3 \cdot 10^8$ bar. In Sternen mit sehr hoher Temperatur kann der Strahlungsdruck zur Zerstörung des Sterns führen.
7. a) $F =$ Lichtleistung/c,
   b) $5 \cdot 10^6$ N $= F = A \cdot \sigma T^4/c \Rightarrow T = 1{,}3 \cdot 10^5$ K,
   c) $P = F \cdot c = 1{,}5 \cdot 10^{15}$ W, ein wahrhaft utopischer Wert!
8. $F = P/c$, wobei $P = 7 \cdot 10^{17}$ W die gesamte Sonneneinstrahlung auf die Erde ist.
9. Auf die Fläche der Radiometerblätter fällt eine Strahlungsleistung $P = 1{,}4$ W (für $A = 10$ cm²). Die entsprechende Kraft F beträgt $F = 4{,}7 \cdot 10^{-9}$ N. Dies ist viel zu wenig, um die Lagerreibung zu überwinden. Das Radiometer dreht sich durch den Druck des Restgases, das in der Umgebung der geschwärzten Flügelseiten heißer ist.
10. $\lambda = h/p$, a) 10^{-33} m, b) $6{,}67 \cdot 10^{-33}$ m, c) $5{,}8 \cdot 10^{-14}$ m, d) $7{,}8 \cdot 10^{-11}$ m.
11. $\lambda = h/\sqrt{2meU} = 10^{-11}$ m.
12. a) Die de-Broglie-Wellenlänge der Elektronen ist $\lambda = h/\sqrt{2meU}$. Der kleinste noch auflösbare Abstand beträgt wegen der Linsenfehler rund 100 λ. Die Geschwindigkeit der Elektronen ist $v = 1{,}8 \cdot 10^8$ m/s $= 0{,}62\, c$.
    b) $eU = hc/\lambda \Rightarrow \lambda = hc/eU$. Das Auflösungsvermögen ist proportional zu U.
    c) $\lambda = 4 \cdot 10^{-13}$ m, wegen der Linsenfehler und der Auslösung weiterer Elektronen durch den hochenergetischen Strahl wird praktisch eine weit geringere Auflösung erreicht.
    d) Die hochenergetischen Teilchen durchschlagen die Probe.

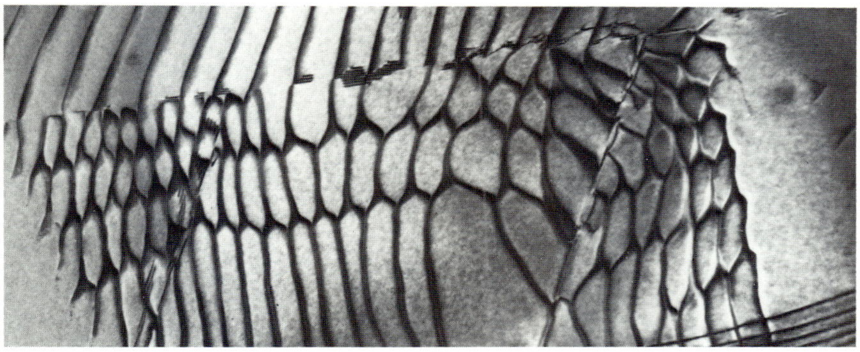

Am Institut für Festkörperphysik der Universität Wien werden Versetzungen in Metallen untersucht. Versetzungen sind Fehler im regelmäßigen Gitteraufbau, die für die Verformbarkeit von Metallen entscheidend sind, aber auch zum Bruch führen können. Das Bild zeigt ein neuentdecktes Versetzungssystem.

13. Die Wellenlänge und der Streifenabstand sinken auf ein Zehntel.
14. $p = 6{,}67 \cdot 10^{-27}$ kg m/s, $v = 7300$ m/s.
15. Der Durchmesser D des Bildpunktes hängt mit dem Durchmesser d der Öffnung im Wehnelt-Zylinder gemäß $D = d + 2l\,\hat{\alpha} = d + 2l\,\lambda/d$ zusammen. Mit $\lambda = 10^{-11}$ m folgt: $D = 10{,}5$ µm bzw. $D = 4{,}5$ µm bzw. $D = 10{,}5$ µm.
    D wird zu einem Minimum für $d = \sqrt{2l\lambda}$. In diesem Fall ist $D = 2d$.
16. Für $d = \Delta x = 0{,}1$ m, eine Masse $m = 0{,}1$ kg ergibt sich $\Delta p = 6{,}67 \cdot 10^{-33}$ kg m/s und $\Delta v = 6{,}67 \cdot 10^{-32}$ m/s. Dies reicht nicht als Entschuldigung aus!
17. a) Eine Rechnung wie bei Beispiel 15 liefert $d = \Delta x = \sqrt{2l\lambda}$, wobei $l = 10^{-7}$ m ist.
    b) Die de-Broglie-Wellenlänge von Molekülen in Luft (Masse $m = 5 \cdot 10^{-26}$ kg, $v = 1000$ m/s) beträgt $\lambda = 1{,}2 \cdot 10^{-11}$ m. Die Zielunschärfe $D = 2d = 2\sqrt{2l\lambda} = 3 \cdot 10^{-9}$ m ist rund 10mal größer als das Molekül. Der Dämon kann nicht einmal den ersten Stoß der Moleküle vorhersagen!

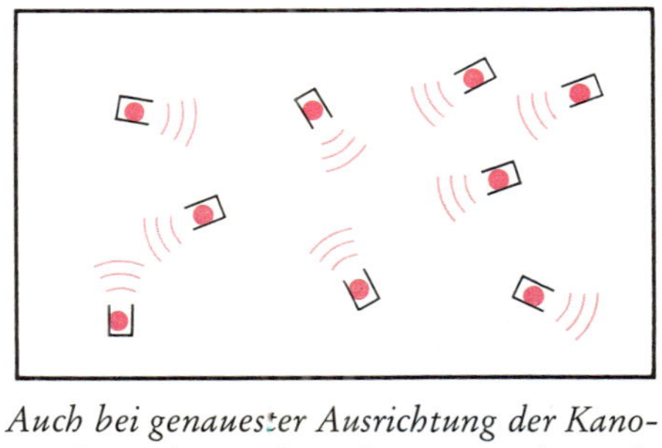

Auch bei genauester Ausrichtung der Kanonen kann der Laplacesche Dämon die Stöße zwischen den Molekülen nicht vorhersagen.

18. Bis zu Energien $E \approx 100$ MeV beobachtet man in allen Richtungen die gleiche Anzahl gestreuter Teilchen. Erst bei höheren Energien wird die Streuung anisotrop. Der Durchmesser des Targets muß daher ungefähr gleich der de-Broglie-Wellenlänge λ von Neutronen mit 100 MeV sein. Aus $\lambda = h/p$ und $p^2/2m = 100$ MeV folgt $\lambda = 2{,}9 \cdot 10^{-15}$ m.
19. Die de-Broglie-Wellenlänge von 20 GeV Elektronen beträgt $6 \cdot 10^{-17}$ m. Für kleinere Radien kann es sich bei den Meßdaten nur um Extrapolationen handeln.
20. a) $E_n = -13{,}6 \dfrac{Z^2}{n^2}\,\text{eV} = -\dfrac{54 \cdot 4\ \text{eV}}{n^2}$; $E_1 = -54{,}4$ eV, $E_2 = -13{,}6$ eV.
    b) Im sichtbaren Gebiet findet man die Linie, die dem Übergang von $n = 4$ zu $n = 3$ entspricht, und Linien, die dem Übergang auf $n = 4$ entsprechen.
21. a) $E_1 = -13{,}6 \cdot (92)^2$ eV $= -115$ keV.
    b) Aus der Quantenbedingung folgt $v = h/2\pi rm = 2 \cdot 10^8$ m/s. Die Elektronen bewegen sich also mit 67% der Lichtgeschwindigkeit.
22. a) Die 9 Elektronen des Fluoratoms sind folgendermaßen auf die Orbitale verteilt:

1s	2s	$2p_x$	$2p_y$	$2p_z$
2	2	2	2	1

    b) Das Fluoratom kann eine Bindung eingehen.

Der Aufbau von Ammoniak.

23. a) Die 7 Elektronen des Stickstoffatoms sind folgendermaßen auf die Orbitale verteilt:

1s	2s	$2p_x$	$2p_y$	$2p_z$
2	2	1	1	1

Der Stickstoff kann drei Bindungen eingehen, die im rechten Winkel zueinander stehen. Die Wasserstoffatome tragen einen positiven Ladungsüberschuß. Ihre Abstoßung vergrößert die Bindungswinkel auf 107°.

b) Die 16 Elektronen des Schwefelatoms sind folgendermaßen auf die Orbitale verteilt:

1s	2s	$2p_x$	$2p_y$	$2p_z$	3s	$3p_x$	$3p_y$	$3p_z$
2	2	2	2	2	2	2	1	1

Das Schwefelatom kann zwei Bindungen eingehen, die im rechten Winkel zueinander stehen. Die Wasserstoffatome vergrößern mit ihrem Ladungsüberschuß die Bindungswinkel auf 92°.

24. Die Anzahl der Protonen, Neutronen und Elektronen ist in beiden Molekülen gleich. Auch halten sich die Elektronen in den gleichen Orbitalen auf.
25. $T = \ln 2/\lambda = 4{,}88 \cdot 10^{10}$ s = 1550 Jahre.
26. $\lambda = \ln 2/T = 4{,}87 \cdot 10^{-18}\ \mathrm{s}^{-1}$, Zahl der zerfallenden Kerne $= \lambda \cdot N = 1{,}22 \cdot 10^{7}\ \mathrm{s}^{-1}$. (1 kg U-238 enthält $N = 2{,}51 \cdot 10^{24}$ Atome.)
27. a) 11,7% b) $4{,}71 \cdot 10^{-10}$ %.
28. Die Reaktion d) ist nicht möglich.
29. Die Neutronen werden durch die elektrische Ladung des Atomkerns nicht abgestoßen. Ein Neutronengas kann man nicht in Stahlflaschen aufbewahren, weil es Elektronenhüllen ungehindert durchdringt.
30. $2mc^2 = 2hf \rightarrow f = 1{,}22 \cdot 10^{20}$ Hz.

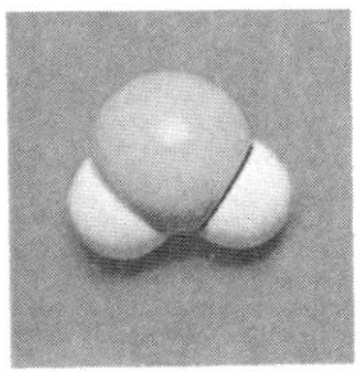

Die geometrische Form von Schwefelwasserstoff-Molekülen wird durch den Winkel zwischen den p-Orbitalen bedingt.

Astrophysik und Kosmologie

1. $I = 2 \cdot 10^{-10-0{,}4m}\ \mathrm{W/m^2}$.
2. a) 0,76″, b) 1 pc = 3,26 Lichtjahre.
3. a) $I = 10^{-17}\ \mathrm{W/m^2} = 20 \cdot (3\ \mathrm{eV/m^2}) \Rightarrow 400$ Photonen/s.
   b) Nein, das Streulicht stört zu stark.
4. $I = 9 \cdot 10^{-11}\ \mathrm{W/m^2} = 1{,}8 \cdot 10^{8} \cdot (3\ \mathrm{eV/m^2}) \Rightarrow 3600$ Photonen/s.
   Die Empfindlichkeit des Auges ist erstaunlich groß, bei völliger Dunkelheit spricht es bereits auf wenige Photonen an!
5. $R = R_\odot (T_\odot/T)^2 \sqrt{L/L_\odot} \approx 360\, R_\odot$
6. a) $F = 30\,000$ N, b) $g = GM/R^2 = 4{,}6 \cdot 10^{6}\ \mathrm{m/s^2}$, $F = 1{,}4 \cdot 10^{9}$ N.
7. a) $M = v^2 r/G = 1{,}5 \cdot 10^{41}\ \mathrm{kg} = 7 \cdot 10^{10}\, M_\odot$ b) $M = 2 \cdot 10^{41}\ \mathrm{kg} = 10^{11}\, M_\odot$
8. a) Die Kollapszeit t folgt aus $R \approx gt^2/2$ und $g = GM/R^2 \Rightarrow t \approx \sqrt{2R^3/GM}$,
   b) $t = 8{,}3 \cdot 10^{14}$ s = 28 Mio. Jahre.
9. Es fehlt der Sauerstoff!
10. a) $L = L_\odot\, (M/M_\odot)^3$,
    b) $0{,}001\, Mc^2 = Lt \Rightarrow t = 5 \cdot 10^{13}$ s = 1,7 Mio. Jahre. Massereiche Sterne haben nur eine geringe Lebensdauer und müssen erst vor kurzem entstanden sein!
11. a) Die höher gelegene Uhr geht rascher, b) $\Delta t = (g\, \Delta H/c^2) \cdot t = 4{,}8$ µs.
12. a) $\delta = 1{,}2 \cdot 10^{-3} = 4{,}1'$, b) $\delta = 0{,}6 = 34°$.
13. a) $L = 4\pi r^2 \cdot I \Rightarrow r = 4{,}7 \cdot 10^{23}$ km = 47 Mrd. Lichtjahre.
    b) Die Rotverschiebung schwächt die Energie der Photonen, interstellare Materie absorbiert einen Teil des Lichts.
14. a) $v = 0{,}15\, c = 4{,}4 \cdot 10^{4}$ km/s, b) $r = v/H = 2{,}7 \cdot 10^{22}$ km.
    c) $I = 10^{-13}\ \mathrm{W/m^2}$, $L = 4\pi r^2 \cdot I = 10^{39}\ \mathrm{W} = 3 \cdot 10^{12}\, L_\odot$.
    Der »Stern« strahlt stärker als eine Galaxe. Quasare sind die lichtstärksten Objekte im Universum. Ihr Aufbau und die Natur ihrer Strahlungsquelle ist ungeklärt.
15. a) $2 \cdot 10^{9}$ Galaxien, b) etwa 10^{20}, c) 10^{77} Teilchen, d) $10^{-27}\ \mathrm{kg/m^3}$.

Massereiche Sterne weisen nur eine Lebensdauer von wenigen Millionen Jahren auf. Sie müssen also vor relativ kurzer Zeit entstanden sein.

REGISTER

Bildnachweis

Aus: Sexl/Schmidt, Relativitätstheorie, Vieweg, Wiesbaden (2), Sexl, Weiße Zwerge, Rowohlt, Hamburg (1), CERN, Genf (13), Prof. Schmidt, Flensburg (2), Paul Uccusic, Wien (2), Dr. Raab, Innsbruck (1), Dr. Weiss, Wien (4), Dr. Karnthaler, Wien (2), International Information Agency, Wien (3), Atominstitut der österr. Hochschulen (1), Informationskreis Kernenergie (4), Max-Planck-Institut für Plasmaphysik, München (1), Kraftwerksunion Erlangen (10), Moore, Physical Chemistry (1), aus: Science (1), Atkins, Physik (6), aus: Scientific American (8), Physikalische Blätter (2), Physical Review (1), Harvard Project Physics (6), Watson, Doppelhelix (1), Christen, Chemie (4), Styrer, Biochemie (6), Deutsches Museum, München (1), Marion, Physical Science (1), Lüscher, Physik einmal anders (4), aus: Natur (1), Leo Scilard, Collected Works (2), Siemens AG, München (1), Rasmussen – Bericht (1), Struwe, Astronomie (1), Brandt/Marion, Astronomy (11), PSSC, Physik, Vieweg, Wiesbaden (1), Bell Telephone Laboratories (1), Schäfer/Bergmann, Experimentalphysik, De Gruyter (3), Schroer, Physics and the 5th Dimension (2), Archiv Prof. Sexl (14), Philip Halsman, New York (1), Reichert, Optische Werke AG, Wien (1), MPG-Spiegel, München (4), DESY, Hamburg (1), Bild der Wissenschaft, DVA, Stuttgart (3), Taylor Wheeler, Relativity (1), International Information Agency, Wien (3), Donaukraftwerke AG, Wien (1), A. Rottensteiner, Wien (1).